U0245913

航天动力学与控制系列丛书

丛书主编　王　巍

空间太阳能电站动力学与控制

邬树楠　吴志刚　张开明　著

北京航空航天大学出版社
化学工业出版社
·北京·

内容简介

空间太阳能电站是当前航天领域的研究前沿，涉及众多基础理论与关键技术。本书主要聚焦空间太阳能电站在轨运行期间的动力学与控制问题，阐述与空间太阳能电站的轨道、姿态和结构动力学与控制相关的基础理论与方法。全书共分 7 章，内容包括空间太阳能电站的发展现状、空间太阳能电站的轨道动力学特性、重力梯度引起的姿轨耦合运动、重力梯度作用下的结构振动特性，以及不同构型空间太阳能电站的姿态控制。

本书既可用于航空航天、力学、自动化等专业高年级本科生和研究生的专业学习，也可供有关科研人员参考。

图书在版编目(CIP)数据

空间太阳能电站动力学与控制 / 邬树楠，吴志刚，张开明著. -- 北京 ：北京航空航天大学出版社，2023.10

ISBN 978-7-5124-4134-7

Ⅰ. ①空… Ⅱ. ①邬… ②吴… ③张… Ⅲ. ①太阳能发电－动力学－研究②太阳能发电－控制系统－研究 Ⅳ. ①TM615

中国国家版本馆 CIP 数据核字(2023)第 138145 号

空间太阳能电站动力学与控制

邬树楠　吴志刚　张开明　著

策划编辑　蔡　喆　　责任编辑　杨　昕

北京航空航天大学出版社出版发行

北京市海淀区学院路 37 号(邮编 100191)　http://www.buaapress.com.cn

发行部电话：(010)82317024　　传真：(010)82328026

读者信箱：goodtextbook@126.com　　邮购电话：(010)82316936

北京建宏印刷有限公司印装　各地书店经销

开本：710×1 000　1/16　印张：14.5　字数：292 千字

2023 年 10 月第 1 版　2024 年 1 月第 2 次印刷

ISBN 978-7-5124-4134-7　　定价：119.00 元

若本书有倒页、脱页、缺页等印装质量问题，请与本社发行部联系调换。

联系电话：(010)82317024

航天动力学与控制系列丛书

编委会

航天动力学与控制系列丛书
策划编辑工作组

总 策 划 赵延永 张兴辉

副总策划 蔡 喆 张海丽

策划编辑（按姓氏笔画排序）

王 硕 冯 颖 冯维娜 李 慧

李丽嘉 李晓琳 张 宇 张 琳

陈守平 金林茹 周世婷 郑云海

袁 宁 龚 雪 董 瑞 温潇潇

丛书序

作为航天领域学科体系里的核心学科之一，航天动力学与控制学科的进步与发展，对于促进航天科技创新、推动航天事业发展、加快建设航天强国具有重要意义。

航天动力学与控制学科以空间运动体为对象，主要研究其在飞行过程中所受的力以及在力作用下的运动特性，并以此为基础开展运动规划和运动控制研究，内容涉及轨道动力学与控制、轨道设计与优化、姿态动力学与控制、机构与结构动力学与控制、刚柔液耦合动力学与控制、空间内外环境扰动分析等诸多分支。

航天动力学与控制学科以航天工程需求为牵引，具有清晰的应用背景，在融合交叉其他学科理论和方法的基础上，发展了特有的动力学建模、分析、实验和控制的理论方法与技术，并应用于评估航天器动力学特性优劣和控制系统设计有效性，为航天器总体方案设计与优化、构型选择、控制系统设计、地面测试与试验、在轨飞行故障诊断与处理等提供依据。航天动力学与控制学科在航天工程各环节均发挥着重要作用，是航天任务顺利执行的基础和支撑。

进入 21 世纪，伴随着载人航天、深空探测、空间基础设施以及先进导弹武器等一系列重大航天工程的实施，对航天动力学与控制学科的新的重大需求不断涌现，为学科发展提供了源源不断的动力；另一方面，实验观测手段的丰富和计算仿真能力的提升也为学科发展提供了有力的保障。同时，以人工智能、数字孪生、先进材料、先进测试技术等为代表的新兴学科与航天动力学与控制学科催生出新的学科交叉点，前沿创新研究不断涌现。人工智能技术基于存储、记忆、预训练的应用模式为航天动力学与控制学科传统难题的解决提供了新途径：机器学习算法可以显著提升航天任务设计优化的效率；深度学习算法用于构造智能动力学模型、求解动力学反问题、提升动力学建模效率；强化学习则提升了航天器控制的自主性和智能化水平，为实现自主智能飞行打下基础。在学科交叉创新的推动下，航天动力学与控制学科历久弥新，不断焕发出勃勃生机。

2016 年 4 月 24 日，习近平总书记在首个“中国航天日”作出了“探索浩瀚宇宙，发展航天事业，建设航天强国，是我们不懈追求的航天梦”的重要指示。党的十九大报告和二十大报告进一步强调了建设航天强国的重要性，对加快建设航天强国作出重要战略部署，为我国航天科技实现高水平自立自强指明了前进方向。

为全面提升进出空间、探索空间、利用空间的能力，我国航天重大战略任务正在有序推进，重型运载火箭研制、新一代空间基础设施建设、空间站建设、探月工程和载人登月、行星探测和太空资源开发将逐步实施，这些重大航天任务都对航天动力学与控制学科提出了更多的新问题和新挑战。

《航天动力学与控制系列丛书》面向航天强国建设的战略需求，集中梳理和总结我国航天动力学与控制领域的优秀专家学者在理论方法和重大工程的研究和实践成果，旨在为我国航天动力学与控制学科的发展和国家重大航天工程研制提供理论和技术的支持与参考。丛书基本涵盖所涉及的航天动力学与控制领域的焦点问题，聚焦于轨道动力学、轨道优化与任务设计、姿态动力学与控制、编队与集群动力学等方向，着力阐述动力学原理、演化规律和控制方法，强调理论研究与工程应用及实践相结合。纳入新材料、柔性体、弹性体等前沿技术，依托高校的创新科研成果，充分反映当前国际学术研究前沿，以“新”为特色，厘清理论方法的发展脉络，为未来技术创新提供学科新方向。同时，依托科研院所参与国家重大航天工程的一手认识和体会，系统阐述航天工程中航天动力学与控制理论方法的应用和实践案例，为未来学科发展提供技术新牵引。

当前，我国正处于全面建设航天强国的关键时期，对航天动力学与控制学科的创新发展提出了更高的要求。本丛书的出版，是对新时代航天动力学与控制领域理论发展和实践成果的一次重要梳理，也为该学科未来的理论研究和技术突破启示了可能的空间。相信本丛书可以对我国航天科技领域学术繁荣和创新发展起到良好的促进作用。

王巍

2023 年 5 月

前言

空间太阳能电站作为一种潜在的可再生能源系统受到了广泛关注。通过在太空中将太阳能转化为电能，再借助无线能量传输技术将能量传输到地球，空间太阳能电站可高效、不间断地向地面提供清洁电力，其高度灵活的天基式供电方式具有广阔的应用前景。自 1968 年提出空间太阳能电站概念以来，世界各航天大国都持续开展了方案的研究论证以及关键技术的攻关。美国、日本、英国、韩国等国家都提出了具有代表性的方案和发展计划。从“十一五”开始，我国空间太阳能电站的研究工作得到了国防科技工业局和许多专家的大力支持。2014 年，主题为“空间太阳能电站发展的机遇与挑战”的香山科学会议召开。同年，国防科技工业局联合多个部委组织开展了空间太阳能电站的论证工作，提出了我国空间太阳能电站发展规划与分阶段实施路线图建议。近年来，包括中国、英国等国家的政府机构与专家学者均提出利用空间太阳能发电来助力全球实现“碳中和”的建议。

空间太阳能电站安全稳定工作的关键问题之一是在轨运行期间的动力学与控制问题。与现有的航天器不同，空间太阳能电站具有超大的结构规模、极低的结构基频、很高的面积质量比，并且要求其能够长期在轨运行。这些特性和要求使得其动力学研究及控制系统设计成为一个极具挑战性的新问题。目前，国内在空间太阳能电站动力学与控制领域的专著还是空白，国际上系统介绍其动力学与控制的著作也非常少。本书紧跟空间太阳能电站的前沿问题，力求遵循由浅入深、循序渐进的规律，以在轨运行期间的轨道、姿态以及结构动力学与控制的基础理论与方法为主要内容，结合课题组近年来的研究经验与心得编撰而成。

全书共分7章，内容包括空间太阳能电站的发展现状、空间太阳能电站的轨道动力学特性、重力梯度引起的姿轨耦合运动、重力梯度作用下的结构振动特性，以及不同构型空间太阳能电站的姿态控制。第1章绪论，介绍空间太阳能电站的定义及国内外发展现状；第2章空间太阳能电站轨道动力学特性，介绍其在地球引力和其他外力影响下的轨道运动特性；第3章重力梯度引起的空间太阳能电站姿轨耦合运动，介绍在考虑诸多外界干扰时，重力梯度引起的姿轨耦合效应对其轨道运动与姿态运动的影响，并揭示重力姿轨耦合效应的机理；第4章重力梯度作用下空间太阳能电站的结构振动特性，介绍重力梯度对其结构振动特性的影响，揭示重力梯度与结构振动之间耦合作用造成的结构不稳定现象；第5章单体式空间太阳能电站姿态动力学与控制，建立非线性和线性化的姿态动力学模型，介绍基于多敏感器的单体式空间太阳能电站姿态鲁棒增强控制方法；第6章多体式空间太阳能电站姿态动力学与控制，建立多柔性体姿态动力学模型，介绍多体式电站对日/对地指向的混合高低带宽鲁棒控制方法；第7章基于滑动质量系统的空间太阳能电站姿态协同控制，介绍滑动质量控制原理、应用可行性以及基于滑动质量和电推力器的姿态协同控制方法。

俾夜作昼，孜孜矻矻。本书是笔者所在团队在空间太阳能电站领域十余年教学与科研实践工作基础上的一个总结。主要编写人员有中山大学邬树楠副教授、吴志刚教授和张开明博士。其中，邬树楠负责本书的统筹规划，同时编写了第1、2、3、7章，张开明编写了第4章，吴志刚编写了第5、6章。同时，课题组的研究生郑舒为、叶哲、高远和许远飞等在材料收集、图表绘制和公式编写上完成了大量工作。

书中涉及的研究工作得到了国家自然科学基金（12232015、11972102、11432010、11872381、91748203）等课题的资助，以及中山大学、西北工业大学、大连理工大学和钱学森空间技术实验室相关领域专家的悉心指导，并参考了博士研究生刘玉亮、张开明、穆瑞楠的相关研究工作；本书的编写工作得到了中国航天科技集团王巍院士以及北京航空航天大学出版社蔡喆编辑的指导和帮助，在此一并表示衷心的感谢。

空间太阳能电站是一个新兴的热点领域，是最具代表性的一种超大型航天器。随着人类探索能力的不断提升，该领域将会出现更多创新性的理论、方法和技术。本书适用于航空航天、力学、自动化等专业高年级本科生和研究生的专业学习，也寄望于为有关科研人员提供设计技术参考，借此吸引更多人投身于空间太阳能电站的研究与设计，以及我国的航天事业中。

受限于笔者的能力，本书如有不妥之处，恳请广大读者批评指正。

笔　者
2023 年 1 月 7 日

目录

符号表

符 号	定 义
a	轨道半长轴
$\boldsymbol{a}$	干扰加速度
$\boldsymbol{A}^{\mathrm{T}}$	矩阵(向量)$\boldsymbol{A}$ 的转置
c	光速
C_{nm}	地球扁率场的田谐系数
$\mathrm{d}m$	质量元
e	轨道偏心率
$E(\cdot)$	期望算子
$\boldsymbol{f}$	单位体积上的外力
$\boldsymbol{F}$	外力
$\boldsymbol{h}$	动量矩矢量
i	轨道倾角
$\boldsymbol{I}$	转动惯量
m	质量
$\boldsymbol{M}$	广义质量
$O(\cdot)$	数量级
$O_e X_I Y_I Z_I$	地心惯性坐标系
$O_e X_F Y_F Z_F$	地心固连坐标系
$OX_L Y_L Z_L$	卫星当地坐标系
$O_e X_O Y_O Z_O$	地心轨道坐标系

续表

符　号	定　义
P	太阳光压力常数
P_t	天线发射功率
P_{nm}	Legendre 函数
$\boldsymbol{P}$	动量矢量
$\boldsymbol{q}$	弹性模态坐标
$\boldsymbol{Q}$	四元数
$\boldsymbol{r}$	位置矢量
R_e	平均地球半径
S_{nm}	地球扁率场的田谐系数
T	动能
$\boldsymbol{T}$	空间环境力矩
$u^{(j)}$	u 的第 j 阶导数
$\boldsymbol{u}$	控制力矩(Abacus - SSPS)
U	势能
$\boldsymbol{v}$	速度矢量
$\boldsymbol{w}$	单位强度的高斯白噪声
$\boldsymbol{x}^{\times}$	向量 $\boldsymbol{x}$ 的斜对称矩阵
$\dot{y}$	y 对时间的一阶导数
$\ddot{y}$	y 对时间的二阶导数
δW	虚功
$\boldsymbol{\Delta}$	比例阻尼
θ	俯仰角
μ_e	地球引力常数
μ_p	太阳或月亮引力常数
ξ_r	期望阻尼比
$\rho_{[\cdot]}$	反射系数
$\boldsymbol{\tau}$	控制力矩(滑动质量 SSPS)
φ	滚转角
$\boldsymbol{\phi}$	振型

续表

符号	定义
ψ	偏航角
ω	近心点角距
ω_{r}	控制带宽
ω_{ei}	第 i 阶弹性模态的频率
$\boldsymbol{\omega}$	旋转角速度矢量
Ω	升交点(降交点)经度
$\int$	积分
δ	变分
$\sum$	求和
sin	正弦
cos	余弦
sinh	双曲正弦
cosh	双曲余弦
$\mathrm{diag}[a_1 \quad \cdots \quad a_n]$	对角矩阵,对角元素为 $a_1 \sim a_n$
tr	矩阵的迹
$[\cdot]_{ij}$	矩阵第 i 行第 j 列的元素
$\lvert \boldsymbol{x} \rvert$	向量 $\boldsymbol{x}$ 的范数
$\Vert \boldsymbol{G} \Vert_2$	矩阵 $\boldsymbol{G}$ 的 H_2 范数
$\Vert \boldsymbol{G} \Vert_\infty$	矩阵 $\boldsymbol{G}$ 的 H_∞ 范数

缩略语表

缩略语	英　文	中　文
ALPHA	Arbitrarily Large Phased Array	任意大规模相控阵
AM	Approximate Model	近似模型
CASSIOPeiA	Constant Aperture, Solid-State, Integrated, Orbital Phased Array	恒定孔径固态集成轨道相控阵
ESA	European Space Agency	欧洲航天局
FOM	Fourth Order Model	考虑 $\boldsymbol{F}_{g4}^{b}$ 或 $\boldsymbol{T}_{g4}^{b}$ 的姿轨运动模型
GEO	Geostationary Orbit	地球静止轨道
GLO	Geosynchronous Laplace Orbit	地球同步 Laplace 轨道
ISC	Integrated Symmetrical Concentrator	集成对称聚光系统
JSS	Japan Space Systems	日本宇宙系统开发利用机构
LM	Linear Model	线性模型
MBF	Microwave Beaming Force	微波反冲力
MR	Multi-Rotary joints	多旋转关节
NASA	National Aeronautics and Space Administration	美国国家航空航天局
NASDA	National Space Development Agency of Japan	日本宇宙开发事业团
OMEGA	Orb-shape Membrane Energy Gathering Array	球形膜能量收集阵列

续表

缩略语	英 文	中 文
PEM	Parametrical Excitation Model	参数激励模型
SMM	Sun and Moon Model	考虑 $\boldsymbol{T}_{sm}^{b}$ 时的姿态运动模型
SOM	Second Order Model	考虑 $\boldsymbol{F}_{g2}^{b}$ 时的轨道运动模型
SPS	Solar Power Satellite	太阳能发电卫星
SSPS	Space Solar Power Station	空间太阳能电站
TM	Traditional Model	不考虑 $\boldsymbol{F}_{g2}^{b}$、$\boldsymbol{F}_{g4}^{b}$ 或 $\boldsymbol{T}_{g4}^{b}$、$\boldsymbol{T}_{sm}^{b}$ 的姿轨运动模型

第 1 章

绪 论

1.1 空间太阳能电站概述

随着经济社会的不断发展，人类对能源的需求增长迅速。然而，地球上石油、煤炭等矿物资源的过度开采造成了能源的日益短缺。为应对人类对能源需求的增长和现有资源过度消耗造成地球生态环境不断恶化的现状，人们开始积极地寻求和开发各种可再生能源，而太阳能正是一种取之不尽、用之不竭、可再生利用的清洁能源。

当前，基于地面太阳能发电（见图 1.1(a)）是人类大规模利用太阳能的主要方式。然而，受限于昼夜、天气等因素，地面太阳能发电不稳定，需要大量的储能设备，不适合作为基本的负载电源。这迫使一批科学家改变思路，将目光投向了广袤的太空。与在地面上利用太阳能相比，在太空利用太阳能具有十分突出的优势。在太空中，太阳光不会被大气层减弱，也不受昼夜、天气以及季节等因素的影响，单位面积的平均太阳辐射总量相当于地球表面的 6 倍以上；在地球静止轨道，一年中有 90％的时间可以连续 24 h 接收太阳光，只有在春分点和秋分点附近的三周左右会出现每天最多 72 min 的地球阴影，若通过无线能量传输技术将电力传输到地球，则可实现对地面的连续供电而无需巨大的储能设备。实际上，早在 1968 年美国科学家 Peter Glaser 博士便提出在太空建造太阳能发电站的构想[1]：在太空中构建超大型太阳电池阵来收集太阳能并将其转化成电能，然后利用微波发射天线将能量以微波的形式传输到地球。这种超大型的航天器被称为空间太阳能电站（Space Solar Power Station，SSPS，见图 1.1(b)），也有很多文献将其称为太阳能发电卫星（Solar Power Satellite），为了不引起歧义，本书统一称为空间太阳能电站（SSPS）。由于处在距离地面 3 万多千米的高轨上，SSPS 可通过调整微波发射天线指向实现对地面乃至太空不同区域的供电。因此，除了为地面进行基础负载供电以外，SSPS 也可应用于地面移动目标供电、偏远地区供电、受灾地区紧急供电和在轨航天器电力供给等[2]。

虽然应用前景广阔，但 SSPS 高昂的建造和运行成本也使其经济性受到挑战，这也是 SSPS 概念提出 50 多年来仍未实现的最主要原因之一。近年来，随着空间技术的进步，SSPS 的建造和运行成本有望大幅降低。特别是在当今全球净零排放的背景下，SSPS 以其显著的优势再次受到世界主要航天国家的高度关注和认可。我国也在成为推动国际 SSPS 发展的重要力量，并在 SSPS 的系统方案设计和部分关键技术研究方面取得重要进展[2]。作为一种较为全面的能源解决方案，SSPS 潜力巨大，已成为航天领域的一个研究焦点，有望在解决未来全球能源和环境问题中发挥重要作用。

(a) 地面太阳能发电

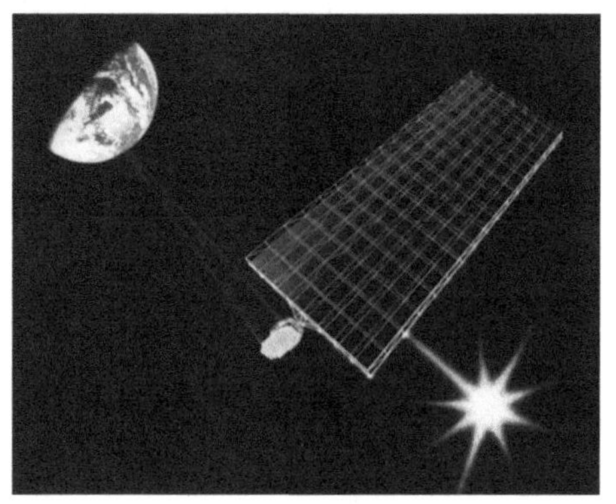
(b) 空间太阳能电站

图 1.1 地面太阳能发电和空间太阳能电站示意图

1.2 空间太阳能电站发展现状

自 1968 年 SSPS 概念提出以来，世界航天强国陆续开展了相关研究工作。在 20 世纪 70 年代，美国能源部联合美国国家航空航天局（NASA）、波音公司、罗克韦尔国际公司和其他一些研究机构开展了一系列针对 SSPS 技术可行性和经济可行性的论证工作，并由此发展出了一个比较完整的 SSPS 系统方案——“1979 SPS 基准系统”[3]。该构型由一个 10 km×5 km 的太阳能电池阵列平台和一个直径为 1 km的微波发射天线通过大功率导电旋转关节连接组成，总质量约为 5×10^7 kg，发电功率为 5 GW。然而，在进行系统性的评估之后，该项计划最终由于成本和相关技术原因而被搁置。1995 年，NASA 对 SSPS 的相关技术进行了重新评估，并且在 1995—1997 年进行了“Fresh Look”研究[4]。研究结果表明，许多技术已经趋向于更为可行，并提出了“太阳塔”和“太阳盘”设计方案。随后，NASA 开展了“空间太阳能探索性研究和技术项目”[5]。该项目产生出了许多新的 SSPS 构型。当时比较受关注的两个构型是 Abacus - SSPS 和 ISC - SSPS(见图 1.2(a))[5]。其中，Abacus - SSPS 由一个 3.2 km×3.2 km 的太阳能电池阵平台、一个直径为 500 m 的微波发射天线和一个 500 m×700 m 的射频反射器组成。该构型可认为是 1979 SPS基准系统的改进型，通过将微波发射天线固结在太阳能电池阵平台上并利用射频反射器对地定向从而解决了大功率导电旋转关节的技术难题。ISC - SSPS 由两个巨大的聚光反射器、两个薄膜太阳能电池阵列、一个微波发射天线及一个连接桅杆组成。不同于先前构型，该构型采用了聚光镜将太阳光聚集到位于微波反射天线附近的太阳能电池阵列上，从而避免了大功率导电旋转关节和长距离电力传输、管理问题。2007 年，美国国防部开展了对 SSPS 的评估并形成了评估报告，该报告显示出了发展 SSPS 的重要意义并引发新一轮的研究热潮[6]。2011—2012 年，在 NASA 的资助下，Mankins 等[7]提出了 SSPS - ALPHA 电站概念（见图 1.2(b)）。该构型采用了更为复杂的聚光原理，通过控制大量面积为 1 900 m^2 的反射镜片定向，从而将太阳光反射到太阳能电池板上。2015 年，美国诺格公司斥资 1 700 万美元资助加州理工学院开展 SSPS 相关技术的研究工作，提出了一种"微波蠕虫"的电站概念[8]。其基本组成单元为由薄膜聚光镜、太阳能电池和发射天线组成的 10 cm×10 cm 集成结构。该基本单元组成 1.5 m 宽的柔性条带组件，多个条带组件折叠为一个 60 m×60 m 的航天器单元，最终由 2 500 个航天器单元编队飞行，构成 3 km×3 km 的 SSPS。2019 年，美国空军研究实验室与诺格公司共同取得 1 亿美元的 SSPS 研发合同。同年，美国海军研究实验室在X - 37B上开展微波能量传输实验[2]。

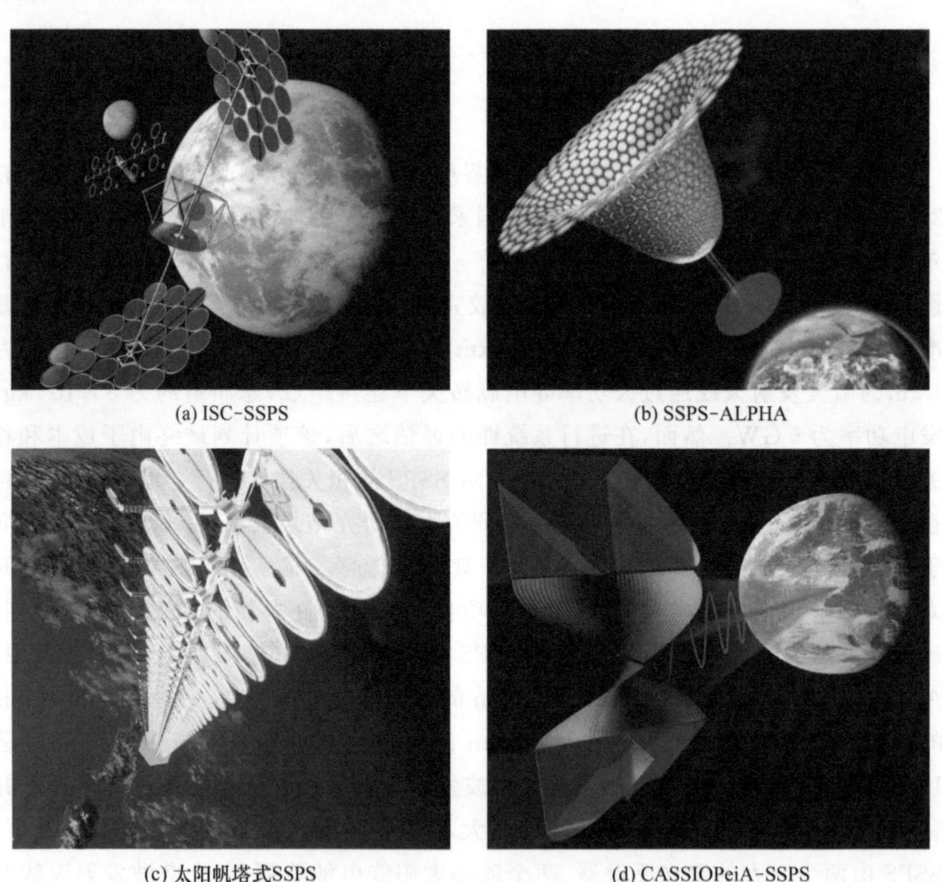

(a) ISC-SSPS (b) SSPS-ALPHA

(c) 太阳帆塔式SSPS (d) CASSIOPeiA-SSPS

图 1.2 国外学者提出的几种 SSPS 概念构型

除美国外，日本、欧洲、俄罗斯和韩国也对SSPS进行了研究。日本自20世纪80年代起便开展了有关SSPS方案设计与关键技术的研究工作，并陆续提出了包括绳系SSPS和基于编队飞行的NASDA参考系统在内的多种构型[9-10]。2004年，日本将SSPS列入国家航天发展计划。在SSPS关键技术之一的无线能量传输技术的研究和试验方面，日本一直处于世界领先地位。2015年，日本宇宙系统开发利用机构(JSS)成功开展了基于反向波束控制技术的地面55 m距离的高精度无线能量传输技术试验验证，并于2017年提出了更新的SSPS发展路线图[11]。欧洲在1998年启动了“空间探索和利用中的系统概念、体系结构与技术”研究计划，并提出了太阳帆塔式SSPS构型(见图1.2(c))[12]。2002年，欧洲航天局(ESA)先进概念团队组建了欧洲SSPS研究网，重点开展在高效多层太阳能电池、薄膜太阳能电池、轻型大型结构等先进技术领域的研究工作[6]。2017年，英国的Ian Cash提出了一种新颖的CASSIOPeiA-SSPS构型(见图1.2(d))[13]。该构型采用了类似于生物学DNA的双螺旋结构，在不使用旋转机构的情况下即可同时实现太阳能的收集和微波发射天线的对地能量传输。俄罗斯科学家于2012年提出了一种基于激光传输的编队式SSPS构型[14]。近年来，韩国也开始关注SSPS的发展。在2017年，韩国组建了SSPS研究协会，且随后召开了第一届、第二届国际SSPS研讨会，并提出了发电功率为2 GW的K-SSPS构型[11]。

我国从20世纪80年代末开始关注SSPS领域的研究。2003年，中国科学院和中国运载火箭技术研究院的多位专家向国防科工委提交了发展SSPS的建议书[15]。2008年，国防科工局启动了“空间太阳能电站概念和发展思路研究”项目，SSPS研发工作正式纳入了国家先期研究规划[15]。2010年，中国空间技术研究院组织召开了“空间太阳能电站发展技术研讨会”，与会专家提出了我国SSPS发展的4阶段路线图[16]。2017年，第二届“空间太阳能电站发展技术研讨会”在北京召开，与会专家就“2030年建设兆瓦级空间太阳能试验电站，2050年前具备建设百万千瓦级商业空间太阳能电站的能力”这一宏伟蓝图献言献策[17]。与此同时，包括中国航天科技集团、西安电子科技大学、重庆大学、哈尔滨工业大学、大连理工大学、西北工业大学、北京理工大学等研究单位已经就SSPS的诸多问题开展了研究[14,18]。当前国内集中研究和分析的SSPS构型主要有两个：一个是由中国空间技术研究院钱学森空间技术实验室提出的多旋转关节式SSPS(见图1.3(a))[19]，另一个是由西安电子科技大学段宝岩院士团队提出的SSPS-OMEGA(见图1.3(b))[20]。其中，多旋转关节式SSPS采用50个200 m×600 m的太阳能电池子阵取代集中式的电池阵列平台，在解决极大功率导电旋转关节技术难题的同时也避免了单个太阳能电池子阵故障问题。SSPS-OMEGA则采用了球形反射器，并通过长跨度索将微波反射天线与反射器相连，这种设计避免了反射器的调节问题，并且减小了连接机构的质量。

(a) 多旋转关节式SSPS

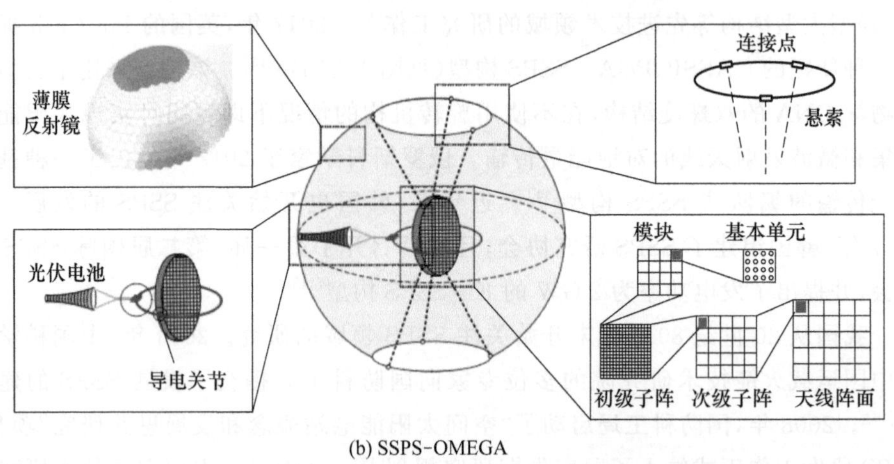

(b) SSPS-OMEGA

图 1.3 中国学者提出的两种 SSPS 概念构型

空间太阳能电站是一个宏伟的航天与能源系统工程，其发展将使航天技术产生革命性的进步，并极大地带动相关基础科学和技术的创新发展。随着运载技术、在轨装配技术、高效太阳能电池技术、轻型结构材料技术和无线能量传输等技术的快速发展，试验电站有可能在未来 20 年左右实现，而商业化的空间太阳能电站有望在 21 世纪中叶实现[21]。

1.3 本书结构

空间太阳能电站是航天领域的一项庞大工程，涉及众多基础科学与技术问题。本书主要关注其中的一个方向——空间太阳能电站在轨运行期间的动力学与控制问题，重点是与轨道、姿态和结构动力学与控制相关的基础理论和方法。以往的航天器研制和在轨运行经验表明，对动力学和控制问题研究不透彻将可能导致灾难性的事故，而空间太阳能电站超大的结构规模使其显著区别于传统航天器，要保证在轨正常运行，则必须对其动力学及控制问题进行深入研究。本书介绍了作者近十年来在空间太阳能电站轨道、姿态和结构动力学与控制方面的研究成果，可为我国未来空间太阳能电站的发展提供有价值的参考。全书共分 7 章，后续各章的内容如下：

第 2 章研究空间太阳能电站的轨道运动问题，着重对比了空间太阳能电站在地球静止轨道和地球同步 Laplace 轨道上运行时的动力学特性。

第 3 章研究重力梯度引起的空间太阳能电站姿轨耦合运动，分析了由超大结构规模而增强的姿轨耦合效应对空间太阳能电站轨道运动和姿态运动的影响。

第 4 章研究重力梯度作用下空间太阳能电站的结构振动特性，分析了由重力梯度所诱发的空间太阳能电站结构动力学不稳定问题。

第 5～7 章研究空间太阳能电站姿态动力学与控制问题。其中，第 5 章研究单体式空间太阳能电站姿态动力学与控制，第 6 章研究多体式空间太阳能电站姿态动力学与控制，第 7 章则给出一种借助滑动质量以充分利用太阳光压作用降低在轨姿态控制燃料消耗的协同控制方法。

第 2 章

空间太阳能电站轨道动力学特性

本章将空间太阳能电站简化成一个质点，研究其在地球引力和其他外力影响下的轨道动力学特性。在现有的关于空间太阳能电站轨道运动的研究中，大都将其放置于地球静止轨道(Geostationary Orbit，GEO)[22-25]上，主要原因是：空间太阳能电站需要对地面特定区域持续供电，其星下点轨迹不能相对于该区域变化太大，否则将大大增加发射天线姿态指向控制的燃料和能量消耗。当空间太阳能电站运行在 GEO 上时，其星下点轨迹的变化范围最小。然而，随着任意相控阵天线技术被运用到空间太阳能电站上[26-28]，空间太阳能电站的运行轨道有了更多选择。任意相控阵天线是一种通过改变天线内部电子元件的相位来改变其指向的天线，它不需要机械指向，减少了用于姿态机动的燃料和能量消耗。本章将重点研究空间太阳能电站在另一个候选轨道——地球同步 Laplace 轨道[29](Geosynchronous Laplace Orbit，GLO)上运行时的轨道动力学特性，并指出其相对于 GEO 的几点优势。

2.1 坐标系定义

为了描述 SSPS 的轨道运动，这里引入一些坐标系的定义[30]。

1. 地心惯性坐标系($O_eX_IY_IZ_I$)

地心惯性坐标系的坐标原点位于地球质心 O_e，如图 2.1 所示。$O_eX_IY_I$ 平面与地球赤道平面重合，O_eX_I 轴指向春分点，O_eZ_I 轴指向地球的北极点，O_eY_I 轴与 O_eX_I 轴、O_eZ_I 轴构成右手坐标系。实际上，由于地球公转运动以及章动和岁差[30]的存在，地心惯性坐标系并非真正意义上的惯性系，但地球公转运动及章动和岁差对绕地卫星的轨道运动影响很小，常忽略不计。受地球章动和岁差的影响，地球的赤道平面将会在空间上产生缓慢的变化。因此，许多学者在研究航天器的轨道运动时常采用某一特定时刻的地心惯性坐标系作为惯性系。大部分学者采用 2000 年 1 月 1 日，协调世界时 12 时 0 分 0 秒这一时刻的地心惯性坐标系作为惯性系。在本书中也将采用这个惯性系。

2. 地心固连坐标系($O_eX_FY_FZ_F$)

为了便于描述 SSPS 的星下点轨迹及其受到的地球扁率干扰，这里引入地心固连坐标系，如图 2.2 所示。$O_eX_FY_FZ_F$ 的坐标原点位于 O_e，$O_eX_FY_F$ 平面与赤道平面重合，O_eX_F 轴与格林尼治天文台相差的经度为 Θ，O_eZ_F 轴自 O_e 指向北极点。

图 2.2 中，λ 表示卫星的星下点相对于 O_eX_F 轴的经度，φ 表示卫星的星下点相对于 $O_eX_FY_F$ 平面的纬度，λ_G 表示卫星的星下点相对于格林尼治天文台的经度。在本书中令 $\Theta=0°$，故 $\lambda_G=\lambda$。

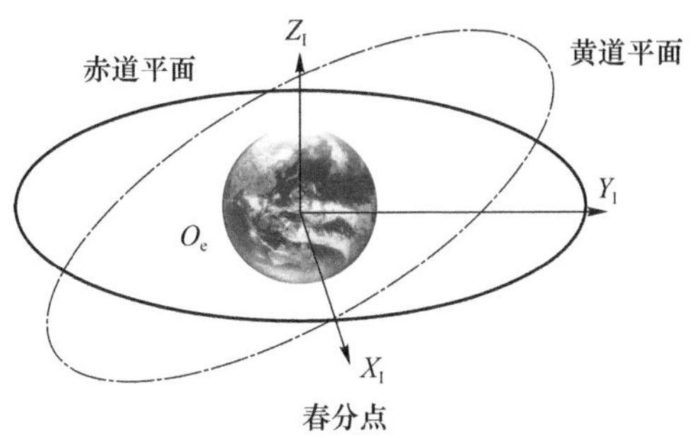

图 2.1　地心惯性坐标系

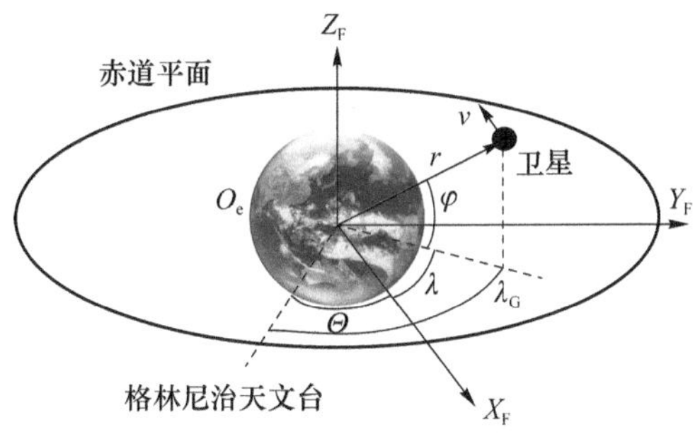

图 2.2　地心固连坐标系

3. 卫星当地坐标系（$OX_LY_LZ_L$）

卫星当地坐标系的坐标原点为卫星质心 O，如图 2.3 所示。OY_L 轴的方向为自 O 指向当地的正东方，OZ_L 轴的方向为自 O 指向当地的正北方，OX_L 轴与 OY_L 轴、OZ_L 轴构成右手坐标系。

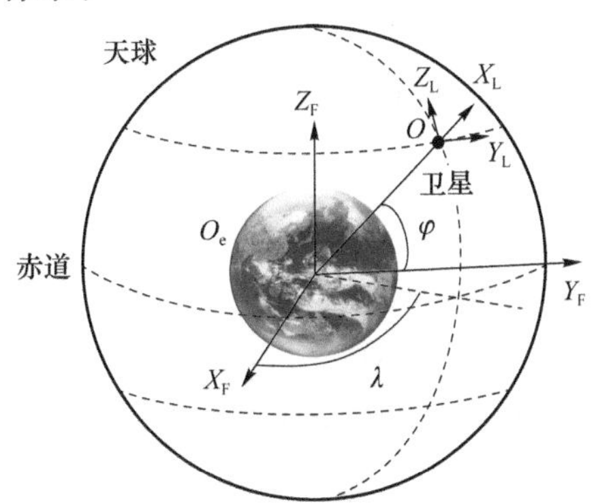

图 2.3　卫星当地坐标系

4. 地心轨道坐标系($O_eX_OY_OZ_O$)

地心轨道坐标系的坐标原点为 O_e,如图 2.4 所示。O_eX_O 轴的方向为自 O_e 指向卫星轨道的升交点。卫星的升交点是指卫星的星下点自南半球向北半球运动时,其轨道平面与赤道平面的交点。O_eZ_O 轴的方向为垂直于轨道平面,并与卫星相对于地心动量矩的方向相同,O_eY_O 轴与 O_eZ_O 轴、O_eX_O 轴构成右手坐标系。图 2.4 中,Ω 为自 O_eX_F 轴到 O_eX_O 轴逆时针旋转的角度,i 为轨道平面和赤道平面的夹角。

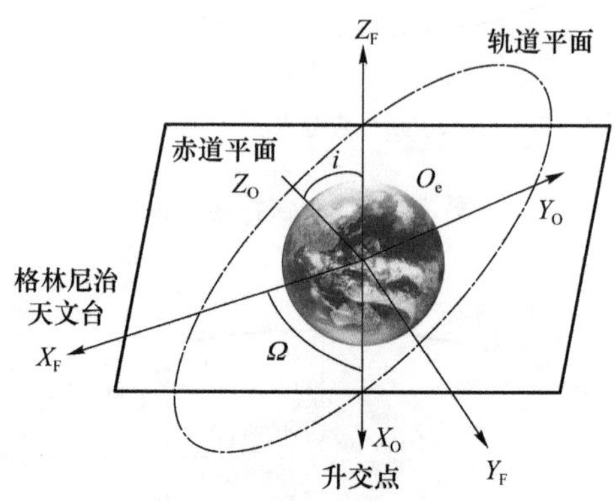

图 2.4 地心轨道坐标系

由上述定义可知,从 $O_eX_FY_FZ_F$ 变换至 $O_eX_IY_IZ_I$ 只需要一次旋转即可。设 O_eX_I 轴逆时针旋转角度 λ_{IF} 即可与 O_eX_F 轴重合。从 $O_eX_FY_FZ_F$ 变换至 $O_eX_IY_IZ_I$ 的坐标变换矩阵为

$$\boldsymbol{T}_{FI}=\begin{bmatrix}\cos\lambda_{IF} & -\sin\lambda_{IF} & 0\\ \sin\lambda_{IF} & \cos\lambda_{IF} & 0\\ 0 & 0 & 1\end{bmatrix} \tag{2.1}$$

从 $OX_LY_LZ_L$ 变换至 $O_eX_FY_FZ_F$ 需要两次旋转,分别为:首先,绕 OY_L 轴顺时针旋转角度 φ;然后,绕 OZ_L 轴顺时针旋转角度 λ。从 $OX_LY_LZ_L$ 变换至 $O_eX_FY_FZ_F$ 的坐标变换矩阵可表示为

$$\boldsymbol{T}_{LF}=\begin{bmatrix}\cos\lambda\cos\varphi & -\sin\lambda & \cos\lambda\sin\varphi\\ \sin\lambda\cos\varphi & \cos\lambda & \sin\lambda\sin\varphi\\ -\sin\varphi & 0 & \cos\varphi\end{bmatrix} \tag{2.2}$$

从 $O_eX_OY_OZ_O$ 变换至 $O_eX_FY_FZ_F$ 同样需要两次旋转,分别为:首先,绕 O_eX_O 轴顺时针旋转角度 i,然后,绕 O_eZ_O 轴顺时针旋转角度 Ω。从 $O_eX_OY_OZ_O$ 变换至 $O_eX_FY_FZ_F$ 的坐标转换矩阵为

$$\boldsymbol{T}_{\mathrm{OF}}=\begin{bmatrix}\cos\Omega & -\sin\Omega\cos i & \sin\Omega\sin i\\ \sin\Omega & \cos\Omega\cos i & -\cos\Omega\sin i\\ 0 & \sin i & \cos i\end{bmatrix} \tag{2.3}$$

2.2　轨道运动描述

在卫星轨道动力学研究中，常采用笛卡儿直角坐标和轨道六要素两种方法来描述卫星的轨道运动。下面简述这两种描述方法。

1. 笛卡儿直角坐标

如图 2.2 所示，卫星相对于 O_e 的位置矢量表示为 $\boldsymbol{r}$，卫星的速度表示为 $\boldsymbol{v}$。$\boldsymbol{r}$ 和 $\boldsymbol{v}$ 在 $O_eX_IY_IZ_I$ 下的投影表示为

$$\boldsymbol{r}^{\mathrm{I}}=[r_x^{\mathrm{I}}\quad r_y^{\mathrm{I}}\quad r_z^{\mathrm{I}}]^{\mathrm{T}} \tag{2.4a}$$

$$\boldsymbol{v}^{\mathrm{I}}=[v_x^{\mathrm{I}}\quad v_y^{\mathrm{I}}\quad v_z^{\mathrm{I}}]^{\mathrm{T}}=[\dot{r}_x^{\mathrm{I}}\quad \dot{r}_y^{\mathrm{I}}\quad \dot{r}_z^{\mathrm{I}}]^{\mathrm{T}} \tag{2.4b}$$

当地球被看作一个标准的均质球形且卫星被简化成一个质点时，卫星在地球引力场中的运动方程可表述为

$$\ddot{\boldsymbol{r}}^{\mathrm{I}}=\frac{\mu_e}{r^3}\boldsymbol{r}^{\mathrm{I}} \tag{2.5}$$

式中：μ_e 表示地球引力常数；$r=|\boldsymbol{r}^{\mathrm{I}}|$。故卫星的运动可由 $\boldsymbol{r}^{\mathrm{I}}$ 和 $\boldsymbol{v}^{\mathrm{I}}$ 来描述。

2. 轨道六要素

从方程(2.5)可以看出：对于两体系统，只需要 6 个独立的变量即可描述卫星在任意时刻的运动。当卫星的初始位置和初始速度确定时，卫星在空间的运动也是确定的。为了更直观地描述卫星的位置和轨道的形状，相关学者提出了轨道六要素的概念，如图 2.5 所示。其定义如下：①轨道半长轴 a，用于描述轨道的大小。②轨道偏心率 e，用于描述轨道的形状。③轨道倾角 i，用于描述轨道平面与赤道平面的夹角。④升交点(降交点)经度 Ω，用于描述卫星轨道平面与赤道平面交点在地球赤道平面上的位置。一般情况下，升交点经度是指自 O_eX_F 轴到 O_eX_O 轴逆时针旋转的角度，它的值与地球的自转有关。当经度原点被设为 O_eX_I 轴时，自 O_eX_I 轴到 O_eX_O 轴逆时针旋转的角度称为升交点赤经，升交点赤经与地球的自转无关。⑤近心点角距 ω，用于描述近地点与升交点在轨道平面上的夹角。⑥真近角 θ，用于描述卫星在轨道平面上的位置。图 2.5 中，$\boldsymbol{h}=\boldsymbol{r}\times\boldsymbol{v}$ 表示卫星相对于 O_e 的单位质量动量矩，其方向与卫星轨道平面的法线方向重合。对于两体系统，$\boldsymbol{h}$ 的大小和方向始终保持不变，且 $\boldsymbol{h}$ 与 O_eZ_F 轴的夹角为卫星的轨道倾角。

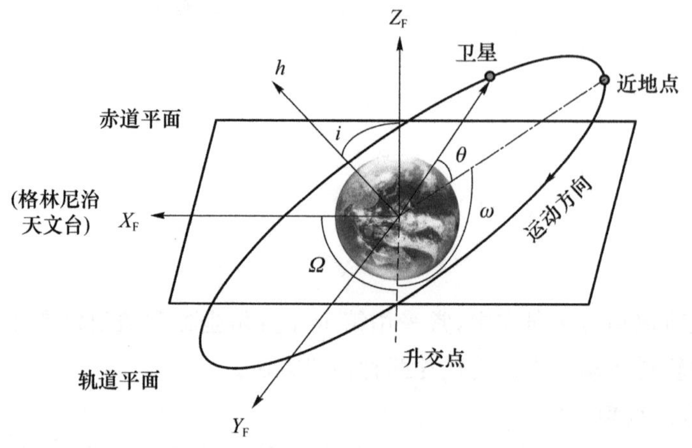

图 2.5　轨道六要素

3. 笛卡儿直角坐标与轨道六要素的转换

首先是笛卡儿直角坐标到轨道六要素的变换。对于两体系统，卫星所具有的总机械能恒定，且满足如下方程[31]：

$$\frac{v^2}{2}-\frac{\mu_e}{r}=-\frac{\mu_e}{2a} \tag{2.6}$$

式中：$v=|\boldsymbol{v}^{\mathrm{I}}|$。卫星的轨道偏心率 e 满足如下关系：

$$e^2=1-\frac{h^2}{a\mu_e} \tag{2.7}$$

式中：$h=|\boldsymbol{h}|$。设 $\boldsymbol{h}$ 在 $O_eX_IY_IZ_I$ 下的坐标分量为：$\boldsymbol{h}^{\mathrm{I}}=[h_x^{\mathrm{I}}\quad h_y^{\mathrm{I}}\quad h_z^{\mathrm{I}}]^{\mathrm{T}}$。卫星的轨道倾角满足如下关系：

$$\cos i=\frac{h_z^{\mathrm{I}}}{h} \tag{2.8}$$

设 $\boldsymbol{r}$ 与 $\boldsymbol{v}$ 的夹角为 β，β 与卫星的真近角 θ 满足如下关系：

$$\theta=\begin{cases}\arccos\left(\dfrac{rv^2}{e\mu_e}\cos^2\beta-\dfrac{1}{e}\right), & \beta\leqslant\dfrac{\pi}{2}\\ 2\pi-\arccos\left(\dfrac{rv^2}{e\mu_e}\cos^2\beta-\dfrac{1}{e}\right), & \beta>\dfrac{\pi}{2}\end{cases} \tag{2.9}$$

设卫星当前位置的星下点纬度为 φ，φ 满足如下关系：

$$\sin\varphi=\frac{r_z^{\mathrm{I}}}{r} \tag{2.10}$$

设 $\boldsymbol{v}$ 在 $OX_LY_LZ_L$ 下的分量为 $\boldsymbol{v}^{\mathrm{L}}=[v_x^{\mathrm{L}}\quad v_y^{\mathrm{L}}\quad v_z^{\mathrm{L}}]^{\mathrm{T}}$。$\boldsymbol{v}^{\mathrm{L}}$ 与 $\boldsymbol{v}^{\mathrm{I}}$ 满足如下变换：

$$\boldsymbol{v}^{\mathrm{L}}=[\boldsymbol{T}_{\mathrm{FI}}\quad \boldsymbol{T}_{\mathrm{LF}}]^{\mathrm{T}}\boldsymbol{v}^{\mathrm{I}} \tag{2.11}$$

设 $\boldsymbol{v}^{\mathrm{L}}$ 在 OY_LZ_L 平面上的分量与 OY_L 轴的夹角为 υ，υ 满足如下关系：

$$\cot \upsilon=\frac{v_y^{\mathrm{L}}}{v_x^{\mathrm{L}}} \tag{2.12}$$

设卫星所在经度 λ 与升交点经度的差值为 $\Delta\lambda$，则 $\Delta\lambda$ 满足如下关系：

$$\tan \Delta\lambda=\cot \upsilon \sin \varphi \tag{2.13}$$

$$\Omega=\begin{cases}\lambda-\Delta\lambda, & h_z^{\mathrm{I}}>0 \\ \lambda-\Delta\lambda+\pi, & h_z^{\mathrm{I}}<0\end{cases} \tag{2.14}$$

结合方程(2.8)～(2.10)可得，卫星的近地点角距 ω 满足如下关系：

$$\omega=\arcsin\left(\frac{\sin \varphi}{\sin i}\right)-\theta \tag{2.15}$$

然后是轨道六要素到笛卡儿直角坐标的变换。从 O_e 到卫星的距离 r 满足如下关系：

$$r=\frac{a(1-e^2)}{1+e\cos \theta} \tag{2.16}$$

卫星相对于 O_e 的位置矢量 $\boldsymbol{r}$ 在 $O_eX_OY_OZ_O$ 下的分量为

$$\boldsymbol{r}^{\mathrm{O}}=[r\cdot\cos(\omega+\theta) \quad r\cdot\sin(\omega+\theta) \quad 0]^{\mathrm{T}} \tag{2.17}$$

$\boldsymbol{r}$ 在 $O_eX_IY_IZ_I$ 下的坐标分量为

$$\boldsymbol{r}^{\mathrm{I}}=\boldsymbol{T}_{\mathrm{FI}}\boldsymbol{T}_{\mathrm{OF}}\boldsymbol{r}^{\mathrm{O}} \tag{2.18}$$

2.3　地球同步 Laplace 轨道

Laplace 轨道是由 Laplace 于 1805 年研究木星卫星时提出的[32]。他在研究中发现：对于具有合适轨道倾角的木星卫星，其受到的太阳引力摄动和木星扁率摄动可以相互抵消，从而使卫星的轨道参数在长期的演化中变化很小。受木星 Laplace 轨道的启发，Allan 和 Cook 在 1963 年的一篇文章中，通过对地球非球形引力 J_2 项势函数和日月引力势函数的分析，提出了能够使地球非球形引力摄动和日月引力摄动相互抵消的地球 Laplace 轨道倾角计算公式[33]：

$$\tan 2i_{\mathrm{L}}=\frac{\omega^* \sin 2i_{\mathrm{s}}}{\omega_0+\omega^* \cos 2i_{\mathrm{s}}} \tag{2.19}$$

式中：i_{L} 为 Laplace 轨道倾角（相对于地球赤道平面）；$i_{\mathrm{s}}=23.45°$为赤道平面与黄道平面的夹角；$\omega_0=1.5nJ_2R_e^2/a^2$，其中，$n=\sqrt{\mu_e/a^3}$ 为卫星的平均轨道角速度，a 为卫星的轨道半长轴，R_e 为平均地球半径，J_2 为地球引力场势函数的第二阶带谐系数；$\omega^*=\omega_{\mathrm{s}}+\omega_{\mathrm{m}}$，$\omega_{\mathrm{s}}$ 和 ω_{m} 由下式确定，$\omega_{\mathrm{p}}=0.75\mu_{\mathrm{p}}/[na_{\mathrm{p}}^3(1-e_{\mathrm{p}}^2)^{1.5}]$，这里 p 表示太阳(s)或者月亮(m)，$\mu_{\mathrm{p}}$ 表示太阳或月亮的引力常数，a_{p} 和 e_{p} 分别表示地球公转

轨道或者月球公转轨道的半长轴和偏心率。不同轨道半长轴下，GLO 的轨道倾角如图 2.6 所示。

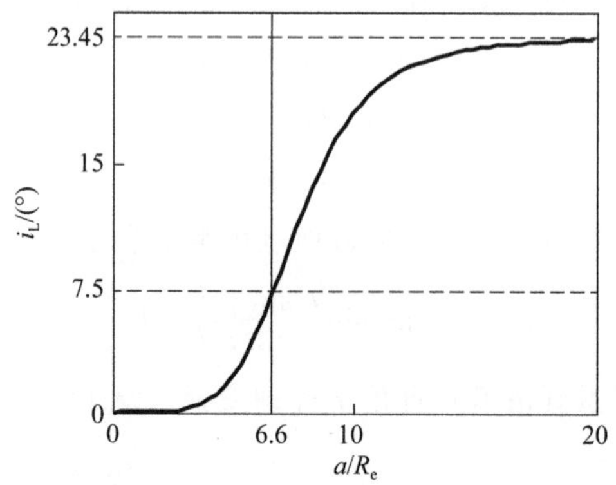

图 2.6 不同轨道半长轴下 i_L 的值

SSPS 需在轨运行 30 年以上，长期在轨运行需要大量能源和燃料以保持其轨道的形状和位置。利用上述 Laplace 轨道的特点，通过适当地改变 SSPS 的轨道倾角以抵消地球扁率摄动和日月引力摄动带来的影响，从而达到节省轨道修正所需能源和燃料的目的。已知地球同步轨道的轨道半长轴为 $a=42\ 464.169\ \mathrm{km}\approx 6.6R_e$，将其代入方程(2.19)中，可以求出地球同步轨道所对应的 Laplace 轨道倾角为 $i_L\approx 7.5°$，如图 2.6 所示。

2.4 轨道运动方程

SSPS 绕地球的轨道运动可以看作外界干扰力作用下的两体运动问题，可通过如下的矢量微分方程进行描述[31]：

$$\ddot{\boldsymbol{r}}^{\mathrm{I}}+\frac{\mu_e}{r^3}\boldsymbol{r}^{\mathrm{I}}=\boldsymbol{a}_o^{\mathrm{I}}+\boldsymbol{a}_s^{\mathrm{I}}+\boldsymbol{a}_m^{\mathrm{I}}+\boldsymbol{a}_{srp}^{\mathrm{I}}+\boldsymbol{a}_b^{\mathrm{I}} \tag{2.20}$$

式中：$\boldsymbol{a}_o^{\mathrm{I}}$、$\boldsymbol{a}_s^{\mathrm{I}}$、$\boldsymbol{a}_m^{\mathrm{I}}$、$\boldsymbol{a}_{srp}^{\mathrm{I}}$ 和 $\boldsymbol{a}_b^{\mathrm{I}}$ 分别表示 SSPS 在轨运行时受到的地球扁率干扰加速度、太阳引力干扰加速度、月球引力干扰加速度、太阳光压干扰加速度和微波反冲力干扰加速度在 $O_eX_IY_IZ_I$ 下的投影。

1. 地球扁率干扰加速度

由于地球并非一个均质标准的球形，卫星在轨运行时将受到由地球质量分布不均与扁率引起的外界干扰，这里统称为地球扁率干扰。地球扁率产生的引力场势函数为[31]

$$U_o(r,\lambda,\varphi)=\frac{\mu_e}{r}\sum_{n=2}^{\infty}\sum_{m=0}^{n}\left(\frac{R_e}{r}\right)^n P_{nm}(\sin\varphi)\left[C_{nm}\cos(m\lambda)+S_{nm}\sin(m\lambda)\right] \tag{2.21}$$

式中：λ 和 φ 分别表示卫星在天球上的经度和纬度；C_{nm} 和 S_{nm} 称为地球扁率场的田谐系数($m\neq n$)，当 $m=n$ 时为扇谐系数，当 $m=0$ 时为带谐系数。P_{nm} 为 Legendre 函数，且满足如下关系[24]：

$$P_{nm}(x)=\frac{(1-x^2)^{\frac{m}{2}}}{2^n n!}\frac{\mathrm{d}^{n+m}}{\mathrm{d}x^{n+m}}(x^2-1)^n \tag{2.22}$$

由于地球的高阶扁率项对 SSPS 的轨道运动影响较小，故这里只保留前两阶扁率项的影响。地球扁率场引力势函数可简化为

$$\begin{aligned}U_o(r,\lambda,\varphi)=&-\frac{\mu_e J_2 R_e^2}{2r^3}(3\sin^2\varphi-1)+\\&\frac{3\mu_e R_e^2 J_{22}}{r^3}\cos(2\lambda-2\lambda_{22})\cos^2\varphi\end{aligned} \tag{2.23}$$

式中：$J_2=C_{20}=1.082\times10^{-3}$，$C_{22}=1.574\times10^{-6}$，$S_{22}=-0.904\times10^{-6}$；$J_{22}=\sqrt{C_{22}^2+S_{22}^2}$，$\sin\lambda_{22}=S_{22}/J_{22}$。从方程(2.23)可以看出：当卫星运行在 GEO 上时，地球扁率的 J_{22} 项将引起卫星的东西漂移。具体的推导过程请参考文献[24]。此外，地球扁率场中还存在 4 个东西漂移的平衡点[24]，其中有两个稳定平衡点，两个非稳定平衡点，且每两个点间隔 90°。两个平衡稳定点为：东经 75°(75 °E)和东经 255°(255 °E)。

设 $\boldsymbol{r}$ 在 $O_eX_FY_FZ_F$ 下的分量为 $\boldsymbol{r}^F=[r_x^F\quad r_y^F\quad r_z^F]^T$，$\boldsymbol{r}^F$ 与 λ 和 φ 满足如下关系：

$$\sin\varphi=\frac{r_z^F}{r} \tag{2.24a}$$

$$\cos\lambda=\frac{r_x^F}{\sqrt{(r_x^F)^2+(r_y^F)^2}} \tag{2.24b}$$

故地球扁率的引力场势函数可表述为 $U_o(\boldsymbol{r}^F)$ 的形式。SSPS 受到的地球扁率干扰加速度可通过如下运算得到[34]

$$\boldsymbol{a}_o^F=\frac{\partial U_o(\boldsymbol{r}^F)}{\partial\boldsymbol{r}^F} \tag{2.25a}$$

$$\boldsymbol{a}_o^I=T_{FI}\boldsymbol{a}_o^F \tag{2.25b}$$

式中：$\boldsymbol{a}_o^F$ 表示地球扁率干扰加速度在 $O_eX_FY_FZ_F$ 下的分量。

2. 日月引力干扰加速度

由于 SSPS 的运行轨道为地球同步轨道，在这样的轨道高度上运行的卫星受到的日月引力干扰将不能再忽略不计[24]。SSPS 受到的日月引力干扰加速度在 $O_eX_IY_IZ_I$ 下的投影为

$$\boldsymbol{a}_{s}^{I}=-\mu_{s}\left(\frac{\boldsymbol{r}_{ss}^{I}}{r_{ss}^{3}}+\frac{\boldsymbol{r}_{es}^{I}}{r_{es}^{3}}\right) \tag{2.26a}$$

$$\boldsymbol{a}_{m}^{I}=-\mu_{s}\left(\frac{\boldsymbol{r}_{ms}^{I}}{r_{ms}^{3}}+\frac{\boldsymbol{r}_{em}^{I}}{r_{em}^{3}}\right) \tag{2.26b}$$

式中：$\boldsymbol{r}_{ss}^{I}$（$\boldsymbol{r}_{ms}^{I}$）为太阳（月球）到卫星的位置矢量在 $O_eX_IY_IZ_I$ 下的投影，$r_{ss}=|\boldsymbol{r}_{ss}^{I}|$（$r_{ms}=|\boldsymbol{r}_{ms}^{I}|$）；$\boldsymbol{r}_{es}^{I}$（$\boldsymbol{r}_{em}^{I}$）为地球到太阳（月球）的位置矢量在 $O_eX_IY_IZ_I$ 下的投影，$r_{es}=|\boldsymbol{r}_{es}^{I}|$（$r_{em}=|\boldsymbol{r}_{em}^{I}|$）。

关于太阳和月球相对于地球的位置矢量可通过两种方法获得。第一种方法是通过查询太阳和月球的星历，然后将对应的参数转换至本书中定义的 $O_eX_IY_IZ_I$ 下。这种方法可以准确地得到日月相对于地球的位置，为 SSPS 的轨道运动提供较高的计算精度。但该方法只能获得当前时间之前的星历，无法获得当前时间之后的星历，并且在计算时需要不断访问星历文件表，大大降低了计算速度。第二种方法是对地球公转轨道和月球公转轨道进行建模，通过计算模型得到日月相对于地球的位置[29]，在本书的研究中则采用这种方法。

太阳相对于地球的运动可以将太阳看作绕地球运行的一颗卫星。由于短期内（一个世纪内）章动和岁差对黄赤夹角和太阳升交点赤经的影响很小，故这里不考虑地球章动和岁差的影响，太阳相对于地球的距离可表示为

$$r_{es}=\frac{a_s(1-e_s^2)}{1+e_s\cos\theta_s} \tag{2.27}$$

式中：θ_s 为太阳相对于地球运动的真近角。$\boldsymbol{r}_{es}^{I}$ 可通过方程(2.17)和方程(2.18)的运算得到。

月球的运动比较复杂，月球的轨道平面与赤道平面的夹角（白赤夹角）并非是一个定值，而是振幅约为 5.09°的周期振动，其振动周期约为 $T_{em}=18.6$ 年。这里，白赤夹角被简化为

$$i_m=i_{m0}+5.09\cdot\sin\left(\frac{2\pi}{T_{em}}t+\phi_0\right) \tag{2.28}$$

式中：i_m 表示白赤夹角；$i_{m0}=23.5°$为白赤夹角变化的平均值；ϕ_0 为初始相位。月球相对于赤道平面的升交点赤经也是随时间不断变化的，其变化规律可表述为[29]

$$\Omega_m=\Omega_{m0}-\frac{2\pi}{T_{em}}t \tag{2.29}$$

式中：Ω_m 表示月球的升交点赤经；Ω_{m0} 表示初始时刻的升交点赤经。$\boldsymbol{r}_{em}^{I}$ 可通过方程(2.17)、(2.18)和方程(2.27)所述的方法得到。

3. 太阳光压力干扰加速度

相比于常规尺寸卫星，SSPS 具有很大的面积质量比，这使太阳光压力对其轨道运动的影响将不能再忽略不计[25]。太阳光压力的示意图如图 2.7 所示。

当太阳光作用于太阳能电池板时会有两种太阳光压力产生，分别为：由吸收产生的太阳光压力和由反射产生的太阳光压力。这两种压力产生的太阳光压力干扰加速度为

$$\boldsymbol{a}_{\mathrm{a}}=P\cdot\frac{A}{m}\cos\gamma\cdot\hat{\boldsymbol{s}} \tag{2.30a}$$

$$\boldsymbol{a}_{\mathrm{r}}=2P\cdot\frac{A}{m}\cos^2\gamma\cdot\hat{\boldsymbol{n}} \tag{2.30b}$$

式中：$\boldsymbol{a}_{\mathrm{a}}$ 表示吸收太阳光压力干扰加速度；$\boldsymbol{a}_{\mathrm{r}}$ 表示反射太阳光压力干扰加速度；P 表示太阳光压力常数，$P=4.5\times10^{-6}\ \mathrm{N/m^2}$；$A/m$ 表示 SSPS 的面积质量比，这里取 0.4[24]；$\hat{\boldsymbol{s}}$ 表示太阳到 SSPS 的单位矢量；$\hat{\boldsymbol{n}}$ 表示太阳能电池板法线方向的单位矢量。这里令 SSPS 时刻对日指向以收集太阳能，SSPS 受到的太阳光压力干扰加速度可简化为

$$\boldsymbol{a}_{\mathrm{s}}^{\mathrm{I}}=(1+\varepsilon)\cdot P\frac{A}{m}\cdot\hat{\boldsymbol{s}}^{\mathrm{I}} \tag{2.31}$$

式中：ε 表示 SSPS 表面的反射系数，在本书中取 $\varepsilon=0.2$；$\hat{\boldsymbol{s}}^{\mathrm{I}}$ 表示 $\hat{\boldsymbol{s}}$ 在 $O_{\mathrm{e}}X_{\mathrm{I}}Y_{\mathrm{I}}Z_{\mathrm{I}}$ 下的投影。

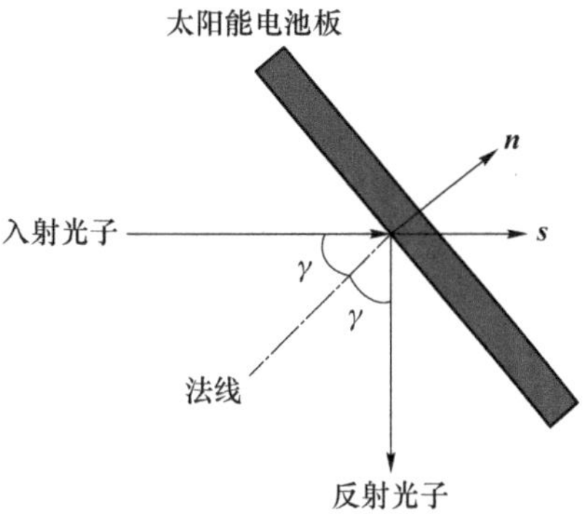

图 2.7　太阳光压力

4. 微波反冲力干扰加速度

现有卫星天线的主要功能是传输数据，发射功率很小。其产生的电磁波反冲力对卫星的轨道运动影响极小，可忽略不计。而 SSPS 的微波发射天线主要用于向地面传输电能，发射功率较大。当工作时，天线将产生与其指向相反的微波反冲力(Microwave Beaming Force，MBF)，并对其轨道运动产生不可忽略的影响。微波反冲力产生的干扰加速度为[24]

$$\boldsymbol{a}_{\mathrm{b}}^{\mathrm{I}}=\frac{P_{\mathrm{t}}}{cm}\hat{\boldsymbol{r}}_{\mathrm{rs}}^{\mathrm{I}} \tag{2.32}$$

式中：P_t 表示 SSPS 的发射功率，其值为 1.78 GW（见表 2.1[24]）；m 为 SSPS 的质量，其值为 2.5×10^7 kg[24]；c 表示光速；$\hat{\boldsymbol{r}}_{rs}^{I}$ 表示地面接收天线到 SSPS 的单位矢量在 $O_eX_IY_IZ_I$ 下的投影，如图 2.8 所示。

表 2.1 相控阵天线参数

性 质	符 号	数 值
发射天线直径/km	D_T	0.5
接收天线直径/km	D_R	8.85
发射功率/GW	P_t	1.78
发射频率/GHz	f	5.8
波长/cm	λ_b	5.17

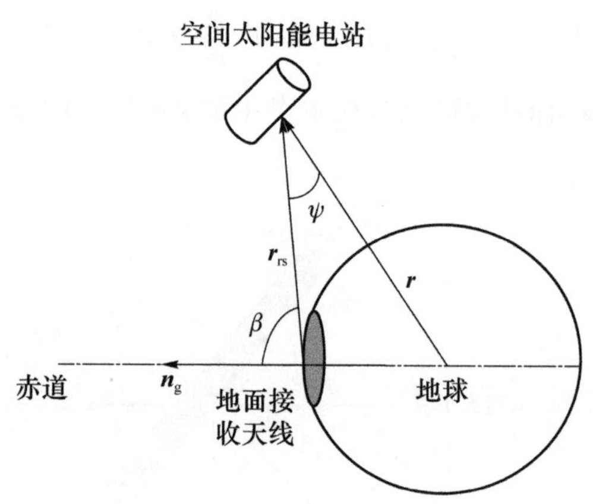

图 2.8 SSPS 与地面接收天线的几何关系

2.5 轨道性能指标

作为 SSPS 的运行轨道，必须要保证其长期、高效地在轨发电。本节提出了如下 3 种用于评价 SSPS 运行轨道的性能指标：地面接收功率、轨道适用性和安全性，并基于这 3 种指标对长期运行在 GEO 和 GLO 上 SSPS 的轨道运动特性进行分析。

1. 地面接收功率

地面接收站的接收功率是影响 SSPS 整体发电效率的主要因素。为了更好地评估 SSPS 运行轨道的性能，本节从电站发电效率的角度引入一个新的指标，即地面接收站的接收功率 P_r。设地面接收站位于赤道上，如图 2.8 所示，电能自发射天线到接收天线的无线传输效率为

$$\eta_t = 1 - \exp(-\zeta^2) \tag{2.33a}$$

$$\zeta = \frac{\pi D_T D_R}{4\lambda_b |\boldsymbol{r}_{rs}|} \tag{2.33b}$$

式中：D_T 和 D_R 分别为发射天线和接收天线的直径；λ_b 为微波波长，其值如表 2.1 所列。地面接收站所接收到的功率为

$$P_r = P_t \eta_t \cos^2\beta \tag{2.34a}$$

$$\cos\beta = \cos\varphi_{sr} \cos\lambda_{sr} \tag{2.34b}$$

式中：β 为 $\boldsymbol{n}_g$ 和 $\boldsymbol{r}_{rs}$ 的夹角，如图 2.8 所示；φ_{sr} 表示 SSPS 星下点纬度和接收天线所在纬度的差值；λ_{sr} 表示 SSPS 星下点经度和接收天线所在经度的差值。

2. 轨道适用性

相控阵天线的扫描角度 ψ，如图 2.8 所示，一般需满足条件 $\psi \leqslant 3°$[24]。由方程(2.34a)和图 2.8 可知，地面接收站的接收功率和相控阵天线的最大扫描角 ψ_{max} 主要与轨道倾角和 SSPS 相对于地面接收站所在经度的差值有关。在无控情况下，如果在所选轨道上工作的 SSPS 发电功率能满足发电要求，且天线的扫描角满足 $\psi \leqslant 3°$，则该轨道适合作为 SSPS 的运行轨道，并且运行在该轨道的 SSPS 可以大量节约用于轨道修正所需的燃料和能量。若所在轨道上的 SSPS 相对于地面接收站的位置变化较大，则为了满足发电需求必须对 SSPS 的轨道运动进行控制。此时，需要对轨道控制成本进行评估来确定该轨道能否作为 SSPS 的运行轨道。

3. 安全性

随着人类对太空的探索越来越频繁，GEO 的空间资源正在不断减少。同时 GEO 上存在大量太空垃圾碎片，给卫星的安全带来了很大隐患。SSPS 尺寸巨大，这更增加了其与太空垃圾碎片相撞的风险。选择一些至今未被人类开发利用的轨道以保证 SSPS 在轨运行的安全，且同时又能保证其发电和能量传输需求，是值得关注的问题之一。

2.6 数值仿真与分析

本节将对运行在 GEO 和 GLO 两种轨道上 SSPS 的轨道运动进行长期仿真，并结合仿真结果和上述评价指标对两种轨道的性能进行评估。本节还将结合我国

的地理位置，给出不同初始升交点经度 GLO 的性能指标演化结果，为我国的 SSPS 计划提供参考。

这里，设初始的仿真时间为 2015 年 3 月 21 日，北京时间 6 点 21 分，即太阳直射赤道的时刻。仿真时间为 30 年。SSPS 的轨道入轨点设在地球引力场中的一个稳定点上，经度为 75.09 °E，纬度为 0°，这个入轨点的经度同时也是中国新疆西部边境所在经度。GEO 和 GLO 的轨道参数初值为：半长轴均为 $a_0=42\,164.169$ km，轨道偏心率均为 $e_0=0$，GLO 的初始轨道倾角为 $i_L=7.9°$。由于文献[33]对各引力势函数的模型进行了简化，故由方程(2.19)所得到的轨道倾角 $i_L=7.5°$并非最佳的 Laplace 轨道倾角。通过对 $i_L=7.5°$附近进行取值比较，发现 $i_L=7.9°$为最佳的轨道倾角。三种轨道上运行的 SSPS 的轨道倾角 i 随时间的变化如图 2.9 所示。此外，设地面接收站位于经度为 75.09 °E，纬度为 0°的地面上。在 GLO 和 GEO 上运行的 SSPS 的轨道半长轴 a 与初始半长轴 a_0 的差值 Δa，轨道偏心率 e，以及 SSPS 的星下点轨迹经度随时间的变化范围如表 2.2 所列。接收功率 P_r 和任意相控阵天线的扫描角 ψ 随时间的变化如图 2.10 所示。

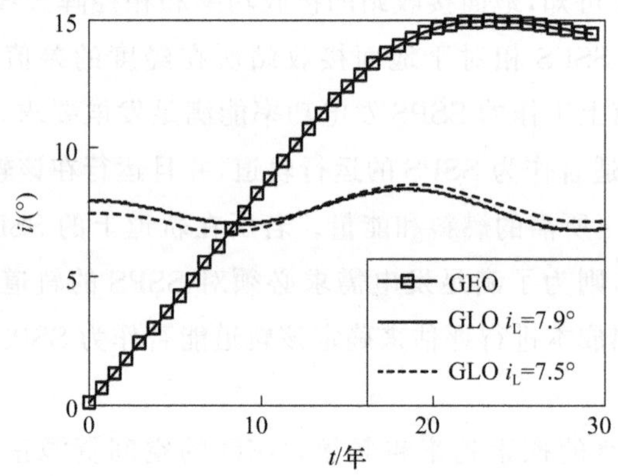

图 2.9 不同轨道上 SSPS 的轨道倾角随时间的变化图

表 2.2 不同轨道上 SSPS 轨道参数的变化范围

参数 \ 变化范围 \ 轨道	GEO	GLO
Δa/km	−2.5～6	−2.5～6
e(无量纲)	0～0.012	0～0.012
星下点经度/°E	70～80	70～80

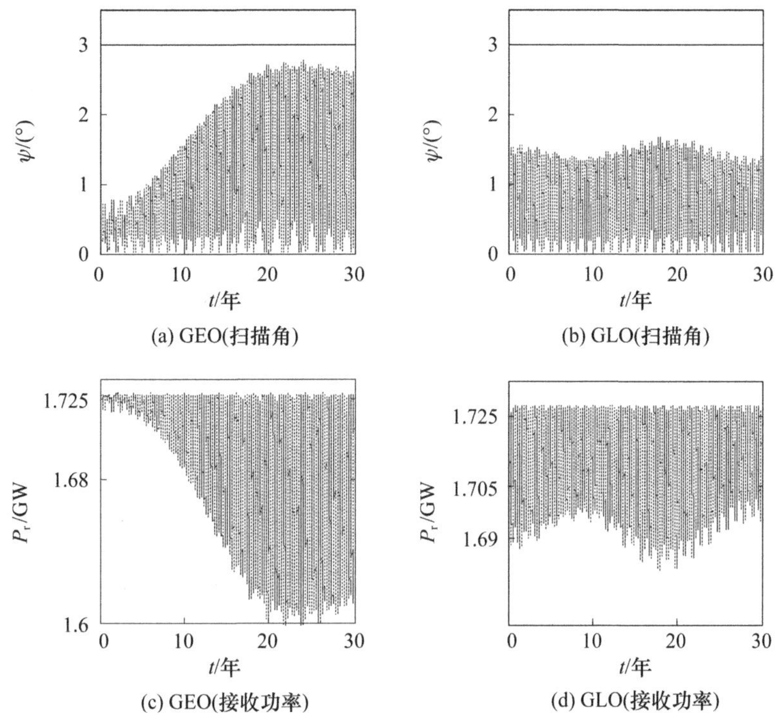

图 2.10　接收功率和扫描角随时间的变化图

从图 2.9 中可以看出：在长期的轨道运动中，工作在 GLO 上的 SSPS 的轨道倾角在 7°～9°之间变化。而工作在 GEO 上的 SSPS 的轨道倾角变化范围为 0°～15°，并在前 18 年左右持续增加，每年约增加 0.8°，这主要与白赤夹角的变化有关。从表 2.2 中可以看出：工作在 GEO 和 GLO 两种轨道上的 SSPS 的轨道半长轴、星下点经度以及轨道偏心率的变化范围基本相同。上述结果表明：在无控情况下，相比于 GEO，工作在 GLO 上的 SSPS 相对于地面接收站的位置更加稳定，更有利于向地面进行能量传输。

从图 2.10 中可以看出：工作在两种轨道上的 SSPS 的相控阵天线扫描角 ψ 均未超过最大扫描角。但工作在 GEO 上的 SSPS 的地面接收功率每日波动范围随着时间逐渐增加，最大可达 1.60～1.725 GW，此时接收功率每日波动范围过大，不利于稳定供电。而工作在 GLO 上的 SSPS 的接收功率变化范围较小，始终稳定在 1.690～1.725 GW，利于稳定供电。在长期在轨运行中，当运行在该升交点经度 GLO 上的 SSPS 的地面接收功率满足所需的供电要求时，可大量节省用于轨道修正所需的燃料和能量，降低了运行成本。而且，GLO 暂时未被人们开发利用，运行在其上的 SSPS 同时降低了与太空垃圾碎片撞击的风险，故可作为 SSPS 的一种潜在运行轨道。

为了分析我国不同地区对 GLO 的适用性，这里分别给出 SSPS 在不同升交点经度 GLO 上运行时，其轨道性能随时间的演化规律，仿真结果如图 2.11 所示。其中，升交点经度分别设为中国北京(116.3 °E)和新疆西部(75.09 °E)所在的经度。图 2.11 中的(a)和(b)分别表示 SSPS 在不同 GLO 上运行，且有无考虑微波反冲力(With MBF，即有微波反冲力；Without MBF，即无微波反冲力)时，SSPS 的星下点经度随时间的变化曲线。从图 2.11 中可以看出：北京所在经度 GLO 上的 SSPS 的星下点经度随时间变化较大，而新疆西部所在经度 GLO 上的 SSPS 的星下点经度则随时间变化较小。这主要是由于不同经度地区，地球扁率引力不同引起的。图 2.11 中的(c)和(d)表示相控阵天线扫描角 ψ 的变化曲线，可以看出：北京所在经度 GLO 上的 SSPS 的相控阵天线最大扫描角 $\psi \approx 8°$，大于相控阵天线所能达到的最大扫描角 $\psi_{max}=3°$，故需要对其进行轨道控制。图 2.11 中的(e)和(f)为假设天线正常工作时，地面接收功率的变化曲线，可以看出：北京所在经度 GLO 上的 SSPS 的地面接收功率随时间变化很大，如果不对其轨道进行控制，则无法满足供

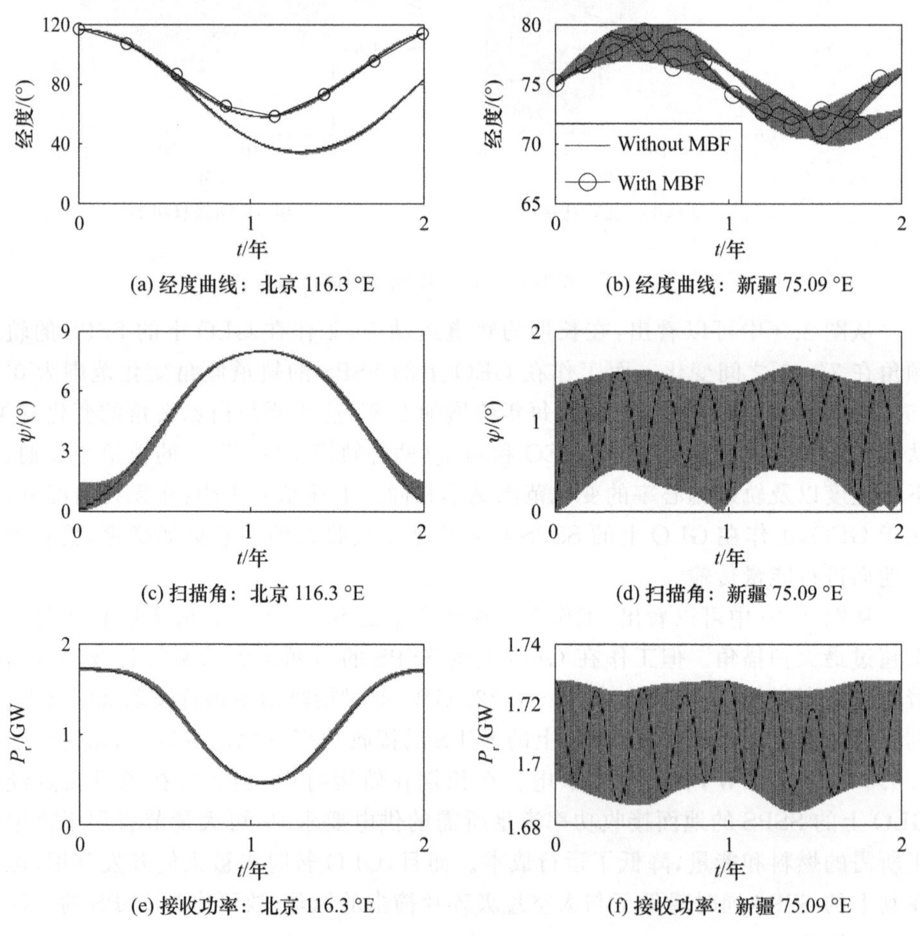

(a) 经度曲线：北京 116.3 °E　(b) 经度曲线：新疆 75.09 °E

(c) 扫描角：北京 116.3 °E　(d) 扫描角：新疆 75.09 °E

(e) 接收功率：北京 116.3 °E　(f) 接收功率：新疆 75.09 °E

图 2.11　不同经度 GLO 的性能指标随时间的变化图

电要求。因此,对于北京所在经度的 GLO 是否适合作为 SSPS 的运行轨道,则需要对其轨道控制所需成本进行评估,在这里不做深入讨论。

此外,从图 2.11(a)和(b)中还可以看出:SSPS 发射天线产生的微波反冲力能够抑制由地球扁率引起的漂移,其原理如图 2.12 所示。图 2.12 中,S1(S2)和 US1(US2)分别表示地球引力场中的稳定点和不稳定点。当 SSPS 受到地球扁率产生的干扰而加速(减速)时,SSPS 的轨道半径将增加(减小),从而导致其轨道角速度减小(增加)。此时,SSPS 会产生相对于地面接收站向西(向东)的漂移。而 SSPS 产生的微波反冲力又会产生使其减速(加速)的力,使 SSPS 的轨道半径减小(增加),从而使轨道角速度增加(减小),进而抑制了 SSPS 的向西(向东)漂移。这里所采用的研究对象产生的 a_b 小于地球扁率引力势函数 J_{22} 项产生的干扰加速度,故只是抑制由 J_{22} 项引起的漂移。

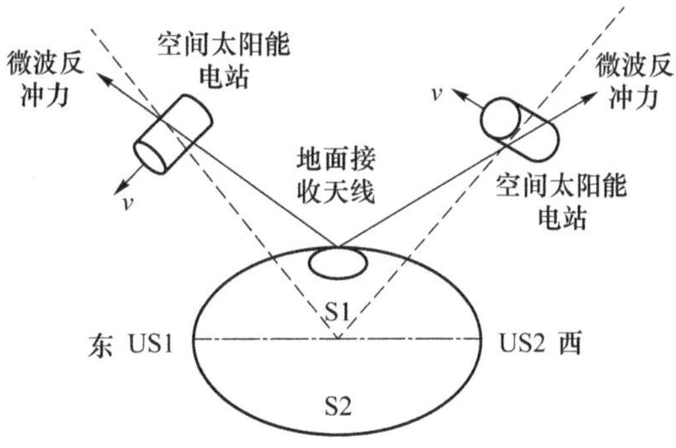

图 2.12　SSPS 微波反冲力的影响

2.7　本章小结

通过将空间太阳能电站简化成一个质点,本章分析了它在 GEO 和 GLO 上运行时的轨道动力学特性,并对二者进行了对比分析,指出了 GLO 相比于 GEO 的几点优势。其主要结论如下:①无控情况下,空间太阳能电站在长期的在轨运行中,运行在 GLO 上比运行在 GEO 上更加稳定。当空间太阳能电站对地球上某些特定区域进行供电时,GLO 更适合作为其运行轨道。②相比于 GEO,GLO 上的太空垃圾碎片更少,可以降低空间太阳能电站与之相撞的风险,同时节约了 GEO 的资源,这是 GLO 的优点之一。③空间太阳能电站发射天线产生的微波反冲力会对其运行轨道产生不可忽略的影响,这种影响能够抑制空间太阳能电站因地球扁率引起的位置漂移。本章所讨论主题的更多细节见参考文献[34]和[35]。

[illegible]GLO[illegible]，[illegible]

[illegible]

[illegible]SSPS[illegible]

[illegible]

SSPS[illegible]SSPS[illegible]

[illegible]SSPS[illegible]

[illegible]

[illegible]

图2.12 [illegible]

2.7 本章小结

[illegible]空间太阳能电站[illegible]本章[illegible]GEO和GLO上[illegible]行时的[illegible]动力学特性[illegible]GLO[illegible]GEO的[illegible]

[illegible]空间太阳能电站在[illegible]

[illegible]GLO上[illegible]GEO[illegible]空间太阳能电站[illegible]

区域进行供电时，GLO更适合作为其运行轨道。②相比于GEO，GLO上的太空垃圾碎片更少，可以降低空间太阳能电站与之相撞的风险，同时节约了GEO的资源，这是GLO的优点之一。③空间太阳能电站发射天线产生的微波反冲力会对其运行轨道产生不可忽略的影响，这种影响可能导致空间太阳能电站[illegible]的[illegible]。本章所讨论主题的更多细节见参考文献[34]和[35]。

第 3 章

重力梯度引起的空间太阳能电站姿轨耦合运动

在常规尺寸航天器动力学研究中，通常将轨道运动和姿态运动分开处理。对于轨道运动，常采用第 2 章中假定为质点的做法，而姿态运动则独立研究。虽然对于大多数卫星来说这是一个合理的假设，但实际上所有卫星在轨运行时，其轨道运动和姿态运动都是通过重力梯度弱耦合在一起的，其原理是：由于重力梯度的存在，在相同的轨道高度上，卫星在不同姿态下受到的重力不同。重力的变化会导致卫星轨道高度的变化，卫星轨道高度的变化又会导致其重力梯度力矩的变化，重力梯度力矩的变化会对其姿态运动造成影响。这种耦合作用的大小与卫星的结构尺寸和质量分布特性有关。其结构尺寸和质量越大，这种耦合作用就越明显。对于常规尺寸卫星，其尺寸和质量都很小，重力梯度引起的姿轨耦合作用对卫星姿轨运动的影响也很小，故常忽略不计。但对于空间太阳能电站这种尺寸量级达到千米甚至几十千米量级、质量达到万吨甚至几十万吨的超大型卫星而言，姿轨耦合作用带来的影响应当重新分析。

本章的研究内容主要分为以下两个方面：第一个是考虑诸多外界干扰时，重力梯度引起的姿轨耦合效应对其姿轨运动的影响。在这部分内容中，将以太阳帆塔式空间太阳能电站为研究对象，建立一组具有高计算精度同时具有强非线性特点的重力姿轨耦合动力学方程组。然后通过数值仿真结果对几种工作模式下空间太阳能电站重力姿轨耦合特性进行分析。第二个是对空间太阳能电站重力姿轨耦合效应机理的研究。目前，在大多数关于卫星重力姿轨耦合效应的研究中，都是直接采用数值分析的方法进行的[34-40]，并未从动力学方程上揭示其内部的耦合机理。本章将采用解析法对重力姿轨耦合方程进行研究，对其内部的耦合机理做出分析。

3.1 卫星姿态动力学建模方法

3.1.1 卫星姿态运动描述

1. 欧拉角

欧拉角是描述空间中刚体定点转动位置的一组独立参量，其数量共有 3 个。由于欧拉角各个变量相互独立，且具有明确的物理含义，因此被广泛使用。对于相同的起始和终止位置，根据选择的旋转轴排列顺序和数目的不同，坐标系的变换过程共有 12 种。这里只选择其中一种变换过程进行分析。如图 3.1 所示，坐标系 $OXYZ$ 经过 3 次旋转即可到达任一坐标系 $OX_3Y_3Z_3$ 所在的位置。其中 3 次旋转分别为：首先，绕 OZ 轴旋转角度 ψ 到达坐标系 $OX_1Y_1Z_1$ 所在的位置；其次，绕 OY_1 轴旋转角度 θ 到达坐标系 $OX_2Y_2Z_2$ 所在的位置；最后，绕 OX_2 轴旋转角度 φ 到达坐标系 $OX_3Y_3Z_3$ 所在的位置。从 $OXYZ$ 到 $OX_3Y_3Z_3$ 的坐标变换矩阵为

$$\boldsymbol{T}_{03}=\begin{bmatrix}\cos\theta\cos\psi & \cos\theta\sin\psi & -\sin\theta\\ -\cos\varphi\sin\psi+\sin\varphi\sin\theta\cos\psi & \cos\varphi\cos\psi+\sin\varphi\sin\theta\sin\psi & \sin\varphi\cos\theta\\ \sin\varphi\sin\psi+\cos\varphi\sin\theta\cos\psi & -\sin\varphi\cos\psi+\cos\varphi\sin\theta\sin\psi & \cos\varphi\cos\theta\end{bmatrix} \tag{3.1}$$

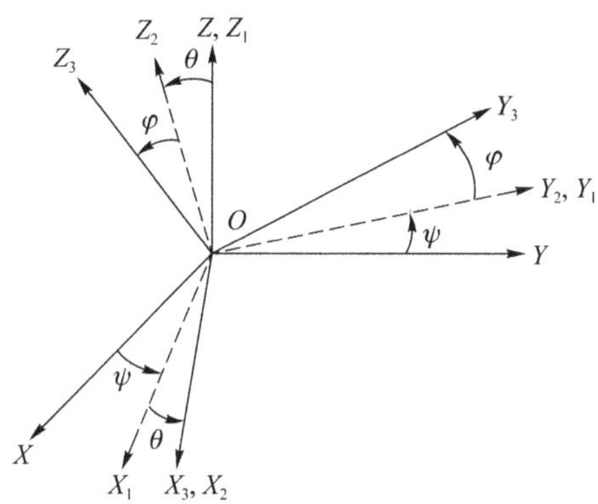

图 3.1　欧拉角

设卫星的旋转角速度为 $\boldsymbol{\omega}$，且其在 $OX_3Y_3Z_3$ 下的投影为 $\boldsymbol{\omega}^{[3]}=[\omega_x^{[3]}\quad \omega_y^{[3]}\quad \omega_z^{[3]}]^{\mathrm{T}}$。$\boldsymbol{\omega}^{[3]}$ 与欧拉角满足如下关系：

$$\begin{bmatrix}\omega_x^{[3]}\\ \omega_y^{[3]}\\ \omega_z^{[3]}\end{bmatrix}=\begin{bmatrix}1 & 0 & -\sin\theta\\ 0 & \cos\varphi & \cos\theta\sin\varphi\\ 0 & -\sin\varphi & \cos\theta\cos\varphi\end{bmatrix}\begin{bmatrix}\dot{\varphi}\\ \dot{\theta}\\ \dot{\psi}\end{bmatrix} \tag{3.2a}$$

$$\begin{bmatrix}\dot{\varphi}\\ \dot{\theta}\\ \dot{\psi}\end{bmatrix}=\frac{1}{\cos\theta}\begin{bmatrix}\cos\theta & \sin\theta\sin\varphi & \sin\theta\cos\varphi\\ 0 & \cos\theta\cos\varphi & -\cos\theta\sin\varphi\\ 0 & \sin\varphi & \cos\varphi\end{bmatrix}\begin{bmatrix}\omega_x^{[3]}\\ \omega_y^{[3]}\\ \omega_z^{[3]}\end{bmatrix} \tag{3.2b}$$

从方程(3.2b)可以看出：当 $\theta=90°$ 时，$\boldsymbol{\omega}^{[3]}$ 与欧拉角导数的变换存在奇异。当卫星做大角度姿态运动，且姿态角 θ 的运动范围包含 90°时，则不能通过方程(3.2b)求解其姿态运动。这是采用欧拉角描述姿态时的一个缺点。

2. 四元数

为了克服卫星大角度姿态运动时，欧拉角描述的奇异问题，这里引入姿态运动

的四元数描述。四元数一共有 4 个变量，其中 3 个变量共同组成一个矢量，为转轴矢量，另一个变量为标量，它可以确定绕转轴转角的大小。四元数的表示依据为欧拉定理，即任意位置相对于另一位置的转动都可以通过绕某一特定的转轴进行一次转动实现。设从 $OXYZ$ 到 $OX_3Y_3Z_3$ 的四元数描述为

$$\boldsymbol{Q}=q_1\boldsymbol{i}+q_2\boldsymbol{j}+q_3\boldsymbol{k}+q_4 \tag{3.3}$$

式中：$\boldsymbol{q}=q_1\boldsymbol{i}+q_2\boldsymbol{j}+q_3\boldsymbol{k}$ 表示转轴矢量在 $OXYZ$ 下的投影；$\boldsymbol{i}$、$\boldsymbol{j}$、$\boldsymbol{k}$ 分别表示 OX 轴、OY 轴和 OZ 轴的单位矢量，同时也是 Hamilton 定义的超虚数[41]。设转轴的单位矢量由 $\hat{\boldsymbol{q}}$ 表示，$\hat{\boldsymbol{q}}$ 与 $\boldsymbol{q}$ 满足如下关系：

$$\hat{\boldsymbol{q}}=\frac{q_1\boldsymbol{i}+q_2\boldsymbol{j}+q_3\boldsymbol{k}}{\sqrt{q_1^2+q_2^2+q_3^2}} \tag{3.4a}$$

$$\boldsymbol{q}=\hat{\boldsymbol{q}}\sin\frac{\alpha}{2} \tag{3.4b}$$

式中：α 为绕 $\boldsymbol{q}$ 的转角，且 $q_4=\cos(\alpha/2)$。四元数的元素满足如下约束关系：

$$q_1^2+q_2^2+q_3^2+q_4^2=1 \tag{3.5}$$

从 $OXYZ$ 到 $OX_3Y_3Z_3$ 的坐标变换可由四元数表示为

$$\boldsymbol{T}_{03}=\begin{bmatrix} q_1^2-q_2^2-q_3^2+q_4^2 & 2(q_1q_2+q_3q_4) & 2(q_1q_3-q_2q_4) \\ 2(q_1q_2-q_3q_4) & q_2^2-q_1^2-q_3^2+q_4^2 & 2(q_2q_3+q_1q_4) \\ 2(q_1q_3+q_2q_4) & 2(q_2q_3-q_1q_4) & q_3^2-q_1^2-q_3^2+q_4^2 \end{bmatrix} \tag{3.6}$$

$\boldsymbol{\omega}^{[3]}$ 与 $\boldsymbol{Q}$ 满足如下关系：

$$\begin{bmatrix} \dot{q}_1 \\ \dot{q}_2 \\ \dot{q}_3 \\ \dot{q}_4 \end{bmatrix}=\frac{1}{2}\begin{bmatrix} q_4 & -q_3 & q_2 & q_1 \\ q_3 & q_4 & -q_1 & q_2 \\ -q_2 & q_1 & -q_4 & q_3 \\ -q_1 & -q_2 & -q_3 & q_4 \end{bmatrix}\begin{bmatrix} \omega_x^{[3]} \\ \omega_y^{[3]} \\ \omega_z^{[3]} \\ 0 \end{bmatrix} \tag{3.7}$$

注意：当采用方程(3.6)和方程(3.7)对卫星的姿态运动进行数值求解时，应保证约束方程(3.5)的成立。否则，矩阵 $\boldsymbol{T}_{03}$ 的单位正交性将不能得到保证。在数值运算中，保证约束方程(3.5)成立的方法有多种。其中一种有效的方法是：将方程(3.5)和方程(3.7)组成的微分代数方程组通过辛数值积分的方法进行求解，详细内容请参考文献[42]～[44]。在后文的相关研究中，将采用这种数值积分方法。

3.1.2 卫星姿态动力学方程

为了便于描述卫星的姿态运动，这里再引入两个坐标系，分别为：卫星固连坐标系 $OX_bY_bZ_b$ 和卫星轨道坐标系 $OX_OY_OZ_O$，如图 3.2 所示。O 为卫星质心，OZ_O 轴的方向为自 O 指向 O_e，OX_O 轴位于轨道平面内且指向卫星前进的方向，OY_O 轴与 OX_O 轴、OZ_O 轴共同构成右手坐标系。$OX_bY_bZ_b$ 的坐标原点位于 O，且 3 个轴

固连在卫星上并随卫星旋转。在理想情况下，$OX_bY_bZ_b$ 与 $OX_OY_OZ_O$ 重合，此时卫星的姿态角为零。当卫星受到外界干扰力矩时，$OX_bY_bZ_b$ 与 $OX_OY_OZ_O$ 将不再重合。这时，称绕 OX_b 轴的转角为滚转角，绕 OY_b 轴的转角为俯仰角，绕 OZ_b 轴的转角为偏航角。滚转角、俯仰角及偏航角统称为姿态角，分别用 φ、θ 和 ψ 表示。

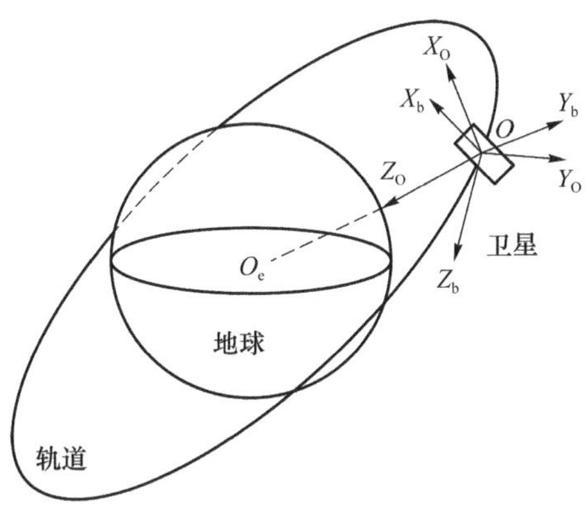

图 3.2　卫星轨道坐标系和卫星固连坐标系

任意形状的刚性卫星在空间中的运动如图 3.3 所示。其中，坐标系 $O_IX_IY_IZ_I$ 为惯性系，$OX_bY_bZ_b$ 为卫星固连坐标系，O 为卫星质心，dm 表示卫星上任一质量微元，$\boldsymbol{r}_0$ 表示自 O_I 到 O 的位置矢量，$\boldsymbol{\rho}$ 表示 dm 相对于 O 的位置矢量，$\boldsymbol{r}$ 表示 dm 相对于 O_I 的位置矢量，且满足 $\boldsymbol{r}=\boldsymbol{r}_0+\boldsymbol{\rho}$。d$m$ 的绝对速度可表示为

$$\boldsymbol{v}=\boldsymbol{v}_0+\boldsymbol{\omega}\times\boldsymbol{\rho} \tag{3.8}$$

式中：$\boldsymbol{v}_0$ 为卫星质心 O 的绝对速度；$\boldsymbol{\omega}$ 表示卫星相对于惯性系的旋转角速度。设卫星相对于 O_I 的动量矩在 $OX_bY_bZ_b$ 下的投影为 $\boldsymbol{h}^b$，则 $\boldsymbol{h}^b$ 可写为

$$\boldsymbol{h}^b=\int_V \boldsymbol{r}^b\times\boldsymbol{v}^b\mathrm{d}m=m\cdot\boldsymbol{r}_0^b\times\boldsymbol{v}_0^b+\boldsymbol{I}\cdot\boldsymbol{\omega}^b \tag{3.9a}$$

$$\begin{aligned}\boldsymbol{I}&=\begin{bmatrix}I_{xx} & I_{xy} & I_{xz}\\ I_{xy} & I_{yy} & I_{yz}\\ I_{xz} & I_{yz} & I_{zz}\end{bmatrix}\\&=\int_V\begin{bmatrix}(\rho_y^b)^2+(\rho_z^b)^2 & -\rho_x^b\rho_y^b & -\rho_x^b\rho_z^b\\ -\rho_x^b\rho_y^b & (\rho_x^b)^2+(\rho_z^b)^2 & -\rho_y^b\rho_z^b\\ -\rho_x^b\rho_z^b & -\rho_y^b\rho_z^b & (\rho_x^b)^2+(\rho_y^b)^2\end{bmatrix}\mathrm{d}m\end{aligned} \tag{3.9b}$$

式中：$\boldsymbol{r}_0^b$ 和 $\boldsymbol{v}_0^b$ 分别表示 $\boldsymbol{r}_0$ 和 $\boldsymbol{v}_0$ 在 $OX_bY_bZ_b$ 下的投影；$\boldsymbol{\omega}^b=[\omega_x^b\quad\omega_y^b\quad\omega_z^b]^T$ 和 $\boldsymbol{\rho}^b=[\rho_x^b\quad\rho_y^b\quad\rho_z^b]^T$ 分别表示 $\boldsymbol{\omega}$ 和 $\boldsymbol{\rho}$ 在 $OX_bY_bZ_b$ 下的投影；$\boldsymbol{I}$ 为卫星的转动惯量矩阵。

设卫星受到的外界力矩在 $OX_bY_bZ_b$ 下的投影为 $\boldsymbol{M}^b=[M_x^b\quad M_y^b\quad M_y^b]^T$，$\boldsymbol{M}^b$ 和 $\boldsymbol{h}^b$ 满足如下关系：

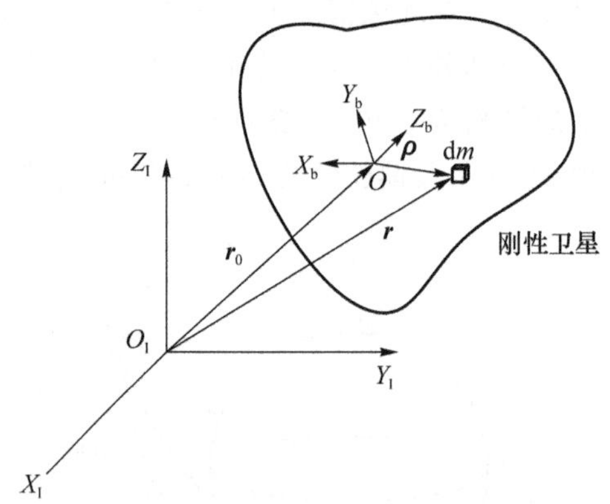

图 3.3 刚性卫星在空间中的运动

$$\frac{\mathrm{d}\boldsymbol{h}^{\mathrm{b}}}{\mathrm{d}t}=m\cdot\boldsymbol{r}_0^{\mathrm{b}}\times\boldsymbol{a}_0^{\mathrm{b}}+\boldsymbol{I}\cdot\dot{\boldsymbol{\omega}}^{\mathrm{b}}+\boldsymbol{\omega}^{\mathrm{b}}\times(\boldsymbol{I}\cdot\boldsymbol{\omega}^{\mathrm{b}})=\boldsymbol{M}^{\mathrm{b}} \tag{3.10}$$

当 O_I 与 O 重合时,方程(3.10)可简化为

$$\boldsymbol{I}\cdot\dot{\boldsymbol{\omega}}^{\mathrm{b}}+\boldsymbol{\omega}^{\mathrm{b}}\times(\boldsymbol{I}\cdot\boldsymbol{\omega}^{\mathrm{b}})=\boldsymbol{M}^{\mathrm{b}} \tag{3.11}$$

方程(3.11)即为卫星的姿态动力学方程。它与方程(3.2b)或方程(3.7)共同构成了卫星的姿态运动方程组,也是后文中对 SSPS 姿态运动进行数值仿真的理论基础。

设卫星在轨运行时的轨道角速度矢量在 $OX_OY_OZ_O$ 和 $OX_bY_bZ_b$ 下的投影分别表示为 $\boldsymbol{n}^{\mathrm{O}}=[0\quad -n_0\quad 0]^{\mathrm{T}}$ 和 $\boldsymbol{n}^{\mathrm{b}}$,则 $\boldsymbol{n}^{\mathrm{O}}$ 和 $\boldsymbol{n}^{\mathrm{b}}$ 满足如下关系:

$$\boldsymbol{n}^{\mathrm{b}}=\boldsymbol{T}_{03}\cdot\boldsymbol{n}^{\mathrm{O}} \tag{3.12}$$

式中:n_0 表示卫星的轨道角速度。卫星的绝对姿态角速度在 $OX_bY_bZ_b$ 下的投影为

$$\boldsymbol{\omega}^{\mathrm{b}}=\begin{bmatrix}1 & 0 & -\sin\theta\\ 0 & \cos\varphi & \cos\theta\sin\varphi\\ 0 & -\sin\varphi & \cos\theta\cos\varphi\end{bmatrix}\begin{bmatrix}\dot{\varphi}\\ \dot{\theta}\\ \dot{\psi}\end{bmatrix}+\boldsymbol{n}^{\mathrm{b}} \tag{3.13}$$

当卫星的姿态角和姿态角速度均为小量时,方程(3.13)可以简化为

$$\boldsymbol{\omega}^{\mathrm{b}}=\begin{bmatrix}\dot{\varphi}\\ \dot{\theta}\\ \dot{\psi}\end{bmatrix}-\begin{bmatrix}\psi\\ 1\\ -\varphi\end{bmatrix}n_0 \tag{3.14}$$

将方程(3.14)代入方程(3.11)并忽略二阶小量,可得卫星小角度运动时的姿态动力学方程为

$$I_{xx}\ddot{\varphi}+(I_{yy}-I_{zz}-I_{xx})n_0\dot{\psi}+(I_{yy}-I_{zz})n_0^2\varphi=M_x^{\mathrm{b}} \tag{3.15a}$$

$$I_{yy}\ddot{\theta}-I_{yy}\dot{n}_0=M_y^{\mathrm{b}} \tag{3.15b}$$

$$I_{zz}\ddot{\psi}-(I_{yy}-I_{zz}-I_{xx})n_0\dot{\varphi}+(I_{yy}-I_{xx})n_0^2\psi=M_z^{\mathrm{b}} \tag{3.15c}$$

这里,设卫星固连坐标系与卫星的惯性主轴重合,即 $I_{xy}=I_{xz}=I_{yz}=0$。此时,卫星的转动惯量矩阵 $\boldsymbol{I}$ 是一个对角矩阵。从上述方程可以看出:在小角度姿态运动下,卫星的俯仰运动与其滚转运动和偏航运动是解耦的,而滚转运动和偏航运动是互相耦合的。

3.1.3　重力梯度稳定卫星

为节约运行成本,多种构型的 SSPS 被设计为重力梯度稳定式的[9,12,26-28,45]。本小节将对重力梯度稳定卫星的姿态动力学特性进行分析。

对于同一卫星上不同位置的质量微元,由于其相对于地心的位置不同,故其受到的重力也不同。这些力会产生绕卫星质心的力矩,称为重力梯度力矩。如图 3.3 所示,假设 O_{I} 为地球质心,$\mathrm{d}m$ 受到的重力在 $OX_{\mathrm{b}}Y_{\mathrm{b}}Z_{\mathrm{b}}$ 下的分量为

$$\boldsymbol{f}_{\mathrm{g}}^{\mathrm{b}}=-\frac{\mu_{\mathrm{e}}(\boldsymbol{r}_0^{\mathrm{b}}+\boldsymbol{\rho}^{\mathrm{b}})}{|\boldsymbol{r}_0^{\mathrm{b}}+\boldsymbol{\rho}^{\mathrm{b}}|^3}\mathrm{d}m \tag{3.16}$$

其中,地球被假设为一个均质的标准球形。卫星受到的重力梯度力矩在 $OX_{\mathrm{b}}Y_{\mathrm{b}}Z_{\mathrm{b}}$ 下的分量为

$$\boldsymbol{M}_{\mathrm{g}}^{\mathrm{b}}=-\int_V\boldsymbol{\rho}^{\mathrm{b}}\times\frac{\mu_{\mathrm{e}}(\boldsymbol{r}_0^{\mathrm{b}}+\boldsymbol{\rho}^{\mathrm{b}})}{|\boldsymbol{r}_0^{\mathrm{b}}+\boldsymbol{\rho}^{\mathrm{b}}|^3}\mathrm{d}m=-\int_V\frac{\mu_{\mathrm{e}}(\boldsymbol{\rho}^{\mathrm{b}}\times\boldsymbol{r}_0^{\mathrm{b}})}{|\boldsymbol{r}_0^{\mathrm{b}}+\boldsymbol{\rho}^{\mathrm{b}}|^3}\mathrm{d}m \tag{3.17}$$

考虑 $|\boldsymbol{\rho}^{\mathrm{b}}|\ll|\boldsymbol{r}_0^{\mathrm{b}}|$,对 $\dfrac{1}{|\boldsymbol{r}_0^{\mathrm{b}}+\boldsymbol{\rho}^{\mathrm{b}}|^3}$ 进行 Taylor 级数展开并保留至 $O(|\boldsymbol{r}_0^{\mathrm{b}}|^{-5})$ 项可得

$$\frac{1}{|\boldsymbol{r}_0^{\mathrm{b}}+\boldsymbol{\rho}^{\mathrm{b}}|^3}\approx\frac{1}{r_0^3}-\frac{3\boldsymbol{r}_0^{\mathrm{b}}\cdot\boldsymbol{\rho}^{\mathrm{b}}}{r_0^5}+O(r_0^{-5}) \tag{3.18}$$

式中:$r_0=|\boldsymbol{r}_0^{\mathrm{b}}|$。将方程(3.18)代入方程(3.17)可得

$$\begin{aligned}\boldsymbol{M}_{\mathrm{g}}^{\mathrm{b}}&=-\frac{\mu_{\mathrm{e}}}{r_0^3}\int_V\boldsymbol{\rho}^{\mathrm{b}}\mathrm{d}m\times\boldsymbol{r}_0^{\mathrm{b}}+\frac{3\mu_{\mathrm{e}}}{r_0^5}\int_V(\boldsymbol{r}_0^{\mathrm{b}}\cdot\boldsymbol{\rho}^{\mathrm{b}})(\boldsymbol{\rho}^{\mathrm{b}}\times\boldsymbol{r}_0^{\mathrm{b}})\mathrm{d}m\\&=\frac{3\mu_{\mathrm{e}}}{r_0^5}\cdot\boldsymbol{r}_0^{\mathrm{b}}\times(\boldsymbol{I}\cdot\boldsymbol{r}_0^{\mathrm{b}})\end{aligned} \tag{3.19}$$

由 $OX_{\mathrm{O}}Y_{\mathrm{O}}Z_{\mathrm{O}}$ 和 $OX_{\mathrm{b}}Y_{\mathrm{b}}Z_{\mathrm{b}}$ 的定义可知,$\boldsymbol{r}_0$ 在这两个坐标系下的投影可分别表示为 $\boldsymbol{r}_0^{\mathrm{O}}=[0\quad 0\quad -r_0]^{\mathrm{T}}$ 和 $\boldsymbol{r}_0^{\mathrm{b}}=\boldsymbol{T}_{03}\cdot\boldsymbol{r}_0^{\mathrm{O}}=r_0\cdot[\sin\theta\quad -\sin\varphi\cos\theta\quad -\cos\varphi\cos\theta]^{\mathrm{T}}$。将 $\boldsymbol{r}_0^{\mathrm{b}}$ 代入方程(3.19)可得

$$\boldsymbol{M}_{\mathrm{g}}^{\mathrm{b}}=\frac{3\mu_{\mathrm{e}}}{2r_0^3}\begin{bmatrix}(I_{zz}-I_{yy})\sin 2\varphi\cos^2\theta\\(I_{zz}-I_{xx})\cos\varphi\sin 2\theta\\(I_{xx}-I_{yy})\sin\varphi\sin 2\theta\end{bmatrix} \tag{3.20}$$

这里,令 $OX_{\mathrm{b}}Y_{\mathrm{b}}Z_{\mathrm{b}}$ 与卫星的惯性主轴重合。当卫星姿态角为小量时,将 $\boldsymbol{M}_{\mathrm{g}}^{\mathrm{b}}$ 线性化并代入方程组(3.15)中,可得重力梯度力矩作用下卫星小角度姿态运动方程为

$$I_{xx}\ddot{\varphi}+(I_{yy}-I_{zz}-I_{xx})n_0\dot{\psi}+4(I_{yy}-I_{zz})n_0^2\varphi=0 \tag{3.21a}$$

$$I_{yy}\ddot{\theta}+3n_0^2(I_{xx}-I_{zz})\theta=I_{yy}\dot{n}_0 \tag{3.21b}$$

$$I_{zz}\ddot{\psi}-(I_{yy}-I_{zz}-I_{xx})n_0\dot{\varphi}+(I_{yy}-I_{xx})n_0^2\psi=0 \tag{3.21c}$$

式中:方程(3.21b)中的“$I_{yy}\dot{n}_0$”一项是由卫星的轨道角速度发生变化时产生的惯性力矩。

设卫星在标准的圆形轨道上运动,即 $\dot{n}_0=0$ rad/s^2。当满足下述条件时,卫星的俯仰运动是临界稳定的:

$$I_{xx}>I_{zz} \tag{3.22}$$

将方程(3.21a)和方程(3.21c)进行拉氏变换可得

$$\begin{bmatrix} s^2+4k_xn_0^2 & (k_x-1)n_0s \\ (1-k_z)n_0s & s^2+k_zn_0^2 \end{bmatrix}\begin{bmatrix}\varphi(s)\\ \psi(s)\end{bmatrix}=\begin{bmatrix}0\\0\end{bmatrix} \tag{3.23}$$

式中:$k_x=\dfrac{I_{yy}-I_{zz}}{I_{xx}}$,$k_z=\dfrac{I_{yy}-I_{xx}}{I_{zz}}$。方程(3.23)的特征方程为

$$s^4+(1+3k_x+k_xk_z)n_0^2\cdot s^2+4k_xk_zn_0^4=0 \tag{3.24}$$

由 Routh 判据[46]可知,当 k_x 和 k_z 满足下述条件时,方程(3.24)无实部为正的根,即卫星的滚转运动和偏航运动是临界稳定的:

$$k_xk_z>0 \tag{3.25a}$$

$$1+3k_x+k_xk_z>4\sqrt{k_xk_z} \tag{3.25b}$$

方程(3.22)、(3.25a)和方程(3.25b)共同构成了重力梯度稳定卫星的判定条件,其稳定条件图如图 3.4 所示。

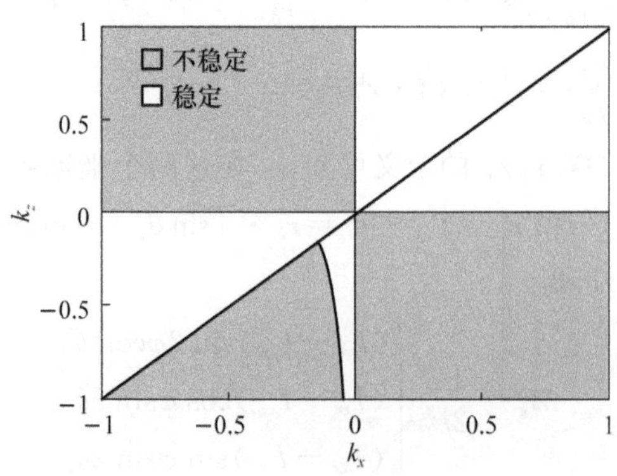

图 3.4 重力梯度卫星稳定条件

由方程(3.9b)可知,对于任意形状的卫星,任何两轴的主转动惯量之和必大于第三个轴的主转动惯量,故 k_x 和 k_z 的取值范围均为[-1,1]。从图 3.4 可以看出:当 $k_x>0$ 且 $k_z>0$ 时,其稳定条件为 $k_x>k_z$,即 $I_{yy}>I_{xx}>I_{zz}$。当 $k_x<0$ 且 $k_z<0$ 时,其稳定边界由条件 $I_{xx}>I_{zz}$ 和条件 $1+3k_x+k_xk_z>4\sqrt{k_xk_z}$ 共同确定。但当卫星的姿态运动中存在粘滞阻尼时,k_x 和 k_z 位于第三象限的稳定区域将会消失,详细的推导过程请参考文献[31]。在后文中,将主要讨论 k_x 和 k_z 均大于零的情况。

当卫星只存在轨道平面内的姿态运动时,即滚转角和偏航角始终为零,卫星的俯仰运动方程为

$$\ddot{\theta}+3n_0^2k_y\sin\theta\cos\theta=0 \tag{3.26}$$

其中,设卫星的运行轨道为圆形轨道,$k_y=\dfrac{I_{xx}-I_{zz}}{I_{yy}}$。引入变换 $\ddot{\theta}=\dot{\theta}\left(\dfrac{\mathrm{d}\dot{\theta}}{\mathrm{d}\theta}\right)$,并将其代入方程(3.26)且积分可得

$$\dot{\theta}^2+3n_0^2k_y\sin^2\theta=3n_0^2k_yd^2 \tag{3.27a}$$

$$d^2=\sin^2\theta_0+\frac{\dot{\theta}_0^2}{3n_0^2k_y} \tag{3.27b}$$

式中:θ_0 为初始俯仰角;$\dot{\theta}_0$ 为初始俯仰角速度;d 是与卫星姿态运动初值有关的常数。当 $d>1$ 时,卫星的俯仰运动为滚动;当 $d<1$ 时,卫星的俯仰运动为摆动[193]。设卫星的初始俯仰角为零,方程(3.26)的解析解为[193]

$$\sin\theta=\begin{cases}d\cdot\mathrm{sn}\left[\sqrt{3k_y}\,n_0(t-t_0);d\right], & 0<d<1\\ \mathrm{sn}\left[\sqrt{3k_y}\,n_0d(t-t_0);\dfrac{1}{d}\right], & d>1\end{cases} \tag{3.28}$$

式中:t_0 表示初始时刻;sn 为 Jacobian 椭圆正弦函数。俯仰角的运动周期为

$$T_{\mathrm{p}}=\begin{cases}\dfrac{4}{\sqrt{3k_y}\,n_0}\displaystyle\int_0^{\frac{\pi}{2}}\frac{\mathrm{d}\alpha}{\sqrt{1-d^2\sin\alpha}}, & 0<d<1\\ \dfrac{4}{\sqrt{3k_y}\,n_0}\displaystyle\int_0^{\frac{\pi}{2}}\frac{\mathrm{d}\alpha}{\sqrt{d^2-\sin\alpha}}, & d>1\end{cases} \tag{3.29}$$

不同初始条件下,俯仰角随时间的变化如图 3.5 所示,俯仰运动的周期如图 3.6 所示。其中,$t_1=\sqrt{3k_y}\,n_0(t-t_0)$,$T_o=2\pi/n_0$ 为卫星轨道运动的周期。从图 3.5 可以看出:当 d 的值较大时,卫星的俯仰运动可近似为具有恒定旋转角速度的旋转运动。当 $d=1$ 时,经过运动后,卫星将停留在 $\theta=90°$的位置,此时卫星的俯仰运动周

期为无穷大。从图 3.6 可以看出:不同初始条件下,卫星俯仰运动的周期不同。当 d 的值靠近 1 时,其运动周期对 d 的变化非常敏感。

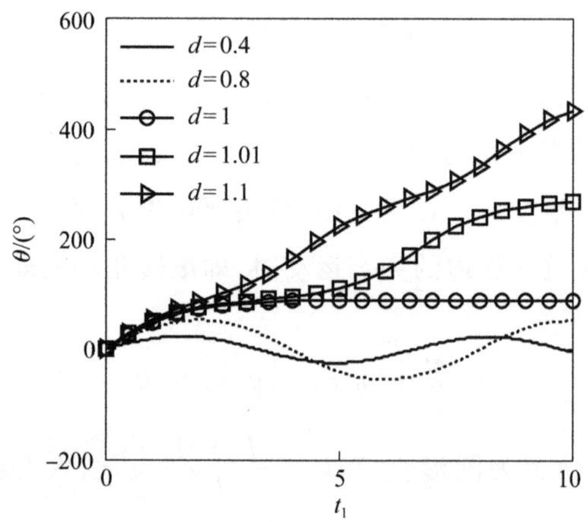

图 3.5 不同初始条件下俯仰角随时间的变化图

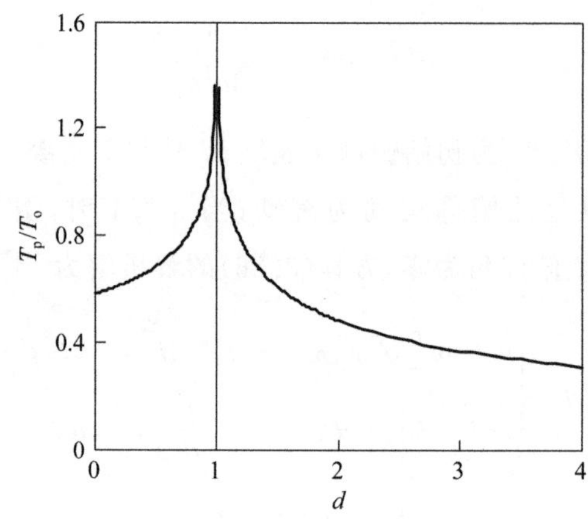

图 3.6 不同初始条件下俯仰运动的周期

3.2 重力姿轨耦合效应对姿轨运动的影响

本节将以太阳帆塔式 SSPS(见图 1.2(c))为研究对象,建立其在轨运行时的重力姿轨耦合动力学方程组,并通过数值的方法对其重力姿轨耦合特性进行分析。

3.2.1　运动描述

为了便于描述 SSPS 的姿轨运动，这里给出一些坐标系和符号的定义。太阳帆塔式 SSPS 的主体结构为细长的桁架结构[12,47]，多位学者通过研究指出细长桁架结构可通过一些特定的方法等效为细长梁结构[48-50]。这种等效为 SSPS 结构的动力学分析带来了便利，故这里将太阳帆塔式 SSPS 简化为一根超长的柔性梁结构，同样的简化方式也存在于多位学者的研究中[51-57]。如图 3.7 和图 3.8 所示，O_e 和 O 分别表示地球质心和 SSPS 变形时(未变形时)的质心。为了描述纯柔性体的结构变形，常需要假想一个未变形时的结构作为参考，且这个未变形结构的质心与变形后结构的质心重合[52,58,59]。$\boldsymbol{R}_0$ 表示 O 相对于 O_e 的位置矢量。$\mathrm{d}m$ 表示 SSPS 上任一质量微元。$\boldsymbol{\rho}$ 表示变形前后 $\mathrm{d}m$ 的位置矢量。$\boldsymbol{R}$ 表示变形后 $\mathrm{d}m$ 相对于 O_e 的位置矢量。$\boldsymbol{r}_0$ 表示变形前 $\mathrm{d}m$ 相对于 O 的位置矢量。$\boldsymbol{r}$ 表示变形后 $\mathrm{d}m$ 相对于 O 的位置矢量。$O_eX_IY_IZ_I$ 和 $OX_oY_oZ_o$ 分别表示地心惯性坐标系和卫星轨道坐标系，详细定义请参考 2.1 节和 3.1 节。$OX_bY_bZ_b$ 表示卫星固连坐标系。对于纯柔性体，卫星固连坐标系的定义方法有多种，其中包括平均轴系法、惯性主轴法等[59]。这里采用平均轴系的定义方法，平均轴系法满足如下条件：

$$\int_V \boldsymbol{\rho}^{\mathrm{b}} \mathrm{d}m = \boldsymbol{0} \tag{3.30a}$$

$$\int_V \boldsymbol{r}_0^{\mathrm{b}} \times \boldsymbol{\rho}^{\mathrm{b}} \mathrm{d}m = \boldsymbol{0} \tag{3.30b}$$

式中：$\boldsymbol{\rho}^{\mathrm{b}}$ 和 $\boldsymbol{r}_0^{\mathrm{b}} = [x \quad y \quad z]^{\mathrm{T}}$ 分别表示 $\boldsymbol{\rho}$ 和 $\boldsymbol{r}_0$ 在 $OX_bY_bZ_b$ 下的投影。

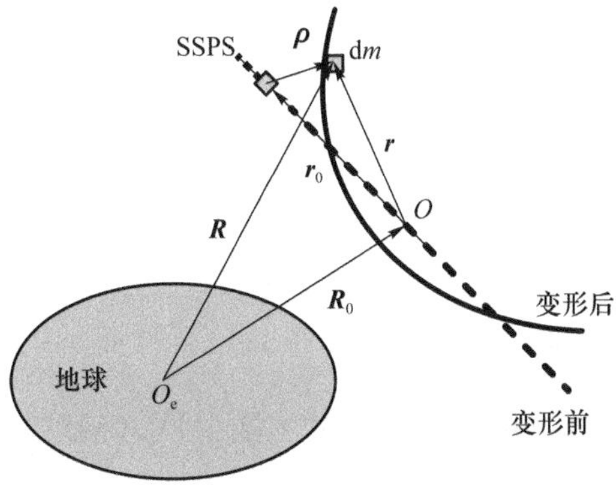

图 3.7　太阳帆塔式 SSPS 在轨示意图

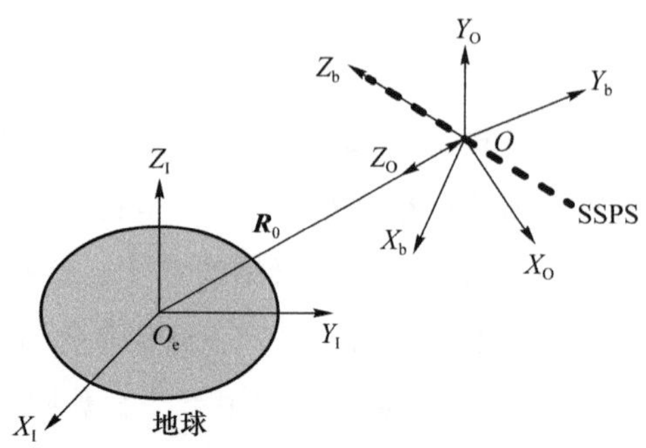

图 3.8 坐标系示意图

3.2.2 结构振动对姿轨耦合运动的影响

为保证 SSPS 的发电效率和能量传输效率，其桁架结构的整体刚度常设计为足够大，以保证其结构变形为小变形[5,12,47,60-61]。太阳帆塔式 SSPS 的结构变形主要为垂直于太阳能电池板面的变形，即沿 OY_b 轴的变形，其沿 OX_b 轴和 OZ_b 轴的变形很小，常忽略不计[54-56,62]。SSPS 的结构变形 $\boldsymbol{\rho}^b$ 可通过模态叠加法表示为

$$\boldsymbol{\rho}^b = \sum_{n=1}^{\infty} Q_n(t) Y_n(z) \boldsymbol{j}^b \tag{3.31}$$

式中：$Q_n(t)$ 和 $Y_n(z)$ 分别表示 SSPS 结构振动的第 n 阶模态坐标和振型；$\boldsymbol{j}^b$ 表示沿 OY_b 轴的单位矢量。由方程(3.30a)和方程(3.30b)可知，$Y_n(z)$ 满足如下关系：

$$\int_V Y_n(z) \mathrm{d}m = 0 \tag{3.32a}$$

$$\int_V z Y_n(z) \mathrm{d}m = 0 \tag{3.32b}$$

$$\int_V y Y_n(z) \mathrm{d}m = 0 \tag{3.32c}$$

$$\int_V x Y_n(z) \mathrm{d}m = 0 \tag{3.32d}$$

设 $\mathrm{d}m$ 的绝对加速度为 $\boldsymbol{a}$，则 $\boldsymbol{a}$ 在 $OX_bY_bZ_b$ 下的投影为

$$\begin{aligned}\boldsymbol{a}^b &= \boldsymbol{a}_0^b + \ddot{\boldsymbol{r}}^b + 2\boldsymbol{\omega}^b \times \dot{\boldsymbol{r}}^b + \dot{\boldsymbol{\omega}}^b \times \boldsymbol{r}^b + \boldsymbol{\omega}^b \times (\boldsymbol{\omega}^b \times \boldsymbol{r}^b) \\ &= \boldsymbol{L}^b(\boldsymbol{\rho}^b) + \boldsymbol{f}_g^b\end{aligned} \tag{3.33a}$$

$$\boldsymbol{L}^b(\boldsymbol{\rho}^b) = -\sum_{n=1}^{\infty} \Lambda_n^2 \cdot Q_n(t) Y_n(z) \boldsymbol{j}^b \tag{3.33b}$$

式中：$\boldsymbol{a}_0^b$ 表示质心 O 的绝对加速度在 $OX_bY_bZ_b$ 下的投影；$\boldsymbol{\omega}^b$ 表示电站的绝对旋转角速度在 $OX_bY_bZ_b$ 下的投影；$\boldsymbol{r}^b$ 表示 $\boldsymbol{r}$ 在 $OX_bY_bZ_b$ 下的投影；$\ddot{\boldsymbol{r}}^b$ 和 $\dot{\boldsymbol{r}}^b$ 分别表示 $\boldsymbol{r}^b$ 的坐标分量相对于时间的二阶和一阶导数，且满足关系：$\ddot{\boldsymbol{r}}^b =$

$\sum_{n=1}^{\infty} \ddot{q}_n(t)Y_n(z)\boldsymbol{j}^b$ 和 $\dot{\boldsymbol{r}}^b=\sum_{n=1}^{\infty}\dot{Q}_n(t)Y_n(z)\boldsymbol{j}^b$；$\boldsymbol{L}^b(\boldsymbol{\rho}^b)$ 表示 dm 受到的单位质量弹性回复力在 $OX_bY_bZ_b$ 下的投影；Λ_n 表示结构振动的第 n 阶固有角频率；$\boldsymbol{f}_g^b$ 表示 dm 受到的单位质量地球引力。相比于结构的尺寸，其结构变形为小量。故对 $\boldsymbol{f}_g^b$ 进行 Taylor 级数展开，并保留至 $\boldsymbol{\rho}^b$ 的一阶小量，可得

$$\boldsymbol{f}_g^b=\boldsymbol{f}_{g0}^b+a_{g0}\cdot\boldsymbol{\rho}^b+\boldsymbol{O}(\boldsymbol{\rho}^b) \tag{3.34}$$

式中：$\boldsymbol{f}_{g0}^b$ 表示结构未变形时 dm 受到的单位质量地球引力；a_{g0} 表示一阶 Taylor 级数展开项的系数，为标量。将方程(3.34)代入方程(3.33a)并对方程两边进行积分，且联立方程(3.32a)～(3.32d)可得

$$m\boldsymbol{a}_0^b=\int_V \boldsymbol{f}_{g0}^b\,\mathrm{d}m \tag{3.35}$$

式中：m 为 SSPS 的总质量。从方程(3.35)可以看出：当仅考虑太阳帆塔式 SSPS 垂直于太阳能电池板方向的结构振动时，其轨道运动与结构振动无关。

对方程(3.33a)两端同时从变量左侧叉乘 $\boldsymbol{r}^b$，并进行积分，且忽略高于 $\boldsymbol{\rho}^b$ 的项，可得

$$\boldsymbol{I}\cdot\dot{\boldsymbol{\omega}}^b+\boldsymbol{\omega}^b\times(\boldsymbol{I}\cdot\boldsymbol{\omega}^b)=\int_V \boldsymbol{r}_0^b\times\boldsymbol{f}_{g0}^b\,\mathrm{d}m \tag{3.36}$$

式中：$\boldsymbol{I}$ 为 SSPS 未变形时的转动惯量矩阵。从方程(3.36)可以看出：太阳帆塔式 SSPS 的姿态运动也与结构振动无关。

由方程(3.35)和方程(3.36)可知，当仅考虑太阳帆塔式 SSPS 垂直于太阳能电池板方向的结构振动时，其姿态运动和轨道运动均与其结构振动无关。因此，在研究太阳帆塔式 SSPS 的重力姿轨耦合运动时，可忽略结构振动的影响，将其当成刚体处理。

3.2.3　摄动力和力矩

1. 地球引力势函数

由 3.2.2 小节的分析可知，太阳帆塔式 SSPS 的姿轨运动与其结构振动无关，故这里将其当成刚体处理，即令 $\boldsymbol{\rho}^b\equiv\boldsymbol{0}$。SSPS 上任一质量微元 d$m$ 在地球引力场中的引力势能为

$$\mathrm{d}U=-\frac{\mu_e}{R}\mathrm{d}m+\frac{\mu_e J_2 R_e^2}{2R^3}(3\sin^2\beta-1)\mathrm{d}m \tag{3.37}$$

这里只考虑地球扁率项中 J_2 项的影响，β 表示 dm 所在的纬度，$R=|\boldsymbol{R}|$。由先前的定义可知，R 可表示为

$$R=|\boldsymbol{R}_0+\boldsymbol{r}_0|=(R_0^2+r_0^2+2\boldsymbol{R}_0\cdot\boldsymbol{r}_0)^{\frac{1}{2}} \tag{3.38}$$

设 $\boldsymbol{R}^b=[R_x^b\quad R_y^b\quad R_z^b]^T$ 和 $\boldsymbol{R}^I=[R_x^I\quad R_y^I\quad R_z^I]^T$ 分别表示 $\boldsymbol{R}$ 在 $OX_bY_bZ_b$ 和

$O_eX_IY_IZ_I$ 下的投影，且设从 $OX_bY_bZ_b$ 到 $O_eX_IY_IZ_I$ 的坐标转换矩阵为 $\boldsymbol{T}_{bI}$，$\boldsymbol{R}^b$ 和 $\boldsymbol{R}^I$ 满足如下关系：

$$\boldsymbol{R}^I=\boldsymbol{T}_{bI}\boldsymbol{R}^b \tag{3.39a}$$

$$\boldsymbol{T}_{bI}=\begin{bmatrix} t_{11}^{bI} & t_{12}^{bI} & t_{13}^{bI} \\ t_{21}^{bI} & t_{22}^{bI} & t_{23}^{bI} \\ t_{31}^{bI} & t_{32}^{bI} & t_{33}^{bI} \end{bmatrix}=\begin{bmatrix} \boldsymbol{t}_1 \\ \boldsymbol{t}_2 \\ \boldsymbol{t}_3 \end{bmatrix} \tag{3.39b}$$

$\sin\beta$ 可表示为

$$\sin\beta=\frac{\boldsymbol{t}_3\cdot\boldsymbol{R}^b}{R} \tag{3.40}$$

将方程(3.38)和方程(3.40)代入方程(3.37)，并对方程中的 $\frac{1}{R}$、$\frac{1}{R^3}$ 和 $\frac{(\boldsymbol{t}_3\cdot\boldsymbol{R}^b)^2}{R^5}$ 项进行 Taylor 级数展开，保留至 $O(R_0^{-5})$ 项，可得

$$\begin{aligned}\frac{1}{R}=&\frac{1}{R_0}-\frac{\hat{\boldsymbol{R}}_0^b\cdot\boldsymbol{r}_0^b}{R_0^2}+\left[\frac{3}{2}\frac{(\hat{\boldsymbol{R}}_0^b\cdot\boldsymbol{r}_0^b)^2}{R_0^3}-\frac{1}{2}\frac{r_0^2}{R_0^3}\right]+\\&\left[\frac{3}{2}\frac{r_0^2(\hat{\boldsymbol{R}}_0^b\cdot\boldsymbol{r}_0^b)}{R_0^4}-\frac{5}{2}\frac{(\hat{\boldsymbol{R}}_0^b\cdot\boldsymbol{r}_0^b)^3}{R_0^4}\right]+\\&\left[\frac{3}{8}\frac{r_0^4}{R_0^5}-\frac{15}{4}\frac{r_0^2(\hat{\boldsymbol{R}}_0^b\cdot\boldsymbol{r}_0^b)^2}{R_0^5}+\frac{35}{8}\frac{(\hat{\boldsymbol{R}}_0^b\cdot\boldsymbol{r}_0^b)^4}{R_0^5}\right]+O(R_0^{-5})\end{aligned} \tag{3.41a}$$

$$\begin{aligned}\frac{(\boldsymbol{t}_3\cdot\boldsymbol{R}^b)^2}{R^5}=&\frac{(\boldsymbol{t}_3\cdot\hat{\boldsymbol{R}}_0^b)^2}{R_0^3}+\left[\frac{2(\boldsymbol{t}_3\cdot\boldsymbol{r}_0^b)(\boldsymbol{t}_3\cdot\hat{\boldsymbol{R}}_0^b)}{R_0^4}-\frac{5(\hat{\boldsymbol{R}}_0^b\cdot\boldsymbol{r}_0^b)(\boldsymbol{t}_3\cdot\hat{\boldsymbol{R}}_0^b)^2}{R_0^4}\right]+\\&\left[\frac{(\boldsymbol{t}_3\cdot\boldsymbol{r}_0^b)^2}{R_0^5}-\frac{5}{2}\frac{r_0^2(\boldsymbol{t}_3\cdot\hat{\boldsymbol{R}}_0^b)^2}{R_0^5}+\frac{35}{2}\frac{(\hat{\boldsymbol{R}}_0^b\cdot\boldsymbol{r}_0^b)^2(\boldsymbol{t}_3\cdot\hat{\boldsymbol{R}}_0^b)^2}{R_0^5}-\right.\\&\left.\frac{10(\hat{\boldsymbol{R}}_0^b\cdot\boldsymbol{r}_0^b)(\boldsymbol{t}_3\cdot\hat{\boldsymbol{R}}_0^b)(\boldsymbol{t}_3\cdot\boldsymbol{r}_0^b)}{R_0^5}\right]+O(R_0^{-5})\end{aligned} \tag{3.41b}$$

$$\frac{1}{R^3}=\frac{1}{R_0^3}-3\frac{\hat{\boldsymbol{R}}_0^b\cdot\boldsymbol{r}_0^b}{R_0^4}+\left[\frac{15}{2}\frac{(\hat{\boldsymbol{R}}_0^b\cdot\boldsymbol{r}_0^b)^2}{R_0^5}-\frac{3}{2}\frac{r_0^2}{R_0^5}\right]+O(R_0^{-5}) \tag{3.41c}$$

式中：$\boldsymbol{R}_0^b$ 为 $\boldsymbol{R}_0$ 在 $OX_bY_bZ_b$ 下的投影；$\hat{\boldsymbol{R}}_0^b$ 为 $\boldsymbol{R}_0^b$ 的单位矢量；$R_0=|\boldsymbol{R}_0^b|$，$r_0=|\boldsymbol{r}_0^b|$。

为了便于描述 SSPS 的总体引力势能，这里引入高阶惯性积的概念[36]：

$$J_{\underbrace{x\cdots x}_{n次}\underbrace{y\cdots y}_{p次}\underbrace{z\cdots z}_{r次}}=\int_V x^n y^p z^r\,\mathrm{d}m \tag{3.42}$$

太阳帆塔式 SSPS 的结构厚度(沿 OY_b 轴)往往只有几米或者十几米，其结构宽度(沿 OX_b 轴)在 300～600 m 的范围内，其结构长度(沿 OZ_b 轴)在 30～60 km

的范围内[12,47]。相比于电站的结构长度和宽度，其厚度在本章中忽略不计。$\boldsymbol{r}_0^{\mathrm{b}}=[x\quad y\quad z]^{\mathrm{T}}$ 各分量的取值范围为 $y=0,-\dfrac{h}{2}\leqslant x\leqslant\dfrac{h}{2},-\dfrac{l}{2}\leqslant z\leqslant\dfrac{l}{2}$。其中，$h$ 为电站的结构宽度，本章取值为 $h=600\ \mathrm{m}$；l 为结构的长度，本章取值为 $l=60\ \mathrm{km}$。设 $\upsilon=2.5\ \mathrm{kg/m^2}$ 表示电站太阳能电池板的面密度，$\mathrm{d}m$ 可表示为

$$\mathrm{d}m=\upsilon\mathrm{d}x\mathrm{d}z \tag{3.43}$$

将方程(3.43)代入方程(3.42)并结合上述的假设可得

$$J_{yy}=J_{xy}=J_{yz}=J_{xz}=0\ \mathrm{kg\cdot m^2} \tag{3.44a}$$

$$\begin{aligned}J_{xxx}&=J_{yyy}=J_{zzz}=J_{xxy}\\&=J_{xyy}=J_{xxz}=J_{xzz}\\&=J_{yyz}=J_{yzz}=J_{xyz}=0\ \mathrm{kg\cdot m^3}\end{aligned} \tag{3.44b}$$

$$\begin{aligned}J_{yyyy}&=J_{xyyy}=J_{yyyz}=J_{xxyy}=J_{yyzz}\\&=J_{xyyz}=J_{xyyz}=J_{xxxy}=J_{yzzz}\\&=J_{xyzz}=J_{xxyz}=J_{xzzz}=J_{xxxz}=0\ \mathrm{kg\cdot m^4}\end{aligned} \tag{3.44c}$$

将方程(3.41a)～(3.41c)代入方程(3.37)并对两边积分，且联立方程(3.44a)～(3.44c)，可得到 SSPS 的总体引力势能为

$$U=\int_V \mathrm{d}U=U^{(0)}+U^{(\mathrm{J2})}+U^{(1)}+U^{(2)}+U^{(3)}+U_1^{(4)}+U_2^{(4)} \tag{3.45}$$

式中：$U^{(i)},i=0,1,2,3,U_1^{(4)}$ 和 $U_2^{(4)}$ 分别表示 SSPS 的各阶引力势函数；$U^{(\mathrm{J2})}$ 表示地球扁率引力势函数，其详细表达式见附录 A。

2. 重力梯度力和重力梯度力矩

为了对 SSPS 的姿态运动和轨道运动进行数值仿真，须得到其重力梯度力和重力梯度力矩的显式表达式。SSPS 的重力梯度力和重力梯度力矩可通过如下运算获得[34]：

$$\boldsymbol{F}_{\mathrm{g}}^{\mathrm{I}}=\frac{\partial U(\boldsymbol{R}_0^{\mathrm{I}},\boldsymbol{T}_{\mathrm{bI}})}{\partial\boldsymbol{R}_0^{\mathrm{I}}}=\frac{\partial U(\boldsymbol{R}_0^{\mathrm{b}},\boldsymbol{t}_3)}{\partial\boldsymbol{R}_0^{\mathrm{I}}} \tag{3.46a}$$

$$\boldsymbol{T}_{\mathrm{g}}^{\mathrm{b}}=\boldsymbol{t}_1\times\frac{\partial U(\boldsymbol{R}_0^{\mathrm{I}},\boldsymbol{T}_{\mathrm{bI}})}{\partial\boldsymbol{t}_1}+\boldsymbol{t}_2\times\frac{\partial U(\boldsymbol{R}_0^{\mathrm{I}},\boldsymbol{T}_{\mathrm{bI}})}{\partial\boldsymbol{t}_2}+\boldsymbol{t}_3\times\frac{\partial U(\boldsymbol{R}_0^{\mathrm{I}},\boldsymbol{T}_{\mathrm{bI}})}{\partial\boldsymbol{t}_3} \tag{3.46b}$$

式中：$\boldsymbol{R}_0^{\mathrm{I}}$ 表示 $\boldsymbol{R}_0$ 在 $O_{\mathrm{e}}X_{\mathrm{I}}Y_{\mathrm{I}}Z_{\mathrm{I}}$ 下的投影；$\boldsymbol{F}_{\mathrm{g}}^{\mathrm{I}}$ 表示电站受到的地球引力 $\boldsymbol{F}_{\mathrm{g}}$ 在 $O_{\mathrm{e}}X_{\mathrm{I}}Y_{\mathrm{I}}Z_{\mathrm{I}}$ 下的投影；$\boldsymbol{T}_{\mathrm{g}}^{\mathrm{b}}$ 表示电站受到的地球重力梯度力矩 $\boldsymbol{T}_{\mathrm{g}}$ 在 $OX_{\mathrm{b}}Y_{\mathrm{b}}Z_{\mathrm{b}}$ 下的投影。由链式求导法可得

$$\begin{aligned}\frac{\partial U(\boldsymbol{R}_0^{\mathrm{I}},\boldsymbol{T}_{\mathrm{bI}})}{\partial\boldsymbol{R}_0^{\mathrm{I}}}&=\left(\frac{\partial\boldsymbol{R}_0^{\mathrm{b}}}{\partial\boldsymbol{R}_0^{\mathrm{I}}}\right)^{\mathrm{T}}\frac{\partial U(\boldsymbol{R}_0^{\mathrm{b}},\boldsymbol{t}_3)}{\partial\boldsymbol{R}_0^{\mathrm{b}}}+\left(\frac{\partial\boldsymbol{t}_3}{\partial\boldsymbol{R}_0^{\mathrm{I}}}\right)^{\mathrm{T}}\frac{\partial U(\boldsymbol{R}_0^{\mathrm{b}},\boldsymbol{t}_3)}{\partial\boldsymbol{t}_3}\\&=\boldsymbol{T}_{\mathrm{bI}}\frac{\partial U(\boldsymbol{R}_0^{\mathrm{b}},\boldsymbol{t}_3)}{\partial\boldsymbol{R}_0^{\mathrm{b}}}\end{aligned} \tag{3.47a}$$

$$\frac{\partial U(\boldsymbol{R}_0^{\mathrm{I}},\boldsymbol{T}_{\mathrm{bI}})}{\partial \boldsymbol{t}_1}=\left(\frac{\partial \boldsymbol{R}_0^{\mathrm{b}}}{\partial \boldsymbol{t}_1}\right)^{\mathrm{T}}\frac{\partial U(\boldsymbol{R}_0^{\mathrm{b}},\boldsymbol{t}_3)}{\partial \boldsymbol{R}_0^{\mathrm{b}}}+\left(\frac{\partial \boldsymbol{t}_3}{\partial \boldsymbol{t}_1}\right)^{\mathrm{T}}\frac{\partial U(\boldsymbol{R}_0^{\mathrm{b}},\boldsymbol{t}_3)}{\partial \boldsymbol{t}_3}$$

$$=R_x^{\mathrm{b}}\frac{\partial U(\boldsymbol{R}_0^{\mathrm{b}},\boldsymbol{t}_3)}{\partial \boldsymbol{R}_0^{\mathrm{b}}} \tag{3.47b}$$

$$\frac{\partial U(\boldsymbol{R}_0^{\mathrm{I}},\boldsymbol{T}_{\mathrm{bI}})}{\partial \boldsymbol{t}_2}=\left(\frac{\partial \boldsymbol{R}_0^{\mathrm{b}}}{\partial \boldsymbol{t}_2}\right)^{\mathrm{T}}\frac{\partial U(\boldsymbol{R}_0^{\mathrm{b}},\boldsymbol{t}_3)}{\partial \boldsymbol{R}_0^{\mathrm{b}}}+\left(\frac{\partial \boldsymbol{t}_3}{\partial \boldsymbol{t}_2}\right)^{\mathrm{T}}\frac{\partial U(\boldsymbol{R}_0^{\mathrm{b}},\boldsymbol{t}_3)}{\partial \boldsymbol{t}_3}$$

$$=R_y^{\mathrm{b}}\frac{\partial U(\boldsymbol{R}_0^{\mathrm{b}},\boldsymbol{t}_3)}{\partial \boldsymbol{R}_0^{\mathrm{b}}} \tag{3.47c}$$

$$\frac{\partial U(\boldsymbol{R}_0^{\mathrm{I}},\boldsymbol{T}_{\mathrm{bI}})}{\partial \boldsymbol{t}_3}=\left(\frac{\partial \boldsymbol{R}_0^{\mathrm{b}}}{\partial \boldsymbol{t}_3}\right)^{\mathrm{T}}\frac{\partial U(\boldsymbol{R}_0^{\mathrm{b}},\boldsymbol{t}_3)}{\partial \boldsymbol{R}_0^{\mathrm{b}}}+\left(\frac{\partial \boldsymbol{t}_3}{\partial \boldsymbol{t}_3}\right)^{\mathrm{T}}\frac{\partial U(\boldsymbol{R}_0^{\mathrm{b}},\boldsymbol{t}_3)}{\partial \boldsymbol{t}_3}$$

$$=R_z^{\mathrm{b}}\frac{\partial U(\boldsymbol{R}_0^{\mathrm{b}},\boldsymbol{t}_3)}{\partial \boldsymbol{R}_0^{\mathrm{b}}}+\frac{\partial U(\boldsymbol{R}_0^{\mathrm{b}},\boldsymbol{t}_3)}{\partial \boldsymbol{t}_3} \tag{3.47d}$$

将方程(3.47a)～(3.47d)代入方程(3.46a)和方程(3.46b)可得

$$\boldsymbol{F}_{\mathrm{g}}^{\mathrm{I}}=\boldsymbol{T}_{\mathrm{bI}}\cdot\boldsymbol{F}_{\mathrm{g}}^{\mathrm{b}} \tag{3.48a}$$

$$\boldsymbol{T}_{\mathrm{g}}^{\mathrm{b}}=\boldsymbol{R}_0^{\mathrm{b}}\times\boldsymbol{F}_{\mathrm{g}}^{\mathrm{b}}+\boldsymbol{t}_3\times\frac{\partial U(\boldsymbol{R}_0^{\mathrm{b}},\boldsymbol{t}_3)}{\partial \boldsymbol{t}_3} \tag{3.48b}$$

式中：$\boldsymbol{F}_{\mathrm{g}}^{\mathrm{b}}=\dfrac{\partial U(\boldsymbol{R}_0^{\mathrm{b}},\boldsymbol{t}_3)}{\partial \boldsymbol{R}_0^{\mathrm{b}}}$表示 $\boldsymbol{F}_{\mathrm{g}}$ 在 $OX_{\mathrm{b}}Y_{\mathrm{b}}Z_{\mathrm{b}}$ 下的投影。关于 $\boldsymbol{F}_{\mathrm{g}}^{\mathrm{b}}$ 和 $\boldsymbol{T}_{\mathrm{g}}^{\mathrm{b}}$ 的详细表达式，请参考附录 A。

3. 日月引力和引力力矩

由于 SSPS 运行轨道的半径较大，这里还将考虑日月引力带来的影响。与中心引力场不同，三体引力场中卫星受到的引力和引力力矩的方程形式比较复杂，故这里采取另一种方法求取 SSPS 受到的日月引力和引力力矩。由 2.4 节可知，dm 受到的日月引力为

$$\mathrm{d}\boldsymbol{F}_{\mathrm{sm}}^{\mathrm{I}}=-\mu_{\mathrm{s}}\left(\frac{\boldsymbol{R}^{\mathrm{I}}-\boldsymbol{r}_{\mathrm{es}}^{\mathrm{I}}}{|\boldsymbol{R}^{\mathrm{I}}-\boldsymbol{r}_{\mathrm{es}}^{\mathrm{I}}|^3}+\frac{\boldsymbol{r}_{\mathrm{es}}^{\mathrm{I}}}{|\boldsymbol{r}_{\mathrm{es}}^{\mathrm{I}}|^3}\right)\mathrm{d}m-\mu_{\mathrm{m}}\left(\frac{\boldsymbol{R}^{\mathrm{I}}-\boldsymbol{r}_{\mathrm{em}}^{\mathrm{I}}}{|\boldsymbol{R}^{\mathrm{I}}-\boldsymbol{r}_{\mathrm{em}}^{\mathrm{I}}|^3}+\frac{\boldsymbol{r}_{\mathrm{em}}^{\mathrm{I}}}{|\boldsymbol{r}_{\mathrm{em}}^{\mathrm{I}}|^3}\right)\mathrm{d}m \tag{3.49}$$

式中：$\boldsymbol{r}_{\mathrm{es}}^{\mathrm{I}}$和 $\boldsymbol{r}_{\mathrm{em}}^{\mathrm{I}}$分别表示太阳和月球相对于地球的位置矢量在 $O_{\mathrm{e}}X_{\mathrm{I}}Y_{\mathrm{I}}Z_{\mathrm{I}}$ 下的投影，由于 SSPS 到地球的距离远小于其到太阳或月球的距离，因此 SSPS 受到的日月引力在 $O_{\mathrm{e}}X_{\mathrm{I}}Y_{\mathrm{I}}Z_{\mathrm{I}}$ 下的投影可简化为[29]

$$\boldsymbol{F}_{\mathrm{sm}}^{\mathrm{I}}=\int_V\mathrm{d}\boldsymbol{F}_{\mathrm{sm}}^{\mathrm{I}}\approx\frac{\mu_{\mathrm{s}}m}{|\boldsymbol{r}_{\mathrm{es}}^{\mathrm{I}}|^3}[3(\boldsymbol{R}^{\mathrm{I}}\cdot\hat{\boldsymbol{r}}_{\mathrm{es}}^{\mathrm{I}})\hat{\boldsymbol{r}}_{\mathrm{es}}^{\mathrm{I}}-\boldsymbol{R}^{\mathrm{I}}]+\frac{\mu_{\mathrm{m}}m}{|\boldsymbol{r}_{\mathrm{em}}^{\mathrm{I}}|^3}[3(\boldsymbol{R}^{\mathrm{I}}\cdot\hat{\boldsymbol{r}}_{\mathrm{em}}^{\mathrm{I}})\hat{\boldsymbol{r}}_{\mathrm{em}}^{\mathrm{I}}-\boldsymbol{R}^{\mathrm{I}}] \tag{3.50}$$

式中：$\hat{\boldsymbol{r}}_{\mathrm{es}}^{\mathrm{I}}$和$\hat{\boldsymbol{r}}_{\mathrm{em}}^{\mathrm{I}}$分别表示 $\boldsymbol{r}_{\mathrm{es}}^{\mathrm{I}}$和 $\boldsymbol{r}_{\mathrm{em}}^{\mathrm{I}}$的单位矢量。SSPS 受到的日月引力力矩在 $OX_{\mathrm{b}}Y_{\mathrm{b}}Z_{\mathrm{b}}$ 下的投影可通过下述运算得到

$$\begin{aligned}\boldsymbol{T}_{\mathrm{sm}}^{\mathrm{b}} &= \int_V \boldsymbol{r}_0^{\mathrm{b}} \times \mathrm{d}\boldsymbol{F}_{\mathrm{sm}}^{\mathrm{b}} \\ &= -\int_V \boldsymbol{r}_0^{\mathrm{b}} \times \left[\mu_{\mathrm{s}}\left(\frac{\boldsymbol{R}^{\mathrm{b}}-\boldsymbol{r}_{\mathrm{es}}^{\mathrm{b}}}{|\boldsymbol{R}^{\mathrm{b}}-\boldsymbol{r}_{\mathrm{es}}^{\mathrm{b}}|^3}+\frac{\boldsymbol{r}_{\mathrm{es}}^{\mathrm{b}}}{|\boldsymbol{r}_{\mathrm{es}}^{\mathrm{b}}|^3}\right)+\mu_{\mathrm{m}}\left(\frac{\boldsymbol{R}^{\mathrm{b}}-\boldsymbol{r}_{\mathrm{em}}^{\mathrm{b}}}{|\boldsymbol{R}^{\mathrm{b}}-\boldsymbol{r}_{\mathrm{em}}^{\mathrm{b}}|^3}+\frac{\boldsymbol{r}_{\mathrm{em}}^{\mathrm{b}}}{|\boldsymbol{r}_{\mathrm{em}}^{\mathrm{b}}|^3}\right)\right]\mathrm{d}m \\ &= -\int_V \boldsymbol{r}_0^{\mathrm{b}} \times \left[\frac{\mu_{\mathrm{s}}(\boldsymbol{r}_0^{\mathrm{b}}+\boldsymbol{r}_{\mathrm{ss}}^{\mathrm{b}})}{|\boldsymbol{r}_0^{\mathrm{b}}+\boldsymbol{r}_{\mathrm{ss}}^{\mathrm{b}}|^3}+\frac{\mu_{\mathrm{m}}(\boldsymbol{r}_0^{\mathrm{b}}+\boldsymbol{r}_{\mathrm{ms}}^{\mathrm{b}})}{|\boldsymbol{r}_0^{\mathrm{b}}+\boldsymbol{r}_{\mathrm{ms}}^{\mathrm{b}}|^3}\right]\mathrm{d}m \end{aligned} \tag{3.51}$$

式中：$\boldsymbol{r}_{\mathrm{ss}}^{\mathrm{b}}$和$\boldsymbol{r}_{\mathrm{ms}}^{\mathrm{b}}$分别表示太阳和月亮到电站质心的位置矢量在$OX_{\mathrm{b}}Y_{\mathrm{b}}Z_{\mathrm{b}}$下的投影；$\boldsymbol{r}_{\mathrm{es}}^{\mathrm{b}}$和$\boldsymbol{r}_{\mathrm{em}}^{\mathrm{b}}$分别表示$\boldsymbol{r}_{\mathrm{es}}$和$\boldsymbol{r}_{\mathrm{em}}$在$OX_{\mathrm{b}}Y_{\mathrm{b}}Z_{\mathrm{b}}$下的投影。$\boldsymbol{T}_{\mathrm{sm}}^{\mathrm{b}}$各分量的详细推导请参考附录A。

3.2.4 动力学方程

本小节将采用笛卡儿直角坐标来描述SSPS的轨道运动。由牛顿第二定律可知，其轨道运动方程可表述为

$$m\ddot{\boldsymbol{R}}_0^{\mathrm{I}}=\boldsymbol{F}_{\mathrm{g0}}^{\mathrm{I}}+\boldsymbol{F}_{\mathrm{J2}}^{\mathrm{I}}+\boldsymbol{F}_{\mathrm{g2}}^{\mathrm{I}}+\boldsymbol{F}_{\mathrm{g4}}^{\mathrm{I}}+\boldsymbol{F}_{\mathrm{sm}}^{\mathrm{I}} \tag{3.52}$$

式中：$\boldsymbol{F}_{\mathrm{g}i}^{\mathrm{I}}(i=0,2,4)$表示地球各阶引力势函数所对应的引力在$O_{\mathrm{e}}X_{\mathrm{I}}Y_{\mathrm{I}}Z_{\mathrm{I}}$下的投影；$\boldsymbol{F}_{\mathrm{J2}}^{\mathrm{I}}$表示地球扁率产生的引力在$O_{\mathrm{e}}X_{\mathrm{I}}Y_{\mathrm{I}}Z_{\mathrm{I}}$下的投影，其显式表达式见附录A。

为了更好地了解太阳帆塔式SSPS在轨运行时的重力姿轨耦合动力学特性，这里将对两种运动模式下，SSPS的重力姿轨耦合效应对其姿轨运动的影响进行分析。两种运动模式分别为：①无任何外界控制力和力矩时，大范围姿态运动的姿轨耦合运动。②重力梯度稳定时，小范围姿态运动的姿轨耦合运动。

为了避免大范围姿态运动时，欧拉角描述的数值计算奇异问题。这里，SSPS的姿态运动采用四元数来描述。设从$O_{\mathrm{e}}X_{\mathrm{I}}Y_{\mathrm{I}}Z_{\mathrm{I}}$到$OX_{\mathrm{b}}Y_{\mathrm{b}}Z_{\mathrm{b}}$的四元数描述为$\boldsymbol{Q}=[\boldsymbol{q}\quad q_4]$，$\boldsymbol{T}_{\mathrm{bI}}$与$\boldsymbol{Q}$之间的转换关系见方程(3.6)。SSPS的姿态运动方程为

$$I_{xx}\dot{\omega}_x^{\mathrm{b}}-(I_{yy}-I_{zz})\omega_y^{\mathrm{b}}\omega_z^{\mathrm{b}}=T_{\mathrm{g2}x}^{\mathrm{b}}+T_{\mathrm{g4}x}^{\mathrm{b}}+T_{\mathrm{sm}x}^{\mathrm{b}} \tag{3.53a}$$

$$I_{yy}\dot{\omega}_y^{\mathrm{b}}-(I_{zz}-I_{xx})\omega_x^{\mathrm{b}}\omega_z^{\mathrm{b}}=T_{\mathrm{g2}y}^{\mathrm{b}}+T_{\mathrm{g4}y}^{\mathrm{b}}+T_{\mathrm{sm}y}^{\mathrm{b}} \tag{3.53b}$$

$$I_{zz}\dot{\omega}_z^{\mathrm{b}}-(I_{xx}-I_{yy})\omega_x^{\mathrm{b}}\omega_y^{\mathrm{b}}=T_{\mathrm{g2}z}^{\mathrm{b}}+T_{\mathrm{g4}z}^{\mathrm{b}}+T_{\mathrm{sm}z}^{\mathrm{b}} \tag{3.53c}$$

式中：$\boldsymbol{\omega}^{\mathrm{b}}=[\omega_x^{\mathrm{b}}\quad \omega_y^{\mathrm{b}}\quad \omega_z^{\mathrm{b}}]^{\mathrm{T}}$，$\boldsymbol{\omega}^{\mathrm{b}}$与$\boldsymbol{Q}$的关系见方程(3.7)；$\boldsymbol{T}_{\mathrm{g2}}^{\mathrm{b}}=[T_{\mathrm{g2}x}^{\mathrm{b}}\quad T_{\mathrm{g2}y}^{\mathrm{b}}\quad T_{\mathrm{g2}z}^{\mathrm{b}}]^{\mathrm{T}}$和$\boldsymbol{T}_{\mathrm{g4}}^{\mathrm{b}}=[T_{\mathrm{g4}x}^{\mathrm{b}}\quad T_{\mathrm{g4}y}^{\mathrm{b}}\quad T_{\mathrm{g4}z}^{\mathrm{b}}]^{\mathrm{T}}$分别表示第二阶和第四阶地球引力势函数产生的重力梯度力矩；$\boldsymbol{T}_{\mathrm{sm}}^{\mathrm{b}}=[T_{\mathrm{sm}x}^{\mathrm{b}}\quad T_{\mathrm{sm}y}^{\mathrm{b}}\quad T_{\mathrm{sm}z}^{\mathrm{b}}]^{\mathrm{T}}$，详细的显式表达式请参考附录A。

为了节省用于姿态控制的燃料，太阳帆塔式SSPS的主体结构在对地指向工作时设计为重力梯度稳定式的。对于重力梯度稳定式卫星，常设计阻尼器以保证其姿态运动为渐近稳定。在以往为常规尺寸重力梯度稳定卫星设计阻尼器参数时，往往只保留二阶重力梯度力矩的影响，高阶重力梯度力矩常忽略不计[31]。然而对于超大型的太阳帆塔式SSPS，其高阶重力梯度力矩以及日月引力力矩可能会

对其对地指向精度造成较大影响。太阳帆塔式 SSPS 的对地指向精度与其能量传输效率相关，故在这里还将分析高阶重力梯度力矩和日月引力力矩对其对地指向精度的影响。重力梯度稳定下，SSPS 的小角度姿态运动方程为

$$I_{xx}\ddot{\varphi}+4(I_{yy}-I_{zz})n_0^2\varphi+c_1\dot{\varphi}=T_{g4x}^{b}+T_{smx}^{b} \tag{3.54a}$$

$$I_{yy}\ddot{\theta}+3n_0^2(I_{xx}-I_{zz})\theta+c_2\dot{\theta}=I_{yy}\dot{n}_0+T_{g4y}^{b}+T_{smy}^{b} \tag{3.54b}$$

$$I_{zz}\ddot{\psi}+(I_{yy}-I_{xx})n_0^2\psi+c_3\dot{\psi}=T_{g4z}^{b}+T_{smz}^{b} \tag{3.54c}$$

其中，φ、θ 和 ψ 分别表示 SSPS 姿态运动的滚转角、俯仰角和偏航角，其旋转次序为 $OZ_b(\psi)\rightarrow OY_b(\theta)\rightarrow OX_b(\varphi)$。方程(3.54a)～(3.54c)是由方程(3.15a)～(3.15c)简化而来的。其中，SSPS 的转动惯量满足关系：$I_{yy}=I_{zz}+I_{xx}$。n_0 为 SSPS 的轨道角速度。c_1、c_2 和 c_3 为姿态运动的阻尼系数，该阻尼由对姿态运动的主动控制产生。

3.2.5 数值仿真与分析

在本小节中，将通过数值的方法对两种运动模式下 SSPS 的重力姿轨耦合特性进行分析。首先分析无控情况下 SSPS 的重力姿轨耦合效应对其姿轨运动的影响。太阳帆塔式 SSPS 需在低轨装配，然后转移至高轨工作[47,63]。故这里将对 SSPS 在两种不同轨道高度上运行时的重力姿轨耦合特性进行分析。设这两个轨道均为圆形轨道，轨道倾角均为 $i_0=7.9°$，低轨装配时的轨道半径为 $R_{00}=7\ 000$ km，高轨工作时的轨道半径为 $R_{00}=42\ 164.169$ km，即地球同步轨道。姿轨运动的初始条件为

$$\boldsymbol{R}_{00}^{\mathrm{I}}=[R_{00}\quad 0\quad 0]^{\mathrm{T}} \tag{3.55a}$$

$$\dot{\boldsymbol{R}}_{00}^{\mathrm{I}}=\left[0\quad \cos(i_0)\sqrt{\mu_e/R_{00}}\quad \sin(i_0)\sqrt{\mu_e/R_{00}}\right]^{\mathrm{T}} \tag{3.55b}$$

$$\boldsymbol{Q}_0=\left[\sqrt{6}/4\quad \sqrt{2}/4\quad 0\quad \sqrt{2}/2\right] \tag{3.55c}$$

$$\boldsymbol{\omega}^{b}=[0\ \mathrm{rad/s}\quad 0\ \mathrm{rad/s}\quad 0\ \mathrm{rad/s}]^{\mathrm{T}} \tag{3.55d}$$

仿真起始时间设为 2015 年 3 月 21 日，北京时间 6 时 21 分，即太阳直射赤道的时刻。由方程(3.42)可知，SSPS 的质量和各阶惯性积的数值为 $m=9\times10^7$ kg，$I_{xx}=2.7\times10^{16}$ kg·m^2，$I_{yy}=2.700\ 27\times10^{16}$ kg·m^2，$I_{zz}=2.7\times10^{12}$ kg·m^2，$J_{xxxx}=1.458\times10^{25}$ kg·m^4，$J_{zzzz}=1.458\times10^{17}$ kg·m^4，$J_{xxzz}=8.1\times10^{20}$ kg·m^4。

为了便于比较，这里还将给出 SSPS 在轨运行时受到的地球中心场引力 $\boldsymbol{F}_{g0}^{b}$、地球扁率干扰力 $\boldsymbol{F}_{J2}^{b}$、日月引力 $\boldsymbol{F}_{sm}^{b}$，以及二阶重力梯度力矩 $\boldsymbol{T}_{g2}^{b}$ 随时间的变化曲线作为对比参考，如图 3.9 和图 3.10 所示。其中，$F_{g0}=|\boldsymbol{F}_{g0}^{b}|$，$F_{J2}=|\boldsymbol{F}_{J2}^{b}|$，$F_{sm}=|\boldsymbol{F}_{sm}^{b}|$，$T_{g2}=|\boldsymbol{T}_{g2}^{b}|$。从图 3.9 可以看出：当 SSPS 运行在低轨上时，F_{J2} 与 F_{g0} 的比值更大，这说明地球扁率对低轨上运行的 SSPS 影响更大。此外，当 SSPS 运行在

高轨上时，其受到的日月引力要大于低轨上运行时受到的日月引力。其原因为：在高轨上时距日月的位置更近。从图 3.10 中可以看出：SSPS 在轨运行时受到的重力梯度力矩很大，远超一般卫星受到的重力梯度力矩。这决定了对其进行姿态控制时，不能选用飞轮、动量轮等作为其姿态控制系统的执行机构，而应当选择推力器作为执行机构[24]。

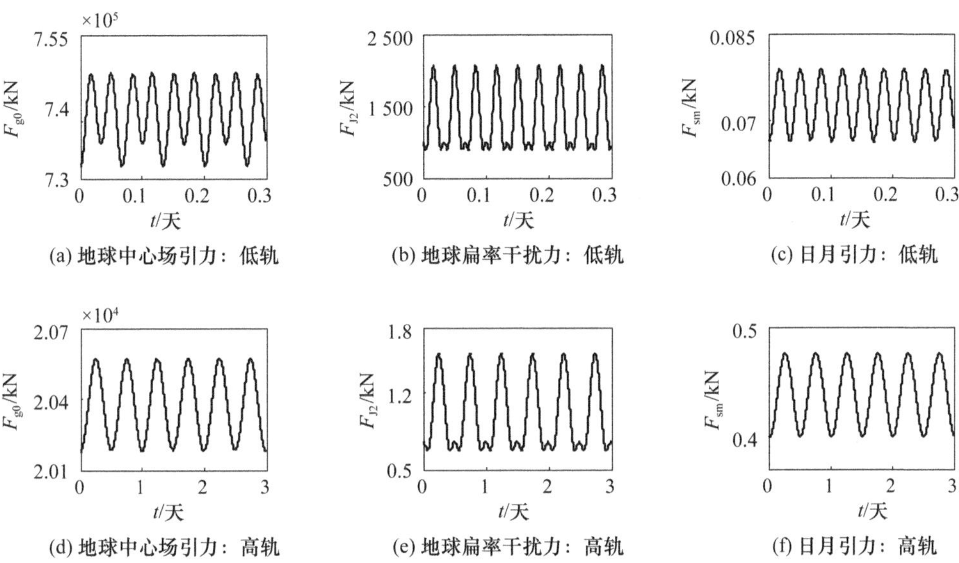

(a) 地球中心场引力：低轨　(b) 地球扁率干扰力：低轨　(c) 日月引力：低轨

(d) 地球中心场引力：高轨　(e) 地球扁率干扰力：高轨　(f) 日月引力：高轨

图 3.9　不同轨道上 SSPS 受到的不同引力摄动的大小

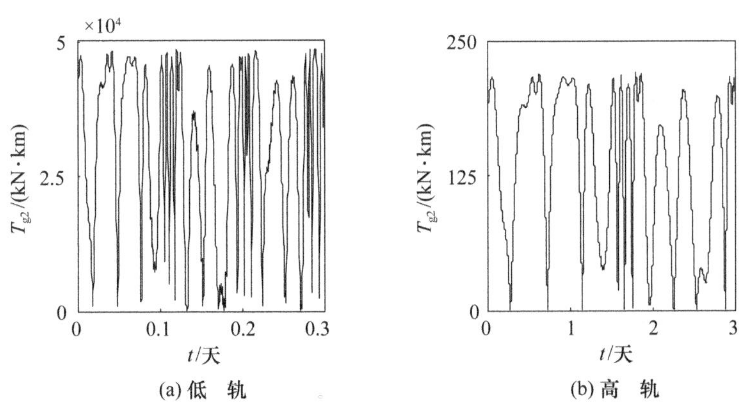

(a) 低　轨　(b) 高　轨

图 3.10　不同轨道上 SSPS 受到的二阶重力梯度力矩的大小

根据不同的模型与轨道，其 SSPS 的轨道半长轴 a、轨道偏心率 e，以及轨道倾角 i 随时间的变化如图 3.11～图 3.14 所示。其中，$\Delta a=a-R_{00}$，$\Delta i=i-i_0$。不同模型所选取的外界作用力和力矩如表 3.1 所列。其中，TM(Traditional Model)指

不考虑 $\boldsymbol{F}_{g2}^{b}$、$\boldsymbol{F}_{g4}^{b}$ 或 $\boldsymbol{T}_{g4}^{b}$、$\boldsymbol{T}_{sm}^{b}$ 时的姿轨运动模型；AM(All Model)指考虑所有力或力矩时的姿轨运动模型；SOM(Second Order Model)指考虑 $\boldsymbol{F}_{g2}^{b}$ 时的轨道运动模型；FOM(Fourth Order Model)指考虑 $\boldsymbol{F}_{g4}^{b}$ 或 $\boldsymbol{T}_{g4}^{b}$ 时的姿轨运动模型；SMM(Sun and Moon Model)指考虑 $\boldsymbol{T}_{sm}^{b}$ 时的姿态运动模型。不同模型下，SSPS 的星下点经度与 TM 星下点经度之间的差值 $\Delta\beta$ 随时间的变化如图 3.15 所示。$\boldsymbol{F}_{g2}^{b}$ 和 $\boldsymbol{F}_{g4}^{b}$ 随时间的变化曲线如图 3.16 所示。

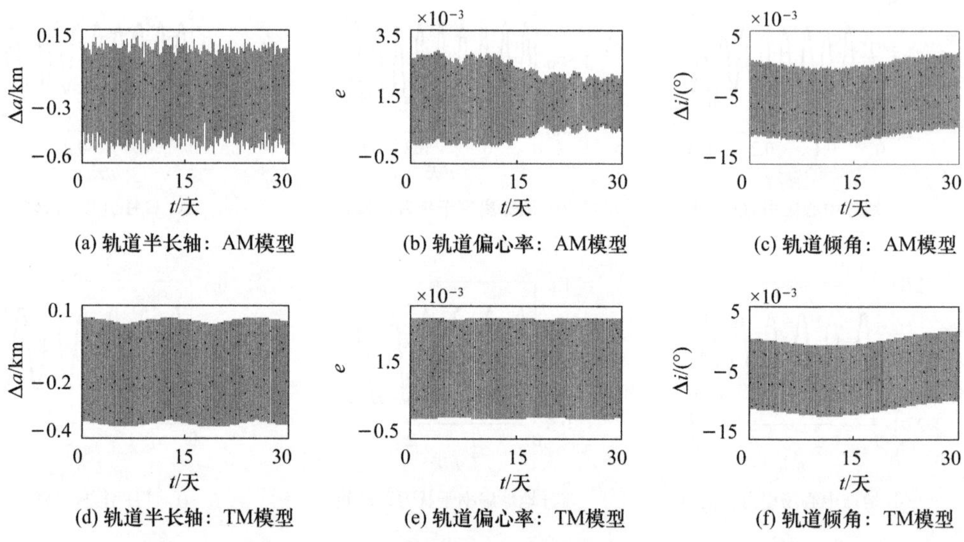

图 3.11 AM 和 TM 模型下 SSPS 的轨道参数随时间的变化图(低轨)

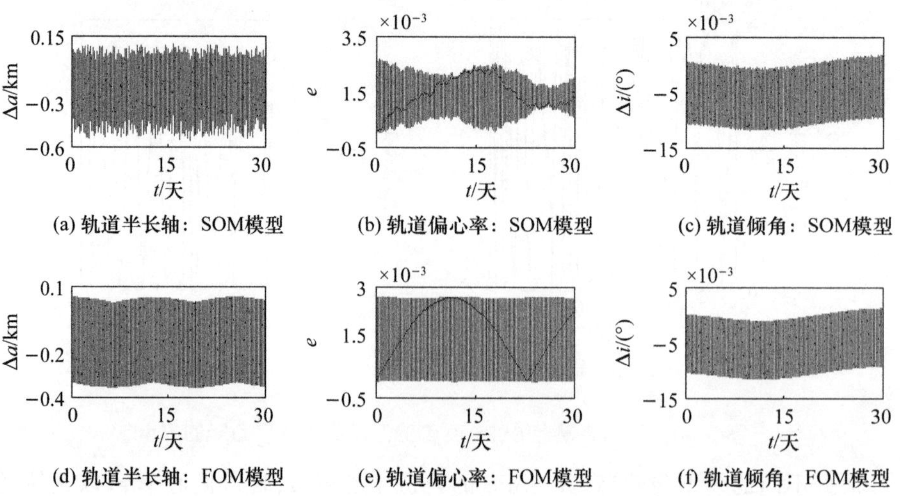

图 3.12 SOM 和 FOM 模型下 SSPS 的轨道参数随时间的变化图(低轨)

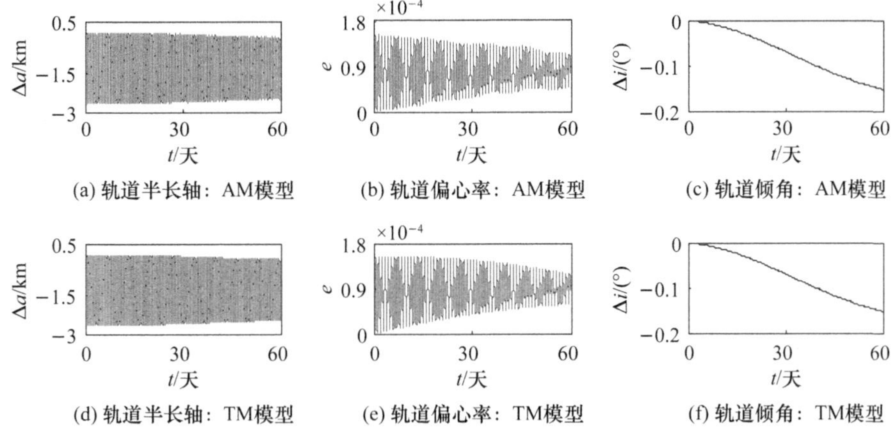

图 3.13 AM 和 TM 模型下 SSPS 的轨道参数随时间的变化图(高轨)

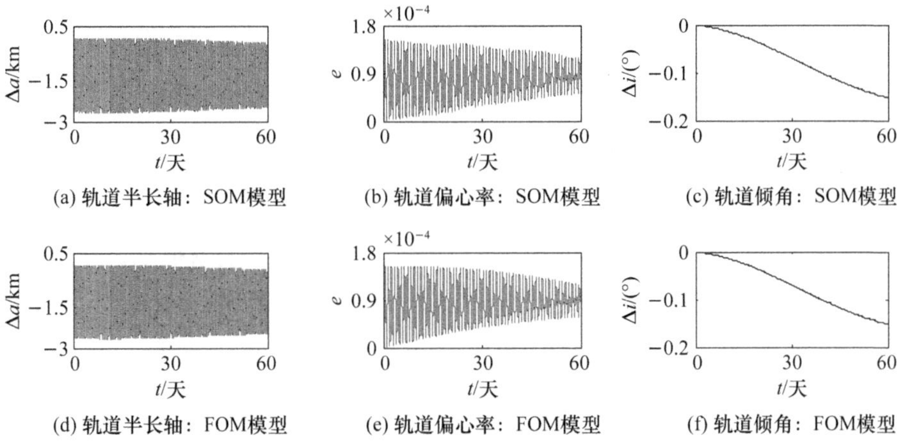

图 3.14 SOM 和 FOM 模型下 SSPS 的轨道参数随时间的变化图(高轨)

表 3.1 不同模型所包含的外界力和力矩

模 型	力	力 矩
TM	$\boldsymbol{F}_{g0}^{b}, \boldsymbol{F}_{J2}^{b}, \boldsymbol{F}_{sm}^{b}$	$\boldsymbol{T}_{g2}^{b}$
SOM	$\boldsymbol{F}_{g0}^{b}, \boldsymbol{F}_{J2}^{b}, \boldsymbol{F}_{sm}^{b}, \boldsymbol{F}_{g2}^{b}$	
FOM	$\boldsymbol{F}_{g0}^{b}, \boldsymbol{F}_{J2}^{b}, \boldsymbol{F}_{sm}^{b}, \boldsymbol{F}_{g4}^{b}$	$\boldsymbol{T}_{g2}^{b}, \boldsymbol{T}_{g4}^{b}$
SMM		$\boldsymbol{T}_{g2}^{b}, \boldsymbol{T}_{sm}^{b}$
AM	$\boldsymbol{F}_{g0}^{b}, \boldsymbol{F}_{J2}^{b}, \boldsymbol{F}_{sm}^{b}, \boldsymbol{F}_{g4}^{b}, \boldsymbol{F}_{g2}^{b}$	$\boldsymbol{T}_{g2}^{b}, \boldsymbol{T}_{g4}^{b}, \boldsymbol{T}_{sm}^{b}$

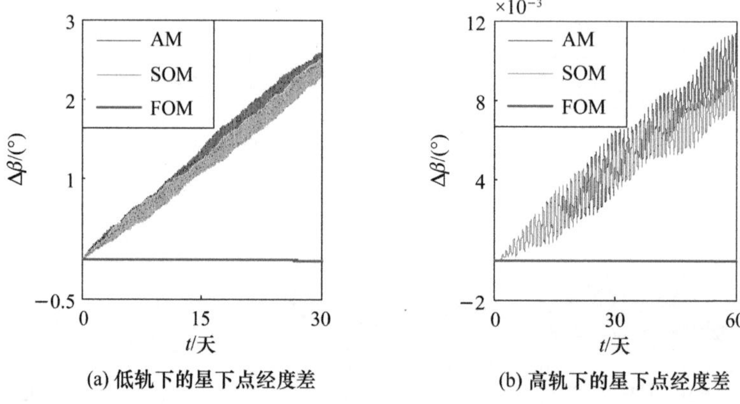

(a) 低轨下的星下点经度差　　(b) 高轨下的星下点经度差

图 3.15 不同模型下 SSPS 的星下点经度与传统模型星下点经度之间的差值

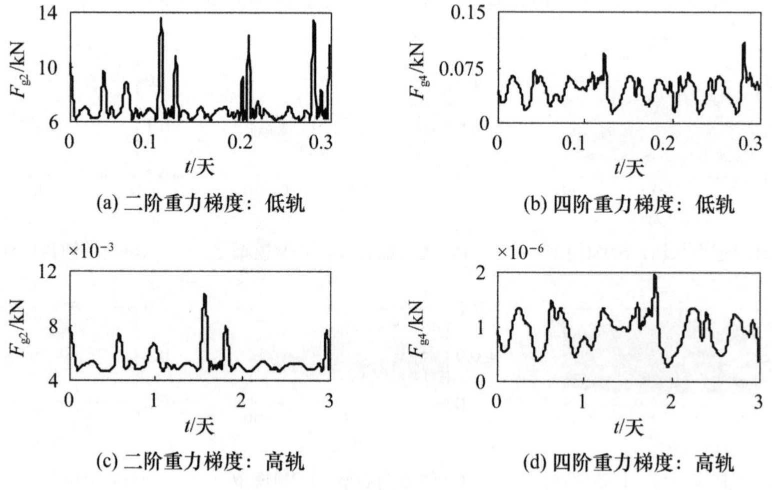

(a) 二阶重力梯度：低轨　　(b) 四阶重力梯度：低轨

(c) 二阶重力梯度：高轨　　(d) 四阶重力梯度：高轨

图 3.16 二阶和四阶重力梯度力随时间的变化图

从图 3.11 和图 3.12 可以看出：当 SSPS 运行在低轨上时，高阶重力梯度力对其轨道半长轴的变化范围和轨道偏心率的变化规律有一定的影响，但对其轨道倾角的变化规律及范围影响很小，可忽略不计。相比于 TM，AM 和 SOM 的轨道半长轴变化范围大约增加了 250 m，而 FOM 的轨道参数变化范围和规律与 TM 相同。这说明当 SSPS 运行在低轨上时，$\boldsymbol{F}_{g4}^{b}$ 对其轨道运动的影响可忽略不计，AM 和 TM 轨道参数之间的差别主要是由 $\boldsymbol{F}_{g2}^{b}$ 引起的。这一点从图 3.16 中 $\boldsymbol{F}_{g2}^{b}$ 和 $\boldsymbol{F}_{g4}^{b}$ 的幅值可以看出。从图 3.13、图 3.14 和图 3.16 可以看出：当 SSPS 运行在高轨上时，$\boldsymbol{F}_{g2}^{b}$ 和 $\boldsymbol{F}_{g4}^{b}$ 的幅值很小，且其对 SSPS 轨道参数的变化影响很小。故当 SSPS 运行在地球同步轨道上时，可忽略 $\boldsymbol{F}_{g2}^{b}$ 和 $\boldsymbol{F}_{g4}^{b}$ 带来的影响。此外，从图 3.15 可以看出：高阶重力梯度力还会引起 SSPS 星下点经度相对于 TM 星下点经度的漂移，且主要是

由 $\boldsymbol{F}_{g2}^{b}$ 引起的。这种漂移会随着时间逐渐增加。因此，在对 SSPS 进行轨道控制时，应当考虑 $\boldsymbol{F}_{g2}^{b}$ 带来的影响，并对其予以消除。

不同模型下，SSPS 的姿态运动规律如图 3.17 所示。其中，图 3.17 的纵坐标为 $q_4=\cos(\alpha/2)$，它可以表示 $OX_bY_bZ_b$ 相对于 $O_eX_IY_IZ_I$ 转角的大小。$T_{g4}^{b}=|\boldsymbol{T}_{g4}^{b}|$ 和 $T_{sm}^{b}=|\boldsymbol{T}_{sm}^{b}|$ 的大小如图 3.18 所示。从图 3.17 可以看出：当 SSPS 运行在低轨上时，在起始阶段，4 个模型 q_4 的变化曲线重合。经过一段时间后，AM 和 FOM，以及 TM 和 SMM 仍然保持重合，但 FOM 与 SMM 的变化曲线产生了分离，这主要是由 $\boldsymbol{T}_{g4}^{b}$ 引起的。从图 3.18 可以看出：当 SSPS 运行在低轨上时，$\boldsymbol{T}_{g4}^{b}$ 的幅值比 $\boldsymbol{T}_{sm}^{b}$ 的幅值要大，故 $\boldsymbol{T}_{g4}^{b}$ 对 SSPS 姿态运动的影响更大。再经过一段时间后，AM 与 FOM 的变化曲线，以及 TM 与 SMM 的变化曲线也均产生了分离，这主要是由 $\boldsymbol{T}_{sm}^{b}$ 引起的。虽然 $\boldsymbol{T}_{sm}^{b}$ 幅值很小，但在经过一定时间的积累之后，却对 SSPS 的姿态运动产生了很大影响。这是由空间物体姿态运动方程的强非线性特性导致的。当 SSPS 在高轨上运行时，从图 3.17 可以看出：4 个模型 q_4 的变化曲线分离时间大致相同。其原因为：当 SSPS 运行在高轨上时，$\boldsymbol{T}_{g4}^{b}$ 和 $\boldsymbol{T}_{sm}^{b}$ 的幅值大致相同，这一点从图 3.18 可以看出。

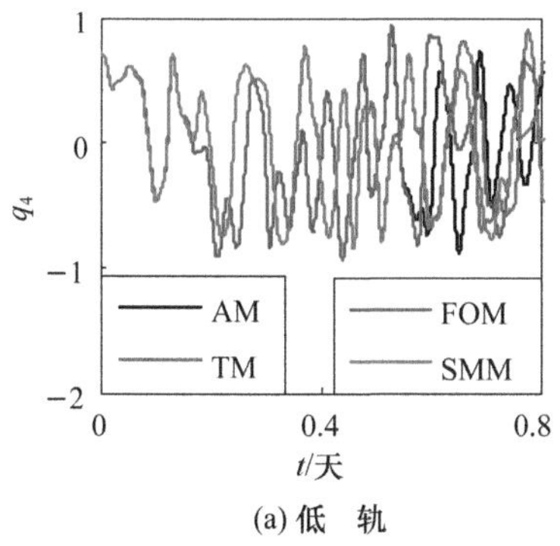

(a) 低　轨

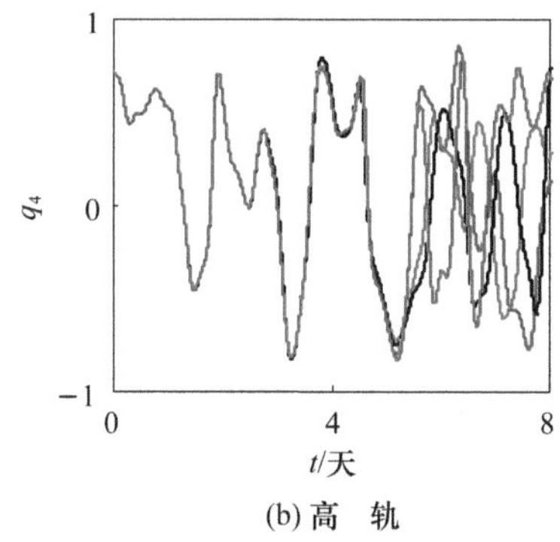

(b) 高　轨

图 3.17　不同模型下 SSPS 的姿态运动规律

不同阻尼系数及不同轨道上，$\boldsymbol{T}_{g4}^{b}$ 和 $\boldsymbol{T}_{sm}^{b}$ 对 SSPS 对地指向精度的影响如图 3.19 和图 3.20 所示。其中，三轴归一化的阻尼系数均设为 $\zeta=0.4$ 和 $\zeta=0.8$，c_1、c_2、c_3 的值为 $c_1=4n_0\zeta I_{xx}$、$c_2=2\zeta\sqrt{3}n_0I_{yy}$、$c_3=2\zeta n_0I_{zz}$。轨道运动的初始参数如方程(3.55a)和方程(3.55b)所示，起始时间同样设为 2015 年 3 月 21 日，北京时间 6 时 21 分，欧拉角的初始参数为

$$\varphi_0=\theta_0=\psi_0=0^\circ \tag{3.56a}$$

$$\dot{\varphi}_0=\dot{\theta}_0=\dot{\psi}_0=0\ (^\circ)/\mathrm{s} \tag{3.56b}$$

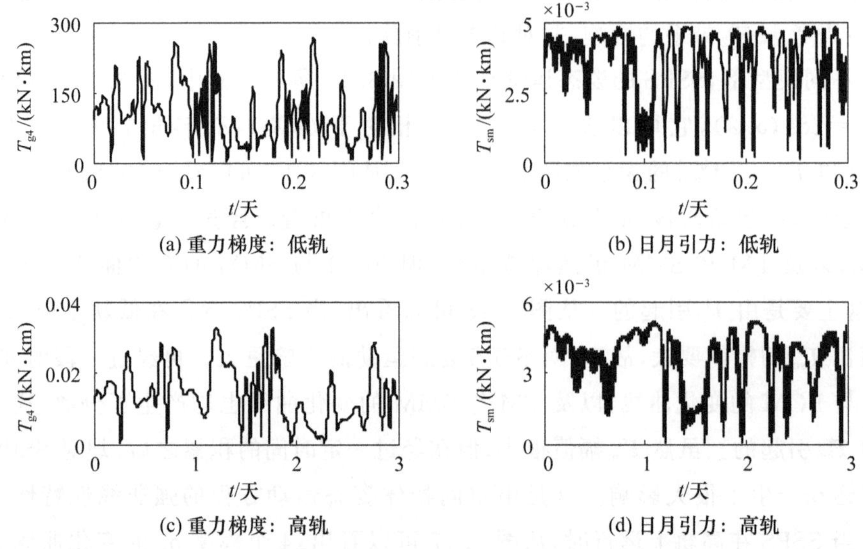

(a) 重力梯度：低轨 (b) 日月引力：低轨

(c) 重力梯度：高轨 (d) 日月引力：高轨

图 3.18 四阶重力梯度力矩和日月引力力矩随时间的变化图

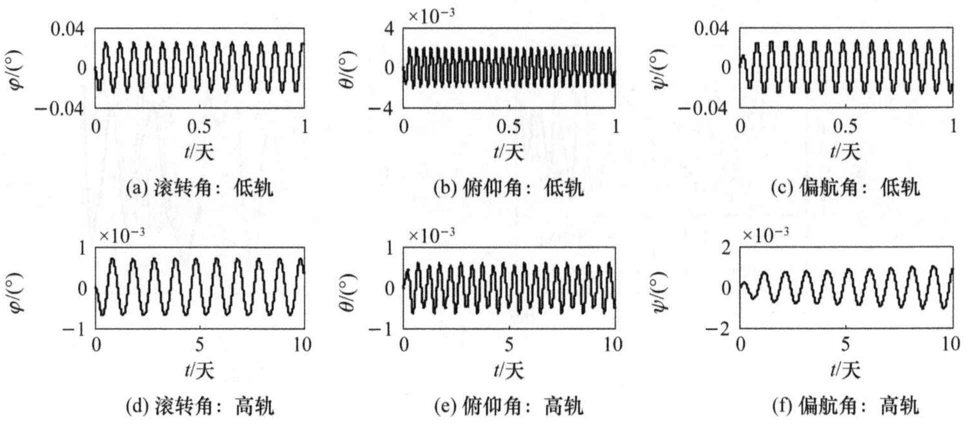

(a) 滚转角：低轨 (b) 俯仰角：低轨 (c) 偏航角：低轨

(d) 滚转角：高轨 (e) 俯仰角：高轨 (f) 偏航角：高轨

图 3.19 不同轨道上 $\boldsymbol{T}_{g4}^{b}$ 和 $\boldsymbol{T}_{sm}^{b}$ 对 SSPS 对地指向精度的影响($\zeta=0.4$)

从图 3.19 和图 3.20 可以看出：当 SSPS 运行在低轨上时，其姿态角对地指向精度的量级为 0.01°。增加阻尼系数可以适当地提高其对地指向精度，但效果并不是很明显。当 SSPS 运行在高轨上时，其对地指向精度的量级为 0.001°。这说明 $\boldsymbol{T}_{g4}^{b}$ 和 $\boldsymbol{T}_{sm}^{b}$ 带来的影响很小，可忽略不计。此外，由于太阳帆塔式 SSPS 结构对称的性质，使其三阶重力梯度力矩 $\boldsymbol{T}_{g3}^{b}$ 恒为零，从而使高阶重力梯度力矩带来的影响相对较小。对于非对称结构，应当重新分析高阶重力梯度力矩带来的影响。

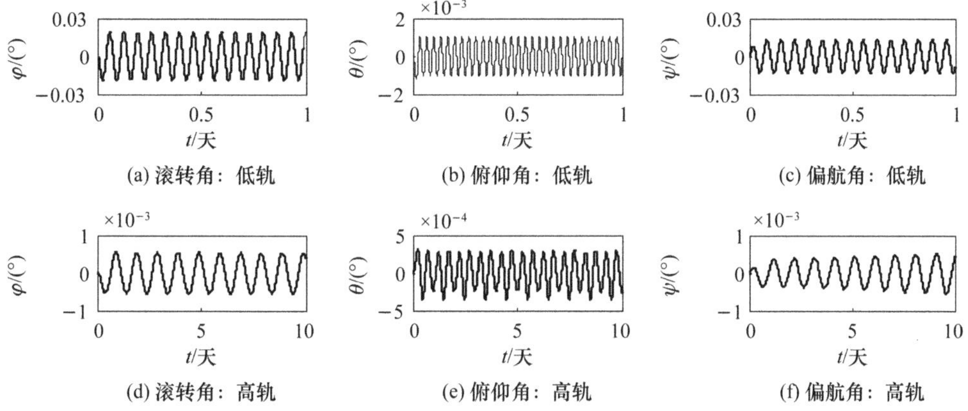

图 3.20　不同轨道上 T^{b}_{g4} 和 T^{b}_{sm} 对 SSPS 对地指向精度的影响($\zeta=0.8$)

3.3　重力姿轨耦合效应引起的轨道运动共振

在 3.2 节的研究中，仅通过数值的方法对 SSPS 的重力姿轨耦合特性进行了分析，并没有从动力学方程上揭示其内部的耦合机理。类似的做法也存在于一些关于 SSPS 重力姿轨耦合效应的研究中[34,36-39,64-65]。由于 3.2 节中所建立的重力姿轨耦合方程组强非线性的特点，其方程的解往往具有多个。而且强非线性方程的数值仿真结果常与方程中参数的初值有关，而在 3.2 节中对于初值的选择是单一且任意的。为了更深入地了解 SSPS 在轨运行时重力姿轨耦合效应带来的影响，有必要通过解析的方法对其耦合动力学方程进行分析。本节将以 SSPS - ALPHA(见图 1.2(b))为研究对象，其研究结论同样适用于其他构型的 SSPS。

3.3.1　坐标系与假设

本小节将重新给出一些坐标系和符号的定义。这里忽略结构柔性振动带来的影响，将任意相控阵天线式 SSPS 简化为刚体，且只考虑轨道平面内的运动。如图 3.21 所示，$O_eX_IY_I$、OX_oY_o、OX_bY_b 分别表示惯性坐标系、轨道坐标系和固连坐标系。此外，另设 OZ_b 轴与 OX_b 轴、OY_b 轴垂直，三者共同构成右手坐标系，且均为 SSPS 的惯性主轴。$\boldsymbol{R}$ 表示 O 相对于 O_e 的位置矢量。$\boldsymbol{\rho}$ 表示 SSPS 上任一质量微元 dm 相对于其质心 O 的位置矢量。$\boldsymbol{r}$ 表示 dm 相对于 O_e 的位置矢量，且满足：$\boldsymbol{r}=\boldsymbol{R}+\boldsymbol{\rho}$。$\theta$ 表示 OX_b 轴相对于 OX_o 轴的转角，同时也是 SSPS 的俯仰角。α 表示位置矢量 $\boldsymbol{R}$ 相对于 O_eX_I 轴的转角。

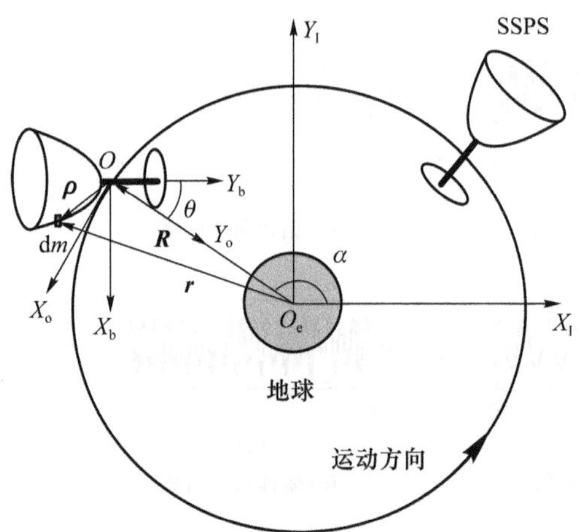

图 3.21 SSPS 的姿态运动和轨道运动示意图

3.3.2 动力学方程的建立

在本小节中，将通过 Hamilton 原理推导出 SSPS 在地球引力场中运动时的重力姿轨耦合动力学方程。SSPS 在轨运行时所具有的动能为

$$T=\frac{1}{2}m(\dot{R}^2+\dot{\alpha}^2R^2)+\frac{1}{2}I_{zz}(\dot{\theta}+\dot{\alpha})^2 \tag{3.57}$$

式中：m 表示 SSPS 的总质量；$R=|\boldsymbol{R}^b|$，$\boldsymbol{R}^b=[R_x^b \quad R_y^b]^T$ 表示 $\boldsymbol{R}$ 在 OX_bY_b 下的投影。在地球引力场中，质量微元 dm 所具有的引力势能为

$$\mathrm{d}U=-\frac{\mu_e}{r}\mathrm{d}m+\frac{\mu_e J_2 R_e^2}{2r^3}\mathrm{d}m \tag{3.58a}$$

$$r=R\left(1+2\frac{\hat{\boldsymbol{R}}^b\cdot\boldsymbol{\rho}^b}{R}+\frac{\rho^2}{R^2}\right)^{\frac{1}{2}} \tag{3.58b}$$

这里只考虑地球扁率势函数中 J_2 项的影响。由于多种构型的 SSPS 的工作轨道平面为赤道平面[7,10,26,66]，故这里将其运动限制在赤道平面内。$\boldsymbol{\rho}^b$ 表示 $\boldsymbol{\rho}$ 在 OX_bY_b 下的投影，$\rho=|\boldsymbol{\rho}^b|$，$\hat{\boldsymbol{R}}^b=[-\sin\theta \quad -\cos\theta]^T$ 表示 $\boldsymbol{R}^b$ 的单位向量。将式(3.58b)代入式(3.58a)，以小量 $\frac{\rho}{R}$ 进行 Taylor 级数展开，保留至 $O(R^{-3})$ 项，并对方程(3.58a)的两端进行积分，可得到 SSPS 的引力势能为

$$U\cong-\frac{\mu_e m}{R}-\frac{\mu_e}{2R^3}[(1-3\sin^2\theta)I_{xx}+(1-3\cos^2\theta)I_{yy}+I_{zz}-mJ_2R_e^2] \tag{3.59}$$

由 3.2 节的分析可知，高阶重力和重力梯度力矩对 SSPS 姿轨运动的影响较小，故这里只保留二阶地球引力势能的影响。将方程(3.57)和方程(3.59)代入如

下的 Hamilton 原理表达式中[67]：

$$\int_{t_1}^{t_2} \delta(T-U+W)\cdot \mathrm{d}t = 0 \tag{3.60}$$

可得到 SSPS 在地球引力场中运动时的重力姿轨耦合动力学方程为

$$\ddot{R}-\dot{\alpha}^2 R+\frac{\mu_e}{R^2}-\frac{3\mu_e J_2 R_e^2}{2R^4} = \frac{3\mu_e}{2mR^4}[0.5(I_{xx}+I_{yy}-2I_{zz})-1.5(I_{xx}-I_{yy})\cos 2\theta] \tag{3.61a}$$

$$2\dot{\alpha}\dot{R}+R\ddot{\alpha}=\frac{3\mu_e}{2mR^4}(I_{xx}-I_{yy})\sin 2\theta \tag{3.61b}$$

$$\ddot{\theta}=-\frac{3\mu_e}{2I_{zz}R^3}(I_{xx}-I_{yy})\sin 2\theta+\frac{\tau}{I_{zz}}-\ddot{\alpha} \tag{3.61c}$$

其中，$\delta W=\tau\cdot(\delta\alpha+\delta\theta)$表示外力所做的虚功，$\delta\alpha$ 和 $\delta\theta$ 分别表示 α 和 θ 的虚角位移，这里只考虑外界力矩 τ 的作用。方程(3.61a)和方程(3.61b)描述了 SSPS 的轨道运动。其中，方程右端两项是由重力姿轨耦合效应产生的。当 SSPS 被看作质点时，右端两项为零。此外，当 SSPS 的三轴转动惯量相同时，方程(3.61a)和方程(3.61b)右侧项同样为零。此时，重力姿轨耦合效应将不会对其轨道运动产生影响。本节将主要讨论三轴转动惯量不同的情况。方程(3.61c)描述了 SSPS 的姿态运动。由方程可知，重力姿轨耦合效应对姿态运动的影响主要体现在两个方面：其一是轨道运动产生的惯性力矩，即方程(3.61c)中"$-\ddot{\alpha}$"一项；其二是轨道半径变化时引起的重力梯度力矩的变化，即"$-\frac{3\mu_e}{2I_{zz}R^3}(I_{xx}-I_{yy})\sin 2\theta$"一项。

3.3.3　动力学特性分析

在本小节中，将采用解析法对方程(3.61a)～(3.61c)进行处理，进而分析 SSPS 在轨运行时的重力姿轨耦合特性。

设 SSPS 的运行轨道是一个近圆形的轨道，并将方程(3.61a)和方程(3.61b)中"$-\frac{9\mu_e}{4mR^4}(I_{xx}-I_{yy})\cos 2\theta$"和"$\frac{3\mu_e}{2mR^4}(I_{xx}-I_{yy})\sin 2\theta$"两项看作外界干扰。当忽略外界干扰力时，SSPS 的轨道运动是一个轨道半径为 R_0、轨道角速度为 n_0 的圆形轨道，且 R_0 和 n_0 满足如下关系：

$$n_0^2=\frac{\mu_e}{R_0^3}-\frac{3\mu_e}{4mR_0^5}[(I_{xx}+I_{yy}-2I_{zz})+2mJ_2R_e^2] \tag{3.62}$$

由 3.2 节的分析可知，重力姿轨耦合效应对 SSPS 轨道运动的影响较小，故其轨道半径 R 和轨道角速度 $\dot{\alpha}$ 可表述为

$$R=R_0+\Delta R \tag{3.63a}$$

$$\dot{\alpha}=n_0+\Delta n \tag{3.63b}$$

式中：ΔR 和 Δn 分别表示实际轨道的轨道半径和轨道角速度相对于标准圆形轨道的偏差，且均为小量。将方程(3.63a)和方程(3.63b)代入方程(3.61a)和方程(3.61b)中，并忽略高于 ΔR、Δn 和 $1/R_0^4$ 的项可得

$$\Delta\ddot{R}-n_0^2\Delta R-2n_0R_0\Delta n-2n_c^2\Delta R=\frac{9\mu_e}{4mR_0^4}(I_{yy}-I_{xx})\cos 2\theta \tag{3.64a}$$

$$2n_0\Delta\dot{R}+R_0\Delta\dot{n}=\frac{3\mu_e}{2mR_0^4}(I_{xx}-I_{yy})\sin 2\theta \tag{3.64b}$$

$$n_c^2=\frac{\mu_e}{R_0^3}-\frac{3\mu_e}{2mR_0^5}[(I_{xx}+I_{yy}-2I_{zz})+2mJ_2R_e^2] \tag{3.64c}$$

对方程(3.64b)两端进行积分可得

$$R_0\Delta n=-2n_0\Delta R+\int_{t_0}^{t}\frac{3\mu_e}{2mR_0^4}(I_{xx}-I_{yy})\sin 2\theta\mathrm{d}t+C_1 \tag{3.65a}$$

$$C_1=R_0\Delta n(t_0)+2n_0\Delta R(t_0) \tag{3.65b}$$

式中：t_0 为起始时刻，在这里设 $t_0=0$；C_1 是与轨道运动初始条件有关的常数。将方程(3.65a)代入方程(3.64a)可得

$$\Delta\ddot{R}+(3n_0^2-2n_c^2)\Delta R=f_1 \tag{3.66a}$$

$$f_1=2n_0\left[\int_{t_0}^{t}\frac{3\mu_e}{2mR_0^4}(I_{xx}-I_{yy})\sin 2\theta\mathrm{d}t+C_1\right]+\frac{9\mu_e}{4mR_0^4}(I_{yy}-I_{xx})\cos 2\theta \tag{3.66b}$$

从方程(3.66a)可以看出：ΔR 的振动方程是一个标准的二阶无阻尼受迫振动方程，且其固有振动角频率为 $\sqrt{3n_0^2-2n_c^2}$。当外界激励 f_1 中存在振动角频率为 $\sqrt{3n_0^2-2n_c^2}$ 的分量时，其轨道运动将会产生共振。其中一个简单的例子为：当 $I_{xx}\neq I_{yy}$ 时，在外界力矩 τ 的作用下，SSPS 的姿态角 θ 以 $0.5\sqrt{3n_0^2-2n_c^2}$ 的恒定角速度旋转，此时轨道运动将会产生共振。然而在上述情况中，ΔR 并不会随着时间持续增加。其原因是：方程(3.66a)是由方程(3.61a)和方程(3.61b)线性化得到的，随着 ΔR 的增加，其所忽略的高阶项将不能再忽略，且会改变方程(3.66a)的振动角频率，进而轨道运动的共振也将受到抑制。

将 f_1 中的 $\sin 2\theta$ 和 $\cos 2\theta$ 两项进行 Fourier 级数展开可得

$$f_1=\frac{3\mu_e}{2mR_0^4}(I_{yy}-I_{xx})\left[\sum_{i=1}^{\infty}\frac{n_0A_iT_\theta}{i\pi}\cos\left(\frac{2i\pi}{T_\theta}t+\theta_i^s\right)+\sum_{i=1}^{\infty}1.5B_i\cos\left(\frac{2i\pi}{T_\theta}t+\theta_i^c\right)\right]-\frac{3\mu_e n_0A_0}{mR_0^4}(I_{yy}-I_{xx})t+C_2 \tag{3.67a}$$

$$C_2 = \frac{3\mu_e}{2mR_0^4}(I_{yy} - I_{xx})\left[1.5B_0 - \sum_{i=1}^{\infty}\frac{n_0 A_i T_\theta}{i\pi}\cos(\theta_i^s)\right] + 2n_0 C_1 \tag{3.67b}$$

式中：T_θ 表示 $\sin 2\theta$ 和 $\cos 2\theta$ 变化的周期；A_0 和 B_0 分别表示 $\sin 2\theta$ 和 $\cos 2\theta$ 在 Fourier 级数中的常数项；A_i 和 B_i 分别表示 $\sin 2\theta$ 和 $\cos 2\theta$ 在 Fourier 级数中第 i 阶简谐项的振幅；θ_i^s 和 θ_i^c 分别表示 $\sin 2\theta$ 和 $\cos 2\theta$ 在 Fourier 级数中第 i 阶简谐项的初始相位。C_2 是由 C_1 和 SSPS 的姿态运动规律共同决定的常数。从方程(3.67a)中可以看出：当 $I_{xx} \neq I_{yy}$，$T_\theta = \frac{2k\pi}{\sqrt{3n_0^2 - 2n_c^2}}$，$k = 1, 2, 3, \cdots$，且 $\theta_k^s \neq \theta_k^c$ 或 $\frac{n_0 A_k T_\theta}{k\pi} + 1.5B_k \neq 0$ 时，f_1 中将存在振动角频率为 $\sqrt{3n_0^2 - 2n_c^2}$ 的分量，此时轨道运动将会产生共振。

当 f_1 中不存在共振项时，方程(3.66a)的解可表示为

$$\Delta R = \frac{3\mu_e n_0}{(3n_0^2 - 2n_c^2)mR_0^4}(I_{xx} - I_{yy})A_0 \cdot t + \frac{C_2}{3n_0^2 - 2n_c^2} + \Delta R_p \tag{3.68}$$

式中：ΔR_p 表示 ΔR 中随时间周期变化的项。将方程(3.68)代入方程(3.65a)可得

$$\Delta n = -\frac{3\mu_e A_0}{2mR_0^5}(I_{xx} - I_{yy})\frac{n_0^2 + 2n_c^2}{3n_0^2 - 2n_c^2} \cdot t + C_3 + \Delta n_p \tag{3.69a}$$

$$C_3 = -\frac{2n_0 C_2}{(3n_0^2 - 2n_c^2)R_0} + \frac{C_1}{R_0} + \frac{3\mu_e}{2mR_0^5}(I_{xx} - I_{yy})\sum_{i=1}^{\infty}\frac{A_i T_\theta}{2i\pi}\cos(\theta_i^s) \tag{3.69b}$$

式中：Δn_p 表示 Δn 中随时间周期变化的项。从方程(3.68)和方程(3.69a)可以看出：当 $I_{xx} \neq I_{yy}$ 且 $A_0 \neq 0$ 时，即 $\sin 2\theta$ 的 Fourier 级数中存在常值分量，ΔR 和 Δn 中均存在随时间线性增加(或减小)的项，此时 SSPS 的轨道运动不稳定。出现这种动力学现象的一个简单例子为：SSPS 存在恒定的对地指向误差，即 $\theta \equiv \theta_c \neq 0$，$\theta_c$ 为常数，此时 $A_0 \neq 0$。对于 SSPS，一个稳定的轨道是必要的。因此，SSPS 在轨运行时应当避免此种动力学行为的产生。此外，当 $C_2 \neq 0$ 和 $C_3 \neq 0$ 时，ΔR 和 Δn 中还将存在常数项，此时 SSPS 的实际轨道半径和轨道角速度将存在相对于圆形轨道的常值偏差。由于 Δn 中存在常数项，$\Delta\alpha = \alpha - n_0 t$ 中将会存在随时间线性增加(或减小)的项，即 SSPS 轨道运动的相位角将会产生相对于圆形轨道的线性漂移。当 SSPS 需工作在 GEO 上时，这种漂移应当被消除。当 $C_3 = 0$ 时，这种漂移将不存在。由方程(3.67b)和方程(3.69b)可知，$C_3 = 0$ 可以等效为

$$C_1 = \frac{3\mu_e}{2mR_0^4}(I_{yy} - I_{xx})\left[-\frac{3B_0 n_0}{n_0^2 + 2n_c^2} + \sum_{i=1}^{\infty}\frac{A_i T_\theta}{2i\pi}\cos(\theta_i^s)\right] \tag{3.70}$$

从方程(3.70)可以看出：当 SSPS 的姿态运动规律已知时，可以通过选择合适的轨道初始条件，即 $\Delta R(t_0)$ 和 $\Delta n(t_0)$ 的值，来消除重力姿轨耦合效应引起的轨道运动相位漂移。

3.3.4 重力梯度稳定式空间太阳能电站

为了节约运行成本,多种构型的 SSPS 被设计为重力梯度稳定式的[9,12,26,27,45,47]。本小节将讨论无外界作用力及无姿态运动阻尼器时,重力梯度稳定式 SSPS 的重力姿轨耦合运动特性。

相比于 SSPS 受到的重力梯度力矩,重力姿轨耦合效应产生的干扰力矩为小量[64]。设外界作用力矩 $\tau=0\ \mathrm{N\cdot m}$,且先忽略重力姿轨耦合效应的影响,SSPS 的姿态运动方程为

$$\ddot{\theta}=-1.5n_e^2k_z\sin 2\theta \tag{3.71}$$

式中:$n_e=\sqrt{\mu_e/R_0^3}$;$k_z=(I_{xx}-I_{yy})/I_{zz}$。由 3.1.3 小节中的分析可知,方程(3.71)的解如方程(3.28)所示,其运动周期 T_p 如方程(3.29)所示。这里只考虑姿态运动为摆动的情况,即 $d<1$。将方程(3.28)代入 $\sin 2\theta$ 和 $\cos 2\theta$ 中并进行 Fourier 级数展开可得

$$\sin 2\theta=\sum_{i=2k-1}^{\infty}A_i\sin\left[\frac{2i\pi}{T_p}t+(-1)^{k-1}\cdot\frac{\pi}{2}\right] \tag{3.72a}$$

$$\cos 2\theta=B_0+\sum_{j=2k}^{\infty}B_j\cos\left(\frac{2j\pi}{T_p}t\right) \tag{3.72b}$$

式中:$k=1,2,3,\cdots$。从方程(3.72a)和方程(3.72b)可以看出:由于 Jocobian 椭圆函数特殊的性质,$\sin 2\theta$ 的 Fourier 级数中只存在奇次项谐波分量,而 $\cos 2\theta$ 的 Fourier 级数中只存在偶次项谐波分量。由 3.3.3 小节中的分析可知,当 $I_{xx}\neq I_{yy}$,且 $T_p=2k\pi/\sqrt{3n_0^2-2n_c^2}$,$k=1,2,3,\cdots$ 时,轨道运动将会产生共振。将式 $T_p=\dfrac{2k\pi}{\sqrt{3n_0^2-2n_c^2}}$ 与方程(3.29)结合可得

$$\frac{2K(\sqrt{d})}{\pi\sqrt{3k_z}}\cdot\frac{\sqrt{3n_0^2-2n_c^2}}{n_e}=k \tag{3.73}$$

从方程(3.73)可以看出:当 SSPS 的质量分布特性 k_z 和初始姿态条件 d 满足一定关系时,其轨道运动将会产生共振。方程(3.73)中有一点需要注意的是,对于不同的轨道半径,k_z 和 d 满足的共振条件略有不同。在方程(3.73)中,当 k 取值较大时,共振往往不易发生,主要原因有 3 点:①$\sin 2\theta$ 和 $\cos 2\theta$ 在 Fourier 级数中所对应的共振谐波振动幅值很小,常接近于零。②对于固定的 k_z,k 越大,其所对应的共振项周期越大,SSPS 的初始姿态条件 d 越靠近 1。由图 3.6 可知,当 d 靠近 1 时,其摆动周期 T_p 对 d 的变化非常敏感。即使很小的外界扰动(如方程(3.71)中所忽略的重力姿轨耦合干扰)引起的 d 的微小变化,都将引起 T_p 很大的变化,进而

会抑制共振的产生。③对于固定的 d,k 越大,其所对应的 k_z 越小,SSPS 受到的重力梯度力矩也越小。此时,重力姿轨耦合效应产生的干扰力矩对其姿态运动周期的影响越大,进而会抑制共振的产生。

设 SSPS 的初始姿态角速度为零,即 $\dot{\theta}_0=0$ rad/s,当 k 分别取 $k=1$、$k=2$ 和 $k=3$ 时,θ_0 和 k_z 满足共振条件的曲线如图 3.22 所示。其中,设 $I_{xx}=I_{zz}=3.5\times10^{13}$ kg·m^2,$m=5\times10^5$ kg,$R_0=7\times10^3$ km。从图 3.22 可以看出:当 θ_0 的取值较小时,k_z 随 θ_0 的变化很小。当 θ_0 较小时,$K(\sqrt{d})\approx0.5\pi$,将其代入方程(3.73)可得

$$k_z\approx\frac{1}{3k^2}\cdot\frac{3n_0^2-2n_c^2}{n_e^2}\approx\frac{1}{3k^2} \tag{3.74}$$

式中:$k=1,2,3,\cdots$。对于做小角度摆动的重力梯度稳定式 SSPS,其质量分布参数 k_z 应当避开方程(3.74)中的数值。

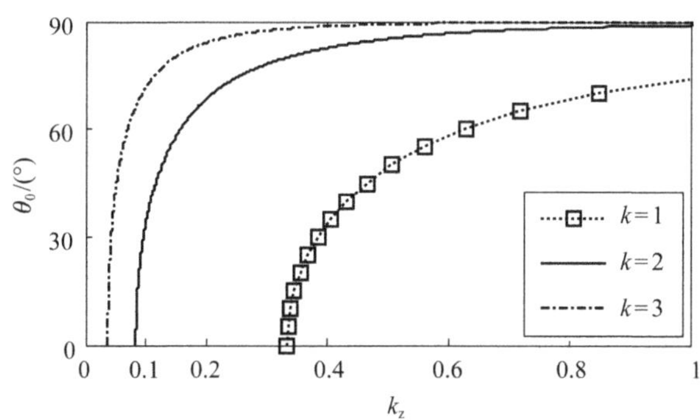

图 3.22　共振条件下不同 k_z 对应的初始姿态角 θ_0

此外,当 k_z 和 d 不满足上述共振条件时,将方程(3.72a)和方程(3.72b)代入方程(3.68)和方程(3.69a)可得

$$\Delta R=\frac{C_2}{3n_0^2-2n_c^2}+\Delta R_p \tag{3.75a}$$

$$\Delta n=C_3+\Delta n_p \tag{3.75b}$$

从方程(3.75a)和方程(3.75b)可以看出:当只考虑保守力作用时,ΔR 和 Δn 中将不存在随时间线性增加(或减小)的项,即 SSPS 的轨道运动是稳定的。将方程(3.72a)和方程(3.72b)代入方程(3.70)中可得

$$C_1=\frac{9\mu_e B_0}{2mR_0^4}\cdot\frac{n_0}{n_0^2+2n_c^2}(I_{xx}-I_{yy}) \tag{3.76}$$

当 C_1 满足方程(3.76)所示的条件时,$C_3=0$,即重力姿轨耦合效应引起的轨道运动

相位漂移将会被消除。

3.3.5 数值仿真与分析

为了验证3.3.3小节和3.3.4小节中分析的正确性，本小节将对SSPS在轨运行时的重力姿轨耦合运动进行数值仿真，并对其动力学特性进行分析。为了获得准确的动力学行为，本小节进行数值计算时所采用的方程为方程(3.61a)～(3.61c)，即未被线性化处理的方程。SSPS的部分结构参数为$m=5\times10^5$ kg，$I_{zz}=3.5\times10^{13}$ kg·m^2；部分轨道运动参数为$R_0=7\times10^3$ km，$\alpha_0=0$ rad，$\Delta\dot{R}(t_0)=0$ km/s。

由3.3.3小节中的分析可知，当SSPS的姿态角θ以$0.5\sqrt{3n_0^2-2n_c^2}$的恒定角速度旋转时，其轨道运动将会产生共振。不同恒定旋转角速度下，ΔR和$\Delta\alpha$随时间的变化规律如图3.23所示。其中，$n_r=\sqrt{3n_0^2-2n_c^2}$，$\omega_\theta=\dot{\theta}$，$I_{xx}=I_{zz}$，$I_{yy}=0.1I_{zz}$。姿轨运动的初始条件为$\theta_0=0$ rad，$\Delta R(t_0)=0$ km，$\Delta n(t_0)=0$ rad/s。从图3.23可以看出：相比于其他旋转角速度，当SSPS的姿态角θ以$0.5\sqrt{3n_0^2-2n_c^2}$的恒定旋转角速度旋转时，其轨道运动会产生明显的共振现象，且ΔR并没有随着时间持续增加，而是呈现出周期变化的规律。其原因是：随着ΔR的增加，方程(3.66a)中所忽略的高阶项不能再忽略不计，且会改变ΔR的振动角频率，进而抑制了共振的产生。此外，由于$C_3\neq0$，SSPS轨道运动的相位角出现了相对于标准圆形轨道的线性漂移，其仿真结果与3.3.3小节中的分析相符。

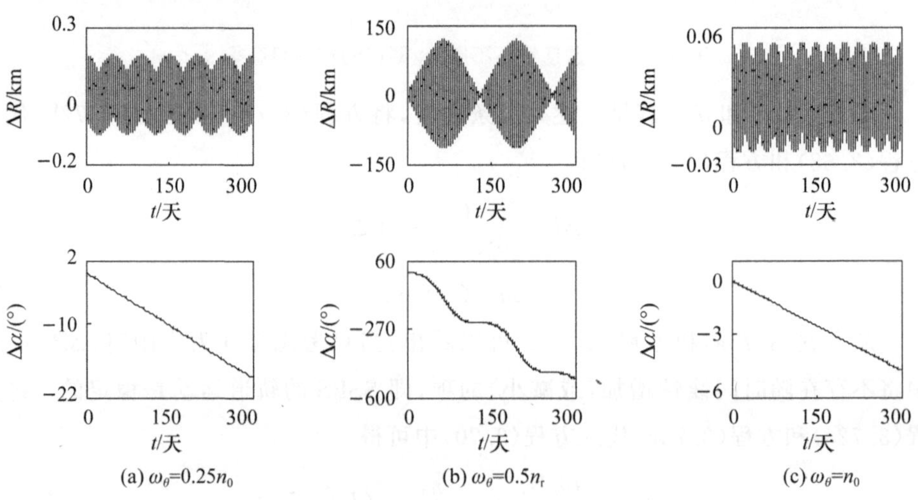

图3.23 不同恒定旋转角速度下ΔR和$\Delta\alpha$随时间的变化图

对于一些构型的 SSPS，其主结构需要时刻对日指向以收集更多的太阳能[5,23,68]。这里将给出 SSPS 时刻对日指向时的轨道动力学特性。假设太阳的位置恒定不变，且一直位于坐标系 $O_eX_IY_I$ 的 O_eY_I 轴上。当 SSPS 的初始轨道参数取不同值时，ΔR 和 $\Delta\alpha$ 随时间的变化规律如图 3.24 所示。其中，轨道初始条件分别取：①$\Delta R(t_0)=0$ km，$\Delta n(t_0)=0$ rad/s，即 $C_3\neq 0$。② $\Delta n(t_0)=0$ rad/s，$\Delta R(t_0)=\dfrac{3\mu_e(I_{yy}-I_{xx})}{8mR_0^4n_0^2}$，即 $C_3=0$。从图 3.24 可以看出：当 SSPS 时刻对日指向时，重力姿轨耦合效应对其轨道运动的影响不大，且可通过选择合适的轨道初始条件来消除重力姿轨耦合效应引起的轨道运动相位漂移，其仿真结果与 3.3.3 小节中的分析相符。

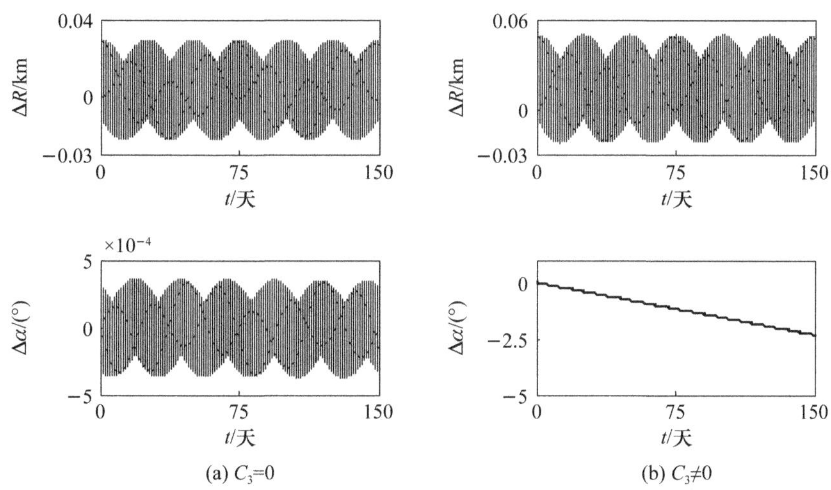

(a) $C_3=0$　　(b) $C_3\neq0$

图 3.24　不同轨道初始条件下 ΔR 和 $\Delta\alpha$ 随时间的变化图

当 SSPS 仅受到保守力作用时，其质量分布参数 k_z 取不同值时的轨道动力学特性如图 3.25 所示，姿态动力学特性如图 3.26 所示。其中，SSPS 姿轨耦合运动的总能量是守恒的，这里采用文献[37]中所述的辛数值方法求解其动力学方程以保证总能量守恒。其中，k_z、I_{xx} 和 I_{yy} 的值分别取：①$k_z=0.9$，$I_{xx}=I_{zz}$，$I_{yy}=0.1I_{zz}$（非共振情况）；②$k_z=0.335\,056\,1$，$I_{xx}=I_{zz}$，$I_{yy}=0.664\,943\,9I_{zz}$（方程(3.73)中 $k=1$ 时的共振情况）；③$k_z=0.083\,764\,1$，$I_{xx}=I_{zz}$，$I_{yy}=0.916\,235\,88I_{zz}$（方程(3.73)中 $k=2$ 时的共振情况）。姿态运动的初值设为 $\theta_0=5°$，$\dot{\theta}_0=0$ rad/s；轨道运动的初值设为 $\Delta n(t_0)=0$ rad/s，$\Delta R(t_0)=\dfrac{9\mu_eB_0(I_{xx}-I_{yy})}{4mR_0^4(n_0^2+2n_c^2)}$。其中，$B_0=0.992\,397$，此时 $C_3=0$。

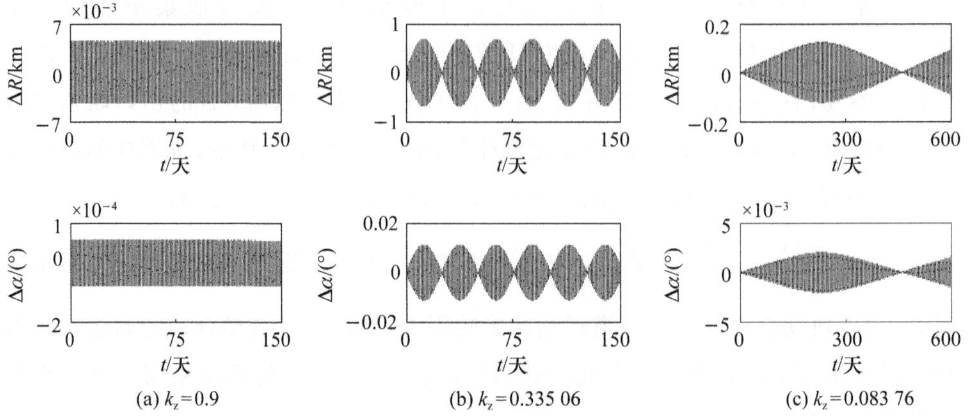

图 3.25 当 k_z 取不同值时 ΔR 和 $\Delta\alpha$ 随时间的变化图

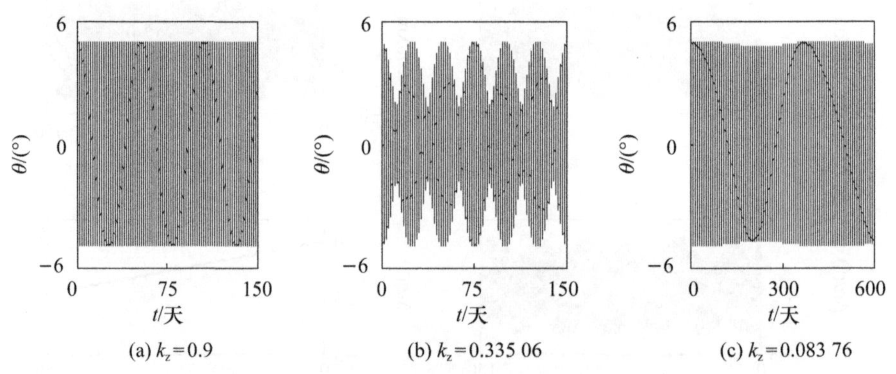

图 3.26 当 k_z 取不同值时 θ 随时间的变化图

从图 3.25 可以看出：当 $k_z=0.335\ 056\ 1$ 和 $k_z=0.083\ 764\ 1$ 时，SSPS 的轨道运动将会产生共振，但 ΔR 的最大振动幅值却均远小于图 3.23 中 $\omega_\theta=0.5n_r$ 时 ΔR 的振动幅值。其原因是：重力姿轨耦合效应会对 SSPS 姿态运动的周期产生影响，进而抑制了共振的产生。此外，当 $k_z=0.083\ 764\ 1$ 时，ΔR 的振动幅值要小于 $k_z=0.335\ 056\ 1$ 时 ΔR 的振动幅值。其原因是：k_z 越小，SSPS 受到的重力梯度力矩越小，重力姿轨耦合效应对其姿态运动周期的影响越大，共振更容易受到抑制，其仿真结果与 3.3.4 小节中的分析相符。

从图 3.26 可以看出：当 $k_z=0.335\ 056\ 1$ 和 $k_z=0.083\ 764\ 1$ 时，SSPS 姿态运动的振动幅值产生了周期性的变化。其原因是：在重力姿轨耦合作用下，轨道运动与姿态运动之间产生了周期性的能量交换。在起始时刻，SSPS 的姿态运动周期为共振周期，轨道运动产生共振，能量从姿态运动向轨道运动转移。由于总能量恒定，故姿态运动能量变小，即振幅减小。随着 ΔR 振幅的增加，重力姿轨耦合效应产生的干扰力矩会改变姿态运动的周期，进而轨道运动共振受到抑制，能量又从轨道运动向姿态运动转移，如此循环往复。类似的动力学行为也存在于 Mohan[69] 的研究中。

当 SSPS 的姿态角存在恒定的对地指向偏差时，其轨道动力学特性如图 3.27 所示。其中，电站的姿态角被设为定值，且 $\theta=2°$。从图 3.27 可以看出：在重力姿轨耦合作用下，ΔR 将会随着时间线性增加，而 $\Delta\alpha$ 会随着时间二次减小，SSPS 的轨道运动不稳定。故在 SSPS 在轨运行时，应当消除俯仰角 θ 中的恒定偏差。

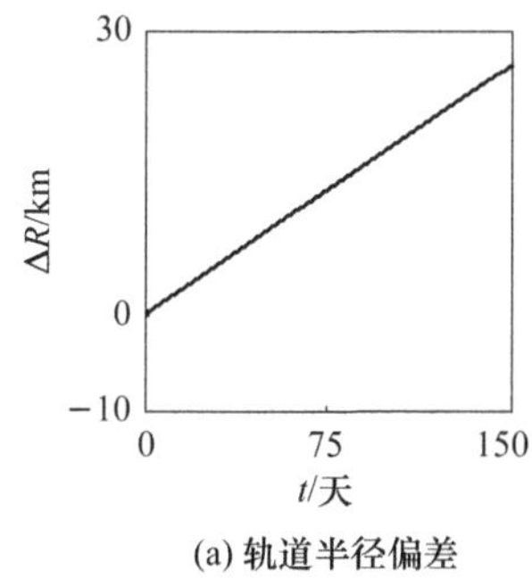

(a) 轨道半径偏差

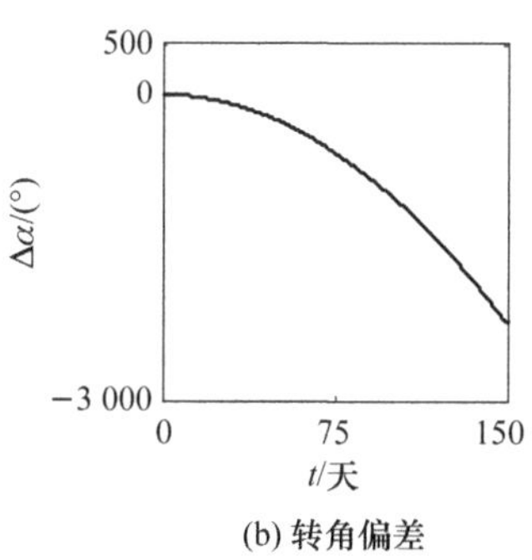

(b) 转角偏差

图 3.27　当 θ 存在恒定的对地指向偏差时 ΔR 和 $\Delta\alpha$ 随时间的变化图

3.4　本章小结

本章主要研究了重力梯度引起的重力姿轨耦合效应对空间太阳能电站姿态运动和轨道运动的影响，分别采用了数值法和解析法对其重力姿轨耦合特性和耦合机理进行了研究。主要结论如下[34]：①对于太阳帆塔式空间太阳能电站，当仅考虑垂直于太阳能电池板方向的结构振动时，其结构振动与其姿轨运动是解耦的。②大多数情况下，重力姿轨耦合效应并不会对空间太阳能电站轨道运动产生很大影响。但当其姿态运动满足一定条件时，重力姿轨耦合效应会引起轨道运动的共振。③当太阳帆塔式空间太阳能电站运行在低轨上时，高阶重力梯度力矩会对其对地指向精度造成较大影响。④当空间太阳能电站仅受到保守力作用，且其质量分布参数和姿态运动初值满足一定条件时，重力姿轨耦合效应会引起姿态运动与轨道运动之间周期性的能量交换。⑤重力姿轨耦合效应还会引起空间太阳能电站轨道运动的相位漂移，通过合理的选择轨道运动的初始条件可以消除这种漂移。⑥当空间太阳能电站俯仰角存在恒定的对地指向偏差时，重力姿轨耦合效应会造成其轨道运动的不稳定。因此，空间太阳能电站在轨运行时应当避免此种动力学行为的产生。

第 4 章

重力梯度作用下空间太阳能电站的结构振动特性

除了第 3 章所研究的重力梯度引起的姿轨耦合运动以外，重力梯度对空间太阳能电站结构振动的影响也是一个重要的研究课题。常规尺寸卫星一般具有相对较高的结构频率，在对其柔性结构的振动特性进行研究时常忽略重力梯度带来的影响。与常规尺寸卫星不同，空间太阳能电站常具有超低的结构频率，其量级常达到 10^{-3} Hz 或者更低，这个结构特点使重力梯度对其结构振动的影响不能忽略不计。其原因是：空间太阳能电站柔性结构因变形产生的弹性回复力很小，可能要接近结构受到的重力梯度力的量级。故有必要对重力梯度带来的影响进行分析。

本章将以 ISC 式空间太阳能电站[5]（见图 1.2(a)）为研究对象，分析重力梯度对其结构振动特性的影响。首先，建立用于描述 ISC 式空间太阳能电站刚柔耦合系统动力学特性的线性模型，并基于此模型对重力梯度作用下的结构振动特性进行分析。然后，考虑动力刚化效应的影响，建立基于模态叠加法表示的空间太阳能电站刚柔耦合系统的参数激励模型，该模型更能准确描述刚柔耦合特性。在此基础之上，研究重力梯度与结构振动耦合作用对空间太阳能电站结构振动的影响，揭示重力梯度与结构振动之间耦合作用造成的结构不稳定现象，同时分析和对比不同建模方法所得到的结构振动特性的差别。

4.1 基于线性模型的结构振动特性分析

本节通过混合坐标法建立用于描述 ISC 式 SSPS 刚柔耦合系统动力学行为的线性模型，并对重力梯度作用下 SSPS 的结构振动特性进行分析。本节的内容为后文的研究提供理论基础和对比参考。

4.1.1 动力学方程的建立

ISC 式 SSPS 在轨示意图如图 4.1 所示。其中，ISC 式 SSPS 被简化为一个中心刚体外加两根柔性梁的结构，且柔性梁末端有质量为 m_s 的集中质量块。同样的简化方式也出现在 NASA 的科技报告中[70]。这里只考虑轨道平面内的运动，即 SSPS 的姿态运动和结构振动均限制在轨道平面内，且电站的运行轨道被设为标准的圆形轨道。中心刚体的形状为标准的矩形结构，且宽度为 $2h$、长度为 $2a$。单根柔性梁的长度为 l。O 表示中心刚体的质心。坐标系 OX_OZ_O 和 OX_bZ_b 分别表示卫星轨道坐标系和卫星固连坐标系。$\boldsymbol{R}_0$ 表示自地球质心 O_e 到卫星质心 O 的位置矢量。$\boldsymbol{\rho}$ 表示变形前后梁上质量微元 dm 的位置矢量。$\boldsymbol{r}_0$ 表示自 O 到未变形 dm 的位置矢量。$\boldsymbol{r}$ 表示自 O 到变形后 dm 的位置矢量。$\boldsymbol{R}$ 表示自 O_e 到变形后 dm 的位置矢量。θ 表示电站的俯仰角。设 $\boldsymbol{\rho}^b=[u \quad 0]^T$ 和 $\boldsymbol{r}_0^b=[0 \quad z]^T$ 分别表示 $\boldsymbol{\rho}$ 和 $\boldsymbol{r}_0$ 在 OX_bZ_b 下的投影。这里只考虑 dm 沿 OX_b 轴方向的变形。

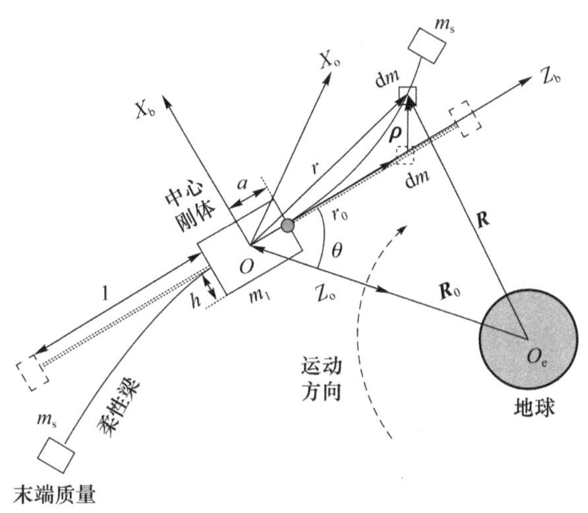

图 4.1　ISC 式 SSPS 在轨示意图

由 D'Alembert 原理[71]可知，对于上述在标准圆形轨道上运行的 SSPS，其姿态运动和结构振动的刚柔耦合运动可以等效为：SSPS 在惯性系下，绕定点转动时并受到重力梯度力的刚柔耦合运动，且其旋转角速度为 $\dot{\theta}-n_0$，n_0 为 SSPS 的轨道角速度。在地球中心引力场下，dm 受到的单位重力梯度力在 OX_bZ_b 下的投影为

$$\boldsymbol{f}_g^b=-\frac{\mu_e}{R^3}\boldsymbol{R}^b+\frac{\mu_e}{R_0^3}\boldsymbol{R}_0^b \tag{4.1}$$

其中，地球被假设为一个均质的标准球形。$\boldsymbol{R}^b$ 和 $\boldsymbol{R}_0^b$ 分别表示 $\boldsymbol{R}$ 和 $\boldsymbol{R}_0$ 在 OX_bZ_b 下的投影，且满足：$R_0=|\boldsymbol{R}_0^b|$，$R=|\boldsymbol{R}^b|$。将 $\frac{1}{R^3}$ 进行 Taylor 级数展开，并代入方程(4.1)中可得

$$\boldsymbol{f}_g^b\approx\frac{3\mu_e\,\hat{\boldsymbol{R}}_0^b\cdot\boldsymbol{r}^b}{R_0^4}\boldsymbol{R}_0^b-\frac{\mu_e}{R_0^3}\boldsymbol{r}^b+O(R_0^{-4}) \tag{4.2}$$

式中：$\boldsymbol{r}^b$ 表示 $\boldsymbol{r}$ 在 OX_bZ_b 下的投影；$\hat{\boldsymbol{R}}_0^b$ 表示 $\boldsymbol{R}_0^b$ 的单位矢量。

对常规尺寸卫星，其结构变形为小量，即 $|\boldsymbol{\rho}^b|\ll|\boldsymbol{r}_0^b|$。故在许多文献中常将方程(4.2)中的 $\boldsymbol{r}^b$ 近似为 $\boldsymbol{r}_0^b$，或直接忽略重力梯度的影响[23,24,70,72-74]。将 $\boldsymbol{r}^b\approx\boldsymbol{r}_0^b$ 代入方程(4.2)可得

$$f_g^b \approx \frac{3\mu_e \hat{\boldsymbol{R}}_0^b \cdot \boldsymbol{r}_0^b}{R_0^4}\boldsymbol{R}_0^b - \frac{\mu_e}{R_0^3}\boldsymbol{r}_0^b + O(R_0^{-4}) \tag{4.3}$$

质量微元 $\mathrm{d}m$ 的绝对速度在 OX_bZ_b 下的投影为

$$\boldsymbol{v}_i^b = -(\dot{\theta} - n_0) \cdot u_i(z_i)\boldsymbol{k}^b + [\dot{u}_i(z_i) + (\dot{\theta} - n_0)z_i]\boldsymbol{i}^b \tag{4.4}$$

其中,$i=1,2$($i=1$ 时表示左侧柔性梁上的质量微元,$i=2$ 时表示右侧柔性梁上的质量微元)。$\boldsymbol{i}^b$ 和 $\boldsymbol{k}^b$ 分别表示 OX_b 轴和 OZ_b 轴的单位矢量。SSPS 的总动能可表示为

$$T = \frac{1}{2}\int_{-l-a}^{-a}\sigma(\boldsymbol{v}_1^b)^2\mathrm{d}z_1 + \frac{1}{2}\int_{a}^{a+l}\sigma(\boldsymbol{v}_2^b)^2\mathrm{d}z_2 + \frac{1}{2}m_s[(\boldsymbol{v}_{s1}^b)^2 + (\boldsymbol{v}_{s2}^b)^2] + \frac{1}{2}I_{yy}^c(\dot{\theta} - n_0)^2 \tag{4.5}$$

式中:$\boldsymbol{v}_{s1}^b$ 和 $\boldsymbol{v}_{s2}^b$ 分别表示左侧和右侧集中质量块的绝对速度在 OX_bZ_b 下的投影;I_{yy}^c 表示中心刚体绕 OY_b 轴的转动惯量,OY_b 轴与 OX_b 轴和 OZ_b 轴垂直,且三者构成右手坐标系;σ 表示柔性梁的线密度。这里假设柔性梁为各处横截面积相同的均质梁,故 σ 为常数。

SSPS 柔性梁所具有的弹性势能为

$$U_e = \frac{1}{2}\int_{-l-a}^{-a}EJ\ (u_1^{(2)})^2\mathrm{d}z_1 + \frac{1}{2}\int_{a}^{a+l}EJ\ (u_2^{(2)})^2\mathrm{d}z_2 \tag{4.6}$$

式中:EJ 表示柔性梁的弯曲刚度;$u_i^{(j)}$ $(j=1,2,3,4)$ 表示 u_i 相对于 z_i 的第 j 阶导数。

将方程(4.5)和方程(4.6)代入下述的 Hamilton 原理中,即可得到 SSPS 姿态运动和结构振动的刚柔耦合动力学方程:

$$\int_{t_1}^{t_2}\delta(T - U_e + W)\mathrm{d}t = 0 \tag{4.7}$$

式中:δ 为变分符号,δW 表示电站受到的外力所做的虚功。除重力梯度力外,设电站还受到作用于 O 点的外界力矩 τ 及作用于两端集中质量块上外界力 F_i^s $(i=1,2)$ 的作用。δW 可表示为

$$\delta W = \tau \cdot \delta\theta + F_1^s \cdot \delta u_1^s + F_2^s \cdot \delta u_2^s + (F_2^s - F_1^s) \cdot (a+l) \cdot \delta\theta + \delta W_c + \delta W_f + \delta W_s \tag{4.8}$$

式中:$\tau \cdot \delta\theta$ 为外界力矩 τ 所做的虚功;$\delta\theta$ 为俯仰角 θ 的虚位移;δu_i^s 为 u_i^s 的虚位移;u_i^s $(i=1,2)$ 为左右两端集中质量块的位移;$F_1^s \cdot \delta u_1^s + F_2^s \cdot \delta u_2^s + (F_2^s - F_1^s) \cdot (a+l) \cdot \delta\theta$ 表示外力 F_i^s 所做的虚功;δW_c 为重力梯度力作用在中心刚体上的虚功,可表示为

$$\delta W_c = 3n_0^2(I_{zz}^c - I_{xx}^c)\sin\theta\cos\theta \cdot \delta\theta \tag{4.9}$$

式中:I_{xx}^c 和 I_{zz}^c 分别表示中心刚体绕 OX_b 轴和 OZ_b 轴的转动惯量。δW_f 为重力梯

度力作用在柔性梁上的虚功,可表示为

$$\delta W_{\mathrm{f}}=\int_{-l-a}^{-a}\sigma\boldsymbol{f}_{\mathrm{g}}^{\mathrm{b}}\cdot\delta\boldsymbol{S}_1\mathrm{d}z_1+\int_{a}^{a+l}\sigma\boldsymbol{f}_{\mathrm{g}}^{\mathrm{b}}\cdot\delta\boldsymbol{S}_2\mathrm{d}z_2 \tag{4.10}$$

式中:$\delta\boldsymbol{S}_i=(z_i\cdot\delta\theta+\delta u_i)\boldsymbol{i}^{\mathrm{b}}-u_i\cdot\delta\theta\boldsymbol{k}^{\mathrm{b}}$ 表示左右柔性梁上 $\mathrm{d}m$ 的虚位移。

将方程(4.3)代入方程(4.10)可得

$$\begin{aligned}\delta W_{\mathrm{f}}=&-3n_0^2\left(\sum_{i=1}^{2}J_{z_iu_i}\cos^2\theta+0.5\sum_{i=1}^{2}J_{z_iz_i}\sin 2\theta\right)\cdot\delta\theta+\\&n_0^2\sum_{i=1}^{2}J_{z_iu_i}\cdot\delta\theta-1.5n_0^2\sin 2\theta\sum_{i=1}^{2}\int\sigma z_i\delta u_i\mathrm{d}z_i\end{aligned} \tag{4.11}$$

式中:$J_{z_iu_i}=\int\sigma z_iu_i\mathrm{d}z_i$;$J_{z_iz_i}=\int\sigma z_iz_i\mathrm{d}z_i$;$n_0^2=\dfrac{\mu_{\mathrm{e}}}{R_0^3}$。$\delta W_{\mathrm{s}}$ 为重力梯度力作用在两端集中质量块上的虚功,可表示为

$$\begin{aligned}\delta W_{\mathrm{s}}=&-3n_0^2[m_{\mathrm{s}}\cdot(l+a)\cdot(u_2^{\mathrm{s}}-u_1^{\mathrm{s}})\cos^2\theta+m_{\mathrm{s}}\cdot(l+a)^2\sin 2\theta]\cdot\delta\theta+\\&n_0^2m_{\mathrm{s}}\cdot(l+a)\cdot(u_2^{\mathrm{s}}-u_1^{\mathrm{s}})\cdot\delta\theta-\\&1.5n_0^2\sin 2\theta\cdot m_{\mathrm{s}}\cdot(l+a)\cdot(\delta u_2^{\mathrm{s}}-\delta u_1^{\mathrm{s}})\end{aligned} \tag{4.12}$$

将方程(4.9)、(4.11)和方程(4.12)代入方程(4.7)中,可得到 SSPS 姿态运动和结构振动的刚柔耦合动力学方程组为

$$\begin{aligned}&\ddot{\theta}\left\{I_{yy}^{\mathrm{c}}+\sum_{i=1}^{2}(J_{z_iz_i}+J_{u_iu_i})+2m_{\mathrm{s}}\cdot(l+a)^2+m_{\mathrm{s}}[(u_2^{\mathrm{s}})^2+(u_1^{\mathrm{s}})^2]\right\}-\\&(F_2^{\mathrm{s}}-F_1^{\mathrm{s}})\cdot(a+l)+(\dot{\theta}-n_0)\left(2\sum_{i=1}^{2}\int\sigma u_i\dot{u}_i\mathrm{d}z_i+2\sum_{i=1}^{2}m_{\mathrm{s}}u_i^{\mathrm{s}}\dot{u}_i^{\mathrm{s}}\right)+\\&\sum_{i=1}^{2}\int\sigma z_i\ddot{u}_i\mathrm{d}z_i+m_{\mathrm{s}}\cdot(l+a)\cdot(\ddot{u}_2^{\mathrm{s}}-\ddot{u}_1^{\mathrm{s}})-\tau\\=&-1.5n_0^2(I_{xx}^{\mathrm{c}}-I_{zz}^{\mathrm{c}})\sin 2\theta-3n_0^2\left(\sum_{i=1}^{2}J_{z_iu_i}\cos^2\theta+0.5\sum_{i=1}^{2}J_{z_iz_i}\sin 2\theta\right)+\\&n_0^2\sum_{i=1}^{2}J_{z_iu_i}-3n_0^2[m_{\mathrm{s}}(l+a)(u_2^{\mathrm{s}}-u_1^{\mathrm{s}})\cos^2\theta+m_{\mathrm{s}}(l+a)^2\sin 2\theta]+\\&n_0^2m_{\mathrm{s}}(l+a)(u_2^{\mathrm{s}}-u_1^{\mathrm{s}})\end{aligned} \tag{4.13a}$$

$$EJu_i^{(4)}-\sigma(\dot{\theta}-n_0)^2u_i+\sigma\ddot{u}_i+\sigma z_i\ddot{\theta}=-1.5\sigma n_0^2z_i\sin 2\theta \tag{4.13b}$$

柔性梁的边界条件为

$$u_i[(-1)^i\cdot a]=u_i^{(1)}[(-1)^i\cdot a]=(u_i^{\mathrm{s}})^{(2)}=0 \tag{4.14a}$$

$$\begin{aligned}&(-1)^i\cdot EJ(u_i^{\mathrm{s}})^{(3)}+m_{\mathrm{s}}(\dot{\theta}-n_0)^2u_i^{\mathrm{s}}-m_{\mathrm{s}}\ddot{u}_i^{\mathrm{s}}-(-1)^i\cdot m_{\mathrm{s}}\ddot{\theta}(l+a)+F_i^{\mathrm{s}}\\=&(-1)^i\cdot 3m_{\mathrm{s}}n_0^2\sin\theta\cos\theta(l+a)\end{aligned} \tag{4.14b}$$

其中,方程(4.13a)为 SSPS 的姿态运动方程,方程(4.13b)为 SSPS 的结构振动方程。方程(4.13a)和(4.13b)的右端项是由重力梯度力产生的项。在方程(4.13b)

和(4.14b)中,“$-\sigma z_i\ddot{\theta}-3\sigma n_0^2 z_i\sin\theta\cos\theta$”和“$(-1)^i\cdot m_s\ddot{\theta}(l+a)+(-1)^i\cdot 3m_s n_0^2\sin\theta\cos\theta(l+a)$”两项的数值与结构的变形无关,故这两项在本章中称为“外界载荷”项。此外,由于 SSPS 两端柔性梁为对称结构,且其结构振动方程和边界条件(方程(4.13b)和(4.14b))经过适当变换后形式相同,故在下文的分析中,将只对右侧梁的动力学特性进行分析。

4.1.2 动力学特性分析

在本小节中,将采用模态叠加法对 4.1.1 小节中所建立的方程进行离散,并得到用于描述 SSPS 刚柔耦合系统动力学行为的线性模型,之后将对重力梯度作用下 SSPS 的结构振动特性进行分析。

1. 模态正交性

采用分离变量法对 SSPS 的结构振动方程进行分析。首先忽略结构振动受到的外界载荷,柔性梁的结构振动方程和边界条件可以简化为

$$EJu_2^{(4)}-\sigma(\dot{\theta}-n_0)^2u_2+\sigma\ddot{u}_2=0 \tag{4.15a}$$

$$u_2(a)=u_2^{(1)}(a)=(u_2^s)^{(2)}=0 \tag{4.15b}$$

$$EJ(u_2^s)^{(3)}+m_s(\dot{\theta}-n_0)^2u_2^s-m_s\ddot{u}_2^s=0 \tag{4.15c}$$

通过采用分离变量法,u_2 可表示为

$$u_2(z_2,t)=Y(z_2)Q(t) \tag{4.16}$$

将方程(4.16)代入方程(4.15a)~(4.15c)可得

$$\frac{EJ\cdot Y^{(4)}}{\sigma Y}=\frac{(\dot{\theta}-n_0)^2Q-\ddot{Q}}{Q}=\Lambda^2 \tag{4.17a}$$

$$Y(a)=Y^{(1)}(a)=Y^{(2)}(a+l)=0 \tag{4.17b}$$

$$EJ\cdot Y^{(3)}(a+l)+m_s\cdot\Lambda^2\cdot Y(a+l)=0 \tag{4.17c}$$

式中:Λ 为实常数。方程(4.17a)可重写为

$$EJ\cdot Y^{(4)}-\sigma\cdot\Lambda^2\cdot Y=0 \tag{4.18a}$$

$$\ddot{Q}+[\Lambda^2-(\dot{\theta}-n_0)^2]Q=0 \tag{4.18b}$$

方程(4.18a)的通解为

$$\begin{aligned}Y=&C_1\cdot\sin[\beta(z_2-a)]+C_2\cdot\cos[\beta(z_2-a)]+\\&C_3\cdot\sinh[\beta(z_2-a)]+C_4\cdot\cosh[\beta(z_2-a)]\end{aligned} \tag{4.19}$$

其中,$\beta^4=\dfrac{\sigma\Lambda^2}{EJ}$,且 β 为实常数,$C_i(i=1,2,3,4)$为常数。将方程(4.19)与结构振动的边界条件(方程(4.17b)和(4.17c))联立,可得 β 满足如下关系:

$$\frac{m_s}{\sigma l}\cdot\beta l\cdot[\sin(\beta l)\cdot\cosh(\beta l)-\cos(\beta l)\cdot\sinh(\beta l)]-[1+\cos(\beta l)\cdot\cosh(\beta l)]=0 \tag{4.20}$$

Y 可表示为

$$Y=C_5\cdot\left\{\sin[\beta(z_2-a)]-\sinh[\beta(z_2-a)]-\frac{\sin(\beta l)+\sinh(\beta l)}{\cos(\beta l)+\cosh(\beta l)}\{\cos[\beta(z_2-a)]-\cosh[\beta(z_2-a)]\}\right\} \tag{4.21}$$

式中：C_5 为任意常数。从方程(4.20)可以看出：β 的解有无穷多个，故柔性梁的结构振动模态也有无穷多阶。设 β_i 表示 β 的第 i 个解，这里称 β_i 所对应的模态为第 i 阶模态，Λ_i、Q_i 和 Y_i 分别表示结构振动的第 i 阶振动角频率、第 i 阶模态坐标和第 i 阶振型。Λ_i 和 Y_i 又称为结构的第 i 阶固有角频率和固有振型。

将 Y_i 代入方程(4.18a)并乘以 Y_j，且对方程两边积分可得

$$\int_a^{a+l} EJ\cdot Y_i^{(4)}Y_j\,\mathrm{d}z_2-\Lambda_i^2\int_a^{a+l}\sigma Y_iY_j\,\mathrm{d}z_2=0 \tag{4.22}$$

将方程(4.22)展开，并结合上述边界条件可得

$$\int_a^{a+l} EJ\cdot Y_i^{(2)}Y_j^{(2)}\,\mathrm{d}z_2-\Lambda_i^2\left[\int_a^{a+l}\sigma Y_iY_j\,\mathrm{d}z_2+m_s\cdot Y_j(a+l)\cdot Y_i(a+l)\right]=0 \tag{4.23}$$

同理可得

$$\int_a^{a+l} EJ\cdot Y_i^{(2)}Y_j^{(2)}\,\mathrm{d}z_2-\Lambda_j^2\left[\int_a^{a+l}\sigma Y_iY_j\,\mathrm{d}z_2+m_s\cdot Y_j(a+l)\cdot Y_i(a+l)\right]=0 \tag{4.24}$$

将方程(4.23)减去方程(4.24)可得

$$(\Lambda_i^2-\Lambda_j^2)\left[\int_a^{a+l}\sigma Y_iY_j\,\mathrm{d}z_2+m_s\cdot Y_j(a+l)\cdot Y_i(a+l)\right]=0 \tag{4.25}$$

对于 $i\neq j$，$\Lambda_i^2\neq\Lambda_j^2$，故方程(4.25)可等效为

$$\int_a^{a+l}\sigma Y_iY_j\,\mathrm{d}z_2+m_s\cdot Y_j(a+l)\cdot Y_i(a+l)=\begin{cases}0, & i\neq j\\ M_{ii}, & i=j\end{cases} \tag{4.26}$$

式中：M_{ii} 表示结构振动的第 i 阶广义质量。当振型 Y_i 满足归一化条件时，$M_{ii}\equiv 1$。从方程(4.26)可以看出：柔性梁结构振动的不同模态之间满足正交性条件。

2. 离散化

柔性梁的结构变形 u_2 可通过模态叠加法表示为

$$u_2=\boldsymbol{Y}^{\mathrm{T}}\cdot\boldsymbol{Q} \tag{4.27}$$

式中：$\boldsymbol{Y}=[Y_1\quad\cdots\quad Y_i\quad\cdots]^{\mathrm{T}}$ 表示结构振动的固有振型向量；$\boldsymbol{Q}=[Q_1\quad\cdots\quad Q_i\quad\cdots]^{\mathrm{T}}$ 表示结构振动的模态坐标向量。将方程(4.27)代入方程(4.13b)中，在两端同乘以 $\boldsymbol{Y}$ 并积分可得

$$\int_a^{a+l}\{EJ\cdot\boldsymbol{Y}[\boldsymbol{Y}^{(4)}]^{\mathrm{T}}\boldsymbol{Q}-\sigma(\dot\theta-n_0)^2\boldsymbol{Y}\boldsymbol{Y}^{\mathrm{T}}\boldsymbol{Q}+\sigma\boldsymbol{Y}\boldsymbol{Y}^{\mathrm{T}}\ddot{\boldsymbol{Q}}+\sigma z_2\boldsymbol{Y}\ddot\theta\}\,\mathrm{d}z_2$$
$$=-3n_0^2\sin\theta\cos\theta\int_a^{a+l}\sigma z_2\boldsymbol{Y}\,\mathrm{d}z_2 \tag{4.28}$$

将方程(4.28)展开,并结合方程(4.14a)、(4.14b)、(4.23)和方程(4.26)可得

$$\boldsymbol{M}\ddot{\boldsymbol{Q}}+\boldsymbol{M\Lambda Q}-(\dot{\theta}-n_0)^2\boldsymbol{MQ}$$

$$=-\ddot{\theta}\boldsymbol{\Gamma}-3n_0^2\sin\theta\cos\theta\boldsymbol{\Gamma}+F_2^{\mathrm{s}}\cdot\boldsymbol{Y}(l+a) \tag{4.29a}$$

$$\boldsymbol{\Gamma}=\int_a^{a+l}\sigma z_2\boldsymbol{Y}\mathrm{d}z_2+m_{\mathrm{s}}\cdot(l+a)\cdot\boldsymbol{Y}(l+a) \tag{4.29b}$$

式中:$\boldsymbol{M}=\mathrm{diag}(M_{11}\quad\cdots\quad M_{ii}\quad\cdots)$表示结构振动的广义质量矩阵,这里设所有振型均满足归一化条件,故$\boldsymbol{M}=\boldsymbol{E}$,$\boldsymbol{E}$为单位阵;$\boldsymbol{\Lambda}=\mathrm{diag}(\Lambda_1^2\quad\cdots\quad\Lambda_i^2\quad\cdots)$表示结构振动的刚度矩阵;$\boldsymbol{\Gamma}$称为刚柔耦合系数。将$\boldsymbol{M}=\boldsymbol{E}$代入方程(4.29a)可得

$$\ddot{\boldsymbol{Q}}+[\boldsymbol{\Lambda}-(\dot{\theta}-n_0)^2\boldsymbol{E}]\boldsymbol{Q}$$

$$=-\ddot{\theta}\boldsymbol{\Gamma}-3n_0^2\sin\theta\cos\theta\boldsymbol{\Gamma}+F_2^{\mathrm{s}}\cdot\boldsymbol{Y}(l+a) \tag{4.30}$$

从方程(4.30)可以看出:柔性梁的结构振动刚度矩阵"$\boldsymbol{\Lambda}-(\dot{\theta}-n_0)^2\boldsymbol{E}$"会随着旋转角速度增加而不断减小。当旋转角速度大于某个特定值时,其刚度矩阵为负定,此时结构振动发散。这种现象称为结构因旋转引起的"动力柔化"现象。然而,实验结果却与上述分析相反[75]。Kane在文献[75]中指出:结构旋转会引起柔性结构刚度增加,即"动力刚化"现象。动力刚化现象的成因将在后文中进行分析,这里先不做讨论。方程(4.30)中的"柔化项"使基于此方程结构振动数值仿真结果更加偏离实验结果,故在很多研究中此项常忽略不计[70,72,76-78],方程(4.30)可简化为

$$\ddot{\boldsymbol{Q}}+\boldsymbol{\Lambda Q}=-\ddot{\theta}\boldsymbol{\Gamma}-3n_0^2\sin\theta\cos\theta\boldsymbol{\Gamma}+F_2^{\mathrm{s}}\cdot\boldsymbol{Y}(l+a) \tag{4.31}$$

方程(4.31)即为被广泛采用的结构振动线性模型。从方程(4.31)可以看出:当作用于两端集中质量块上的外力F_i^{s}为零,且SSPS的俯仰角速度为零或角加速度恒定时,其柔性梁还将产生相对于平衡位置的静态变形,其静态变形为

$$u_{\mathrm{s}1}=\sum_{i=1}^{\infty}\frac{-\ddot{\theta}Y_i\cdot\Gamma_i}{\Lambda_i^2} \tag{4.32a}$$

$$u_{\mathrm{s}2}=\sum_{i=1}^{\infty}\frac{-3n_0^2\sin\theta\cos\theta\cdot Y_i\cdot\Gamma_i}{\Lambda_i^2} \tag{4.32b}$$

式中:$\boldsymbol{\Gamma}=[\Gamma_1\quad\cdots\quad\Gamma_i\quad\cdots]^{\mathrm{T}}$;$u_{\mathrm{s}1}$表示恒定姿态角加速度产生的惯性力导致的静态变形;$u_{\mathrm{s}2}$表示姿态角速度为零时,重力梯度力产生的静态变形。由方程(4.31)可知,柔性梁因重力梯度力和惯性力产生的静态变形可通过选择合适的F_2^{s}进行抵消。由于F_2^{s}为标量,而结构振动的模态却有无穷多阶,故F_2^{s}只能抵消其中某一阶模态的静态变形,无法完全抵消全部模态的静态变形。若想抵消多阶模态的静态变形,则必须增加作动器的个数。柔性梁的静态变形量的主要部分为第一阶模态变形[79],故这里只对第一阶模态的静态变形进行抵消,F_2^{s}满足如下关系:

$$F_2^s=\frac{\Gamma_1\ddot{\theta}+3n_0^2\sin\theta\cos\theta\cdot\Gamma_1}{Y_1(l+a)} \tag{4.33}$$

设作用于两端集中质量块上的外界力 F_i^s 大小相同、方向相反。由方程(4.13b)、(4.14a)和方程(4.14b)可知，在经过适当的变换后，两侧柔性梁的自由振动方程相同。但受到的广义外界载荷方向相反，故两侧柔性梁的变形是反对称形式的，左侧柔性梁的变形可表示为

$$u_1=-\boldsymbol{Y}(-z_1)^{\mathrm{T}}\cdot\boldsymbol{Q} \tag{4.34}$$

将方程(4.27)和方程(4.34)代入方程(4.13a)，并结合方程(4.26)可得

$$\begin{aligned}&\ddot{\theta}\,[I_{yy}^c+2I_{yy}^f+2\boldsymbol{Q}^{\mathrm{T}}\boldsymbol{Q}]+4\,\boldsymbol{Q}^{\mathrm{T}}\dot{\boldsymbol{Q}}(\dot{\theta}-n_0)+2\boldsymbol{\Gamma}^{\mathrm{T}}\ddot{\boldsymbol{Q}}-\tau-2F_2^s\cdot(a+l)\\&=3n_0^2(I_{zz}^c-I_{xx}^c-2I_{yy}^f)\sin\theta\cos\theta-2n_0^2(3\cos^2\theta-1)\boldsymbol{\Gamma}^{\mathrm{T}}\boldsymbol{Q}\end{aligned} \tag{4.35}$$

式中：$I_{yy}^f=\frac{1}{3}\sigma(l^3+3l^2a+3la^2)+m_s(l+a)^2$。方程(4.35)即为离散化后的 SSPS 姿态运动方程。

4.1.3　数值仿真与分析

在本小节中，将对方程(4.31)和方程(4.35)组成的刚柔耦合系统进行数值仿真，并通过数值仿真结果对其动力学特性进行分析。

SSPS 的结构参数设计如下：$\sigma=25$ kg/m，$l=2$ km，$a=0.5$ km，$m_s=5\times10^3$ kg，$I_{yy}^c=6\times10^{11}$ kg·m^2，$I_{zz}^c=2.5\times10^{11}$ kg·m^2，$I_{xx}^c=3.5\times10^{11}$ kg·m^2，$\Gamma_1=$ 382 798.63 kg·m，$\Gamma_2=$ 95 823.61 kg·m，$\Gamma_3=$ 45 486.18 kg·m。设 ISC 式 SSPS 的工作轨道为 GEO，其轨道半径为 $R_0=$ 42 164.169 km。

设 SSPS 的姿态角速度为零，当 SSPS 的结构振动基频 Λ_1 取不同的值时，其右侧柔性梁末端因重力梯度引起的静态变形量如图 4.2 所示。其中，图 4.2(b)为图 4.2(a)的局部放大图。当柔性梁的第一阶模态静态变形被 F_2^s 抵消时，柔性梁末端的静态变形量如图 4.3(b)所示。其中，不同姿态角下，所需 F_2^s 的大小如图 4.3(a)所示。图 4.2 和图 4.3 中，$\frac{u_{s2}(l+a)}{l}$ 表示右侧柔性梁末端变形与柔性梁长度的比值。从图 4.2 可以看出：当 $\Lambda_1=2n_0$ 时，$\frac{u_{s2}(l+a)}{l}$ 的最大值约为 60%，此时结构变形为大变形。当 $\Lambda_1=10n_0$ 时，$\frac{u_{s2}(l+a)}{l}$ 的最大值约为 3%，此时结构变形为小变形。为保证 SSPS 高效率工作，结构大变形是需要避免的[80]，此时可通过施加外力 F_2^s 来抵消因重力梯度力产生的静态变形。从图 4.3(b)可以看出：当 $\Lambda_1=2n_0$ 且柔性梁的第一阶模态静态变形被抵消时，柔性梁的末端静态变形量 $\frac{u_{s2}(l+a)}{l}$ 的最大值仅为 1%，且 F_2^s 的最大值也仅约为 0.4 N。这说明，很小的外界作用力即

可抵消重力梯度力引起的柔性结构静态变形。此外，从图 4.2 还可以看出：增加柔性结构的刚度也可以减小重力梯度力引起的柔性结构静态变形，且不需要外力 F_2^s 时刻工作，这样可节约用于振动控制的燃料。但增加柔性结构的刚度将会增加 SSPS 的建造成本。故需要根据实际情况，在采取外界力来抵消重力梯度力的影响和增加柔性结构刚度两种方法之间进行权衡。

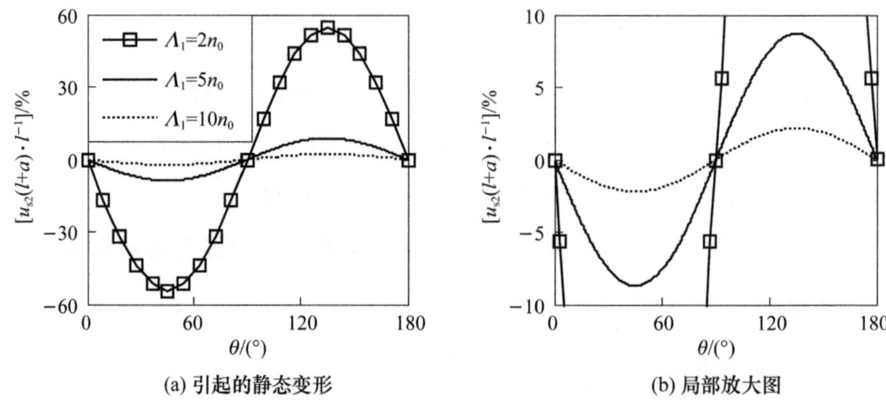

(a) 引起的静态变形　　(b) 局部放大图

图 4.2　不同基频下柔性梁末端的变形量

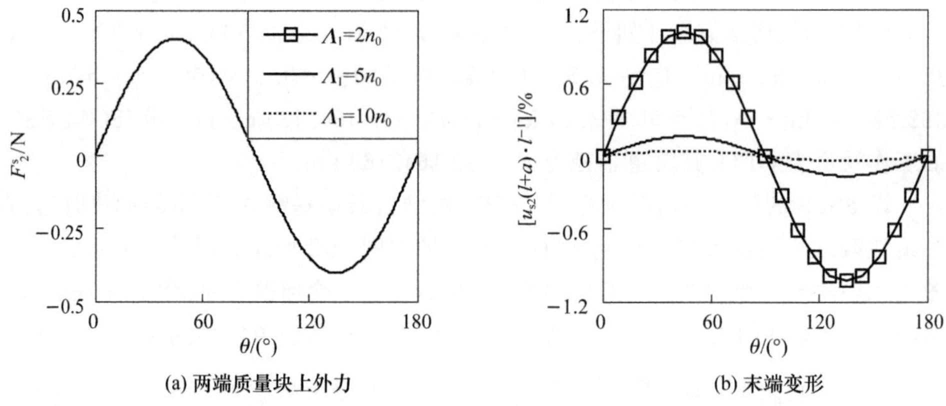

(a) 两端质量块上外力　　(b) 末端变形

图 4.3　不同姿态角下 F_2^s的值和不同基频下柔性梁末端的变形量

从方程(4.31)可以看出：当 SSPS 以恒定的姿态角速度旋转时，其受到的重力梯度力对其结构振动的激励方式是简谐形式的。设结构的旋转角速度为 ω_θ，当满足关系 $\omega_\theta=\Lambda_i/2$ 时，电站的结构振动将会在重力梯度力的激励下产生共振。故在对 SSPS 进行姿态机动时应当避免此种动力学行为的产生。不同恒定旋转角速度下，柔性梁末端变形量的振动幅值如图 4.4 所示。其中，A_2^s/l 表示右侧柔性梁末端变形的振动幅值与柔性梁长度的比值，ζ 为结构振动的阻尼系数，柔性结构的振动基频设为 $\Lambda_1=10n_0$。

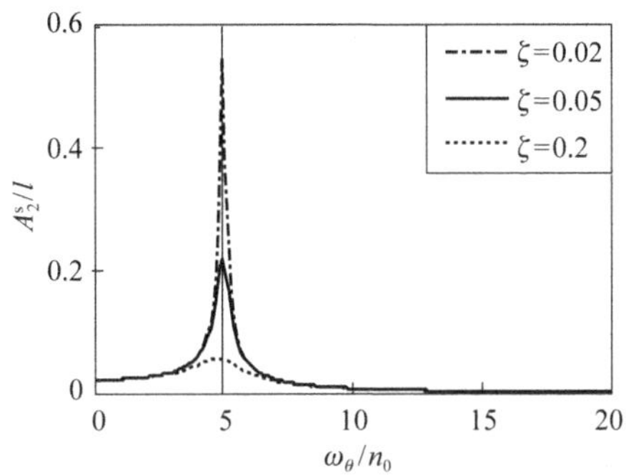

图 4.4　不同旋转角速度下柔性梁末端变形量的振幅

当仅考虑 SSPS 受到的重力梯度力时，即令 τ 和 F_i^s 均为零，其姿态运动和结构振动的动力学响应分别如图 4.5(a)和图 4.5(b)所示。其中，姿态运动的初值设为：$\theta_0=45°$，$\dot{\theta}_0=0$ rad/s，结构振动的参数和初值设为：$\Lambda_1=10n_0$，$\Lambda_2=65.22n_0$，$\Lambda_3=187.06n_0$，$Q_1(t_0)=Q_2(t_0)=Q_3(t_0)=0$ m，$\dot{Q}_1(t_0)=\dot{Q}_2(t_0)=\dot{Q}_3(t_0)=0$ m/s。由于 SSPS 结构振动的能量主要集中在前几阶模态[205]，故这里只取前三阶振动模态。图 4.5(a)中，SSPS 的姿态运动曲线有两条，且二者重合。两条曲线分别为：考虑及不考虑刚柔耦合作用时，SSPS 姿态运动的动力学响应。这说明，当 SSPS 做大范围姿态机动时，刚柔耦合作用对 SSPS 姿态运动的影响很小，可忽略不计。其主要原因是：柔性结构的质量占总质量的比值较小。但为保证能量传输，SSPS 同时还需要较高的对地指向精度，此时则应当充分消除结构振动的影响[24,29,70,72-73]。从图 4.5(b)可以看出：由于刚柔耦合作用的存在，SSPS 的姿态运动将会引起其结构的振动。SSPS 的柔性部件属于大柔性结构，其结构自身的阻尼往往很小，激起的振动很难自行衰减。故有必要设计主动控制系统来抑制其结构振动。

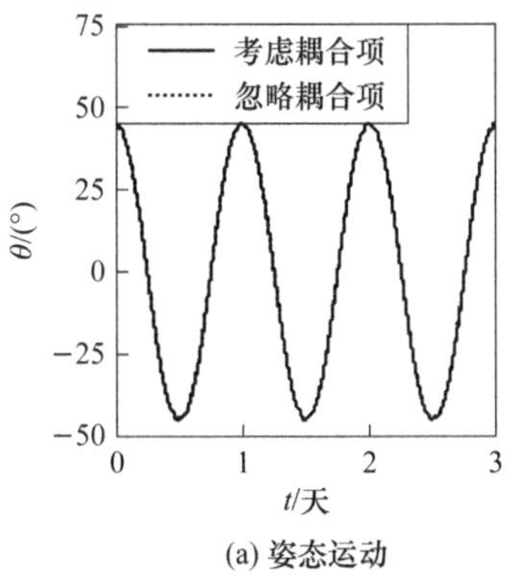

(a) 姿态运动

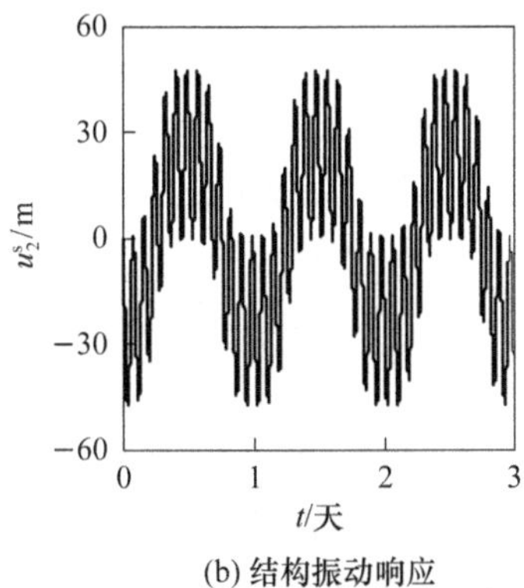

(b) 结构振动响应

图 4.5　重力梯度作用下 SSPS 的姿态运动和结构振动

4.2 空间太阳能电站刚柔耦合系统的参数激励模型

在4.1节的研究中，通过混合坐标法建立了用于描述ISC式SSPS刚柔耦合系统动力学行为的线性模型，但没有考虑动力刚化效应带来的影响。动力刚化效应对结构振动的影响与结构的旋转角速度和振动频率的比值成正比。常规尺寸卫星因具有相对较高的结构频率及相对较低的姿态旋转角速度，故在对其进行刚柔耦合系统研究时常忽略动力刚化效应的影响。与常规尺寸卫星不同，SSPS常具有超低的结构频率，即使在很小的姿态角速度机动下，动力刚化效应对其刚柔耦合系统的影响可能仍然明显，故有必要引入动力刚化效应建立起更为精准的模型，从而获取更为准确的SSPS结构动力学特性。

本节将建立基于模态叠加法表示的SSPS刚柔耦合系统的参数激励模型(Parametrical Excitation Model, PEM)。该模型考虑了动力刚化效应的影响。与现有模型相比，PEM具有形式简单，且能够准确描述SSPS刚柔耦合特性的优点。

4.2.1 动力学方程的建立

以ISC式SSPS为研究对象，且忽略地球引力对SSPS的影响，只考虑作用于中心刚体质心O处外界力矩τ的作用，如图4.1所示。令轨道坐标系OX_OZ_O为惯性坐标系OX_IZ_I，其他用于描述运动的符号均与4.1.1小节相同。

在目前已提出的理论和方法中，在动力学方程中获得动力刚化项的方法有多种，这里采取伪势场法[81-82]来建立SSPS刚柔耦合系统的动力学方程。SSPS刚柔耦合系统所具有的动能如方程(4.5)所示，其中，$n_0=0$ rad/s。其所具有的势能为

$$U=U_e+U_c \tag{4.36a}$$

$$U_e=\frac{1}{2}\int_{-l-a}^{-a}EJ\left[u_1^{(2)}\right]^2\mathrm{d}z_1+\frac{1}{2}\int_a^{a+l}EJ\left[u_2^{(2)}\right]^2\mathrm{d}z_2 \tag{4.36b}$$

$$U_c=\frac{1}{2}\dot{\theta}^2\int_{-l-a}^{-a}G_1(z_1)\left[u_1^{(1)}\right]^2\mathrm{d}z_1+\frac{1}{2}\dot{\theta}^2\int_a^{a+l}G_2(z_2)\left[u_2^{(2)}\right]^2\mathrm{d}z_2 \tag{4.36c}$$

$$G_i(z_i)=m_s(l+a)+\frac{1}{2}\sigma\left[(l+a)^2-z_i^2\right] \tag{4.36d}$$

式中：U_e为柔性梁弯曲所具有的势能；U_c是由结构旋转产生的离心力势能，也是产生动力刚化的原因。由于梁的轴向变形与横向变形的耦合作用很小，在对它们的振动特性进行研究时常分开单独研究[83]，故这里忽略梁的轴向变形带来的影响。

将方程(4.5)和(4.36a)代入下述的 Hamilton 原理表达式中：

$$\int_{t_1}^{t_2}\delta(T-U+W)\cdot \mathrm{d}t=0 \tag{4.37}$$

可得到 SSPS 姿态运动和结构振动的刚柔耦合动力学方程组为

$$\begin{aligned}&\ddot{\theta}\left\{I_{yy}^{c}+\sum_{i=1}^{2}(J_{z_iz_i}+J_{u_iu_i})+2m_s(l+a)^2+m_s[(u_2^s)^2+(u_1^s)^2]\right\}+\\&\dot{\theta}\left(2\sum_{i=1}^{2}\int\sigma u_i\dot{u}_i\mathrm{d}z_i+2\sum_{i=1}^{2}m_s u_i^s\dot{u}_i^s\right)+\sum_{i=1}^{2}\int\sigma z_i\ddot{u}_i\mathrm{d}z_i+\\&m_s(l+a)(\ddot{u}_2^s-\ddot{u}_1^s)=\tau\end{aligned} \tag{4.38a}$$

$$EJu_i^{(4)}-\sigma\dot{\theta}^2u_i+\sigma\ddot{u}_i+\sigma z_i\ddot{\theta}-\dot{\theta}^2\left[G_i(z_i)u_i^{(1)}\right]^{(1)}=0 \tag{4.38b}$$

其中，$\delta W=\tau\cdot\delta\theta$ 为 τ 做的虚功，$\delta\theta$ 为虚角位移。柔性梁的边界条件为

$$u_i[(-1)^i\cdot a]=u_i^{(1)}[(-1)^i\cdot a]=(u_i^s)^{(2)}=0 \tag{4.39a}$$

$$\begin{aligned}&(-1)^i\cdot EJ(u_i^s)^{(3)}+m_s\dot{\theta}^2u_i^s-m_s\ddot{u}_i^s-(-1)^i\cdot m_s\ddot{\theta}(l+a)-\\&(-1)^i m_s\dot{\theta}^2(l+a)(u_i^s)^{(1)}=0\end{aligned} \tag{4.39b}$$

其中，方程(4.38a)为 SSPS 的姿态运动方程，方程(4.38b)为 SSPS 的结构振动方程。在方程(4.38b)和方程(4.39b)中，“$\sigma z_i\ddot{\theta}$”和“$(-1)^i\cdot m_s\ddot{\theta}(l+a)$”两项的数值与结构变形无关，且大小已知，故该两项在本节中称为“外界载荷”项。此外，由于 SSPS 两端柔性梁为对称结构，在下文的分析中将只对右侧梁的动力学特性进行分析。

4.2.2 模态正交性

在本小节中，将采用分离变量法对 SSPS 的结构振动方程进行分析，并对各阶模态之间的正交性进行证明。首先忽略结构振动所受到的外界载荷，电站柔性结构的自由振动方程和边界条件可简化为

$$EJu_2^{(4)}-\sigma\dot{\theta}^2u_2+\sigma\ddot{u}_2-\dot{\theta}^2\left[G_2(z_2)u_2^{(1)}\right]^{(1)}=0 \tag{4.40a}$$

$$u_2(a)=u_2^{(1)}(a)=(u_2^s)^{(2)}=0 \tag{4.40b}$$

$$EJ(u_2^s)^{(3)}+m_s\dot{\theta}^2u_2^s-m_s\ddot{u}_2^s-m_s\dot{\theta}^2(l+a)(u_2^s)^{(1)}=0 \tag{4.40c}$$

u_2 可通过分离变量法表示为

$$u_2(z_2,t,\dot{\theta})=H(z_2,\dot{\theta})q(t,\dot{\theta}) \tag{4.41}$$

式中：H 和 q 分别表示结构振动的振型和模态坐标。注意：这里的 H 和 q 与 4.1.2 小节有所不同。这里，H 和 q 均被看作为 $\dot{\theta}$ 的函数，而在 4.1.2 小节中 Y 和 Q 仅被分别看作为 z_2 和 t 的函数。将方程(4.41)代入方程(4.40a)、(4.40b)和(4.40c)

可得

$$EJ\cdot H^{(4)}-\sigma\dot{\theta}^2H-\dot{\theta}^2\left[G_2(z_2)H^{(1)}\right]^{(1)}-\sigma\omega^2(\dot{\theta})H=0 \tag{4.42a}$$

$$\ddot{q}+\omega^2(\dot{\theta})q=0 \tag{4.42b}$$

$$H(a,\dot{\theta})=H^{(1)}(a,\dot{\theta})=H^{(2)}(a+l,\dot{\theta})=0 \tag{4.42c}$$

$$\begin{aligned}&EJ\cdot H^{(3)}(a+l)-m_s\dot{\theta}^2(a+l)\cdot H^{(1)}(a+l)+\\&m_s\dot{\theta}^2\cdot H(a+l)+m_s\omega^2\cdot H(a+l)=0\end{aligned} \tag{4.42d}$$

式中：$\omega(\dot{\theta})$表示结构的振动角频率，且同样是 $\dot{\theta}$ 的函数。

设 H_i 和 H_j 分别表示结构振动的第 i 阶和第 j 阶振型。将 H_i 代入方程(4.42a)，在方程两边同乘以 H_j，并进行积分可得

$$\begin{aligned}&\int_a^{a+l}EJ\cdot H_i^{(4)}H_j\mathrm{d}z_2-\dot{\theta}^2\int_a^{a+l}\left[G_2(z_2)H_i^{(1)}\right]^{(1)}H_j\mathrm{d}z_2\\&=\sigma(\dot{\theta}^2+\omega_i^2)\int_a^{a+l}H_iH_j\mathrm{d}z_2\end{aligned} \tag{4.43}$$

式中：ω_i 表示结构振动第 i 阶角频率。将方程(4.43)进行展开，并结合方程(4.42c)和方程(4.42d)可得

$$\begin{aligned}&\int_a^{a+l}EJ\cdot H_i^{(2)}H_j^{(2)}\mathrm{d}z_2+\dot{\theta}^2\int_a^{a+l}G_2(z_2)H_i^{(1)}H_j^{(1)}\mathrm{d}z_2\\&=(\dot{\theta}^2+\omega_i^2)\left[\int_a^{a+l}\sigma H_jH_j\mathrm{d}z_2+m_s\cdot H_i(a+l)\cdot H_j(a+l)\right]\end{aligned} \tag{4.44}$$

同理可得

$$\begin{aligned}&\int_a^{a+l}EJ\cdot H_i^{(2)}H_j^{(2)}\mathrm{d}z_2+\dot{\theta}^2\int_a^{a+l}G_2(z_2)H_i^{(1)}H_j^{(1)}\mathrm{d}z_2\\&=(\dot{\theta}^2+\omega_j^2)\left[\int_a^{a+l}\sigma H_jH_j\mathrm{d}z_2+m_s\cdot H_i(a+l)\cdot H_j(a+l)\right]\end{aligned} \tag{4.45}$$

将方程(4.45)减去方程(4.44)可得

$$(\omega_j^2-\omega_i^2)\left[\int_a^{a+l}\sigma H_jH_j\mathrm{d}z_2+m_s\cdot H_i(a+l)\cdot H_j(a+l)\right]=0 \tag{4.46}$$

对于 $i\neq j$，$\omega_i^2\neq\omega_j^2$，方程(4.46)可等效为

$$\int_a^{a+l}\sigma H_iH_j\mathrm{d}z_2+m_s\cdot H_j(a+l)\cdot H_i(a+l)=\begin{cases}0, & i\neq j\\M_{ii}, & i=j\end{cases} \tag{4.47}$$

式中：M_{ii}表示结构振动的第 i 阶广义质量。当振型 H_i 满足归一化条件时，$M_{ii}\equiv1$。将方程(4.47)代入方程(4.44)可得

$$\int_a^{a+l}EJ\cdot H_i^{(2)}H_j^{(2)}\mathrm{d}z_2+\dot{\theta}^2\int_a^{a+l}G_2(z_2)H_i^{(1)}H_j^{(1)}\mathrm{d}z_2=\begin{cases}0, & i\neq j\\M_{ii}(\dot{\theta}^2+\omega_i^2), & i=j\end{cases} \tag{4.48}$$

从方程(4.47)可以看出：当考虑动力刚化效应的影响时，SSPS 结构振动的各阶模态之间仍满足正交化条件。

4.2.3 离散化

在本小节中，将采用不同的离散方法对 4.2.1 小节中建立的 SSPS 刚柔耦合动力学方程组进行离散，进而得到不同的离散化模型。

1. 线性模型

LM 的离散过程与 4.1.2 小节中的离散过程相同，这里不再详述。忽略方程(4.31)和方程(4.35)中与重力梯度有关的项，以及方程(4.35)中 $\boldsymbol{Q}$ 的二阶小量，即可得到 SSPS 刚柔耦合系统的线性模型：

$$\ddot{\theta} I_{yy}^{s} + 2\boldsymbol{\Gamma}^{T} \ddot{\boldsymbol{Q}} = \tau \tag{4.49a}$$

$$\ddot{\boldsymbol{Q}} + \boldsymbol{\Lambda Q} = -\boldsymbol{\Gamma} \ddot{\theta} \tag{4.49b}$$

式中：$I_{yy}^{s} = I_{yy}^{c} + \sum_{i=1}^{2} J_{z_i z_i} + 2m_s (l+a)^2$；$\boldsymbol{\Lambda} = \mathrm{diag}(\Lambda_1^2 \quad \cdots \quad \Lambda_i^2 \quad \cdots)$。从方程(4.49b)可以看出：LM 各阶模态坐标的振动方程是解耦的。

2. 参数激励模型

当考虑动力刚化效应的影响时，u_1 和 u_2 可通过模态叠加法表示为

$$u_1 = -\boldsymbol{H}(-z_1)^{T} \cdot \boldsymbol{q} \tag{4.50a}$$

$$u_2 = \boldsymbol{H}^{T} \cdot \boldsymbol{q} \tag{4.50b}$$

式中：$\boldsymbol{H} = [H_1 \quad \cdots \quad H_i \quad \cdots]^{T}$ 表示考虑动力刚化效应时结构振动的振型向量，设所有的振型均为归一化振型；$\boldsymbol{q} = [q_1 \quad \cdots \quad q_i \quad \cdots]^{T}$ 表示结构振动的模态坐标向量。将方程(4.50a)和方程(4.50b)代入方程(4.38a)中，并结合方程(4.47)可得

$$\ddot{\theta}(I_{yy}^{s} + 2\boldsymbol{q}^{T}\boldsymbol{q}) + 4\boldsymbol{q}^{T}\dot{\boldsymbol{q}} \cdot \dot{\theta} + 2\boldsymbol{F}^{T}\ddot{\boldsymbol{q}} = \tau \tag{4.51a}$$

$$\boldsymbol{F}(\dot{\theta}) = \int_{a}^{a+l} \sigma z_2 \boldsymbol{H} \mathrm{d}z_2 + m_s (l+a) \cdot \boldsymbol{H}(l+a) \tag{4.51b}$$

式中：$\boldsymbol{F}(\dot{\theta}) = [F_1 \quad \cdots \quad F_i \quad \cdots]^{T}$ 表示考虑动力刚化效应时的刚柔耦合系数向量。与 $\boldsymbol{\Gamma}$ 不同的是，它是 $\dot{\theta}$ 的函数，会随着 $\dot{\theta}$ 变化而变化。

将方程(4.50b)代入方程(4.38b)中，在方程两端同时乘以 $\boldsymbol{H}$，之后对方程积分，并结合方程(4.47)和方程(4.48)可得

$$\ddot{\boldsymbol{q}} + \boldsymbol{Kq} = -\boldsymbol{F}\ddot{\theta} \tag{4.52a}$$

$$\boldsymbol{K} = \mathrm{diag}(\omega_1^2 \quad \cdots \quad \omega_i^2 \quad \cdots) \tag{4.52b}$$

式中：$\boldsymbol{K}$ 为考虑动力刚化效应时结构振动的刚度矩阵。从方程(4.52a)可以看出：当考虑动力刚化效应时，其各阶模态坐标的振动方程仍然解耦。此性质可为 SSPS

的振动抑制控制器设计带来便利[77]。

方程(4.51a)和方程(4.52a)共同组成了 SSPS 刚柔耦合系统的参数激励模型，但方程中 $\boldsymbol{F}$ 和 $\boldsymbol{K}$ 的值到目前为止仍然未知。接下来，将采用 Frobenius 方法对参数 $\boldsymbol{F}$ 和 $\boldsymbol{K}$ 的值进行求解。为减少方程(4.42a)中参数的数目及便于求解，这里对方程(4.42a)进行归一化处理。引入无量纲化参数如下：$\xi=(z_2-a)/l$，$\alpha=a/l$，$\mu=m_s/(\sigma l)$，$\eta^2=(\sigma l^4\dot{\theta}^2)/(EJ)$，$\beta^2=(\sigma l^4\omega^2)/(EJ)$，$W(\xi,\eta)=H(z_2,\dot{\theta})$。将上述参数代入方程(4.42a)可得

$$W^{(4)}-(\eta^2+\beta^2)W-\eta^2 g(\xi)W^{(2)}+\eta^2(\xi+\alpha)W^{(1)}=0 \tag{4.53}$$

式中：$g(\xi)=[\alpha(1-\xi)+0.5(1-\xi^2)+\mu(1+\alpha)]$。将上述无量纲化参数代入方程(4.42c)和方程(4.42d)可得

$$W(0,\eta)=W^{(1)}(0,\eta)=W^{(2)}(1,\eta)=0 \tag{4.54a}$$

$$W^{(3)}(1,\eta)-\mu(1+\alpha)\eta^2 W^{(1)}(1,\eta)+\mu(\eta^2+\beta^2)W(1,\eta)=0 \tag{4.54b}$$

微分方程(4.53)的解可以通过采用 4 个相互独立的 Frobenius 级数线性叠加表示[84]，即

$$W(\xi,\eta)=\sum_{r=0}^{3}c_r f_r(\xi,\eta) \tag{4.55}$$

式中：c_r 为 Frobenius 级数的系数，其值的大小由边界条件和 η 决定；$f_r(\xi,\eta)$ 为相互独立的 Frobenius 级数，同时也是方程(4.53)的解，其表达式为

$$f_r(\xi,\eta)=\sum_{k=r}^{\infty}b_{rk}\xi^k \tag{4.56}$$

式中：b_{rk} 为 $f_r(\xi,\eta)$ 中 ξ^k 项的系数。将方程(4.56)代入方程(4.53)，并令方程左侧各项系数为零，可得 b_{rk} 满足如下条件：

$$\begin{aligned} b_{rk}=&\frac{\eta^2\varepsilon}{k(k-1)}b_{r(k-2)}-\frac{\alpha\eta^2(k-3)}{k(k-1)(k-2)}b_{r(k-3)}-\\ &\frac{\eta^2(k-3)(k-4)-2(\eta^2+\beta^2)}{2k(k-1)(k-2)(k-3)}b_{r(k-4)} \end{aligned} \tag{4.57}$$

式中：$\varepsilon=\alpha+0.5+\mu(1+\alpha)$。对于 $r<k$，$b_{rk}=0$，且这里令 $b_{rr}=1$。将方程(4.55)代入方程(4.54a)和方程(4.54b)中可得

$$c_0=c_1=0 \tag{4.58a}$$

$$\begin{bmatrix} d_{12} & d_{13} \\ d_{22} & d_{23} \end{bmatrix}\begin{bmatrix} c_2 \\ c_3 \end{bmatrix}=0 \tag{4.58b}$$

式中：$d_{1k}=f_k^{(2)}(1,\eta)$，$d_{2k}=f_k^{(3)}(1,\eta)-\mu(1+\alpha)\eta^2 f_k^{(1)}(1,\eta)+\mu(\eta^2+\beta^2)f_k(1,\eta)$，$k=2,3$。由方程(4.58b)可知，当向量 $[c_2\quad c_3]^{\mathrm{T}}$ 为非零向量时，d_{1k} 和 d_{2k} 需满足如下关系：

$$d_{12} \cdot d_{23} - d_{13} \cdot d_{22} = 0 \tag{4.59}$$

β 的值可通过求解方程(4.59)获得。将 β 的值代入方程(4.58b)中的矩阵，矩阵的特征向量即为向量 $[c_2 \quad c_3]^{\mathrm{T}}$ 的解。将方程(4.58a)和向量 $[c_2 \quad c_3]^{\mathrm{T}}$ 的解代入方程(4.55)，可得 $W(\xi,\eta)$ 的表达式为

$$W(\xi,\eta) = c_3\left[-\frac{f_3^{(2)}(1,\eta)}{f_2^{(2)}(1,\eta)} f_2^{(2)}(\xi,\eta) + f_3^{(2)}(\xi,\eta)\right] \tag{4.60}$$

式中：c_3 的值可通过振型的归一化条件获得。将 β 的值和方程(4.60)分别代入方程(4.51b)和(4.52b)中，即可获得 $\boldsymbol{F}$ 和 $\boldsymbol{K}$ 的值。

在本章中，采用 PEM 计算 SSPS 刚柔耦合系统动力学响应的流程图如图 4.6 所示。其计算步骤如下：①根据 Frobenius 方法求出初始角速度 $\Omega_0 = \dot{\theta}_0$ 下的 $\boldsymbol{F}$ 和 $\boldsymbol{K}$ 的值。②将 $\boldsymbol{K}$、$\boldsymbol{F}$ 及模态坐标的初值代入方程(4.51a)和方程(4.52a)中，并求解出下一时刻的姿态角速度 Ω_1 和模态坐标的值。③重复步骤①和②。

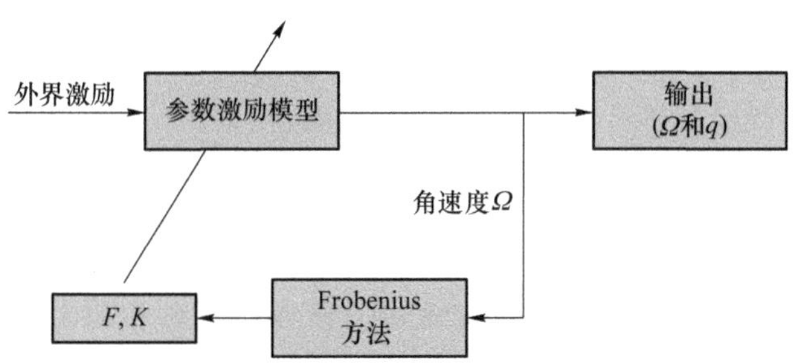

图 4.6　参数激励模型的计算流程图

3. 近似模型

此外，还有一些学者对方程(4.38a)和方程(4.38b)进行离散时，忽略了动力刚化效应对结构振动振型的影响，其所采用的振型为结构的固有振型[85-87]，这里称这种离散模型为近似模型(Approximate Model，AM)。其离散过程如下：将 u_1 和 u_2 通过模态叠加法表示为

$$u_1 = -\boldsymbol{Y}(-z_1)^{\mathrm{T}} \cdot \boldsymbol{p} \tag{4.61a}$$

$$u_2 = \boldsymbol{Y}^{\mathrm{T}} \cdot \boldsymbol{p} \tag{4.61b}$$

式中：$\boldsymbol{p} = [p_1 \quad \cdots \quad p_i \quad \cdots]^{\mathrm{T}}$ 表示模态坐标向量。将方程(4.61a)和方程(4.61b)代入方程(4.38a)中，并结合方程(4.26)可得

$$\ddot{\theta}(I_{yy}^{s} + 2\boldsymbol{p}^{\mathrm{T}}\boldsymbol{p}) + 4\boldsymbol{p}^{\mathrm{T}}\dot{\boldsymbol{p}} \cdot \dot{\theta} + 2\boldsymbol{\Gamma}^{\mathrm{T}}\ddot{\boldsymbol{p}} = \tau \tag{4.62}$$

将方程(4.61b)代入方程(4.38b)中，在方程两端同乘以 $\boldsymbol{Y}$，之后对方程积分，并结合方程(4.26)和方程(4.24)可得

$$\ddot{\boldsymbol{p}} + \boldsymbol{\Lambda}\boldsymbol{p} + \dot{\theta}^2(\boldsymbol{D} - \boldsymbol{E})\boldsymbol{p} = -\boldsymbol{\Gamma}\ddot{\theta} \tag{4.63a}$$

$$\boldsymbol{D}=\int_{a}^{a+l}G_2(z_2)\boldsymbol{Y}^{(1)}\ [\boldsymbol{Y}^{(1)}]^{\mathrm{T}}\mathrm{d}z_2 \tag{4.63b}$$

式中：$\boldsymbol{E}$ 为单位矩阵，$\boldsymbol{\Lambda}+\dot{\theta}^2(\boldsymbol{D}-\boldsymbol{E})$ 可看作结构振动的广义刚度矩阵，$\boldsymbol{D}-\boldsymbol{E}$ 为正定矩阵。随着 $\dot{\theta}$ 的增加，$\boldsymbol{\Lambda}+\dot{\theta}^2(\boldsymbol{D}-\boldsymbol{E})$ 的特征值也会增加，即结构的振动角频率增加。由于矩阵 $\boldsymbol{D}$ 为非对角矩阵，故矩阵 $\boldsymbol{\Lambda}+\dot{\theta}^2(\boldsymbol{D}-\boldsymbol{E})$ 将不再是对角矩阵。这说明，结构振动各阶模态之间存在耦合，这个性质是 AM 的特点之一。不同模型的性质对比如表 4.1 所列。

表 4.1 PEM、AM 和 LM 的性质对比

模　型	模态耦合	动力刚化	模型参数
PEM	否	考虑	非常数
AM	是	考虑	常数
LM	否	未考虑	常数

4.2.4 数值仿真与分析

本小节将通过数值仿真结果分析动力刚化效应对 SSPS 刚柔耦合系统的影响及不同模型在描述其动力学特性上的差别。设柔性梁的弯曲刚度为：$EJ=3.6\times10^7\ \mathrm{N\cdot m^2}$，其他参数均与 4.1.3 小节相同。SSPS 结构振动的前三阶固有角频率为：$\Lambda_1=8.890\ 35\times10^{-4}\ \mathrm{rad/s}$，$\Lambda_2=5.806\ 7\times10^{-3}\ \mathrm{rad/s}$，$\Lambda_3=1.665\ 5\times10^{-2}\ \mathrm{rad/s}$。为了便于描述动力刚化效应对结构振动的影响，这里引入两个新变量，分别为：$P_\omega=(\omega_i-\Lambda_i)/\Lambda_i$ 和 $P_F=(F_i-\Gamma_i)/\Gamma_i$，$i=1,2,3$。$P_\omega$ 和 P_F 随 SSPS 旋转角速度 Ω 的变化曲线如图 4.7 所示。

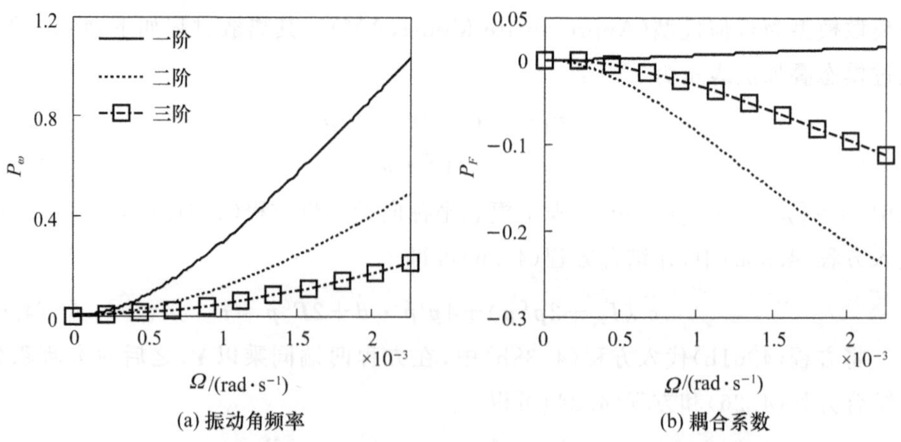

(a) 振动角频率　　(b) 耦合系数

图 4.7 动力刚化效应对结构振动角频率和刚柔耦合系数的影响

从图 4.7(a)可以看出:即使在很小的旋转角速度下,SSPS 的结构振动角频率仍有很大变化,且第一阶角频率变化最大。当旋转角速度 Ω 约为 $2.5\Lambda_1$ 时,第一阶振动角频率约有 1 倍的增加。从图 4.7(b)可以看出:在很小的旋转角速度下,SSPS 的第二阶和第三阶刚柔耦合系数同样变化很大,且均随着 Ω 的增加而减小。这说明:随着 Ω 的增加,SSPS 的姿态运动与第二阶和第三阶模态振动之间的耦合作用减小,第二阶和第三阶模态振动变得更不易被激起。SSPS 的第一阶刚柔耦合系数会随着 Ω 的增加而增加,但变化幅值较小。这说明:随着 Ω 的增加,SSPS 的姿态运动与第一阶模态振动之间的耦合作用增大,第一阶模态振动变得更容易被激起。

接下来将分析不同外界激励下,不同模型在描述 SSPS 刚柔耦合系统动力学特性上的差别。这里所选取的外界激励源有两种,分别为:①在外界力矩 τ 的作用下,Ω 随时间按一定规律变化(情况 1)。②外界力矩 τ 随时间按一定规律变化(情况 2)。

情况 1:当 Ω 按方程(4.64)中的规律变化时,SSPS 的结构振动特性如图 4.8～4.10 所示。

$$\Omega=\begin{cases}\dfrac{\Omega_0}{T}t-\dfrac{\Omega_0}{2\pi}\sin\left(\dfrac{2\pi}{T}t\right), & 0\leqslant t\leqslant T\\ \Omega_0, & t>T\end{cases} \tag{4.64}$$

式中:$\Omega_0=2.25\times10^{-3}$ rad/s,$T=1\times10^5$ s。结构振动的初值设为

$$Q_1=Q_2=Q_3=q_1=q_2=q_3=p_1=p_2=p_3=0\ \text{m} \tag{4.65a}$$

$$\dot{Q}_1=\dot{Q}_2=\dot{Q}_3=\dot{q}_1=\dot{q}_2=\dot{q}_3=\dot{p}_1=\dot{p}_2=\dot{p}_3=0\ \text{m/s} \tag{4.65b}$$

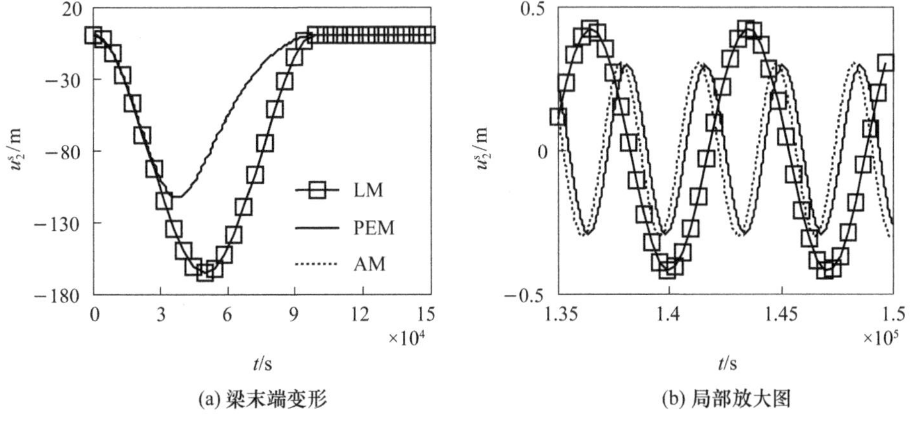

(a) 梁末端变形　　(b) 局部放大图

图 4.8　右侧柔性梁末端变形随时间的响应图

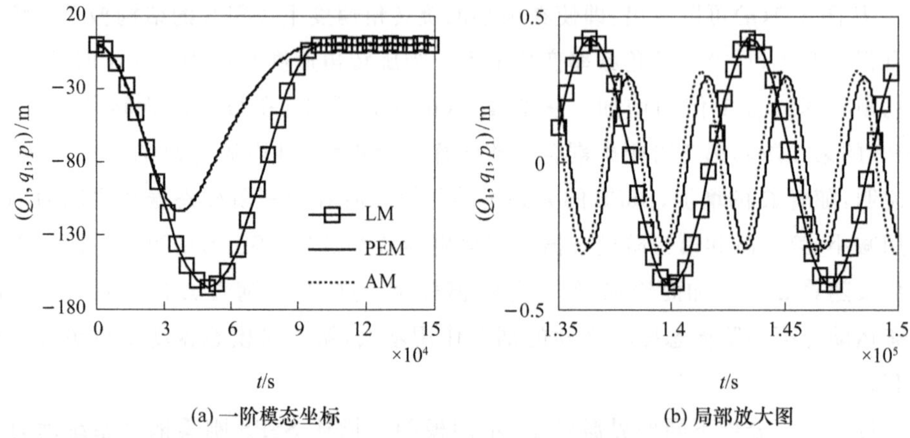

(a) 一阶模态坐标　　(b) 局部放大图

图 4.9　第一阶模态坐标随时间的响应图

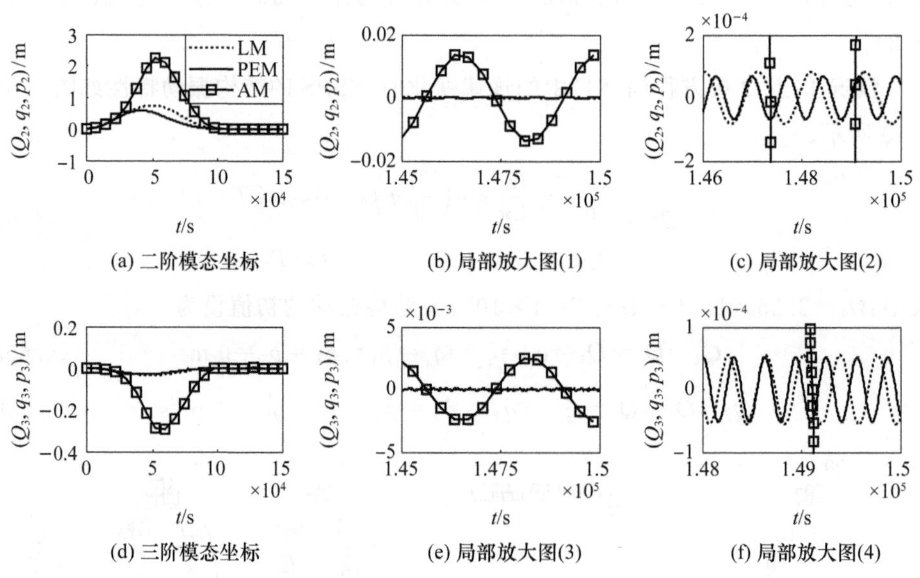

(a) 二阶模态坐标　　(b) 局部放大图(1)　　(c) 局部放大图(2)

(d) 三阶模态坐标　　(e) 局部放大图(3)　　(f) 局部放大图(4)

图 4.10　第二阶和第三阶模态坐标随时间的响应图

图 4.8 所示为 SSPS 右侧柔性梁末端变形随时间的变化图。图 4.9 所示为结构振动的第一阶模态坐标随时间的变化图。图 4.10 所示为结构振动的第二阶和第三阶模态坐标随时间的变化图。图 4.8(b)和图 4.9(b)分别为图 4.8(a)和图 4.9(a)的局部放大图,图 4.10(b)和图 4.10(c)为图 4.10(a)的局部放大图,图 4.10(e)和图 4.10(f)为图 4.10(d)的局部放大图。从图 4.8 可以看出:由 LM 计算出的柔性梁末端响应与 PEM 和 AM 计算出的结果有很大偏差,而且由 PEM 和 AM 计算出的柔性梁末端变形比 LM 计算出的结果要小。其原因是:LM 未考虑刚柔耦合系统的动力刚化效应,故计算出的结果与实际情况有相对较大偏差。PEM 和 AM 考

虑了动力刚化效应的影响，其所描述的柔性梁结构刚度大于 LM，故计算出的变形更小，也更与实际情况相符。从图 4.8、图 4.9 和图 4.10 可以看出：由 PEM 和 AM 计算出的柔性梁末端变形及第一阶模态坐标的响应大致相同。但由 AM 计算出的第二阶和第三阶模态坐标响应却与 PEM 和 LM 的计算结果相差较大，且主要体现在两个方面：振动幅值和振动频率。这是由 AM 各阶模态之间的耦合作用引起的。由于耦合作用的存在，AM 各阶模态坐标响应中均包含其他阶模态坐标响应的分量。这就丧失了模态叠加法在描述结构振动时所具有的各阶模态相互独立，且模态坐标的响应随阶次增加快速衰减的优点；而且在对其进行振动控制时，AM 各阶模态坐标的信息很难获得[77]，这正是 AM 的缺点之一。

情况 2：当 SSPS 受到的外界力矩 τ 按照方程(4.66)所示的规律变化时，其姿态运动规律如图 4.11 所示，柔性梁末端变形随时间的变化如图 4.12 所示。

$$\tau=\begin{cases}\tau_0\sin\left(\dfrac{2\pi}{T}t\right), & 0\leqslant t\leqslant T\\ 0, & t>T\end{cases} \tag{4.66}$$

式中：$\tau_0=4.5\times10^4\ \mathrm{N\cdot m}$，$T=1\times10^5\ \mathrm{s}$。这里令结构振动的初值与情况 1 相同，如方程(4.65a)和方程(4.65b)所示。姿态运动的初值设为

$$\theta_0=0\ \mathrm{rad} \tag{4.67a}$$

$$\dot{\theta}_0=0\ \mathrm{rad/s} \tag{4.67b}$$

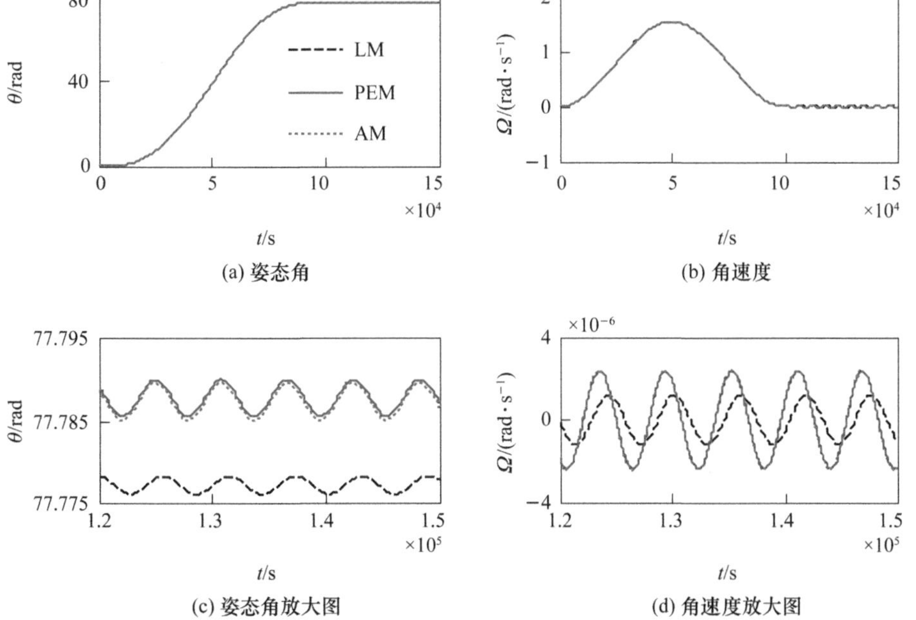

图 4.11　SSPS 姿态运动变化规律

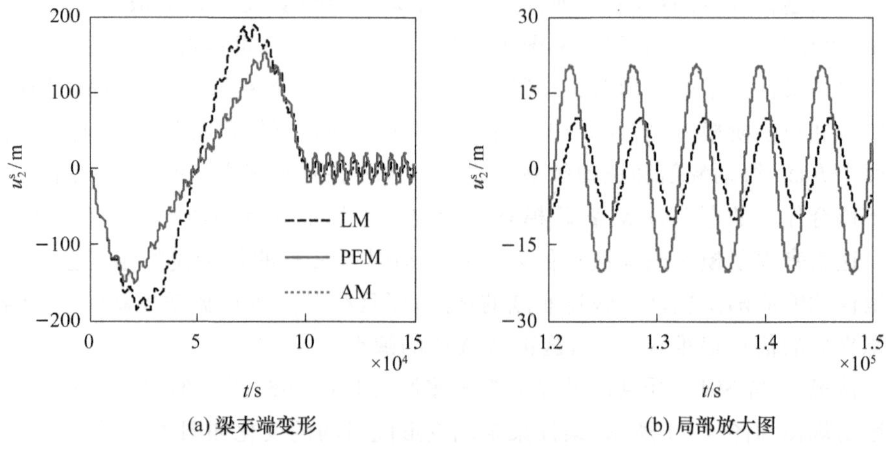

(a) 梁末端变形

(b) 局部放大图

图 4.12 右侧柔性梁末端变形随时间的响应图

图 4.11(b)和图 4.11(d)分别为图 4.11(a)和图 4.11(c)的局部放大图，图 4.12(b)为图 4.12(a)的局部放大图。从图 4.11 可以看出：在外界力矩作用下，当 SSPS 的姿态角进行大范围机动时，由三种模型求出的 SSPS 姿态动力学响应大致相同。这说明，结构振动对 SSPS 的大范围姿态运动影响很小，可忽略不计，其原因是：柔性结构的质量占总质量的比值较小。但为保证能量传输，SSPS 同时也需要很高的对地指向精度。此时则应当充分消除结构振动带来的影响[29,70,72,73,80]。从图 4.12 可以看出：由 LM 计算出的结果与由 PEM 和 AM 计算出的结果差别较大。这说明，动力刚化效应会对 SSPS 的结构振动产生较大影响。而且由 PEM 和 AM 计算出的柔性梁末端变形量小于由 LM 计算出的变形量，与情况 1 相同，其原因见上述分析。

4.3 重力梯度引起的结构屈曲不稳定

在 4.1 节的研究中，虽然考虑了重力梯度带来的影响，但重力梯度与结构振动的耦合作用却被当成小量忽略了，如方程(4.3)所示。SSPS 具有超低的结构频率，重力梯度与结构振动的耦合作用的量级可能要接近甚至大于结构因变形产生的弹性回复力作用的量级，进而产生非常复杂的动力学特性。本节将通过 Hamilton 原理建立考虑动力刚化效应和重力梯度与结构振动耦合作用的结构振动方程，并对其动力学特性进行分析。

4.3.1 动力学方程的建立

仍以ISC式SSPS为研究对象，且只考虑轨道平面内的运动，其轨道运动被设定为轨道角速度恒为 n_0 的圆形轨道，其在轨示意图如图4.1所示。SSPS姿态运动和结构振动组成的刚柔耦合系统所具有的动能如方程(4.5)所示，其柔性结构所具有的势能如方程(4.36a)所示。将方程(4.5)和方程(4.36a)代入Hamilton原理中(方程(4.7))，即可得到SSPS的刚柔耦合动力学方程组。除重力梯度力外，设SSPS还受到作用于 O 点的外界力矩 τ 及作用于两端集中质量块上外力 F_i^s，外力所做的虚功如方程(4.8)所示。在本节中，方程(4.8)中的 δW_f 和 δW_s 的表达式与4.1节有所不同，这里为

$$\delta W_f = -1.5n_0^2\left[\sum_{i=1}^{2}2J_{z_iu_i}\cos 2\theta+\sum_{i=1}^{2}(J_{z_iz_i}-J_{u_iu_i})\sin 2\theta\right]\cdot\delta\theta+ n_0^2(3\sin^2\theta-1)\sum_{i=1}^{2}\int\sigma u_i\delta u_i\mathrm{d}z_i-1.5n_0^2\sin 2\theta\sum_{i=1}^{2}\int\sigma z_i\delta u_i\mathrm{d}z_i \tag{4.68a}$$

$$\delta W_s = n_0^2(3\sin^2\theta-1)m_s\sum_{i=1}^{2}u_i^s\delta u_i^s-1.5n_0^2\sin 2\theta\cdot m_s(l+a)\sum_{i=1}^{2}(-1)^i\cdot\delta u_i^s- 1.5n_0^2\left\{m_s\left[2(l+a)^2-\sum_{i=1}^{2}(u_i^s)^2\right]\sin 2\theta+2m_s(l+a)(u_2^s-u_1^s)\cos 2\theta\right\}\cdot\delta\theta \tag{4.68b}$$

注意：在本节中通过方程(4.10)计算 δW_f 和 δW_s 时所采用的 $\boldsymbol{f}_g^b$ 为方程(4.2)所示的重力梯度力，即未被简化的重力梯度力。而在4.1节中方程(4.11)和方程(4.12)所采用的 $\boldsymbol{f}_g^b$ 为方程(4.3)所示的重力梯度力，即简化后的重力梯度力。与方程(4.11)和方程(4.12)相比，方程(4.68a)和方程(4.68b)中存在 $n_0^2(3\sin^2\theta-1)\sum_{i=1}^{2}\int\sigma u_i\delta u_i\mathrm{d}z_i$ 和 $n_0^2(3\sin^2\theta-1)m_s\sum_{i=1}^{2}u_i^s\delta u_i^s$ 两项，此两项是由重力梯度与结构振动的耦合作用产生的。它们会改变柔性结构的振动角频率，详细的分析过程将会在下文中叙述。

将方程(4.5)、(4.36a)、(4.8)代入Hamilton原理中，可得SSPS结构振动的动力学方程为

$$EJu_i^{(4)}-\sigma(\dot\theta-n_0)^2u_i+\sigma\ddot u_i-\sigma n_0^2(3\sin^2\theta-1)u_i-(\dot\theta-n_0)^2\left(G_i(z_i)u_i^{(1)}\right)^{(1)} =-3\sigma n_0^2z_i\sin\theta\cos\theta-\sigma z\ddot\theta \tag{4.69a}$$

$$G_i(z_i)=m_s(l+a)+\frac{1}{2}\sigma\left[(l+a)^2-z_i^2\right] \tag{4.69b}$$

结构振动的边界条件为

$$u_i[(-1)^i\cdot a]=u_i^{(1)}[(-1)^i\cdot a]=(u_i^{\mathrm{s}})^{(2)}=0 \tag{4.70a}$$

$$\begin{aligned}&(-1)^i\cdot EJ(u_i^{\mathrm{s}})^{(3)}-(-1)^i m_{\mathrm{s}}(\dot{\theta}-n_0)^2(l+a)(u_i^{\mathrm{s}})^{(1)}+\\&m_{\mathrm{s}}(\dot{\theta}-n_0)^2u_i^{\mathrm{s}}-m_{\mathrm{s}}\ddot{u}_i^{\mathrm{s}}+m_{\mathrm{s}}n_0^2(3\sin^2\theta-1)u_i^{\mathrm{s}}\\&=(-1)^i\cdot m_{\mathrm{s}}\ddot{\theta}(l+a)+(-1)^i\cdot 1.5n_0^2\sin 2\theta\cdot m_{\mathrm{s}}(l+a)-F_i^{\mathrm{s}}\end{aligned} \tag{4.70b}$$

在方程(4.69a)和方程(4.70b)中,“$\sigma n_0^2(3\sin^2\theta-1)u_i$”和“$m_{\mathrm{s}}n_0^2(3\sin^2\theta-1)u_i^{\mathrm{s}}$”两项是由重力梯度与结构振动的耦合作用产生的项,其大小与结构的变形有关。“$-3\sigma n_0^2 z_i\sin\theta\cos\theta-\sigma z_i\ddot{\theta}$”和“$(-1)^i\cdot m_{\mathrm{s}}\ddot{\theta}(l+a)+(-1)^i\cdot 1.5n_0^2\sin 2\theta m_{\mathrm{s}}\cdot(l+a)-F_i^{\mathrm{s}}$”两项是由刚柔耦合效应和重力梯度共同产生的“外界载荷”项。外界载荷项不会对结构的振动角频率和振型产生影响。由于 SSPS 的左右侧柔性梁为对称结构,故下文将只对右侧梁的动力学特性进行分析。

4.3.2 动力学特性分析

在本小节中,将对重力梯度与结构振动耦合作用带来的影响进行分析。设 SSPS 的姿态旋转角速度恒定,即 $\ddot{\theta}=0\ \mathrm{rad/s^2}$。$u_2$ 可通过分离变量法表示为

$$u_2(z_2,t,\Omega)=H(z_2,\Omega)q(t,\Omega) \tag{4.71}$$

式中:H 和 q 分别为结构振动的振型和模态坐标,$\Omega=\dot{\theta}-n_0$。这里,H 和 q 均被看作 Ω 的函数。将方程(4.71)代入方程(4.69a),并忽略结构振动受到的外界载荷,可得

$$EJ\cdot H^{(4)}-\sigma\Omega^2 H-\Omega^2(G_2(z_2)H^{(1)})^{(1)}-\sigma\omega^2(\Omega)H=0 \tag{4.72a}$$

$$\ddot{q}+[\omega^2(\Omega)-n_0^2(3\sin^2\theta-1)]q=0 \tag{4.72b}$$

式中:$\omega(\Omega)$为结构的振动角频率。将方程(4.71)代入方程(4.70a)和方程(4.70b),且忽略受到的外界载荷,可得结构振动的边界条件为

$$H(a)=H^{(1)}(a)=H^{(2)}(a+l)=0 \tag{4.73a}$$

$$\begin{aligned}&EJ\cdot H^{(3)}(a+l)-m_{\mathrm{s}}\Omega^2(a+l)\cdot H^{(1)}(a+l)+\\&m_{\mathrm{s}}\Omega^2\cdot H(a+l)+m_{\mathrm{s}}\omega^2\cdot H(a+l)=0\end{aligned} \tag{4.73b}$$

方程(4.72a)、(4.73a)和方程(4.6b)的形式与方程(4.42a)、(4.42c)和方程(4.42d)的形式相同。这说明重力梯度不会对结构振动的振型产生影响。u_2 可通过模态叠加法表示为

$$u_2=\boldsymbol{H}^{\mathrm{T}}\cdot\boldsymbol{q} \tag{4.74}$$

式中:$\boldsymbol{H}=[H_1\ \cdots\ H_i\ \cdots]^{\mathrm{T}}$ 为考虑动力刚化效应时结构振动的振型向量,设所有的振型均为归一化振型,H_i 和 H_j 满足方程(4.47)和方程(4.48)所示的正交条件;$\boldsymbol{q}=[q_1\ \cdots\ q_i\ \cdots]^{\mathrm{T}}$ 为结构振动的模态坐标向量。将方程(4.74)代入方

程(4.69a),在方程两边同乘以 H_i,并对方程两边积分可得

$$\ddot{q}_i+[\omega_i^2-n_0^2(3\sin^2\theta-1)]q_i=-1.5n_0^2F_i(\Omega)\sin 2\theta+F_2^s\cdot H_i(l+a) \tag{4.75}$$

式中:ω_i 为结构振动的第 i 阶振动角频率;$F_i(\Omega)$ 为刚柔耦合系数,其表达式如方程(4.51b)所示。方程(4.75)中,"$-1.5n_0^2F_i(\Omega)\sin 2\theta+F_2^s\cdot H_i(l+a)$"一项在本章中称为广义外界载荷项。在广义外界载荷作用下,SSPS 的柔性结构将会产生静态变形,可表示为

$$u_{s2}=\sum_{i=1}^{\infty}\frac{-1.5n_0^2\sin 2\theta\cdot F_i+F_2^s\cdot H_i(l+a)}{\omega_i^2-n_0^2(3\sin^2\theta-1)}\cdot H_i \tag{4.76}$$

由方程(4.76)可知,当考虑重力梯度与结构振动的耦合作用时,重力梯度力产生的结构静态变形与未考虑该耦合作用时(方程(4.32b))有所不同。柔性结构因重力梯度力产生的静态变形可以通过选择合适的 F_2^s 进行抵消,这里只对第一阶模态的静态变形进行抵消,F_2^s 需满足如下关系:

$$F_2^s=\frac{3n_0^2\sin\theta\cos\theta\cdot F_1}{H_1(l+a)} \tag{4.77}$$

从方程(4.77)可以看出:当 $\Omega=0$ rad/s 时,所需 F_2^s 的大小与方程(4.33)中 F_2^s 的大小相同。引入"临界角频率"的定义如下:

$$\omega_c^2=n_0^2(3\sin^2\theta-1) \tag{4.78}$$

式中:ω_c 表示临界角频率。当 $3\sin^2\theta<1$ 时,ω_c 无物理意义,且 ω_c 的最大值为 $\sqrt{2}n_0$。由方程(4.75)可知,当 ω_i 满足关系 $\omega_i^2<\omega_c^2$ 时,方程(4.75)的特征值存在正值,即 q_i 的振动是发散的。其物理意义是:SSPS 柔性结构受到的弹性回复力小于结构因变形产生的重力梯度力,柔性结构产生了屈曲不稳定(Buckling Instable)[58]。故 SSPS 的结构基频应当大于 $\sqrt{2}n_0$,否则当姿态角满足条件 $3\sin^2\theta>1+\omega_1^2/n_0^2$ 时,重力梯度将会对其结构造成破坏。

当 ω_i 满足条件 $\omega_i^2>\omega_c^2$ 时,q_i 的振动是稳定的,且柔性结构的第 i 阶"等效振动角频率"为

$$\omega_i^e=\sqrt{\omega_i^2-n_0^2(3\sin^2\theta-1)} \tag{4.79}$$

从式(4.79)可以看出:在重力梯度作用下,结构的等效振动角频率会随着俯仰角的变化而变化。

此外,从方程(4.75)中还可以看出:当 SSPS 的姿态角 θ 和姿态角速度 $\dot{\theta}$ 按照一定规律周期变化时,q_i 的振动方程为受迫形式的 Hill 方程[88]。当 $\sin^2\theta$ 的变化周期、ω_i 和 n_0 满足一定条件时,q_i 的振动将会产生参激共振。这里只对一种简单的情况进行分析,设在外界力矩 τ 的作用下,结构以 ω_θ 的恒定角速度旋转,并设其初始姿态角为零,且在外力 F_2^s 的作用下,q_i 受到的广义外界载荷为零,q_i 的振动方

程为

$$\ddot{q}_i+[\lambda+\varepsilon\cdot\cos(2\omega_\theta t)]q_i=0 \tag{4.80}$$

式中：$\lambda=\omega_i^2-0.5n_0^2$，$\varepsilon=1.5n_0^2$。方程(4.80)为标准形式的 Mathieu 方程。当 λ 和 ε 满足一定条件时，q_i 将会产生参激共振。为了减少方程(4.80)中参数的数目，下面将对方程(4.80)进行归一化处理。引入新的无量纲参数：$t_1=\omega_\theta t$，$q_i(t)=Q_i(t_1)$，将它们代入方程(4.80)可得

$$\frac{\mathrm{d}^2Q_i}{\mathrm{d}t_1^2}+[\lambda_1+\varepsilon_1\cdot\cos(2t_1)]Q_i=0 \tag{4.81}$$

式中：$\lambda_1=(\omega_i/\omega_\theta)^2-0.5(n_0/\omega_\theta)^2$；$\varepsilon_1=1.5(n_0/\omega_\theta)^2$。由 4.2 节的分析可知，$\omega_i$ 会随着 Ω 的变化而变化，且 ω_i 可表示为 Ω^2 级数的形式，即

$$\omega_i^2=\Lambda_i^2+a_{i1}\Omega^2+\frac{a_{i2}\gamma_i^2}{\Lambda_i^2}\Omega^4+\frac{a_{i3}\gamma_i^4}{\Lambda_i^4}\Omega^6+\cdots \tag{4.82}$$

式中：$a_{ij}(i,j=1,2,3,\cdots)$为无穷级数的系数，且为常数；Λ_i 为结构振动的第 i 阶固有角频率；$\gamma_i=(\beta_i l)^2$；Λ_i 和 β_i 的值见方程(4.20)。将方程(4.82)代入 λ_1 可得

$$\lambda_1=-0.5\left(\frac{n_0}{\omega_\theta}\right)^2+\left(\frac{\Lambda_i}{\omega_\theta}\right)^2+a_{i1}\left(1-\frac{n_0}{\omega_\theta}\right)^2+a_{i2}\gamma_i^2\cdot\left(\frac{\omega_\theta}{\Lambda_i}\right)^2\cdot\left(1-\frac{n_0}{\omega_\theta}\right)^4+\cdots \tag{4.83}$$

4.3.3 数值仿真与分析

在本小节中，将对上述动力学特性进行数值仿真。SSPS 的结构参数与 4.1.3 小节相同。图 4.13 所示为 ω_c^2 随 θ 的变化图，当 $\omega_c^2<0$ 时无物理意义，故用虚线表示。从图 4.13 可以看出：当 SSPS 结构振动的基频 $\omega_1<\sqrt{2}n_0$ 时，在一定的姿态角下，重力梯度与结构振动的耦合作用将会导致结构的屈曲不稳定。故在对 SSPS 柔性结构的基频进行设计时，应当使其高于$\sqrt{2}n_0$。

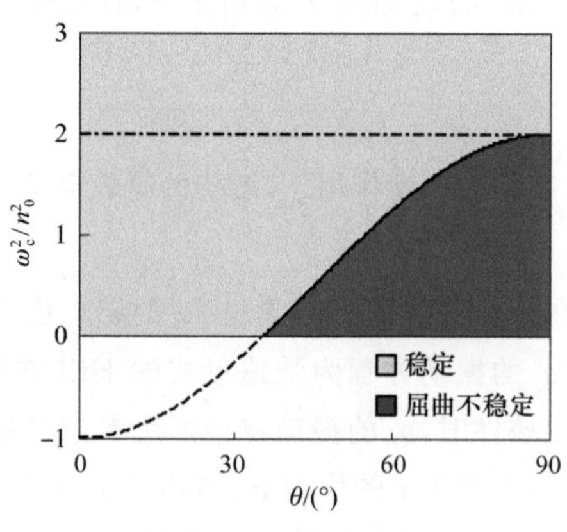

图 4.13 临界角频率

设柔性梁末端集中质量块受到的外力 $F_i^s=0$，当柔性梁结构振动的基频 Λ_1 取不同值时，重力梯度引起的柔性梁末端静态变形量如图 4.14 所示。此外，为了描述重力梯度对 SSPS 柔性结构振动角频率的影响，这里新引入一个无量纲变量：$P_i=(\omega_i^e-\Lambda_i)/\Lambda_i$。图 4.15 所示为 Λ_1 取不同数值时，P_1 随 θ 的变化图。其中，图 4.14(b)和图 4.15(b)分别为图 4.14(a)和图 4.15(a)的局部放大图。

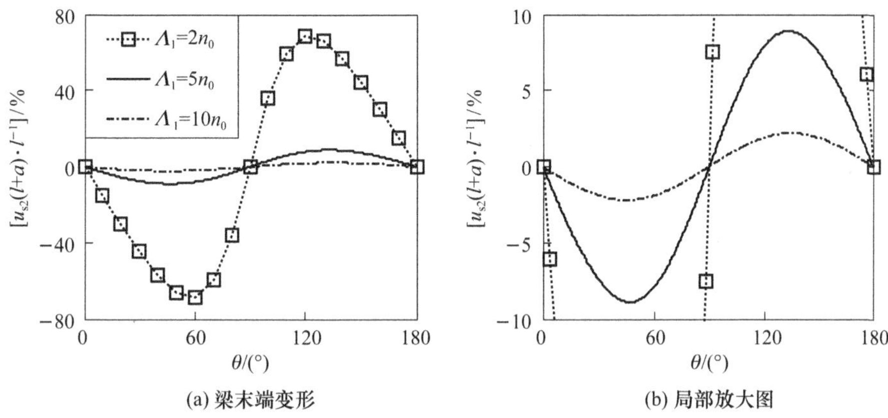

图 4.14　柔性梁末端变形量随 θ 的变化图

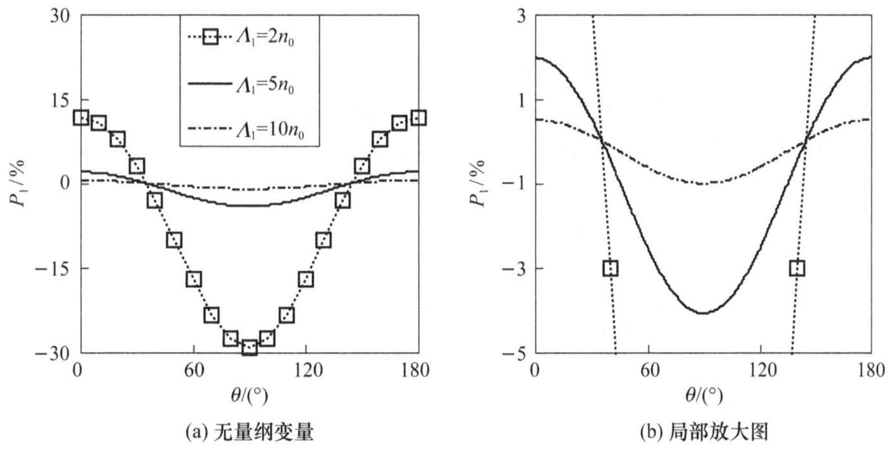

图 4.15　重力梯度对等效振动角频率的影响

从图 4.14 可以看出：当 $\Lambda_1=2n_0$ 时，$\dfrac{u_{s2}(l+a)}{l}$ 的最大值约为 80%，大于图 4.2 中的静态变形量（小于 60%）。这种差别主要是由重力梯度与结构振动的耦合作用引起的。此时结构变形为大变形，应当选择适当大小的 F_2^s 进行抵消。由方程(4.77)可知，不同姿态角下，抵消第一阶模态静态变形所需 F_2^s 的大小与图 4.3

中 F_2^s 的大小相同，故 F_2^s 随 θ 的变化曲线这里将不再给出。当 $\Lambda_1=10n_0$ 时，$\frac{u_{s2}(l+a)}{l}$ 的最大值约为 2%，此时重力梯度引起的结构静态变形很小，可忽略不计。由方程(4.76)可知，对于不同的变形要求，可通过设计合理的 Λ_1 或选取适当大小的 F_2^s 获得。从图 4.15 可以看出：当 $\Lambda_1=2n_0$，且 θ 变化 360°时，ω_i^e 约有 40% 的变化。而当 $\Lambda_1=10n_0$ 时，ω_i^e 的变化幅值仅为 2%。大范围结构振动角频率的变化会给 SSPS 结构振动抑制系统和姿态指向控制系统的设计带来困难，且常常会导致姿态指向精度的降低[23,72,73,80]。为保证能量传输，在对其姿态指向系统进行设计时，应当考虑到结构振动角频率变化带来的影响，并对其予以消除；或者直接增加 SSPS 的结构刚度，以降低重力梯度带来的影响。

当 SSPS 在外界力矩 τ 的作用下，以 ω_θ 的恒定角速度旋转时，q_1 和 q_2 的稳定边界如图 4.16 所示。其中，LM 和 PEM 分别为 4.2 节中的线性模型和参数激励模型。由方程(4.82)可知，ω_i^2 可以表示为 Ω^2 的无穷级数形式。这里只取级数的前四阶项，前四阶项的系数为：$a_{11}=0.5585$，$a_{12}=-2.27\times10^{-3}$，$a_{13}=2.926\times10^{-5}$，$a_{14}=-1.874\times10^{-7}$，$a_{21}=8.1597$，$a_{22}=7.9063\times10^{-5}$，$a_{23}=-2.2576\times10^{-5}$，$a_{24}=1.9743\times10^{-7}$，且 $\gamma_1=2.9678$，$\gamma_2=19.3558$。从图 4.16 可以看出：当 n_0/ω_θ 和 $\Lambda_1/\omega_\theta(\Lambda_2/\omega_\theta)$ 的取值落入某些特定区域时，q_1 和 q_2 将会产生参激共振，即振动不稳定。而且根据 LM 和 PEM 求得的稳定边界不同，特别是 q_2 的稳定边界，两种模型差别很大。这说明：当 SSPS 的结构振动频率很低时，动力刚化效应会对其结构振动特性造成很大影响。故在对 SSPS 进行姿态机动时，应当考虑动力刚化效应和重力梯度与结构振动耦合作用带来的影响。

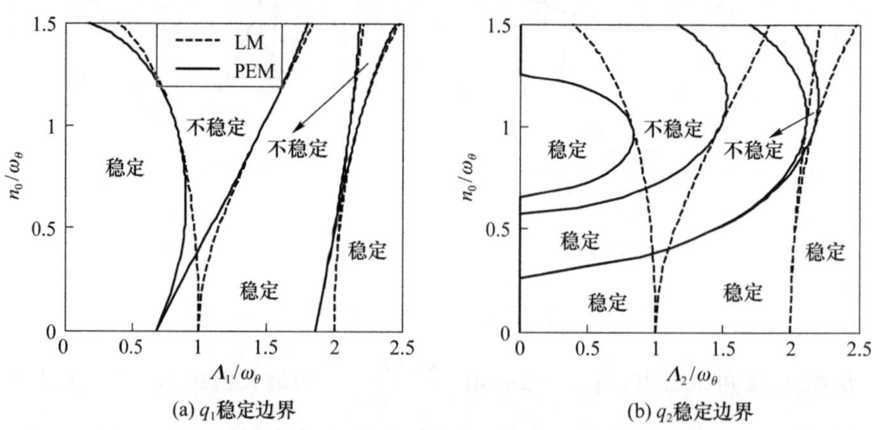

图 4.16 不同模型第一阶和第二阶振动模态的稳定边界

4.4　不同模型在描述结构振动特性上的差别

本节分析重力梯度与结构振动的耦合作用下不同建模方法所得到 SSPS 结构振动特性的差别。由于 SSPS 具有超低的结构频率，因此一些建模方法中所忽略的小量可能会对其结构振动产生很大影响。在 4.3 节中对结构振动进行建模时所采用的方法为伪势场法[81-82]，本节将采用几何变形约束法[89-90]对 SSPS 的结构振动进行建模，并对两种方法所建立的模型进行分析与对比。

4.4.1　动力学方程的建立

仍以 ISC 式 SSPS 为研究对象，且假设条件与 4.3 节相同。与 4.1 节和 4.3 节不同的是：这里假设 SSPS 的柔性梁在变形前后其总长度保持不变，故柔性梁上任一质量微元 dm 沿 OX_b 轴的变形将会引起其 OZ_b 轴坐标的变化，这也是造成动力刚化现象的解释之一，此种建模方法称为几何变形约束法[89-90]。变形前后 dm 的位置矢量在 OX_bZ_b 下的投影 $\boldsymbol{\rho}^b$ 不能再表示为 $\boldsymbol{\rho}^b=[u\quad 0]^T$，而需要表示为 $\boldsymbol{\rho}^b=[u\quad s]^T$，$s$ 和 u 满足如下关系[90]：

$$s_i=-\frac{1}{2}\int_{(-1)^i\cdot a}^{z_i}\left(\frac{\partial u_i}{\partial z_i}\right)^2\mathrm{d}z_i \tag{4.84}$$

式中：s_i 为左(右)侧柔性梁上 dm 沿 OZ_b 轴坐标的变化量($i=1$ 表示左侧梁，$i=2$ 表示右侧梁)。dm 的绝对速度在 OX_bZ_b 下的投影为

$$\boldsymbol{v}_i^b=[\dot{s}_i-(\dot{\theta}-n_0)u_i]\boldsymbol{k}^b+[\dot{u}_i+(\dot{\theta}-n_0)(z_i+s_i)]\boldsymbol{i}^b \tag{4.85}$$

SSPS 刚柔耦合系统的总动能为

$$T=\frac{1}{2}\int_{-l-a}^{-a}\sigma(\boldsymbol{v}_1^b)^2\mathrm{d}z_1+\frac{1}{2}\int_{a}^{a+l}\sigma(\boldsymbol{v}_2^b)^2\mathrm{d}z_2+\frac{1}{2}m_s[(\boldsymbol{v}_{s1}^b)^2+(\boldsymbol{v}_{s2}^b)^2]+\frac{1}{2}I_{yy}^c(\dot{\theta}-n_0)^2 \tag{4.86}$$

式中：$\boldsymbol{v}_{s1}^b$ 和 $\boldsymbol{v}_{s1}^b$ 分别为左、右侧末端质量块的绝对速度在 OX_bZ_b 下的投影。由方程(4.84)可知，s_i 是 u_i 的高阶小量。将方程(4.85)代入方程 (4.86)，并忽略高于 s_i 的项，可得

$$T\cong\sum_{i=1}^{2}\frac{(-1)^i}{2}\int_{(-1)^i\cdot a}^{(-1)^i\cdot(a+l)}\sigma\{[(\dot{\theta}-n_0)u_i]^2+[\dot{u}_i+(\dot{\theta}-n_0)z_i]^2+2(\dot{\theta}-n_0)^2z_is_i\}\mathrm{d}z_i+\sum_{i=1}^{2}\frac{1}{2}m_s\{[(\dot{\theta}-n_0)u_i^s]^2+[\dot{u}_i^s+(\dot{\theta}-n_0)(a+l)]^2+2(\dot{\theta}-n_0)^2(a+l)s_i^s\}+\frac{1}{2}I_{yy}^c(\dot{\theta}-n_0)^2 \tag{4.87}$$

式中：u_i^{s} 和 s_i^{s} 分别表示柔性梁末端质量块沿 OX_{b} 轴的变形和沿 OZ_{b} 轴坐标的变化量。

SSPS 柔性梁因弯曲具有的弹性势能如方程(4.6)所示。将方程(4.6)、(4.87)和方程(4.8)代入方程(4.7)所述的 Hamilton 原理中，即可得到 SSPS 的刚柔耦合动力学方程组。在本节中，方程(4.8)中 δW_{f} 和 δW_{s} 的表达式与 4.1 节和 4.3 节均不同，这里为

$$\begin{aligned}\delta W_{\mathrm{f}} = &-1.5n_0^2\left[\sum_{i=1}^{2}2J_{z_iu_i}\cos 2\theta+\sum_{i=1}^{2}(J_{z_iz_i}+2J_{z_is_i}-J_{u_iu_i})\sin 2\theta\right]\cdot\delta\theta+\\ &n_0^2(3\sin^2\theta-1)\sum_{i=1}^{2}\int\sigma u_i\delta u_i\mathrm{d}z_i-1.5n_0^2\sin 2\theta\sum_{i=1}^{2}\int\sigma z_i\delta u_i\mathrm{d}z_i+\\ &n_0^2(3\cos^2\theta-1)\sum_{i=1}^{2}\int\sigma z_i\delta s_i\mathrm{d}z_i\end{aligned}\tag{4.88a}$$

$$\begin{aligned}\delta W_{\mathrm{s}} = &\,n_0^2(3\sin^2\theta-1)m_{\mathrm{s}}\sum_{i=1}^{2}u_i^{\mathrm{s}}\delta u_i^{\mathrm{s}}-1.5n_0^2\sin 2\theta m_{\mathrm{s}}(l+a)\sum_{i=1}^{2}(-1)^i\cdot\delta u_i^{\mathrm{s}}+\\ &n_0^2(3\cos^2\theta-1)m_{\mathrm{s}}(l+a)\sum_{i=1}^{2}(-1)^i\cdot\delta s_i^{\mathrm{s}}-\\ &3n_0^2m_{\mathrm{s}}(l+a)(u_2^{\mathrm{s}}-u_1^{\mathrm{s}})\cos 2\theta\cdot\delta\theta-\\ &1.5n_0^2m_{\mathrm{s}}\left[2(l+a)^2+2(l+a)\sum_{i=1}^{2}(-1)^i\cdot s_i^{\mathrm{s}}-\sum_{i=1}^{2}(u_i^{\mathrm{s}})^2\right]\sin 2\theta\cdot\delta\theta\end{aligned}\tag{4.88b}$$

其中，$J_{z_is_i}=\int\sigma z_is_i\mathrm{d}z_i$。根据方程(4.10)，$\delta\boldsymbol{S}_i$ 的表达式为

$$\delta\boldsymbol{S}_i=[(z_i+s_i)\cdot\delta\theta+\delta u_i]\boldsymbol{i}^{\mathrm{b}}+(\delta s_i-u_i\cdot\delta\theta)\boldsymbol{k}^{\mathrm{b}}\tag{4.89}$$

式中：$i=1,2$。与 4.1 节和 4.3 节中所采用的 $\delta\boldsymbol{S}_i$ 相比，方程(4.89)多出了“$s_i\cdot\delta\theta\boldsymbol{i}^{\mathrm{b}}+\delta s_i\boldsymbol{k}^{\mathrm{b}}$”一项。

相比于方程(4.68a)和方程(4.68b)，方程(4.88a)和方程(4.88b)多出了“$n_0^2(3\cos^2\theta-1)\sum_{i=1}^{2}\int\sigma z_i\delta s_i\mathrm{d}z_i$”和“$n_0^2(3\cos^2\theta-1)m_{\mathrm{s}}(l+a)\sum_{i=1}^{2}(-1)^i\cdot\delta s_i^{\mathrm{s}}$”两项。此两项是由 s_i 和 s_i^{s} 与重力梯度的耦合作用产生的，并会对柔性梁的振动角频率和振型产生影响，下面叙述详细的分析过程。

将方程(4.87)、(4.6)和方程(4.8)代入方程(4.7)中即可得到 SSPS 的结构振动方程为

$$\begin{aligned}&EJu_i^{(4)}-\sigma(\dot{\theta}-n_0)^2u_i-(\dot{\theta}-n_0)^2(G_i(z_i)u_i^{(1)})^{(1)}+\\ &\sigma\ddot{u}_i-\sigma n_0^2(3\sin^2\theta-1)u_i-n_0^2(3\cos^2\theta-1)(G_i(z)u_i^{(1)})^{(1)}\\ =&-3\sigma n_0^2z_i\sin\theta\cos\theta-\sigma z\ddot{\theta}\end{aligned}\tag{4.90a}$$

$$G_i(z_i)=m_s(l+a)+\frac{1}{2}\sigma[(l+a)^2-z_i^2] \tag{4.90b}$$

结构振动的边界条件为

$$u_i[(-1)^i\cdot a]=u_i^{(1)}[(-1)^i\cdot a]=(u_i^s)^{(2)}=0 \tag{4.91a}$$

$$\begin{aligned}&(-1)^i\cdot EJ(u_i^s)^{(3)}-(-1)^i\cdot m_s(\dot\theta-n_0)^2(l+a)(u_i^s)^{(1)}+\\&m_s(\dot\theta-n_0)^2u_i^s-m_s\ddot u_i^s+m_sn_0^2(3\sin^2\theta-1)u_i^s-\\&(-1)^i\cdot m_sn_0^2(3\cos^2\theta-1)(l+a)(u_i^s)^{(1)}\\&=(-1)^i\cdot m_s\ddot\theta(l+a)+(-1)^i\cdot 1.5n_0^2\sin 2\theta m_s(l+a)-F_i^s\end{aligned} \tag{4.91b}$$

其中，方程(4.90a)中"$\sigma(\dot\theta-n_0)^2u_i+(\dot\theta-n_0)^2(G_i(z_i)u_i^{(1)})^{(1)}$"一项和方程(4.91b)中"$m_s(\dot\theta-n_0)^2[u_i^s-(-1)^i\cdot(l+a)(u_i^s)^{(1)}]$"一项为结构振动的动力刚化项。方程(4.90a)中"$\sigma n_0^2(3\sin^2\theta-1)u_i+n_0^2(3\cos^2\theta-1)(G_i(z)u_i^{(1)})^{(1)}$"一项和方程(4.91b)中"$m_sn_0^2(3\sin^2\theta-1)u_i^s-(-1)^i\cdot m_sn_0^2(3\cos^2\theta-1)(l+a)(u_i^s)^{(1)}$"一项为结构振动与重力梯度的耦合项。与方程(4.69a)和(4.70b)相比，方程(4.90a)和方程(4.91b)中多出"$n_0^2(3\cos^2\theta-1)(G_i(z)u_i^{(1)})^{(1)}$"和"$-(-1)^i\cdot m_sn_0^2\cdot(3\cos^2\theta-1)(l+a)(u_i^s)^{(1)}$"两项，此两项是由 s_i 和 s_i^s 与重力梯度的耦合作用产生的，其作用将会在下文中进行分析。同前文所述，下面只对右侧梁的动力学特性进行分析。

4.4.2 动力学特性分析

设 SSPS 的姿态旋转角速度恒定，即：$\ddot\theta=0$ rad/s^2，u_2 可通过分离变量法表示为

$$u_2(z_2,t,\dot\theta,n_0,\theta)=H(z_2,\dot\theta,n_0,\theta)q(t,\dot\theta,n_0,\theta) \tag{4.92}$$

式中：H 和 q 均被看作为 $\dot\theta$、n_0 和 θ 的函数，这一点与 4.3 节不同。将方程(4.92)代入方程(4.91a)中，并忽略结构受到的外界载荷：

$$\begin{aligned}&EJ\cdot H^{(4)}-\sigma[\Omega^2+n_0^2(3\sin^2\theta-1)+\omega^2(\dot\theta,n_0,\theta)]H-\\&[\Omega^2+n_0^2(3\cos^2\theta-1)](G_2(z_2)H^{(1)})^{(1)}=0\end{aligned} \tag{4.93a}$$

$$\ddot q+\omega^2(\dot\theta,n_0,\theta)\cdot q=0 \tag{4.93b}$$

式中：$\Omega=\dot\theta-n_0$，$\omega(\dot\theta,n_0,\theta)$为结构振动角频率。这里令 ω 同样为 $\dot\theta$、n_0 和 θ 的函数。将方程(4.92)代入方程(4.91a)和方程(4.91b)中，可得结构振动的边界条件为

$$H(a)=H^{(1)}(a)=H^{(2)}(a+l)=0 \tag{4.94a}$$

$$\begin{aligned}&EJ\cdot H^{(3)}(a+l)+m_s[\Omega^2+n_0^2(3\sin^2\theta-1)+\omega^2]\cdot H(a+l)-\\&m_s[\Omega^2+n_0^2(3\cos^2\theta-1)](a+l)\cdot H^{(1)}(a+l)=0\end{aligned} \tag{4.94b}$$

设 H_i 和 H_j 分别表示结构振动的第 i 阶和第 j 阶振型，通过证明可得 H_i 和 H_j 满足如下的正交条件：

$$\int_a^{a+l} \sigma H_i H_j \mathrm{d}z_2 + m_s H_j(a+l) \cdot H_i(a+l) = \begin{cases} 0, & i \neq j \\ M_{ii}, & i = j \end{cases} \tag{4.95a}$$

$$\int_a^{a+l} EJ \cdot H_i^{(2)} H_j^{(2)} \mathrm{d}z_2 + [\Omega^2 + n_0^2(3\cos^2\theta - 1)] \int_a^{a+l} G_2(z_2) H_i^{(1)} H_j^{(1)} \mathrm{d}z_2$$

$$= \begin{cases} 0, & i \neq j \\ M_{ii}[\Omega^2 + n_0^2(3\sin^2\theta - 1) + \omega_i^2], & i = j \end{cases} \tag{4.95b}$$

详细的推导过程这里将不再给出，具体过程可参考方程(4.43)～(4.46)。设所有的振型均满足归一化条件，故 $M_{ii} \equiv 1$，ω_i 为结构振动的第 i 阶振动角频率。

u_2 可通过模态叠加法表示为

$$u_2 = \boldsymbol{H}^{\mathrm{T}} \cdot \boldsymbol{q} \tag{4.96}$$

式中：$\boldsymbol{H} = [H_1 \quad \cdots \quad H_i \quad \cdots]^{\mathrm{T}}$ 为结构振动的振型向量；$\boldsymbol{q} = [q_1 \quad \cdots \quad q_i \quad \cdots]^{\mathrm{T}}$ 为结构振动的模态坐标向量。

将方程(4.96)代入方程(4.90a)中，在方程两边同乘以 H_i，并对方程两边积分可得

$$\ddot{q}_i + \omega_i^2 \cdot q_i = -1.5 n_0^2 F_i(\dot{\theta}, n_0, \theta) \cdot \sin 2\theta + F_2^{\mathrm{s}} \cdot H_i(l+a) \tag{4.97a}$$

$$F_i(\dot{\theta}, n_0, \theta) = \int_a^{a+l} \sigma z_2 H_i \mathrm{d}z_2 + m_s(l+a) \cdot H_i(l+a) \tag{4.97b}$$

式中：$F_i(\dot{\theta}, n_0, \theta)$ 为结构振动的第 i 阶刚柔耦合系数。从方程 (4.97a)可以看出：各阶模态坐标的振动方程之间仍然解耦。在广义外界载荷"$-1.5n_0^2 \cdot F_i(\dot{\theta}, n_0, \theta) \cdot \sin 2\theta + F_2^{\mathrm{s}} \cdot H_i(l+a)$"作用下，柔性梁产生的静态变形为

$$u_{s2} = \sum_{i=1}^{\infty} \frac{-1.5 n_0^2 \sin 2\theta \cdot F_i + F_2^{\mathrm{s}} \cdot H_i(l+a)}{\omega_i^2} \cdot H_i \tag{4.98}$$

同样，由重力梯度引起的结构静态变形可以通过选择合适大小的 F_2^{s} 进行抵消。当第一阶模态的静态变形被抵消时，所需 F_2^{s} 的大小请参见方程(4.77)或方程(4.33)。

此时，ω_i 的值和 H_i 的表达式仍然未知。ω_i 和 H_i 可通过求解微分方程(4.93a)获得。求解方程(4.93a)的方法有多种，如 4.2 节中的 Frobenius 方法。Frobenius 方法可通过保留适当的级数项达到所需的精度，但该方法收敛速度很慢，计算效率较低。这里采用 Rayleigh - Ritz 法[91]对 ω_i 和 H_i 进行求解，H_i 可表示为

$$H_i = \boldsymbol{Y}^{\mathrm{T}} \cdot \boldsymbol{a}_i \tag{4.99}$$

式中：$\boldsymbol{Y} = [Y_1 \quad Y_2 \quad \cdots \quad Y_n]^{\mathrm{T}}$ 为柔性梁的固有振型向量，其表达式见方程(4.21)，这里被选为经验函数；$\boldsymbol{a}_i = [a_{i1} \quad a_{i2} \quad \cdots \quad a_{in}]^{\mathrm{T}}$ 为系数向量，其值待定。

根据 Rayleigh - Ritz 法，ω_i^2 与 $\boldsymbol{a}_i$ 满足如下关系：

$$\boldsymbol{K}\boldsymbol{a}_i=\omega_i^2\boldsymbol{a}_i \tag{4.100a}$$

$$\boldsymbol{K}=\boldsymbol{\Lambda}+\Omega^2(\boldsymbol{D}-\boldsymbol{E})+3n_0^2\cos^2\theta\cdot(\boldsymbol{D}+\boldsymbol{E})-n_0^2(\boldsymbol{D}+2\boldsymbol{E}) \tag{4.100b}$$

$$\boldsymbol{D}=\int_a^{a+l}G_2(z_2)\boldsymbol{Y}^{(1)}\ [\boldsymbol{Y}^{(1)}]^{\mathrm{T}}\mathrm{d}z_2 \tag{4.100c}$$

式中：$\boldsymbol{\Lambda}=\mathrm{diag}(\Lambda_1^2\quad\Lambda_2^2\quad\cdots\quad\Lambda_n^2)$，$\Lambda_i$ 为柔性梁的第 i 阶固有振动角频率；$\boldsymbol{E}$ 为单位矩阵；$\boldsymbol{D}-\boldsymbol{E}$ 为正定矩阵；$\boldsymbol{K}$ 称为柔性梁的“等效刚度矩阵”。由方程(4.100a)可知，ω_i^2 的值即为 $\boldsymbol{K}$ 的第 i 个特征值。令 $\Omega=0$ rad/s，由方程(4.100b)可知，当 Λ_1、n_0^2 和 θ 满足一定条件时，矩阵 $\boldsymbol{K}$ 将会存在负特征值，此时柔性梁的振动发散。其物理意义是：柔性梁因变形产生的重力梯度力大于其受到的弹性回复力，柔性梁产生屈曲不稳定。在特定的姿态角下，令矩阵 $\boldsymbol{K}$ 为半正定矩阵时 Λ_1 的值称为“临界基频”，记作 Λ_c。

设在 F_2^s 的作用下，q_i 受到的广义外界载荷为零，方程(4.97a)可简化为

$$\ddot{q}_i+\omega_i^2\cdot q_i=0 \tag{4.101}$$

由方程(4.100b)可知，当 SSPS 的姿态角 θ 在外界力矩 τ 的作用下周期变化时，ω_i^2 也是周期变化的，此时方程(4.101)为 Hill 方程[88]。当 Λ_i、n_0 和 ω_θ 满足一定条件时，q_i 将会产生参激共振。与 4.3 节相同，这里只讨论一种简单的情况，即 θ 在 τ 的作用下以恒定角速度 ω_θ 旋转。引入无量纲参数如下：$t_1=\omega_\theta t$，$q_i(t)=Q_i(t_1)$，将其代入方程(4.101)可得

$$\frac{\mathrm{d}^2Q_i}{\mathrm{d}t_1^2}+\omega_i^2\left(\frac{\Lambda_i}{\omega_\theta},\frac{n_0}{\omega_\theta},t_1\right)\cdot Q_i=0 \tag{4.102}$$

从方程(4.102)可以看出：当 Λ_i/ω_θ 和 n_0/ω_θ 满足一定条件时，柔性梁的结构振动将会变得不稳定。

4.4.3　数值仿真与分析

在本小节中，将对上述动力学特性进行数值仿真。令 SSPS 的结构参数与 4.1.3 小节相同。图 4.17 为临界基频 Λ_c^2 随 θ 的变化图。从图 4.17 可以看出：当 $\Lambda_c^2<3.565n_0^2$ 时，在一定的姿态角下，重力梯度将导致 SSPS 柔性梁的屈曲不稳定[74]，而且不同建模方法所得到的稳定边界有所不同。此外，相比于伪势场法，由几何变形约束法建立的模型计算出保证 SSPS 柔性结构振动稳定的最大临界基频更大。故在对 SSPS 柔性结构的基频进行设计时，应当注意到这两种模型的差别。

为了便于描述重力梯度对 SSPS 柔性结构振动角频率和刚柔耦合系数的影响，这里引入两个变量，分别为：$P_i^\omega=(\omega_i-\Lambda_i)/\Lambda_i$ 和 $P_i^F=(F_i-\Gamma_i)/\Gamma_i$。其中，$\Gamma_i$ 为柔性结构的固有刚柔耦合系数。当 Λ_1 取不同值时，P_1^ω 和 P_2^ω 随姿态角的变

化如图 4.18 所示。P_1^F 和 P_2^F 随姿态角的变化如图 4.19 所示。其中，图 4.18(b)和图 4.18(d)分别为图 4.18(a)和图 4.18(c)的局部放大图。不同基频及不同姿态角下，重力梯度对柔性结构前两阶振型的影响如图 4.20 所示。

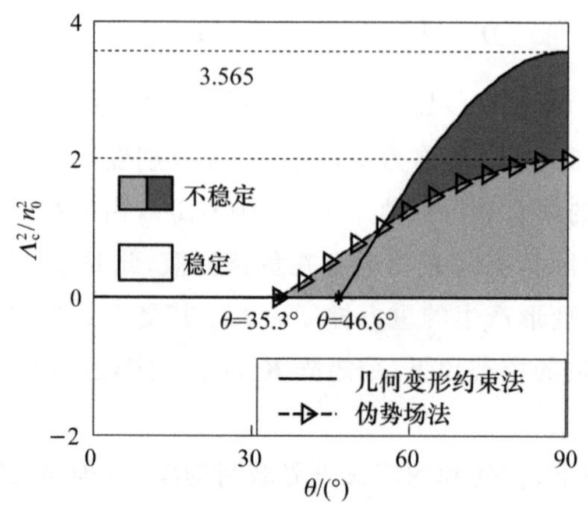

图 4.17 临界基频

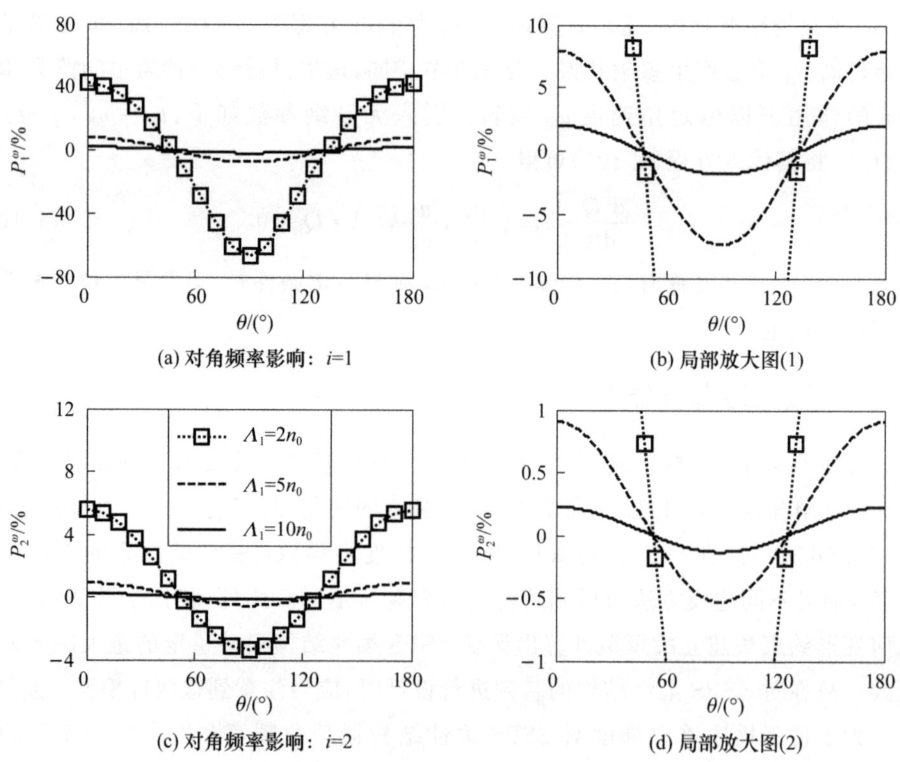

图 4.18 重力梯度对结构振动角频率的影响

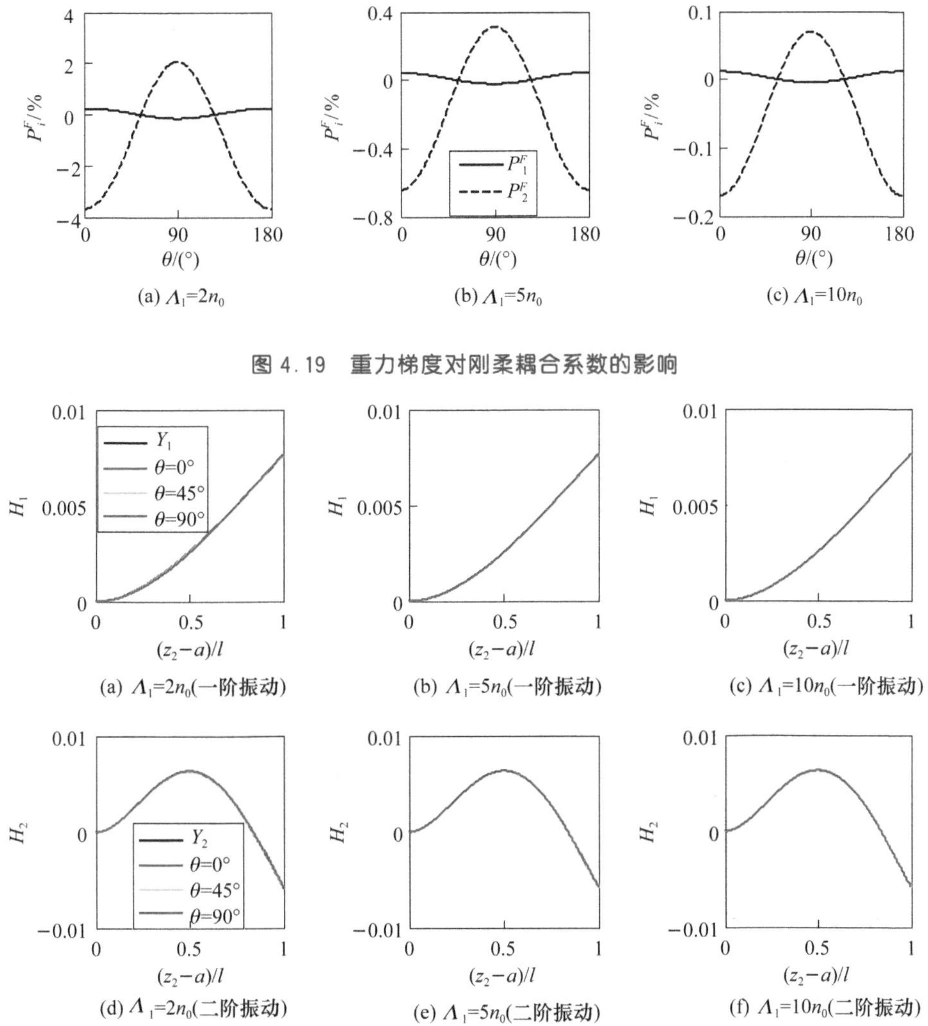

图 4.19　重力梯度对刚柔耦合系数的影响

图 4.20　重力梯度对结构振动振型的影响

从图 4.18 可以看出：当 $\Lambda_1=2n_0$ 时，重力梯度对 SSPS 第一阶振动角频率的影响很大，而对第二阶振动角频率的影响相对较小。当姿态角 θ 变化 360°时，ω_1 的变化幅值约为 120%，ω_2 的变化幅值约为 8%。ω_1 的变化幅值远大于图 4.15 中 ω_i^e 的变化幅值(约 45%)。这说明：在重力梯度作用下，当 SSPS 的结构固有频率较低时，不同建模方法所得到的结构振动频率有很大差别。当 $\Lambda_1=10n_0$ 且姿态角变化 360°时，ω_1 的变化幅值仅为 4%。与图 4.15 中 ω_i^e 的变化幅值大致相同(约 2%)。ω_2 的变化幅值同样很小，小于 1%。从图 4.19 和图 4.20 可以看出：重力梯度并不会对 SSPS 的刚柔耦合系数和结构振动的振型造成很大影响，且对高阶刚柔耦合系数的影响相对较大。重力梯度作用下，当 $\Lambda_1=2n_0$ 且姿态角变化 360°时，F_1 的变化幅值不足 1%，而 F_2 的变化幅值也仅为 6%。当 $\Lambda_1=10n_0$ 时，F_1 和 F_2 的变化幅值均小于 0.3%。故在后继的研究中，可忽略重力梯度对 SSPS 刚柔耦合系数和结构振动振型的影响，直接采用结构的固有振型和固有刚柔耦合系数。

当 SSPS 在外界力矩 τ 的作用下，结构以 ω_θ 的恒定角速度旋转时，q_1 和 q_2 的稳定边界如图 4.21 所示。由于方程(4.100b)中 ω_i 的解析表达式过于复杂，这里采用 Floquet 理论[92]来获得 q_1 和 q_2 的稳定边界。从图 4.21 可以看出：q_1 和 q_2 的稳定边界与图 4.16 相比差别很大。这说明：当 SSPS 的柔性结构固有频率较低时，不同建模方法所得到模型的动力学特性有很大差别，但具体哪种模型更与真实情况接近，则需要通过进一步研究和实验验证。综合图 4.16 和图 4.21 可知：当 SSPS 的结构刚度较低时，不仅其结构振动特性变得更为复杂，而且现有的一些结构动力学分析方法在分析其振动特性时存在一定的问题。较低的结构刚度会增加 SSPS 产生不稳定结构振动的风险，因此在对 SSPS 的结构刚度进行设计时，应当尽量地增加其结构刚度。

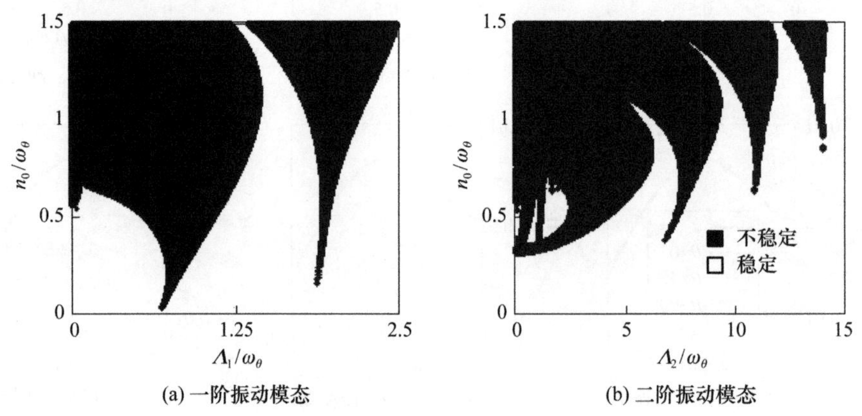

图 4.21 振动模态的稳定边界

4.5 本章小结

本章主要研究了重力梯度对 ISC 式空间太阳能电站结构振动特性的影响。主要结论如下：①由于空间太阳能电站柔性结构振动频率很低，即使在很小的旋转角速度下，动力刚化效应对其结构振动的影响(振型、振动频率以及刚柔耦合系数)依然明显。本章建立的参数激励模型可以准确地描述空间太阳能电站刚柔耦合系统的动力学行为，且兼具形式简单和横向振动各阶模态坐标振动方程相互解耦的优点，适合作为刚柔耦合系统的控制模型。②重力梯度与结构振动的耦合作用也会对空间太阳能电站结构振动造成很大影响。当其结构振动频率小于某一特定临界值时，在一定的姿态角下，该耦合作用将会造成其结构的屈曲不稳定，且不同建模方法所得到的临界值大小不同。该耦合作用还会对结构的振动频率产生影响。当空间太阳能电站轨道角速度、结构振动基频和姿态角的旋转规律满足一定条件时，该耦合作用会使其结构产生不稳定振动。③对于 ISC 式空间太阳能电站，重力梯度还会引起其柔性结构的静态变形，结构的基频越低，其变形也越大。当结构振动基频很低时，不同建模方法所得到的结构振动特性差别很大。当其结构振动基频大于 10 倍的轨道角速度时，这种差别可忽略不计，同时重力梯度引起的结构静态变形量也可忽略不计。本章所讨论主题的相关细节见参考文献[34]。

第 5 章

单体式空间太阳能电站姿态动力学与控制

前面的章节介绍了空间太阳能电站的轨道动力学、轨道姿态耦合动力学以及结构动力学问题。第 5～7 章研究空间太阳能电站的姿态动力学与主动控制问题。目前已提出的空间太阳能电站概念很多，依据构型特点可大致分为两类：一类是集中式空间太阳能电站构型，这类构型通常由一个超大型平台结构和几个附件结构组成。由于附件结构的质量和惯量相对于平台结构较小，故此类空间太阳能电站的姿态控制为单体姿态控制问题，典型构型如 1979 SPS 基准系统和 Abacus 空间太阳能电站。另一类是分散式空间太阳能电站构型（编队飞行的超大集群式 SSPS 构型不在本书的研究范围之内），这类构型由多个大型柔性结构铰接组成，多体特征明显，其姿态控制为多体姿态控制问题，典型构型如多旋转关节式空间太阳能电站和 ISC 式空间太阳能电站。第 5 章和第 6 章将以两个典型且具有初步结构设计参数的电站构型——Abacus 空间太阳能电站和兆瓦级多旋转关节式空间太阳能电站为对象分别讨论空间太阳能电站单体、多体姿态动力学与控制问题，并在第 7 章给出一种利用滑动质量系统和太阳光压作用降低在轨姿态控制燃料消耗的控制方法。

本章以 Abacus 空间太阳能电站为对象来研究单体式姿态动力学与控制问题。Abacus 空间太阳能电站概念源于 NASA 的"SSP Exploratory Research and Technology"项目[23]。如图 5.1[23]所示，该构型由一个 3.2 km×3.2 km 的惯性定向（见图 5.2）太阳能电池阵平台、一个固结在该惯性平台上的直径为 500 m 的微波发射天线和一个对地跟踪的 500 m×700 m 的射频反射器组成。通过采用射频反射器来代替微波发射天线进行旋转，该构型解决了极大功率导电旋转关节的技术难题。Abacus 空间太阳能电站的设计轨道为地球静止轨道，在正常运行期间，整个结构的俯仰轴始终垂直于地球赤道平面。由于反射器的质量仅占整个结构总质量的 3.2%，故在姿态运动的分析中可忽略反射器的质量和惯量，即可将它当作单体式航天器而非多体式航天器进行研究[23]。本章首先基于第二类 Lagrange 方程推导一般大型柔性空间结构在轨动力学模型。然后将 Abacus 空间太阳能电站简化为大型柔性薄板，基于所建立的一般性模型推导其在两种不同浮动坐标系下的非线性姿态动力学模型和惯性定向的线性化姿态动力学模型。最后研究 Abacus 空间太阳能电站的主动姿态控制问题，提出一种基于多敏感器的鲁棒增强控制方法，并通过数值仿真验证所提出控制方法的有效性。

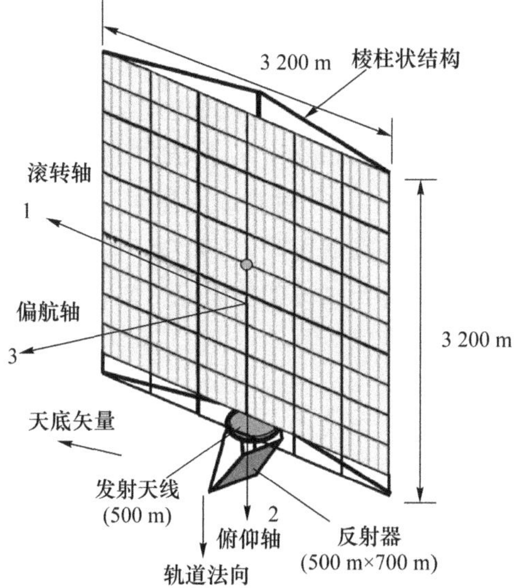

图 5.1　吉瓦级 Abacus - SSPS

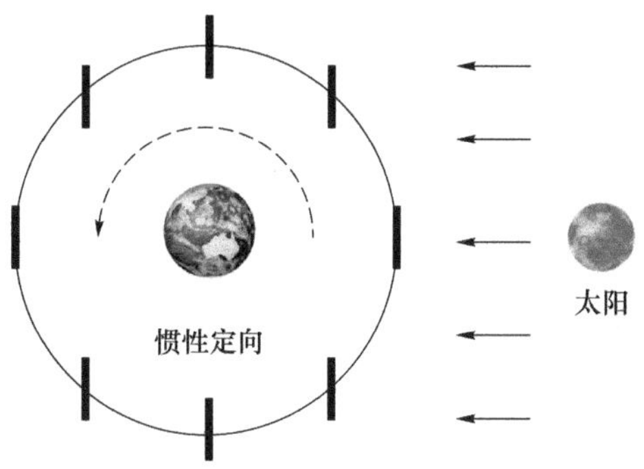

图 5.2　Abacus - SSPS 的惯性定向示意图

5.1　一般大型柔性空间结构在轨动力学模型

本节采用浮动坐标系的相对描述方式，基于第二类 Lagrange 方程推导一般性的大型柔性空间结构在轨动力学模型。动力学模型的建立遵从线弹性、小变形的基本假设条件，这意味着结构变形相对于结构的特征尺寸是充分小的，结构变形可通过模态叠加法进行描述。

5.1.1　运动学方程

如图 5.3 所示为大型柔性空间结构在轨动力学建模示意图。其中，实线表示结构变形后的状态，虚线表示结构变形前的状态，为描述该柔性空间结构的运动，定义如下两个参考坐标系：

① 地心惯性坐标系 n：坐标系原点 n^* 位于地心，坐标轴 $\boldsymbol{n}_1$ 和 $\boldsymbol{n}_3$ 位于地球赤道平面内且正交，坐标轴 $\boldsymbol{n}_2$ 与坐标轴 $\boldsymbol{n}_1$ 和 $\boldsymbol{n}_3$ 构成右手坐标系。

② 浮动坐标系 b：坐标系原点 b^* 附着或不附着于柔性空间结构的物质点上。当坐标系原点附着于结构的物质点上时，三轴（$\boldsymbol{b}_1$，$\boldsymbol{b}_2$，$\boldsymbol{b}_3$）的指向由坐标系的附着方向决定；当坐标系原点不附着于结构的物质点上时，坐标系原点的位置和三轴的指向由所定义的约束条件决定。

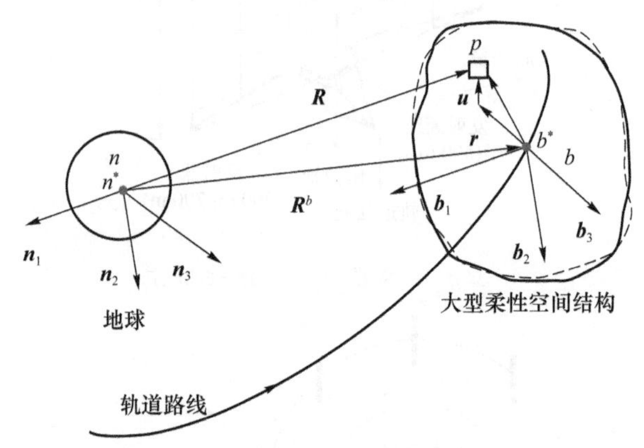

图 5.3　大型柔性空间结构在轨示意图

基于上述坐标系的定义，柔性空间结构上任意一点 p 的位置向量在地心惯性坐标系下可表示为

$$\boldsymbol{R}=\boldsymbol{R}^b+\boldsymbol{A}_{nb}(\boldsymbol{r}+\boldsymbol{u}) \tag{5.1}$$

式中：$\boldsymbol{R}^b$ 为坐标系 b 的原点 b^* 在地心惯性系下的位置向量；$\boldsymbol{r}$ 为点 p 在坐标系 b 下的位置向量；$\boldsymbol{u}$ 为变形向量，且在坐标系 b 下度量；$\boldsymbol{A}_{nb}$ 则为由坐标系 b 到坐标系 n 的坐标变换矩阵。

变形向量 $\boldsymbol{u}$ 可通过模态叠加法表示为如下形式：

$$\boldsymbol{u}=\boldsymbol{\phi}\boldsymbol{q} \tag{5.2}$$

式中：$\boldsymbol{\phi}=[\boldsymbol{\phi}_1 \quad \boldsymbol{\phi}_2 \quad \cdots \quad \boldsymbol{\phi}_n]$；$\boldsymbol{q}=[q_1 \quad q_2 \quad \cdots \quad q_n]^{\mathrm{T}}$。$\boldsymbol{\phi}_i$ 和 q_i 分别为柔性结构的第 i 阶弹性模态的振型（质量归一化）和模态坐标。基于方程(5.1)和方程(5.2)，点 p 的速度向量在地心惯性坐标系下可表示为

$$\dot{\boldsymbol{R}}=\dot{\boldsymbol{R}}^b+\boldsymbol{A}_{nb}(\boldsymbol{r}+\boldsymbol{\phi}\boldsymbol{q})^{\times\mathrm{T}}\boldsymbol{\omega}+\boldsymbol{A}_{nb}\boldsymbol{\phi}\dot{\boldsymbol{q}} \tag{5.3}$$

式中：$\boldsymbol{\omega}$ 表示坐标系 b 相对于坐标系 n 的角速度，且在坐标系 b 下度量；上角标×表示斜对称矩阵。

姿态采用欧拉角（θ_1，θ_2，θ_3）的描述形式，基于“231”转序，坐标变换矩阵可表

示为

$$\boldsymbol{A}_{bn}=\begin{bmatrix} C_2C_3 & S_3 & -S_2C_3 \\ -C_2S_3C_1+S_1S_2 & C_3C_1 & S_2S_3C_1+S_1C_2 \\ C_2S_3S_1+C_1S_2 & -C_3S_1 & -S_2S_3S_1+C_1C_2 \end{bmatrix} \tag{5.4}$$

式中：$C_i=\cos\theta_i$；$S_i=\sin\theta_i$。进一步地，姿态运动的微分运动学关系为

$$\boldsymbol{\omega}=\begin{bmatrix}\omega_1\\ \omega_2\\ \omega_3\end{bmatrix}=\boldsymbol{C}\dot{\boldsymbol{\theta}}=\begin{bmatrix}1 & S_3 & 0\\ 0 & C_1C_3 & S_1\\ 0 & -S_1C_3 & C_1\end{bmatrix}\begin{bmatrix}\dot{\theta}_1\\ \dot{\theta}_2\\ \dot{\theta}_3\end{bmatrix} \tag{5.5}$$

5.1.2　动力学方程

为推导大型柔性空间结构的动力学方程，需要导出结构的动能、势能和外力虚功的表达式。基于方程(5.3)，结构的动能可表示为

$$\begin{aligned} T &= \frac{1}{2}\int_m \dot{\boldsymbol{R}}^{\mathrm{T}}\dot{\boldsymbol{R}}\mathrm{d}m \\ &= \frac{1}{2}m\dot{\boldsymbol{R}}^{b\mathrm{T}}\dot{\boldsymbol{R}}^{b}+\frac{1}{2}\boldsymbol{\omega}^{\mathrm{T}}\boldsymbol{J}\boldsymbol{\omega}+\frac{1}{2}\dot{\boldsymbol{q}}^{\mathrm{T}}\dot{\boldsymbol{q}}-\dot{\boldsymbol{R}}^{b\mathrm{T}}\boldsymbol{A}_{nb}\boldsymbol{S}^{\times}\boldsymbol{\omega}+\dot{\boldsymbol{R}}^{b\mathrm{T}}\boldsymbol{A}_{nb}\boldsymbol{P}\dot{\boldsymbol{q}}+\boldsymbol{\omega}^{\mathrm{T}}\boldsymbol{H}\dot{\boldsymbol{q}} \end{aligned} \tag{5.6}$$

式中：$\boldsymbol{J}=\int_m(\boldsymbol{r}+\boldsymbol{\phi}\boldsymbol{q})^{\times}(\boldsymbol{r}+\boldsymbol{\phi}\boldsymbol{q})^{\times\mathrm{T}}\mathrm{d}m$；$\boldsymbol{S}=\int_m(\boldsymbol{r}+\boldsymbol{\phi}\boldsymbol{q})\mathrm{d}m$；$\boldsymbol{P}=\int_m\boldsymbol{\phi}\mathrm{d}m$；$\boldsymbol{H}=\int_m(\boldsymbol{r}+\boldsymbol{\phi}\boldsymbol{q})^{\times}\boldsymbol{\phi}\mathrm{d}m$；$m$ 为结构的总质量。

结构的势能包括引力势能和应变能。忽略高阶小量，引力势能可表示为

$$\begin{aligned} U_{\mathrm{g}} &= -\mu\int_m\{[\boldsymbol{R}^b+\boldsymbol{A}_{nb}(\boldsymbol{r}+\boldsymbol{u})]^{\mathrm{T}}[\boldsymbol{R}^b+\boldsymbol{A}_{nb}(\boldsymbol{r}+\boldsymbol{u})]\}^{-\frac{1}{2}}\mathrm{d}m \\ &= -\frac{\mu}{R^b}\int_m\left[1+2\frac{\boldsymbol{i}^{b\mathrm{T}}\boldsymbol{A}_{nb}(\boldsymbol{r}+\boldsymbol{u})}{R^b}+\frac{(\boldsymbol{r}+\boldsymbol{u})^{\mathrm{T}}(\boldsymbol{r}+\boldsymbol{u})}{R^{b2}}\right]^{-\frac{1}{2}}\mathrm{d}m \\ &\approx -\frac{\mu m}{R^b}+\frac{\mu}{R^{b2}}\boldsymbol{i}^{b\mathrm{T}}\boldsymbol{A}_{nb}\boldsymbol{S}-\frac{\mu\mathrm{tr}(\boldsymbol{J})}{2R^{b3}}+\frac{3\mu\boldsymbol{i}^{b\mathrm{T}}\boldsymbol{A}_{nb}\boldsymbol{J}\boldsymbol{A}_{bn}\boldsymbol{i}^b}{2R^{b3}} \end{aligned} \tag{5.7}$$

式中：$R^b=(\boldsymbol{R}^{b\mathrm{T}}\boldsymbol{R}^b)^{1/2}$；$\boldsymbol{i}^b=\boldsymbol{R}^b/R^b$；$\mathrm{tr}(\cdot)$为矩阵的迹；$\mu$ 为地球引力常量。

应变能可表示为

$$U_{\mathrm{e}}=\frac{1}{2}\boldsymbol{q}^{\mathrm{T}}\boldsymbol{\Omega}\boldsymbol{q} \tag{5.8}$$

式中：$\boldsymbol{\Omega}=\mathrm{diag}(w_1^2\quad w_2^2\quad\cdots\quad w_n^2)$，$w_i$ 为结构的第 i 阶特征频率。

外力(包含控制力等)的虚功可表示为

$$\begin{aligned} \delta W_{\mathrm{f}} &= \int_V\boldsymbol{f}^{\mathrm{T}}\delta\boldsymbol{R}\mathrm{d}V \\ &= \left(\int_V\boldsymbol{f}^{\mathrm{T}}\boldsymbol{A}_{bn}\mathrm{d}V\right)\delta\boldsymbol{R}^b+\left[\int_V\boldsymbol{f}^{\mathrm{T}}(\boldsymbol{r}+\boldsymbol{\phi}\boldsymbol{q})^{\times\mathrm{T}}\boldsymbol{C}\mathrm{d}V\right]\delta\theta+\left(\int_V\boldsymbol{f}^{\mathrm{T}}\boldsymbol{\phi}\mathrm{d}V\right)\delta\boldsymbol{q} \end{aligned} \tag{5.9}$$

式中：$\boldsymbol{f}$ 为结构每单位体积上的外力。

基于方程((5. 6)～(5. 9))采用标准及准坐标形式的第二类 Lagrange 方程导出的大型柔性空间结构的动力学方程如下：

$$\begin{bmatrix} m\boldsymbol{I}_3 & -\boldsymbol{A}_{nb}\boldsymbol{S}^{\times} & \boldsymbol{A}_{nb}\boldsymbol{P} \\ \boldsymbol{S}^{\times}\boldsymbol{A}_{bn} & \boldsymbol{J} & \boldsymbol{H} \\ \boldsymbol{P}^{\mathrm{T}}\boldsymbol{A}_{bn} & \boldsymbol{H}^{\mathrm{T}} & \boldsymbol{I}_n \end{bmatrix}\begin{bmatrix} \ddot{\boldsymbol{R}}^b \\ \dot{\boldsymbol{\omega}} \\ \ddot{\boldsymbol{q}} \end{bmatrix}+\begin{bmatrix} 0 \\ 0 \\ \boldsymbol{\Delta}\dot{\boldsymbol{q}}+\boldsymbol{\Omega}\boldsymbol{q} \end{bmatrix}+\begin{bmatrix} 2\boldsymbol{A}_{nb}\boldsymbol{\omega}^{\times}\boldsymbol{P}\dot{\boldsymbol{q}}-\boldsymbol{A}_{nb}\boldsymbol{\omega}^{\times}\boldsymbol{S}^{\times}\boldsymbol{\omega} \\ \boldsymbol{\omega}^{\times}(\boldsymbol{J}\boldsymbol{\omega})+2\boldsymbol{F}\dot{\boldsymbol{q}} \\ -\boldsymbol{F}^{\mathrm{T}}\boldsymbol{\omega}+2\boldsymbol{Q}\dot{\boldsymbol{q}} \end{bmatrix}$$

$$=\begin{bmatrix} \boldsymbol{A}_{nb}\int_V \boldsymbol{f}\,\mathrm{d}V \\ \int_V (\boldsymbol{r}+\boldsymbol{\phi}\boldsymbol{q})^{\times}\boldsymbol{f}\,\mathrm{d}V \\ \int_V \boldsymbol{\phi}^{\mathrm{T}}\boldsymbol{f}\,\mathrm{d}V \end{bmatrix}+$$

$$\begin{bmatrix} -\dfrac{\mu m}{R^{b2}}\boldsymbol{i}^b+\dfrac{3\mu\boldsymbol{i}^{b\mathrm{T}}\boldsymbol{A}_{nb}\boldsymbol{S}}{R^{b3}}\boldsymbol{i}^b-\dfrac{\mu}{R^{b3}}\boldsymbol{A}_{nb}\boldsymbol{S}-\dfrac{3\mu\,\mathrm{tr}(\boldsymbol{J})}{2R^{b4}}\boldsymbol{i}^b-\dfrac{3\mu}{R^{b4}}\boldsymbol{A}_{nb}\boldsymbol{J}\boldsymbol{A}_{bn}\boldsymbol{i}^b+\dfrac{15\mu\boldsymbol{i}^{b\mathrm{T}}\boldsymbol{A}_{nb}\boldsymbol{J}\boldsymbol{A}_{bn}\boldsymbol{i}^b}{2R^{b4}}\boldsymbol{i}^b \\ -\dfrac{\mu}{R^{b2}}\boldsymbol{S}^{\times}\boldsymbol{A}_{bn}\boldsymbol{i}^b+\dfrac{3\mu\boldsymbol{A}_{bn}\boldsymbol{i}^{b\times}(\boldsymbol{A}_{nb}\boldsymbol{J}\boldsymbol{A}_{bn}\boldsymbol{i}^b)}{R^{b3}} \\ -\dfrac{\mu}{R^{b2}}\boldsymbol{P}^{\mathrm{T}}\boldsymbol{A}_{bn}\boldsymbol{i}^b+\dfrac{2\mu}{R^{b3}}\boldsymbol{W}+\dfrac{3\mu}{R^{b3}}\boldsymbol{T} \end{bmatrix} \tag{5.10}$$

式中：$\boldsymbol{F}=\int_m (\boldsymbol{r}+\boldsymbol{\phi}\boldsymbol{q})^{\times}\boldsymbol{\omega}^{\times}\boldsymbol{\phi}\,\mathrm{d}m$；$\boldsymbol{Q}=\int_m \boldsymbol{\phi}^{\mathrm{T}}\boldsymbol{\omega}^{\times}\boldsymbol{\phi}\,\mathrm{d}m$；$\boldsymbol{W}=\int_m \boldsymbol{\phi}^{\mathrm{T}}(\boldsymbol{r}+\boldsymbol{\phi}\boldsymbol{q})\mathrm{d}m$；$\boldsymbol{T}=\int_m \boldsymbol{\phi}^{\mathrm{T}}\boldsymbol{A}_{bn}\boldsymbol{i}^{b\times}\boldsymbol{i}^{b\times}\boldsymbol{A}_{nb}(\boldsymbol{r}+\boldsymbol{\phi}\boldsymbol{q})\mathrm{d}m$；$\boldsymbol{I}_n$ 为 $n\times n$ 的单位阵。需要注意的是，上述公式中采用了比例阻尼的假设，即 $\boldsymbol{\Delta}=\mathrm{diag}(2\xi_1 w_1 \quad 2\xi_2 w_2 \quad \cdots \quad 2\xi_n w_n)$。其中，$\xi_i$ 为柔性空间结构第 i 阶弹性模态的阻尼比。

注 5－1：在建立方程(5.10)的过程中，并未指定特定的浮动坐标系。因此，所建立的动力学方程具有一般性。浮动坐标系包括局部附着坐标系、中心惯性主轴坐标系、Tisserand 坐标系（又称平均轴坐标系）、Buckens 坐标系（又称线性平均轴坐标系）和刚体模态坐标系，在小变形情况下，后三种坐标系可以认为是等价的。有关浮动坐标系的详细介绍可参考文献[23]。

注 5－2：虽然欧拉角在描述大角度姿态运动时会出现奇异性的问题，但本章仅涉及小角度姿态运动，故姿态的表达仍采用欧拉角的描述方式。

注 5－3：第 4 章研究了 SSPS 的动力刚化现象，结果表明当电站的转速接近于其基频时会出现明显的动力刚化效应。然而，在后续章节将会看到，所考虑电站的转速远低于其结构基频。因此，本章及后续章节在建模中将不考虑动力刚化效应。

5.2　Abacus - SSPS 姿态动力学模型

本节将基于 5.1 节所建立的大型柔性空间结构的一般性动力学模型(方程(5.10))导出 Abacus - SSPS 在两种不同浮动坐标系下的非线性姿态动力学模型。考虑到 Abacus - SSPS 是惯性定向的(即在理想情况下浮动坐标系 b 的三轴是平行于惯性坐标系 n 的三轴),本节也将推导出 Abacus - SSPS 在两种不同浮动坐标系下的线性化的姿态动力学模型,以便用于后续的姿态控制设计。

5.2.1　结构模型

建模的复杂程度往往是与建模的目的紧密相关。从结构的角度来看,基于不同的研究目的往往可以采用不同简化程度的结构模型。图 5.4 所示[24]为 Abacus - SSPS 的有限元模型示意图,可以看出,整个结构是由不同构型和刚度的桁架梁组合而成的。由于庞大的规模,结构在动力学计算上是复杂的。考虑到本章主要聚焦于姿态控制而非实际结构的具体设计,故采用一个简单的大型柔性薄板模型(仅考虑横向振动)来代替实际的桁架结构模型进行姿态动力学与控制的研究。表 5.1 列出了所采用的 Abacus - SSPS 和柔性薄板的几何与质量属性,容易看出,两者在参数的量级上保持一致。图 5.5 所示[24]为 Abacus - SSPS 和柔性薄板的无约束模态分析结果,可以看出,两者具有相似的模态特性。由于质量参数、几何参数和模态参数构成了动力学方程(5.10)中的所有基本参数,故采用具有相似参数的柔性薄板代替 Abacus - SSPS 进行姿态动力学与控制的研究是合理的。

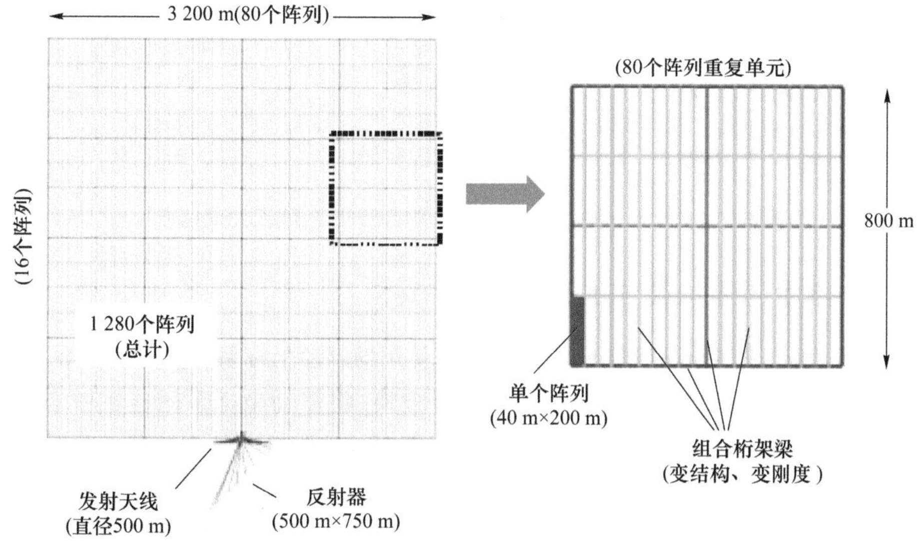

图 5.4　Abacus - SSPS 有限元模型

表 5.1 Abacus-SSPS 和柔性薄板的几何与质量属性

参 数	Abacus-SSPS	柔性薄板
总质量/kg	2.5×10^{7}	2.1×10^{7}
平台规模	3 200 m×3 200 m	3 200 m×3 200 m
滚转轴惯性矩/(kg·m²)	2.8×10^{13}	1.8×10^{13}
俯仰轴惯性矩/(kg·m²)	1.8×10^{13}	1.8×10^{13}
偏航轴惯性矩/(kg·m²)	4.6×10^{13}	3.6×10^{13}

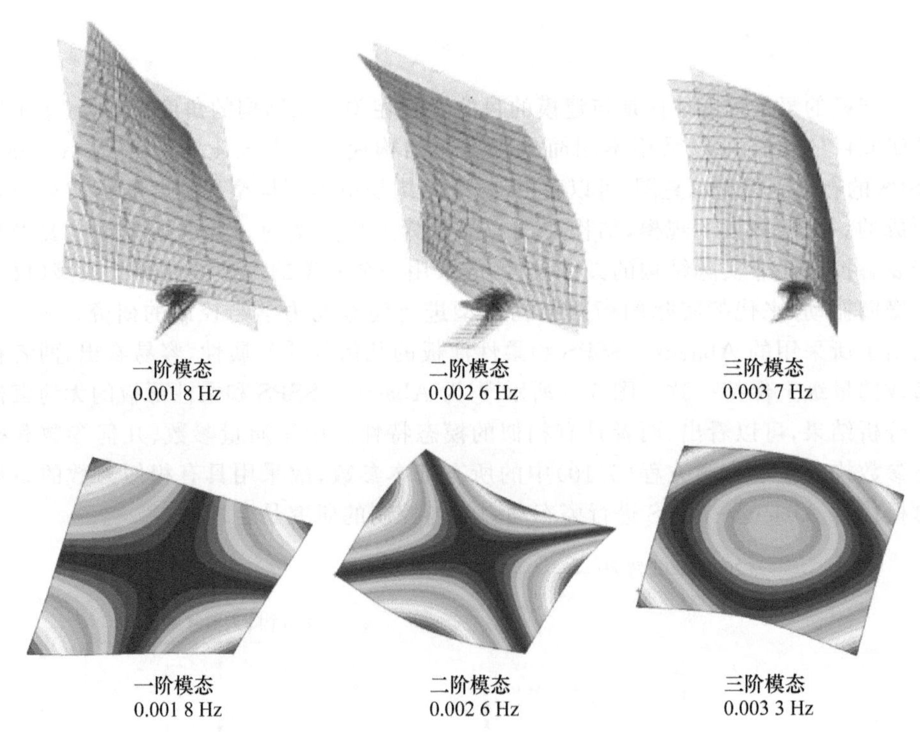

图 5.5 Abacus-SSPS 和柔性薄板模态分析结果(无约束模态)

5.2.2 基于局部附着坐标系的动力学模型

局部附着坐标系是航天器动力学中广泛使用的浮动坐标系，传统的“中心刚体-柔性附件”类航天器多采用该种坐标系进行建模(将浮动坐标系固连在中心刚体上)。局部附着坐标系的概念是直观的，坐标系刚性地附着于结构的任一质量微元上，描述结构变形所使用的模态为约束模态，约束点即为坐标系的附着点。

为最小化轨道运动和姿态运动的耦合，将局部附着坐标系附着于薄板模型未变形前的质心，即 $\int_m \boldsymbol{r}\mathrm{d}m = 0$，并注意薄板满足条件 $\boldsymbol{r} = [x \quad y \quad 0]^{\mathrm{T}}$ 和 $\boldsymbol{\phi}_i = [0 \quad 0 \quad \phi_i]^{\mathrm{T}}$，则基于方程(5.10)所导出的薄板的动力学模型如下：

$$m\ddot{\boldsymbol{R}}^b + \boldsymbol{A}_{nb}\dot{\boldsymbol{\omega}}^{\times}\int_m \boldsymbol{\phi q}\,\mathrm{d}m + \boldsymbol{A}_{nb}\int_m \boldsymbol{\phi}\ddot{\boldsymbol{q}}\,\mathrm{d}m + 2\boldsymbol{A}_{nb}\boldsymbol{\omega}^{\times}\int_m \boldsymbol{\phi}\dot{\boldsymbol{q}}\,\mathrm{d}m + \boldsymbol{A}_{nb}\boldsymbol{\omega}^{\times}\boldsymbol{\omega}^{\times}\int_m \boldsymbol{\phi q}\,\mathrm{d}m$$
$$= \boldsymbol{A}_{nb}\int_V \boldsymbol{f}\,\mathrm{d}V - \frac{\mu m}{R^{b2}}\boldsymbol{i}^b + \frac{3\mu\boldsymbol{i}^{b\mathrm{T}}\boldsymbol{A}_{nb}\int_m \boldsymbol{\phi q}\,\mathrm{d}m}{R^{b3}}\boldsymbol{i}^b - \frac{\mu}{R^{b3}}\boldsymbol{A}_{nb}\left(\int_m \boldsymbol{\phi}\,\mathrm{d}m\right)\boldsymbol{q} - \frac{3\mu\mathrm{tr}(\boldsymbol{J})}{2R^{b4}}\boldsymbol{i}^b -$$
$$\frac{3\mu}{R^{b4}}\boldsymbol{A}_{nb}\boldsymbol{J}\boldsymbol{A}_{bn}\boldsymbol{i}^b + \frac{15\mu\boldsymbol{i}^{b\mathrm{T}}\boldsymbol{A}_{nb}\boldsymbol{J}\boldsymbol{A}_{bn}\boldsymbol{i}^b}{2R^{b4}}\boldsymbol{i}^b \tag{5.11}$$

$$\boldsymbol{J}\dot{\boldsymbol{\omega}} + \left(\int_m \boldsymbol{\phi q}\,\mathrm{d}m\right)^{\times}\boldsymbol{A}_{bn}\ddot{\boldsymbol{R}}^b + \left(\int_m \boldsymbol{r}^{\times}\boldsymbol{\phi}\,\mathrm{d}m\right)\ddot{\boldsymbol{q}} + \boldsymbol{\omega}^{\times}(\boldsymbol{J\omega}) -$$
$$2\left(\int_m \boldsymbol{r}^{\times}(\boldsymbol{\phi}\dot{\boldsymbol{q}})^{\times}\mathrm{d}m\right)\boldsymbol{\omega} + 2(\boldsymbol{q}^{\mathrm{T}}\dot{\boldsymbol{q}})\boldsymbol{E\omega}$$
$$= \int_V (\boldsymbol{r} + \boldsymbol{\phi q})^{\times}\boldsymbol{f}\,\mathrm{d}V - \frac{\mu}{R^{b2}}\left(\int_m \boldsymbol{\phi q}\,\mathrm{d}m\right)^{\times}\boldsymbol{A}_{bn}\boldsymbol{i}^b + \frac{3\mu\boldsymbol{A}_{bn}\boldsymbol{i}^{b\times}(\boldsymbol{A}_{nb}\boldsymbol{J}\boldsymbol{A}_{bn}\boldsymbol{i}^b)}{R^{b3}} \tag{5.12}$$

$$\ddot{q}_i + 2\xi_i w_i\dot{q}_i + w_i^2 q_i + \left(\int_m \boldsymbol{r}^{\times}\boldsymbol{\phi}_i\,\mathrm{d}m\right)^{\mathrm{T}}\dot{\boldsymbol{\omega}} + \left(\int_m \boldsymbol{\phi}_i\,\mathrm{d}m\right)^{\mathrm{T}}\boldsymbol{A}_{bn}\ddot{\boldsymbol{R}}^b +$$
$$\boldsymbol{\omega}^{\mathrm{T}}\left(\int_m \boldsymbol{r}^{\times}\boldsymbol{\phi}_i^{\times}\,\mathrm{d}m\right)\boldsymbol{\omega} - \boldsymbol{\omega}^{\mathrm{T}}\boldsymbol{E\omega}q_i$$
$$= \int_V \boldsymbol{\phi}_i^{\mathrm{T}}\boldsymbol{f}\,\mathrm{d}V - \frac{\mu}{R^{b2}}\left(\int_m \boldsymbol{\phi}_i\,\mathrm{d}m\right)^{\mathrm{T}}\boldsymbol{A}_{bn}\boldsymbol{i}^b + \frac{2\mu}{R^{b3}}q_i +$$
$$\frac{3\mu}{R^{b3}}\boldsymbol{i}^{b\mathrm{T}}\boldsymbol{A}_{nb}\left(\int_m \boldsymbol{\phi}_i^{\times}\boldsymbol{r}^{\times}\,\mathrm{d}m\right)\boldsymbol{A}_{bn}\boldsymbol{i}^b - \frac{3\mu}{R^{b3}}\boldsymbol{i}^{b\mathrm{T}}\boldsymbol{A}_{nb}\boldsymbol{E}\boldsymbol{A}_{bn}\boldsymbol{i}^b q_i \quad (i = 1,2,\cdots,n) \tag{5.13}$$

式中：$\boldsymbol{J} = \int_m \boldsymbol{r}^{\times}\boldsymbol{r}^{\times\mathrm{T}}\mathrm{d}m + \int_m \sum_{i=1}^{n}(\boldsymbol{r}^{\times}\boldsymbol{\phi}_i^{\times\mathrm{T}} + \boldsymbol{\phi}_i^{\times}\boldsymbol{r}^{\times\mathrm{T}})q_i\,\mathrm{d}m + \sum_{i=1}^{n} q_i^2\boldsymbol{E}$，$\boldsymbol{E} = \mathrm{diag}(1 \quad 1 \quad 0)$。

由于本章仅研究姿态控制问题，轨道控制问题不作考虑，故假定 Abacus - SSPS 位于理想的地球静止轨道，则忽略轨道运动影响所得到的非线性姿态动力学模型为

$$\boldsymbol{J}\dot{\boldsymbol{\omega}} + \left(\int_m \boldsymbol{r}^{\times}\boldsymbol{\phi}\,\mathrm{d}m\right)\ddot{\boldsymbol{q}} + \boldsymbol{\omega}^{\times}(\boldsymbol{J\omega}) - 2\left[\int_m \boldsymbol{r}^{\times}(\boldsymbol{\phi}\dot{\boldsymbol{q}})^{\times}\mathrm{d}m\right]\omega + 2(\boldsymbol{q}^{\mathrm{T}}\dot{\boldsymbol{q}})\boldsymbol{E\omega}$$
$$= \int_V (\boldsymbol{r} + \boldsymbol{\phi q})^{\times}\boldsymbol{f}\,\mathrm{d}V + 3\omega_o^2\boldsymbol{A}_{bn}\boldsymbol{i}^{b\times}(\boldsymbol{A}_{nb}\boldsymbol{J}\boldsymbol{A}_{bn}\boldsymbol{i}^b) \tag{5.14}$$

$$\ddot{q}_i + 2\xi_i w_i\dot{q}_i + w_i^2 q_i + \left(\int_m \boldsymbol{r}^{\times}\boldsymbol{\phi}_i\,\mathrm{d}m\right)^{\mathrm{T}}\dot{\boldsymbol{\omega}} + \boldsymbol{\omega}^{\mathrm{T}}\left(\int_m \boldsymbol{r}^{\times}\boldsymbol{\phi}_i^{\times}\,\mathrm{d}m\right)\boldsymbol{\omega} - \boldsymbol{\omega}^{\mathrm{T}}\boldsymbol{E\omega}q_i$$
$$= \int_V \boldsymbol{\phi}_i^{\mathrm{T}}\boldsymbol{f}\,\mathrm{d}V + 2\omega_o^2 q_i + 3\omega_o^2\boldsymbol{i}^{b\mathrm{T}}\boldsymbol{A}_{nb}\left(\int_m \boldsymbol{\phi}_i^{\times}\boldsymbol{r}^{\times}\,\mathrm{d}m\right)\boldsymbol{A}_{bn}\boldsymbol{i}^b - 3\omega_o^2\boldsymbol{i}^{b\mathrm{T}}\boldsymbol{A}_{nb}\boldsymbol{E}\boldsymbol{A}_{bn}\boldsymbol{i}^b q_i$$
$$(i = 1,2,\cdots,n) \tag{5.15}$$

式中：$\omega_o=\sqrt{\mu/R^{b3}}$为地球静止轨道角速度，$\boldsymbol{i}^b=[-\sin(\omega_o t) \quad 0 \quad \cos(\omega_o t)]^{\mathrm{T}}$。需要注意的是，在忽略轨道运动的影响时，忽略了方程(5.12)和方程(5.13)中的广义重力梯度项$-\mu\left(\int_m \boldsymbol{\phi q}\,\mathrm{d}m\right)^{\times}\boldsymbol{A}_{bn}\boldsymbol{i}^b/R^{b2}$和$-\mu\left(\int_m \boldsymbol{\phi}_i\,\mathrm{d}m\right)^{\mathrm{T}}\boldsymbol{A}_{bn}\boldsymbol{i}^b/R^{b2}$。实际上，将轨道运动方程(5.11)分别代入方程(5.12)和方程(5.13)中，可以看出：方程(5.11)中的$-\mu m\boldsymbol{i}^b/R^{b2}$变成了$-\mu\left(\int_m \boldsymbol{\phi q}\,\mathrm{d}m\right)^{\times}\boldsymbol{A}_{bn}\boldsymbol{i}^b/R^{b2}$和$-\mu\left(\int_m \boldsymbol{\phi}_i\,\mathrm{d}m\right)^{\mathrm{T}}\boldsymbol{A}_{bn}\boldsymbol{i}^b/R^{b2}$，与方程(5.12)和方程(5.13)中的$-\mu\left(\int_m \boldsymbol{\phi q}\,\mathrm{d}m\right)^{\times}\boldsymbol{A}_{bn}\boldsymbol{i}^b/R^{b2}$和$-\mu\left(\int_m \boldsymbol{\phi}_i\,\mathrm{d}m\right)^{\mathrm{T}}\boldsymbol{A}_{bn}\boldsymbol{i}^b/R^{b2}$相互抵消，这是在忽略轨道运动的影响时忽略了方程(5.12)和方程(5.13)中$-\mu\left(\int_m \boldsymbol{\phi q}\,\mathrm{d}m\right)^{\times}\cdot \boldsymbol{A}_{bn}\boldsymbol{i}^b/R^{b2}$和$-\mu\left(\int_m \boldsymbol{\phi}_i\,\mathrm{d}m\right)^{\mathrm{T}}\boldsymbol{A}_{bn}\boldsymbol{i}^b/R^{b2}$的原因。

考虑 Abacus - SSPS 是惯性定向的，因此当前研究仅关心上述非线性系统在0点附近($\boldsymbol{\theta}$、$\dot{\boldsymbol{\theta}}$、$\boldsymbol{q}$和$\dot{\boldsymbol{q}}$趋于0)的动力学行为。将上述非线性动力学方程在0点处进行线性化处理(即忽略所有由$\boldsymbol{\theta}$、$\dot{\boldsymbol{\theta}}$、$\boldsymbol{q}$和$\dot{\boldsymbol{q}}$构成的二阶及二阶以上的项，仅保留一阶项)，并忽略与弹性运动对应的广义重力梯度项$2\omega_o^2 q_i$和$-3\omega_o^2\boldsymbol{i}^{b\mathrm{T}}\boldsymbol{A}_{nb}\boldsymbol{E}\boldsymbol{A}_{bn}\boldsymbol{i}^b q_i$(结构基频远大于静止轨道角速度)，所得到的线性化的动力学方程为

$$\boldsymbol{J}_0\ddot{\boldsymbol{\theta}}+\boldsymbol{H}_0^{\mathrm{T}}\ddot{\boldsymbol{q}}=\int_V \boldsymbol{r}^{\times}\boldsymbol{f}\,\mathrm{d}V+\boldsymbol{G}_{\mathrm{a}} \tag{5.16}$$

$$\ddot{q}_i+2\xi_i w_i\dot{q}_i+w_i^2 q_i+H_{0i}^{\mathrm{T}}\ddot{\boldsymbol{\theta}}=\int_V \boldsymbol{\phi}_i^{\mathrm{T}}\boldsymbol{f}\,\mathrm{d}V+G_{\mathrm{e}i} \quad (i=1,2,\cdots,n) \tag{5.17}$$

式中：$\boldsymbol{J}_0=\mathrm{diag}(J_1 \quad J_2 \quad J_3)=\int_m(\bar{\boldsymbol{\rho}}^{\times}\bar{\boldsymbol{\rho}}^{\times\mathrm{T}})\mathrm{d}m$；$\boldsymbol{H}_0^{\mathrm{T}}=[\boldsymbol{H}_{01} \quad \boldsymbol{H}_{02} \quad \cdots \quad \boldsymbol{H}_{0n}]=\int_m \boldsymbol{r}^{\times}\boldsymbol{\phi}\,\mathrm{d}m$；$\boldsymbol{H}_{0i}=\int_m \boldsymbol{r}^{\times}\boldsymbol{\phi}_i\,\mathrm{d}m=\left[\int_m y\phi_i\,\mathrm{d}m,-\int_m x\phi_i\,\mathrm{d}m \quad 0\right]^{\mathrm{T}}$为第$i$阶弹性模态对应的模态角动量系数；$\boldsymbol{G}_{\mathrm{a}}$为与姿态运动对应的广义重力梯度项；$G_{\mathrm{e}i}$为与第$i$阶弹性模态对应的广义重力梯度项。$\boldsymbol{G}_{\mathrm{a}}$和$G_{\mathrm{e}i}$的具体表达式如下：

$$\boldsymbol{G}_{\mathrm{a}}=3\omega_o^2\begin{bmatrix}(J_3-J_2)[(\cos^2\omega_o t)\theta_1+(\sin\omega_o t\cos\omega_o t)\theta_3]\\(J_3-J_1)[(\cos^2\omega_o t-\sin^2\omega_o t)\theta_2+\sin\omega_o t\cos\omega_o t]\\(J_1-J_2)[(\sin\omega_o t\cos\omega_o t)\theta_1+(\sin^2\omega_o t)\theta_3]\end{bmatrix} \tag{5.18}$$

$$\begin{aligned}G_{\mathrm{e}i}=&-3\omega_o^2\left(\int_m x\phi_i\,\mathrm{d}m\right)[\sin\omega_o t\cos\omega_o t+(\cos^2\omega_o t-\sin^2\omega_o t)\theta_2]+\\&3\omega_o^2\left(\int_m y\phi_i\,\mathrm{d}m\right)[(\cos^2\omega_o)\theta_1+(\sin\omega_o t\cos\omega_o t)\theta_3]\end{aligned} \tag{5.19}$$

容易看出，方程(5.16)和方程(5.17)为一组时变的线性方程，可用于 Abacus - SSPS 的姿态控制设计。

5.2.3　基于线性平均轴坐标系的动力学模型

虽然局部附着坐标系的概念是直观的，但该浮动坐标系保留了所有的刚柔耦合项，没有实现任何动力学上的简化。一种可替代的浮动坐标系是线性平均轴坐标系，该坐标系使用“约束条件”这种更一般的方式定义浮动坐标系[93]。图 5.6 所示为基于约束条件定义浮动坐标系的示意图。容易看出，在惯性系下存在一个自由运动的柔性体和一个自由运动的浮动坐标系（可视为刚体，具有 6 个自由度），描述这两个物体所组成的系统的独立广义坐标数目等于两个物体的独立广义坐标数目之和。为了使浮动坐标系能够“跟随”柔性体，可对两物体引入 6 个完整约束，则在该约束条件下由柔性体和浮动坐标系所组成的系统的独立广义坐标数目仅等于柔性体的独立广义坐标数目。采用这种引入约束的方式并合理定义约束条件，则可将浮动坐标系的运动定义为柔性体的刚体运动，将柔性体相对于浮动坐标系的运动定义为柔性体的弹性运动。

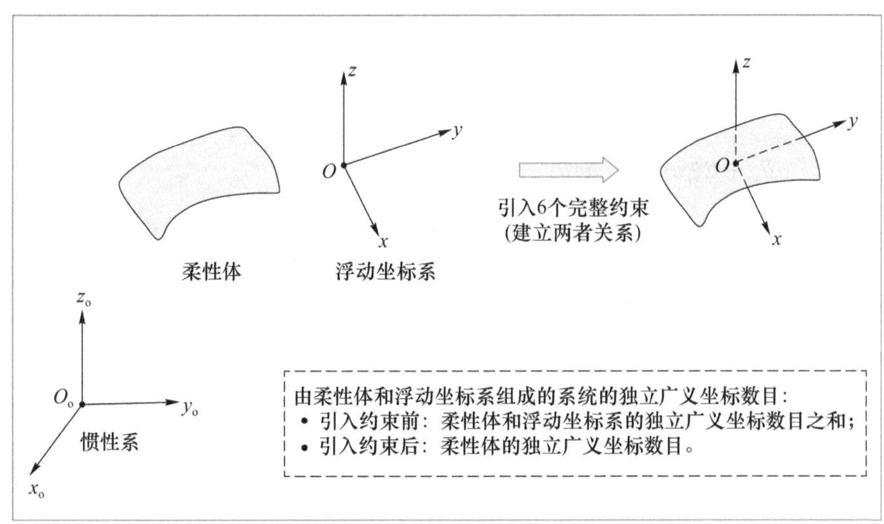

图 5.6　基于约束条件定义浮动坐标系的示意图

虽然采用约束条件定义浮动坐标系的方式是一般性的，但仅线性平均轴坐标系具有实际的应用价值[93]。采用模态叠加法描述弹性变形，则线性平均轴坐标系的约束条件可表示为[94-95]

$$\sum_{i=1}^{n}\left(\int_{m}\boldsymbol{\phi}_i \mathrm{d}m\right)\dot{q}_i = 0 \tag{5.20}$$

$$\sum_{i=1}^{n}\left(\int_{m}\boldsymbol{r}^{\times}\boldsymbol{\phi}_i \mathrm{d}m\right)\dot{q}_i = 0 \tag{5.21}$$

式中：方程(5.20)表明了线性平均轴坐标系的原点为结构的瞬时质心。由于模态速率是独立的，方程(5.20)和方程(5.21)可表示为如下形式：

$$\int_m \boldsymbol{\phi}_i \mathrm{d}m = 0, \quad 对于所有 i \tag{5.22}$$

$$\int_m \boldsymbol{r}^{\times}\boldsymbol{\phi}_i \mathrm{d}m = 0, \quad 对于所有 i \tag{5.23}$$

上述约束条件也可利用无约束模态与其刚体平动/转动模态的正交性得到[94-95]，这表明无约束模态自动满足线性平均轴坐标系的约束条件，即无约束模态与 6 个刚体自由度构成了基于线性平均轴坐标系描述结构刚体运动和弹性运动的独立的广义坐标。

基于方程(5.10)，利用薄板条件 $\boldsymbol{r}=[x,y,0]^{\mathrm{T}}$ 和 $\boldsymbol{\phi}_i=[0,0,\boldsymbol{\phi}_i]^{\mathrm{T}}$，并令方程(5.10)中的 $\int_m \boldsymbol{\phi}_i \mathrm{d}m$ 和 $\int_m \boldsymbol{r}^{\times}\boldsymbol{\phi}_i \mathrm{d}m$ 为 0，则所导出的薄板的动力学模型如下：

$$m\ddot{\boldsymbol{R}}^b = \boldsymbol{A}_{nb}\int_V \boldsymbol{f}\mathrm{d}V - \frac{\mu m}{R^{b2}}\boldsymbol{i}^b - \frac{3\mu \operatorname{tr}(\boldsymbol{J})}{2R^{b4}}\boldsymbol{i}^b - \frac{3\mu}{R^{b4}}\boldsymbol{A}_{nb}\boldsymbol{J}\boldsymbol{A}_{bn}\boldsymbol{i}^b + \frac{15\mu \boldsymbol{i}^{b\mathrm{T}}\boldsymbol{A}_{nb}\boldsymbol{J}\boldsymbol{A}_{bn}\boldsymbol{i}^b}{2R^{b4}}\boldsymbol{i}^b \tag{5.24}$$

$$\begin{aligned}&\boldsymbol{J}\dot{\boldsymbol{\omega}} + \boldsymbol{\omega}^{\times}(\boldsymbol{J}\boldsymbol{\omega}) + 2(\boldsymbol{q}^{\mathrm{T}}\dot{\boldsymbol{q}})\boldsymbol{E}\boldsymbol{\omega} \\ &= \int_V (\boldsymbol{r}+\boldsymbol{\phi}\boldsymbol{q})^{\times}\boldsymbol{f}\mathrm{d}V + \frac{3\mu\boldsymbol{A}_{bn}\boldsymbol{i}^{b\times}(\boldsymbol{A}_{nb}\boldsymbol{J}\boldsymbol{A}_{bn}\boldsymbol{i}^b)}{R^{b3}}\end{aligned} \tag{5.25}$$

$$\begin{aligned}&\ddot{q}_i + 2\xi_i w_i \dot{q}_i + w_i^2 q_i - \boldsymbol{\omega}^{\mathrm{T}}\boldsymbol{E}\boldsymbol{\omega}q_i \\ &= \int_V \boldsymbol{\phi}_i^{\mathrm{T}}\boldsymbol{f}\mathrm{d}V + \frac{2\mu}{R^{b3}}q_i - \frac{3\mu}{R^{b3}}\boldsymbol{i}^{b\mathrm{T}}\boldsymbol{A}_{nb}\boldsymbol{E}\boldsymbol{A}_{bn}\boldsymbol{i}^b q_i \quad (i=1,2,\cdots,n)\end{aligned} \tag{5.26}$$

式中：$\boldsymbol{J}=\int_m \boldsymbol{r}^{\times}\boldsymbol{r}^{\times\mathrm{T}}\mathrm{d}m + \sum_{i=1}^{n} q_i^2\boldsymbol{E}$；$\boldsymbol{E}=\operatorname{diag}(1 \quad 1 \quad 0)$。显然，与方程(5.11)～(5.13)相比，上述方程在形式上更为简单。

假定 Abacus - SSPS 位于理想的地球静止轨道，则忽略轨道运动影响所得到的刚柔耦合动力学模型为

$$\begin{aligned}&\boldsymbol{J}\dot{\boldsymbol{\omega}} + \boldsymbol{\omega}^{\times}(\boldsymbol{J}\boldsymbol{\omega}) + 2(\boldsymbol{q}^{\mathrm{T}}\dot{\boldsymbol{q}})\boldsymbol{E}\boldsymbol{\omega} \\ &= \int_V (\boldsymbol{r}+\boldsymbol{\phi}\boldsymbol{q})^{\times}\boldsymbol{f}\mathrm{d}V + 3\omega_o^2\boldsymbol{A}_{bn}\boldsymbol{i}^{b\times}(\boldsymbol{A}_{nb}\boldsymbol{J}\boldsymbol{A}_{bn}\boldsymbol{i}^b)\end{aligned} \tag{5.27}$$

$$\begin{aligned}&\ddot{q}_i + 2\xi_i w_i \dot{q}_i + w_i^2 q_i - \boldsymbol{\omega}^{\mathrm{T}}\boldsymbol{E}\boldsymbol{\omega}q_i \\ &= \int_V \boldsymbol{\phi}_i^{\mathrm{T}}\boldsymbol{f}\mathrm{d}V + 2\omega_o^2 q_i - 3\omega_o^2\boldsymbol{i}^{b\mathrm{T}}\boldsymbol{A}_{nb}\boldsymbol{E}\boldsymbol{A}_{bn}\boldsymbol{i}^b q_i \quad (i=1,2,\cdots,n)\end{aligned} \tag{5.28}$$

式中：$\omega_o=\sqrt{\mu/R^{b3}}$ 为地球静止轨道角速度；$\boldsymbol{i}^b=[-\sin(\omega_o t) \quad 0 \quad \cos(\omega_o t)]^{\mathrm{T}}$。

考虑 Abacus - SSPS 是惯性定向的，因此当前研究仅关心上述非线性系统在 0 点附近($\boldsymbol{\theta}$、$\dot{\boldsymbol{\theta}}$、$\boldsymbol{q}$ 和 $\dot{\boldsymbol{q}}$ 趋于 0)的动力学行为。将上述非线性动力学方程在 0 点处进行线性化处理(即忽略所有由 $\boldsymbol{\theta}$、$\dot{\boldsymbol{\theta}}$、$\boldsymbol{q}$ 和 $\dot{\boldsymbol{q}}$ 构成的二阶及二阶以上的项，仅保留

一阶项)，并忽略与弹性运动对应的广义重力梯度项 $2\omega_o^2 q_i$ 和 $-3\omega_o^2 \boldsymbol{i}^{bT} \boldsymbol{A}_{nb} \boldsymbol{E} \boldsymbol{A}_{bn} \boldsymbol{i}^b q_i$ (结构基频远大于静止轨道角速度)，所得到的线性化的动力学方程为

$$\boldsymbol{J}_0 \ddot{\boldsymbol{\theta}} = \int_V \boldsymbol{r}^\times \boldsymbol{f} \mathrm{d}V + \boldsymbol{G}_a \tag{5.29}$$

$$\ddot{q}_i + 2\xi_i w_i \dot{q}_i + w_i^2 q_i = \int_V \boldsymbol{\phi}_i^T \boldsymbol{f} \mathrm{d}V \quad (i = 1,2,\cdots,n) \tag{5.30}$$

式中：$\boldsymbol{G}_a$ 见方程 (5.18)。容易看出，方程(5.29)和方程(5.30)为一组时变的线性方程，可用于 Abacus - SSPS 的姿态控制设计。

为便于理解，将 5.2.2 小节和 5.2.3 小节所推导的两种不同浮动坐标系下的动力学模型进行总结并列于表 5.2 中。其中，非线性姿态动力学模型将会用于数值仿真分析，而线性化的姿态动力学模型将会用于后续的控制设计。通过对比两种浮动坐标系下的动力学模型可以看出，无论是非线性模型还是线性模型，基于线性平均轴坐标系的动力学模型总比基于局部附着坐标系的动力学模型更为精炼，形式更为简单。

表 5.2 Abacus - SSPS 的姿态动力学模型总结

类 别	局部附着坐标系	线性平均轴坐标系
弹性模态	约束模态	无约束模态
非线性姿态动力学模型(数值仿真)	方程(5.14)～(5.15)	方程(5.27)～(5.28)
线性化的姿态动力学模型(控制设计)	方程(5.16)～(5.17)	方程(5.29)～(5.30)

5.2.4 外界干扰

SSPS 所受的主要外界干扰力矩包括重力梯度、太阳光压和微波反作用力矩[23]。对于重力梯度力矩，之前的动力学模型中已通过引力势能对广义坐标求偏导得到。而对于太阳光压和微波反作用力矩，由于 Abacus - SSPS 是惯性定向的，因此这些力矩可以被建模为常值形式和简谐形式。为估计这些力矩对于姿态运动的影响，本章采用由 Wie 和 Roithmayr 所建立的 Abacus - SSPS 的太阳光压力矩和微波反作用力矩模型，其表达式如下[23]：

$$\boldsymbol{u}_d = \begin{bmatrix} u_{d1} \\ u_{d2} \\ u_{d3} \end{bmatrix} = \begin{bmatrix} 12\,000 - 11\,900\cos \omega_o t \\ 1\,200 \\ -11\,900\sin \omega_o t \end{bmatrix} \tag{5.31}$$

对于弹性运动，太阳光压以均匀分布力的形式施加于整个结构上，而微波反作用力则以集中力的形式施加于结构的一点上。由于所采用的结构模型为有限元模

型，因此太阳光压力均匀地施加在有限元模型的所有节点上，微波反作用力施加在有限元模型的一个节点上。

5.3 基于刚体动力学的姿态控制

本节将忽略结构柔性，采用刚体动力学模型进行姿态控制设计，对于控制/结构相互作用所引发的失稳问题将在后续小节中进行处理。

5.3.1 重力/姿态耦合效应对姿态运动的影响

无论是采用局部附着坐标系还是线性平均轴坐标系，Abacus - SSPS 的刚体动力学是一致的。忽略太阳光压力矩和微波反作用力矩，Abacus - SSPS 的线性化的刚体动力学方程可表示为

$$\boldsymbol{J}_0\ddot{\boldsymbol{\theta}} = \boldsymbol{u}_0 + \boldsymbol{G}_\mathrm{a}(t) \tag{5.32}$$

式中：$\boldsymbol{u}_0$ 为控制力矩；$\boldsymbol{G}_\mathrm{a}(t)$为重力梯度力矩(见方程(5.18))忽略 $\boldsymbol{G}_\mathrm{a}(t)$中的重力/姿态非耦合项(仅与时间有关的项)，采用下述控制输入：

$$\boldsymbol{u}_0 = -\boldsymbol{D}_\mathrm{r}\dot{\boldsymbol{\theta}} - \boldsymbol{K}_\mathrm{r}\boldsymbol{\theta} \tag{5.33}$$

式中：$\boldsymbol{D}_\mathrm{r} = \mathrm{diag}(2J_1\xi_{\mathrm{r}1}w_{\mathrm{r}1} \quad 2J_2\xi_{\mathrm{r}2}w_{\mathrm{r}2} \quad 2J_3\xi_{\mathrm{r}3}w_{\mathrm{r}3})$；$\boldsymbol{K}_\mathrm{r} = \mathrm{diag}(J_1w_{\mathrm{r}1}^2 \quad J_2w_{\mathrm{r}2}^2 \quad J_3w_{\mathrm{r}3}^2)$。$\xi_{ri}$和 w_{ri}为期望设计的刚体模态阻尼比和频率，w_{ri}可作为姿态控制系统的带宽，则方程(5.32)可重新表示为

$$\boldsymbol{J}_0\ddot{\boldsymbol{\theta}} + \boldsymbol{D}_\mathrm{r}\dot{\boldsymbol{\theta}} + [\boldsymbol{K}_\mathrm{r} + \boldsymbol{G}_\mathrm{p}(t)]\boldsymbol{\theta} = 0 \tag{5.34}$$

其中，

$$\boldsymbol{G}_\mathrm{p} = 3\omega_\mathrm{o}^2\begin{bmatrix} (J_3-J_2)(\cos^2\omega_\mathrm{o}t) & 0 & (J_3-J_2)(\sin\omega_\mathrm{o}t\cos\omega_\mathrm{o}t) \\ 0 & (J_3-J_1)(\cos 2\omega_\mathrm{o}t) & 0 \\ (J_1-J_2)(\sin\omega_\mathrm{o}t\cos\omega_\mathrm{o}t) & 0 & (J_1-J_2)(\sin^2\omega_\mathrm{o}t) \end{bmatrix}$$

上述系统是周期为 $T_\mathrm{p}=\pi/\omega_\mathrm{o}$ 的线性周期时变系统，其稳定性取决于控制设计参数 ξ_{ri}和 w_{ri}的取值。依据 Floquet 理论[96-98]，方程(5.34)的稳定性可由其特征乘子判定。当特征乘子的模小于 1 时，系统是稳定的；当特征乘子的模大于 1 时，系统是不稳定的。本小节采用数值积分的方法来求取特征乘子的近似值，所得到的稳定图如图 5.7 所示。容易看出，随着带宽的增加，系统由不稳定变为稳定。阻尼比的影响是复杂的，对于俯仰运动，阻尼比的增加有利于闭环系统稳定，对比滚转/偏航轴，阻尼比的增加可能不利于闭环系统稳定。综合三轴可知，当控制带宽低于 1.2×10^{-4} rad/s 时，姿态运动可能会不稳定。

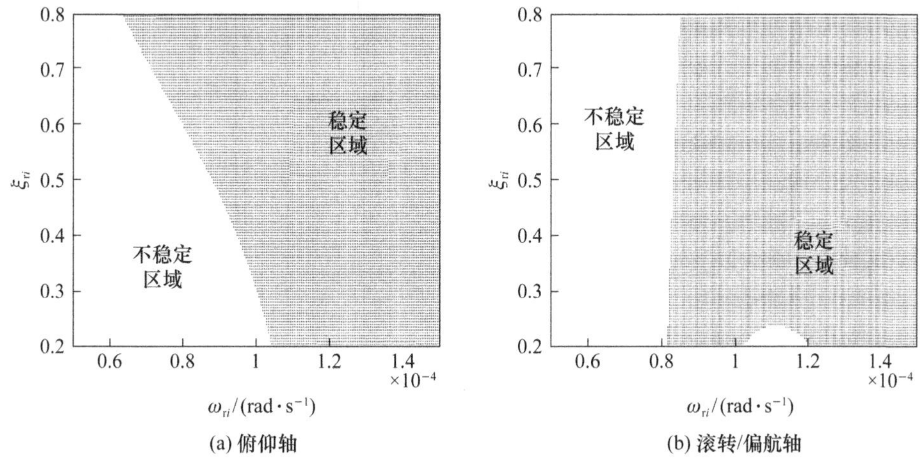

(a) 俯仰轴　　(b) 滚转/偏航轴

图 5.7　姿态与重力耦合的稳定图

有两种反馈控制方法可用于处理重力/姿态耦合所引起的姿态运动的不稳定。一种是直接反馈补偿，即控制输入可表示为

$$\boldsymbol{u}_0=-\boldsymbol{D}_{\mathrm{r}}\dot{\boldsymbol{\theta}}-\boldsymbol{K}_{\mathrm{r}}\boldsymbol{\theta}+\boldsymbol{G}_{\mathrm{p}}(t)\boldsymbol{\theta} \tag{5.35}$$

在存在较小转动惯量不确定性的情况下，姿态运动系统可作为线性定常系统处理。

另一种是采用最优控制的方法。将刚体动力学方程表示为如下状态空间形式：

$$\dot{\boldsymbol{x}}=\boldsymbol{A}_{\mathrm{p}}(t)\boldsymbol{x}+\boldsymbol{B}_{\mathrm{p}}\boldsymbol{u}_0 \tag{5.36}$$

式中：$\boldsymbol{x}=[\boldsymbol{\theta}^{\mathrm{T}}\quad \dot{\boldsymbol{\theta}}^{\mathrm{T}}]^{\mathrm{T}}$；$\boldsymbol{A}_{\mathrm{p}}=\begin{bmatrix}0 & \boldsymbol{I}_3\\ -\boldsymbol{J}_0^{-1}\boldsymbol{G}_{\mathrm{p}} & 0\end{bmatrix}^{\mathrm{T}}$；$\boldsymbol{B}_{\mathrm{p}}=\begin{bmatrix}0\\ \boldsymbol{J}_0^{-1}\end{bmatrix}$。

性能指标选择为如下二次型形式：

$$J=\int_0^{+\infty}(\boldsymbol{x}^{\mathrm{T}}\boldsymbol{Q}_{\mathrm{p}}\boldsymbol{x}+\boldsymbol{u}_0^{\mathrm{T}}\boldsymbol{R}_{\mathrm{p}}\boldsymbol{u}_0)\,\mathrm{d}t \tag{5.37}$$

式中：$\boldsymbol{Q}_{\mathrm{p}}$ 为对称半正定矩阵；$\boldsymbol{R}_{\mathrm{p}}$ 为对称正定矩阵。由于$(\boldsymbol{A}_{\mathrm{p}},\boldsymbol{B}_{\mathrm{p}})$是能控的，为使问题是适定的，应确保$(\boldsymbol{A}_{\mathrm{p}},\boldsymbol{Q}^{1/2})$是能观的。控制输入可表示为

$$\boldsymbol{u}_0=-\boldsymbol{K}_{\mathrm{p}}(t)\boldsymbol{x} \tag{5.38}$$

式中：周期时变反馈增益 $\boldsymbol{K}_{\mathrm{p}}(t)$为

$$\boldsymbol{K}_{\mathrm{p}}(t)=\boldsymbol{R}_{\mathrm{p}}^{-1}\boldsymbol{B}_{\mathrm{p}}^{\mathrm{T}}\boldsymbol{P}_{\mathrm{p}}(t) \tag{5.39}$$

且 $\boldsymbol{P}_{\mathrm{p}}(t)$满足如下微分 Riccati 方程：

$$-\dot{\boldsymbol{P}}_{\mathrm{p}}(t)=\boldsymbol{A}_{\mathrm{p}}(t)^{\mathrm{T}}\boldsymbol{P}_{\mathrm{p}}(t)+\boldsymbol{P}_{\mathrm{p}}(t)\boldsymbol{A}_{\mathrm{p}}(t)-\boldsymbol{P}_{\mathrm{p}}(t)\boldsymbol{B}_{\mathrm{p}}\boldsymbol{R}_{\mathrm{p}}^{-1}\boldsymbol{B}_{\mathrm{p}}^{\mathrm{T}}\boldsymbol{P}_{\mathrm{p}}(t)+\boldsymbol{Q}_{\mathrm{p}} \tag{5.40}$$

以俯仰运动为例，假定转动惯量存在 20%不确定性，则采用直接反馈补偿和最优控制的数值仿真结果如图 5.8 所示。从图中可以看出，无论是姿态角还是控制力

矩，最优控制的瞬态性能均优于直接反馈补偿。然而，瞬态过程仅存在于初始姿态调整等一些特殊情况。对于正常工作期间，瞬态性能并不是很重要。因此，为简单起见，在后续的控制设计中仅采用直接反馈补偿来抵消重力/姿态耦合项的影响。

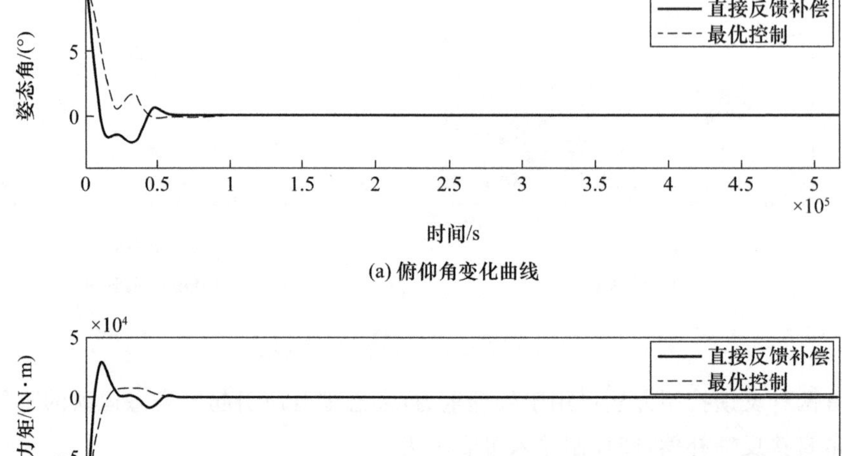

(a) 俯仰角变化曲线

(b) 控制力矩变化曲线

图 5.8 俯仰运动仿真结果

注 5-4：无论是采用直接反馈补偿还是最优控制，由于存在时变反馈项，因此所设计的控制器均为时变控制器。

5.3.2 控制器设计

基于方程(5.16)、(5.18)和方程(5.31)，Abacus-SSPS 的线性化的刚体姿态动力学方程可表示为如下形式：

$$J_i\ddot{\theta}_i = G_{ai} + u_{di} + u_{0i} \quad (i=1,2,3) \tag{5.41}$$

式中：u_{0i}为控制力矩。

为稳定上述系统，采用如下形式的控制输入：

$$u_{0i} = u_{1i} + u_{2i} \tag{5.42}$$

式中：u_{1i}用于稳定刚体动力学的双积分模型；u_{2i}用于补偿外界干扰力矩(前馈补偿和时变反馈补偿)，且表示为

$$u_{2i} = -(G_{ai} + u_{di}) \tag{5.43}$$

由于参数不确定性(转动惯量和质心/压心偏移等)的存在，u_{2i}不能完全抵消仅

与时间有关的干扰力矩的影响，为尽可能降低控制带宽，采用内模原理[99]，控制输入 u_{1i} 表示为

$$u_{1i} = -\boldsymbol{K}_{1i}\boldsymbol{x}_i - \boldsymbol{K}_{di}\boldsymbol{x}_{di} \tag{5.44}$$

式中：$\boldsymbol{x}_i = [\theta_i, \dot{\theta}_i]^{\mathrm{T}}$，$\boldsymbol{x}_{di}$ 是干扰的状态向量；$\boldsymbol{K}_{1i}$ 和 $\boldsymbol{K}_{di}$ 是反馈增益，并且可通过 LQR 方法求解下述增广系统得到

$$\begin{bmatrix} \dot{\boldsymbol{x}}_i \\ \dot{\boldsymbol{x}}_{di} \end{bmatrix} = \begin{bmatrix} \boldsymbol{A}_i & 0 \\ \boldsymbol{B}_{di} & \boldsymbol{A}_{di} \end{bmatrix} \begin{bmatrix} \boldsymbol{x}_i \\ \boldsymbol{x}_{di} \end{bmatrix} + \begin{bmatrix} \boldsymbol{B}_i \\ 0 \end{bmatrix} u_{1i} \tag{5.45}$$

式中：$\boldsymbol{A}_i = \begin{bmatrix} 0 & 1 \\ 0 & 0 \end{bmatrix}$；$\boldsymbol{B}_i = \begin{bmatrix} 0 \\ J_i^{-1} \end{bmatrix}$；$\boldsymbol{A}_{di} = \begin{bmatrix} 0 & 0 & 0 \\ 0 & 0 & 1 \\ 0 & -\omega_{di}^2 & 0 \end{bmatrix}$；$\boldsymbol{B}_{di} = \begin{bmatrix} 1 & 0 \\ 0 & 0 \\ 1 & 0 \end{bmatrix}$。$\omega_{d1} = \omega_o$，$\omega_{d2} = 2\omega_o$ 和 $\omega_{d3} = \omega_o$。

由于超大的结构规模，Abacus - SSPS 采用电推进器而非角动量装置作为姿态控制的执行器[23]。为最小化燃料消耗和三轴耦合，本章采用如图 5.9 所示的带有万向节的电推进器组配置方式，每组电推进器组由许多 1 N 的电推进器组成（有关 1 N 电推进器的详细介绍可参考文献[80]）。图 5.9 中，电推进器组 1 和 2 用于控制俯仰运动，电推进器组 3 和 4 用于控制滚转运动，电推进器组 5 和 8 用于控制偏航运动。为避免过多的燃料消耗和复杂的万向节调整规律，仅允许电推进器组 1 和 4 提供垂直于板面的控制力，电推进器组 5 和 8 提供平行于俯仰轴的控制力。

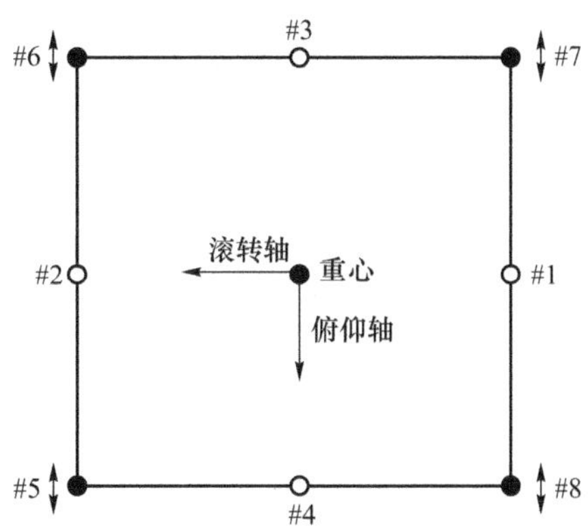

图 5.9　带有万向节的电推进器组配置

电推进器组控制力与控制力矩的关系为

$$\boldsymbol{u}_0 = \boldsymbol{L}_r \boldsymbol{f}_c \tag{5.46}$$

式中：$\boldsymbol{u}_0 = [u_{01} \quad u_{02} \quad u_{03}]^{\mathrm{T}}$；$\boldsymbol{L}_r = [\boldsymbol{r}_{a1}^{\times} \quad \boldsymbol{r}_{a2}^{\times} \quad \cdots \quad \boldsymbol{r}_{a8}^{\times}]$，$\boldsymbol{r}_{ai}$ 为第 i 个电推进器组的位置向量。显然，$\boldsymbol{L}_r$ 是行满秩的。

由于电推进器组的数目高于刚体模态的数目，故采用下述的最小 Frobenius

范数解：

$$\boldsymbol{f}_c = \boldsymbol{L}_r^T (\boldsymbol{L}_r \boldsymbol{L}_r^T)^{-1} \boldsymbol{u}_0 \tag{5.47}$$

图 5.10 显示出了在两组不同反馈增益（见表 5.3）情况下的基于刚体动力学的仿真结果。容易看出，电推进器组的不连续性导致了姿态误差（假定采样时间为 300 s）。在低反馈增益情况下，姿态误差为±0.1°。在相对高的反馈增益情况下，姿态误差为±0.05°。因此，对于 Abacus－SSPS 的姿态控制问题，可使用低反馈增益实现初始的姿态调整以避免高控制力矩，使用相对高的反馈增益来提高姿态控制精度。

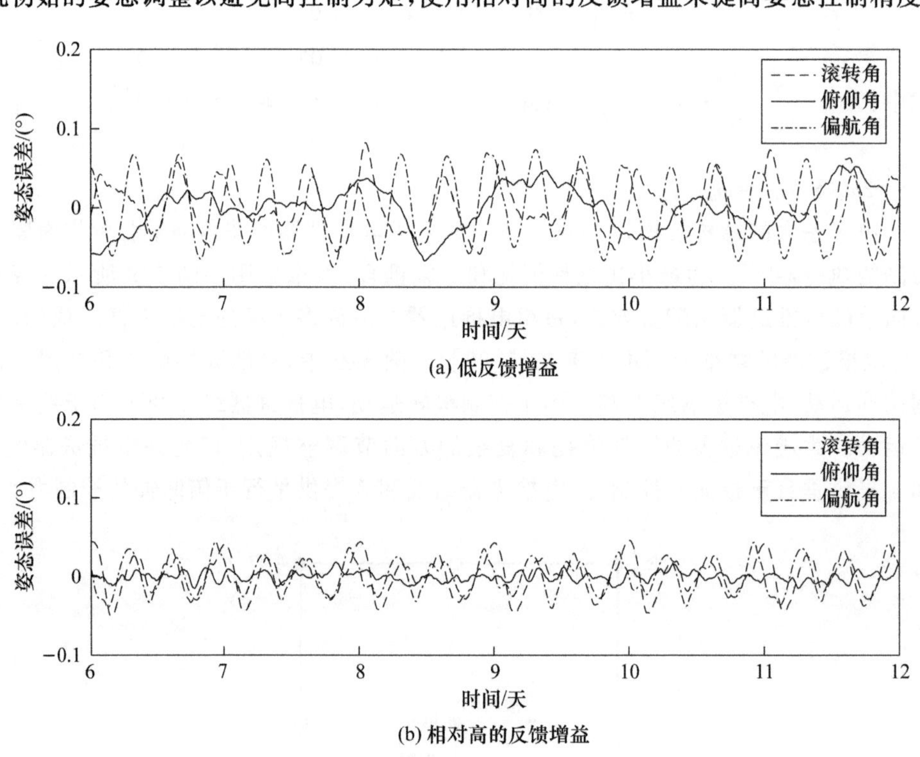

图 5.10 姿态误差

表 5.3 反馈增益

低反馈增益	相对高的反馈增益
$\boldsymbol{K}_{l1} = [2.5\times10^5 \quad 3.0\times10^9]$	$\boldsymbol{K}_{l1} = [1.1\times10^6 \quad 6.4\times10^9]$
$\boldsymbol{K}_{d1} = [1.8 \quad -0.5\times10^{-4} \quad 5.5]$	$\boldsymbol{K}_{d1} = [18.3 \quad 1.0\times10^{-3} \quad 86.6]$
$\boldsymbol{K}_{l2} = [2.8\times10^5 \quad 3.1\times10^9]$	$\boldsymbol{K}_{l2} = [2.0\times10^6 \quad 8.5\times10^9]$
$\boldsymbol{K}_{d2} = [2.0 \quad -3.0\times10^{-3} \quad -7.0]$	$\boldsymbol{K}_{d2} = [20.0 \quad -1.8\times10^{-2} \quad 180.0]$
$\boldsymbol{K}_{l3} = [5.0\times10^5 \quad 6.0\times10^9]$	$\boldsymbol{K}_{l3} = [2.3\times10^6 \quad 1.3\times10^{10}]$
$\boldsymbol{K}_{d3} = [3.7 \quad -1.0\times10^{-3} \quad 11.1]$	$\boldsymbol{K}_{d3} = [36.5 \quad 2.0\times10^{-3} \quad 173.1]$

5.4 控制/结构相互作用问题和处理方法

5.2 节建立了两种不同浮动坐标系下的姿态动力学模型，均可用于姿态控制设计。然而，基于不同浮动坐标系描述的动力学模型，控制/结构相互作用的解释是不同的。对于采用局部附着坐标系描述的线性化的姿态动力学模型(见方程(5.16)～(5.17))，由于存在加速度耦合项($\boldsymbol{H}_0^{\mathrm{T}}\ddot{\boldsymbol{q}}$ 和 $H_{0i}^{\mathrm{T}}\ddot{\boldsymbol{\theta}}$)，控制/结构相互作用表现为惯性耦合作用，不同弹性模态与姿态运动的耦合作用可通过模态角动量系数矩阵($\boldsymbol{H}_0$)度量。当控制系统的执行器与敏感器位于非结构质心位置时，将存在控制溢出和观测溢出的问题。而对于采用线性平均轴坐标系描述的线性化的动力学模型(见方程(5.29)～(5.30))，控制/结构相互作用则仅表现为控制溢出和观测溢出问题。如果能够减弱控制溢出或观测溢出，则可避免由控制/结构相互作用所带来的不利影响。由于控制溢出和观测溢出的程度与执行器和敏感器的位置有关，故可通过合理地优化执行器和敏感器的位置来减弱控制/结构相互作用。出于最小化燃料消耗和三轴耦合的考虑，Abacus - SSPS 的执行器配置已在图 5.9 中给出。因此，仅敏感器的优化配置具有可行性。虽然在参数辨识、振动控制和结构健康监测等领域已有许多有关传感器(仅航天领域将姿态测量装置称为敏感器，其他领域通常将测量装置称为传感器)优化配置的研究工作[100-109]，但几乎没有涉及大型柔性空间结构姿态控制中的姿态敏感器优化问题。考虑 Abacus - SSPS 超大规模的固有特性，采用分布布置于整个结构上的多敏感器来减弱控制/结构相互作用是一个很有吸引力的策略。本节将基于线性平均轴坐标系描述的线性化的动力学模型(见方程(5.29)～(5.30))来分析不同弹性模态对于控制/结构相互作用的影响，同时研究如何采用多敏感器优化配置的方法来减弱控制/结构相互作用。

5.4.1 不同弹性模态对控制/结构相互作用的影响

忽略除控制力以外的外力，基于线性平均轴坐标系描述的线性化动力学模型(见方程(5.29)～(5.30))可表示为

$$\boldsymbol{J}_0\ddot{\boldsymbol{\theta}}=\boldsymbol{L}_{\mathrm{r}}\boldsymbol{f}_{\mathrm{c}} \tag{5.48}$$

$$\ddot{q}_i+2\xi_i w_i\dot{q}_i+w_i^2 q_i=\boldsymbol{L}_{\mathrm{e}i}\boldsymbol{f}_{\mathrm{c}}\quad (i=1,2,\cdots,n) \tag{5.49}$$

式中：$\boldsymbol{L}_{\mathrm{e}}=[\boldsymbol{\Phi}_1^{\mathrm{T}}\quad \boldsymbol{\Phi}_2^{\mathrm{T}}\quad \cdots\quad \boldsymbol{\Phi}_8^{\mathrm{T}}]$，$\boldsymbol{\Phi}_i=[\boldsymbol{\phi}_1(\boldsymbol{r}_{\mathrm{a}i})\quad \boldsymbol{\phi}_2(\boldsymbol{r}_{\mathrm{a}i})\quad \cdots\quad \boldsymbol{\phi}_n(\boldsymbol{r}_{\mathrm{a}i})]$；$\boldsymbol{L}_{\mathrm{e}i}$ 为 $\boldsymbol{L}_{\mathrm{e}}$ 的第 i 行。

如果将一个姿态敏感器和一个姿态速率敏感器放置于 Abacus - SSPS 的质

心，则敏感器的输出为

$$\boldsymbol{\theta}_c=\boldsymbol{\theta}+\sum_{i=1}^{n}\boldsymbol{\varphi}_i(\boldsymbol{r}_c)q_i \tag{5.50}$$

$$\dot{\boldsymbol{\theta}}_c=\dot{\boldsymbol{\theta}}+\sum_{i=1}^{n}\boldsymbol{\varphi}_i(\boldsymbol{r}_c)\dot{q}_i \tag{5.51}$$

式中：$\boldsymbol{\varphi}_i$ 是第 i 阶弹性模态的振型斜率；$\boldsymbol{r}_c=0$。从方程(5.48)～(5.51)可以看出，控制/结构相互作用即为控制/观测溢出问题。由于姿态运动与弹性运动是惯性解耦的，故可独立地使用弹性运动方程来分析不同弹性模态对控制/结构相互作用的影响。

采用模态价值分析方法来分析不同弹性模态对控制/结构相互作用的影响，将弹性运动方程重新表示为如下状态空间形式：

$$\dot{\boldsymbol{x}}_q=\boldsymbol{A}_q\boldsymbol{x}_q+\boldsymbol{B}_q\boldsymbol{f}_c \tag{5.52}$$

式中：$\boldsymbol{x}_q=\begin{bmatrix}\dot{q}_1 & w_1q_1 & \dot{q}_2 & w_2q_2 & \cdots & \dot{q}_n & w_nq_n\end{bmatrix}^{\mathrm{T}}$；$\boldsymbol{A}_q=\mathrm{diag}(\boldsymbol{A}_{q1}\quad \boldsymbol{A}_{q2}\quad \cdots\quad \boldsymbol{A}_{qn})$；$\boldsymbol{B}_q=\begin{bmatrix}\boldsymbol{B}_{q1}^{\mathrm{T}} & \boldsymbol{B}_{q2}^{\mathrm{T}} & \cdots & \boldsymbol{B}_{qn}^{\mathrm{T}}\end{bmatrix}^{\mathrm{T}}$。$\boldsymbol{A}_{qi}=\begin{bmatrix}-2\xi_iw_i & -w_i\\ w_i & 0\end{bmatrix}$，$\boldsymbol{B}_{qi}=\begin{bmatrix}\boldsymbol{L}_{ei}\\ 0\end{bmatrix}$。

输出方程表示为

$$\boldsymbol{y}_q=\boldsymbol{C}_q\boldsymbol{x}_q \tag{5.53}$$

式中：$\boldsymbol{y}_q$ 是由设计者所指定的输出量；$\boldsymbol{C}_q$ 取决于 $\boldsymbol{y}_q$ 的选择。

第 i 阶弹性模态的价值为[110]

$$V_i^c=[\boldsymbol{X}\boldsymbol{C}_q^{\mathrm{T}}\boldsymbol{Q}_q\boldsymbol{C}_q]_{(2i-1)(2i-1)}+[\boldsymbol{X}\boldsymbol{C}_q^{\mathrm{T}}\boldsymbol{Q}_q\boldsymbol{C}_q]_{(2i)(2i)} \tag{5.54}$$

式中：$[\cdot]_{ii}$ 表示矩阵第 i 行第 i 列的元素；$\boldsymbol{Q}_q$ 为半正定的对角矩阵，用于权衡 $\boldsymbol{y}_q$ 各分量的相对重要性；$\boldsymbol{X}$ 为能控格拉姆矩阵，且满足下述 Lyapunov 方程：

$$\boldsymbol{X}\boldsymbol{A}_q^{\mathrm{T}}+\boldsymbol{A}_q\boldsymbol{X}^{\mathrm{T}}+\boldsymbol{B}_q\boldsymbol{B}_q^{\mathrm{T}}=0 \tag{5.55}$$

对于模态价值分析方法来说，$\boldsymbol{y}_q$ 和 $\boldsymbol{Q}_q$ 的选择是十分重要的。而对于本小节所考虑问题来说，$\boldsymbol{y}_q$ 和 $\boldsymbol{Q}_q$ 的选择应能够反映出控制/结构相互作用。根据方程(5.50)和方程(5.51)，$\sum_{i=1}^{n}\boldsymbol{\varphi}_i(\boldsymbol{r}_c)q_i$ 和 $\sum_{i=1}^{n}\boldsymbol{\varphi}_i(\boldsymbol{r}_c)\dot{q}_i$ 分别表示了结构柔性对于姿态角和姿态角速度的影响。因此，$\boldsymbol{y}_q$ 和 $\boldsymbol{Q}_q$ 可选择为

$$\boldsymbol{y}_q=\left[\left(\sum_{i=1}^{n}\boldsymbol{\varphi}_i(\boldsymbol{r}_c)q_i\right)^{\mathrm{T}}\quad\left(\sum_{i=1}^{n}\boldsymbol{\varphi}_i(\boldsymbol{r}_c)\dot{q}_i\right)^{\mathrm{T}}\right]^{\mathrm{T}} \tag{5.56}$$

$$\boldsymbol{Q}=\begin{bmatrix}\alpha\boldsymbol{I}_{3\times3} & \\ & \beta\boldsymbol{I}_{3\times3}\end{bmatrix} \tag{5.57}$$

式中：$\alpha\in[0,1]$ 和 $\beta\in[0,1]$ 是对应于姿态角和姿态角速度的加权系数。当 $\alpha=1$ 和 $\beta=0$ 时，模态价值反映出了结构柔性对姿态角的影响，当 $\alpha=0$ 和 $\beta=1$ 时，模态价值反映出了结构柔性对姿态角速度的影响。

假定所有弹性模态的阻尼比均为 0.005，图 5.11 显示出了在 3 种不同 α 和 β

取值情况下模态价值分析的结果。容易看出，高阶弹性模态对姿态角速度的影响比对姿态角的影响更为显著。由于结构变形是充分小的，控制/结构相互作用主要由姿态角速度反馈而非姿态角反馈所诱发。因此，高阶弹性模态对控制/结构相互作用有着重要影响。然而，上述模态价值分析结果仅考虑了开环情况下的系统动力学。对于实际的闭环姿态系统动力学，由于结构频率高于控制带宽，且高阶弹性模态倾向于有高阻尼比，故高阶弹性模态对控制/结构相互作用的影响将减弱。上述分析表明 α 应选取为接近于 0 的数，而 β 应选取为接近于 1 的数。图 5.12 所示为采用 5.3.2 小节所设计的控制器的闭环系统的极点图（考虑 72 阶弹性模态）。可以看出，无论是使用低反馈增益还是相对高的反馈增益，闭环系统都是不稳定的。在低反馈增益情况下，仅有两个弹性模态是不稳定的。在相对高的反馈增益情况下，不稳定弹性模态的数量是明显增多的。因此，需要重新设计 5.3.2 小节的控制器来确保闭环系统在控制/结构相互作用显著情况下的稳定性和鲁棒性。

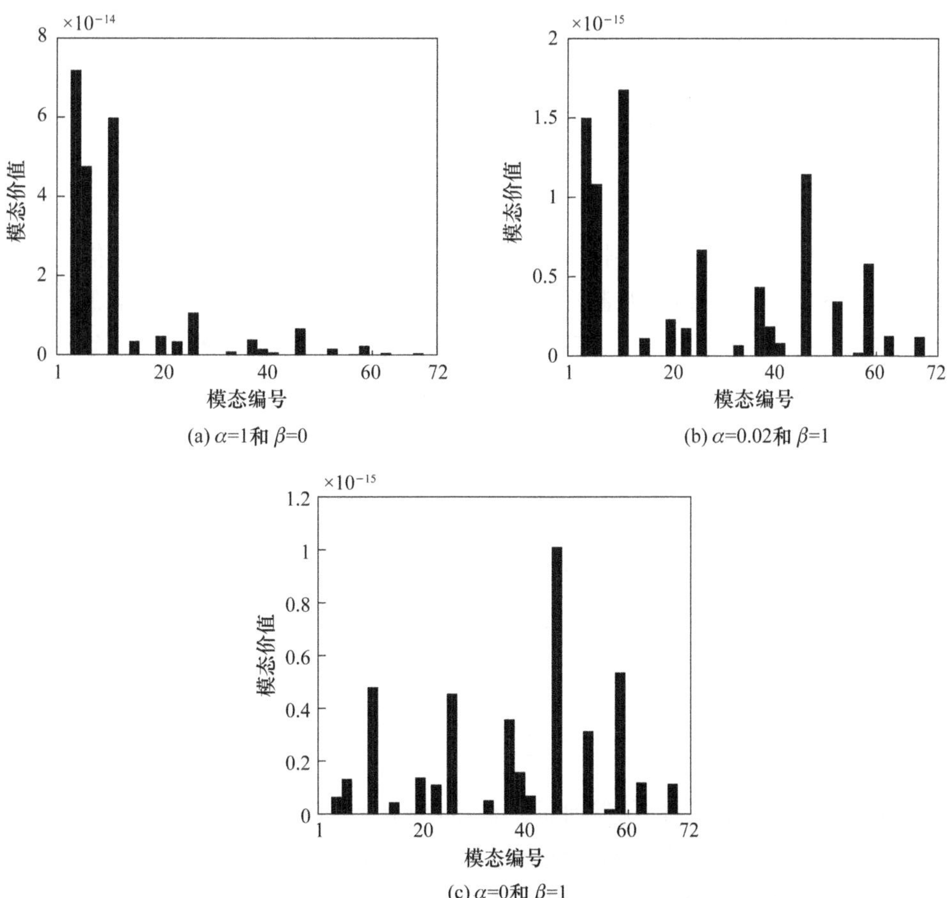

(a) α=1和 β=0　(b) α=0.02和 β=1

(c) α=0和 β=1

图 5.11　模态价值分析结果

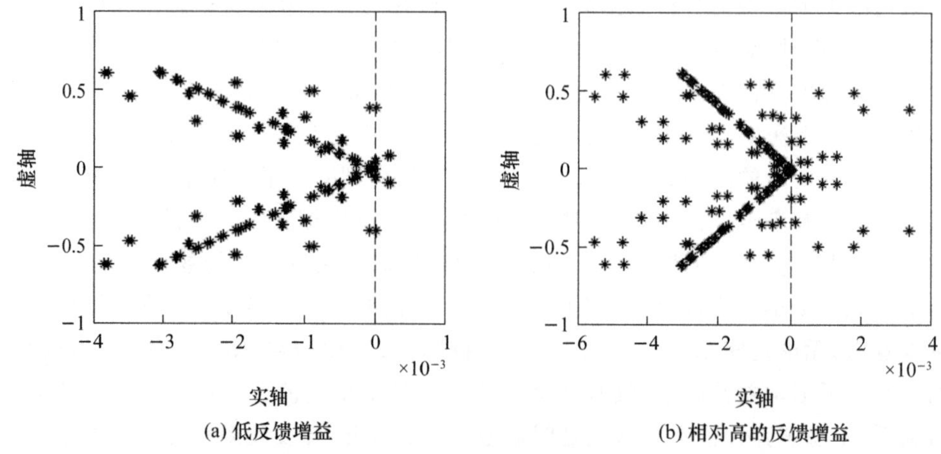

(a) 低反馈增益

(b) 相对高的反馈增益

图 5.12 闭环系统极点图

注 5-5: 常用的一种比例阻尼模型是瑞利阻尼模型。然而,根据文献[111]的研究结果,瑞利阻尼对于无约束弹性模态是不适用的。为简单起见,本章中的各阶弹性模态阻尼比均取为相同值。

5.4.2 多敏感器优化配置方法

由于 Abacus-SSPS 控制/结构相互作用在基于线性平均轴坐标系描述的动力学模型下可解释为控制/观测溢出问题,故可考虑通过合理配置敏感器的位置来减弱控制/结构相互作用。从方程(5.50)~(5.51)中可以看出,若将姿态敏感器和姿态角速度敏感器放置于某一弹性模态振型斜率为 0 处(即 $\boldsymbol{\varphi}_i(\boldsymbol{r})=0$),则可完全消除该阶弹性模态所导致的观测溢出问题。然而,先前的研究表明多个弹性模态对控制/结构相互作用有着重要影响。因此,一种更为可行的方式是采用分布布置于整个结构上的多个敏感器的平均输出来取代一个敏感器的输出。假定采用 n_s 个姿态敏感器分布布置于整个结构上,则它们的平均输出为

$$\begin{aligned}\boldsymbol{\theta}_a &= \frac{1}{n_s}\sum_{j=1}^{n_s}\left[\boldsymbol{\theta}+\sum_{i=1}^{n}\boldsymbol{\varphi}_i(\boldsymbol{r}_{sj})q_i\right] \\ &= \boldsymbol{\theta}+\sum_{i=1}^{n}\left[\sum_{j=1}^{n_s}\frac{1}{n_s}\boldsymbol{\varphi}_i(\boldsymbol{r}_{sj})\right]q_i \end{aligned} \tag{5.58}$$

式中:$\boldsymbol{r}_{sj}$ 为第 j 个敏感器的位置向量。显然,当 $n_s=1$ 和 $\boldsymbol{r}_{s1}=0$ 时,方程(5.58)和方程(5.50)一致。重新考虑基于线性平均轴坐标系描述的动力学模型,则在多姿态敏感器平均输出和控制力之间的传递矩阵可表示为

$$\boldsymbol{G}_a(s)=\boldsymbol{G}_r(s)+\boldsymbol{G}_{en_s}(s) \tag{5.59}$$

其中，

$$\boldsymbol{G}_{\mathrm{r}}(s)=\frac{\boldsymbol{J}_0^{-1}\boldsymbol{L}_{\mathrm{r}}}{s^2} \tag{5.60}$$

$$\boldsymbol{G}_{en_s}(s)=\sum_{i=1}^{n}\frac{\left[\sum\limits_{j=1}^{n_s}\frac{1}{n_s}\boldsymbol{\varphi}_i(\boldsymbol{r}_{sj})\right]\boldsymbol{L}_{ei}}{s^2+2\xi_i w_i+w_i^2} \tag{5.61}$$

容易看出，严格真且稳定的传递矩阵 $\boldsymbol{G}_{en_s}(s)$决定了结构柔性对于多姿态敏感器平均输出的影响。为了减小结构柔性的影响，应使得 $\boldsymbol{G}_{en_s}(s)$在输入/输出意义下最小化。通常情况下，H_2 和 H_∞ 范数被用于度量系统在许多不同类型输入信号下的最差可能性能[112]。因此，多敏感传感器的优化指标选择为

$$J_{\mathrm{sf1}}=\|\boldsymbol{G}_{en_s}(s)\|_2 \quad 或 \quad \|\boldsymbol{G}_{en_s}(s)\|_\infty \tag{5.62}$$

通过最小化 J_{sf1} 可得到最优敏感器的位置。相似地，若采用 n_s 个姿态角速度敏感器分布式地布置于结构上，则可提出另一个优化指标为

$$J_{\mathrm{sf2}}=\|s\boldsymbol{G}_{en_s}(s)\|_2 \quad 或 \quad \|s\boldsymbol{G}_{en_s}(s)\|_\infty \tag{5.63}$$

这意味着最小化由结构柔性引起的平均角速度与控制力之间传递矩阵的范数。由于结构柔性对姿态角速度的影响常常比对姿态角的影响更为严重，故从直观上来说 J_{sf2} 优于 J_{sf1}。然而，后续的优化配置结果中将会显示出 J_{sf1} 和 J_{sf2} 在优化性能的提升上并没有明显的区别。

最优敏感器配置是一个经典的优化问题。在过去的数十年里，已有许多优化算法被应用于求解最优敏感器的配置问题。其中，最强有力的一种优化算法是基于生物进化原理的遗传算法[100-109]。本节也将采用遗传算法来求解最优敏感器的配置问题。然而，在使用遗传算法前，需要注意下述几个问题：

① 由于结构模型为有限元模型，故候选敏感器的位置为有限元模型的节点。多敏感器的优化目标即为寻找最小化优化指标的最优节点位置。

② 基于遗传算法求解敏感器优化问题并不能够确保得到全局最优解。当优化敏感器的数目指定时，应执行多次遗传算法以得到满足实际控制设计要求(稳定性和鲁棒性)的次优解。

③ 虽然在优化指标的提出中，J_{sf1} 和 J_{sf2} 均采用传递矩阵形式，但在实际计算中采用它们的状态空间形式是更为方便的。与此同时，在数值计算上，基于 H_2 范数优化指标的计算比基于 H_∞ 范数优化指标的计算更具有优势。

5.4.3　优化配置结果

本小节采用一个简单的例子来演示多敏感器优化配置对于减弱控制/结构相互作用的有效性。所采用的结构模型为 5.2.1 小节中所给出 Abacus－SSPS 的薄

板模型。图 5.13 所示为该薄板模型的有限元模型示意图，其中，每两个节点的距离为 50 m，共有 4 225 个节点。电推进器的配置方式与图 5.9 相同。所有弹性模态的阻尼比均取为 0.001，并截取 0.1 Hz 以下的 72 阶弹性模态。由于偏航运动与弹性运动不耦合，故本小节仅考虑滚转运动和俯仰运动。

为了能够评估敏感器的优化配置性能，需要定义一个直观的评价指标。由于控制/结构相互作用问题常常出现于高控制带宽的姿态控制系统中，故可采用临界控制带宽作为评价指标。临界控制带宽定义为稳定控制系统的最大控制带宽。换句话说，高临界控制带宽意味着弱控制/结构相互作用。不失一般性，采用下述的 PD 控制器输出作为控制力矩：

$$\boldsymbol{u}_0 = -\boldsymbol{D}_{\mathrm{r}}\dot{\boldsymbol{\theta}}_{\mathrm{a}} - \boldsymbol{K}_{\mathrm{r}}\boldsymbol{\theta}_{\mathrm{a}} \tag{5.64}$$

式中：$\boldsymbol{D}_{\mathrm{r}} = \mathrm{diag}(2J_1\xi_{\mathrm{r}1}w_{\mathrm{r}1} \quad 2J_2\xi_{\mathrm{r}2}w_{\mathrm{r}2})$；$\boldsymbol{K}_{\mathrm{r}} = \mathrm{diag}(J_1 w_{\mathrm{r}1}^2 \quad J_2 w_{\mathrm{r}2}^2)$。$\xi_{\mathrm{r}i}$ 和 $w_{\mathrm{r}i}$ 是期望的刚体模态阻尼比和频率，$w_{\mathrm{r}i}$ 可作为姿态控制系统的带宽。控制力和控制力矩的关系与方程(5.47)一致。假定 $\xi_{\mathrm{r}i}=0.707$，则随着 $w_{\mathrm{r}i}$ 的增加，可通过检测闭环系统的特征值得到临界控制带宽 w_{rm}。

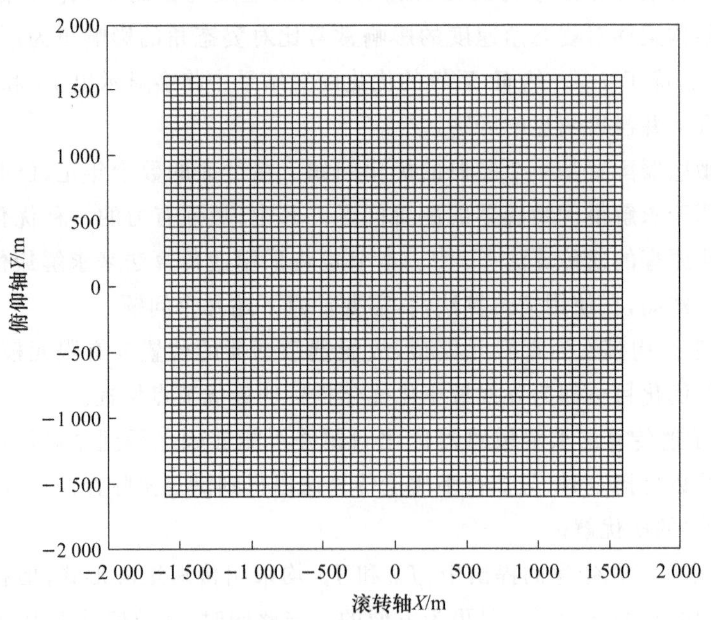

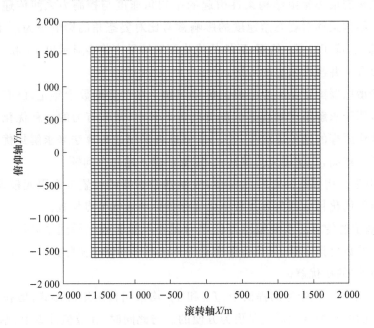

图 5.13 薄板的有限元模型

首先，研究一个姿态敏感器的优化配置问题。图 5.14 显示出了姿态敏感器在不同节点位置处 J_{sf1} 和 J_{sf2} 的变化。容易看出，板的质心是一个好的位置选择而板的 4 个角点则不是。图 5.15 所示为对应于不同优化指标的最优姿态敏感器位置。可以看出，仅 J_{sf1} 的最优位置为板的质心。表 5.4 总结了对应于不同优化指标的最优位置所对应的临界控制带宽值。容易看出，J_{sf2} 对应的最优位置比 J_{sf1} 对应的最优位置有着更高的临界控制带宽。然而，两者之间的差距是很小的。

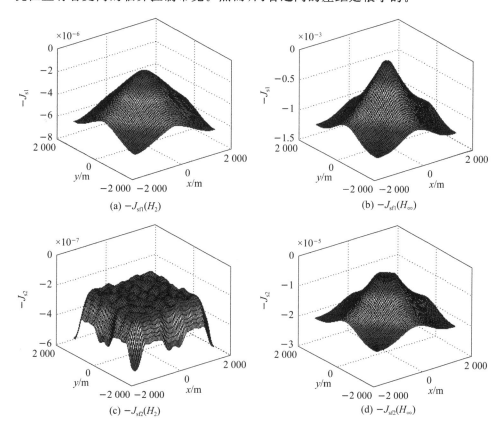

(a) $-J_{sf1}(H_2)$　(b) $-J_{sf1}(H_\infty)$

(c) $-J_{sf2}(H_2)$　(d) $-J_{sf2}(H_\infty)$

图 5.14　1 个姿态敏感器时的优化指标变化

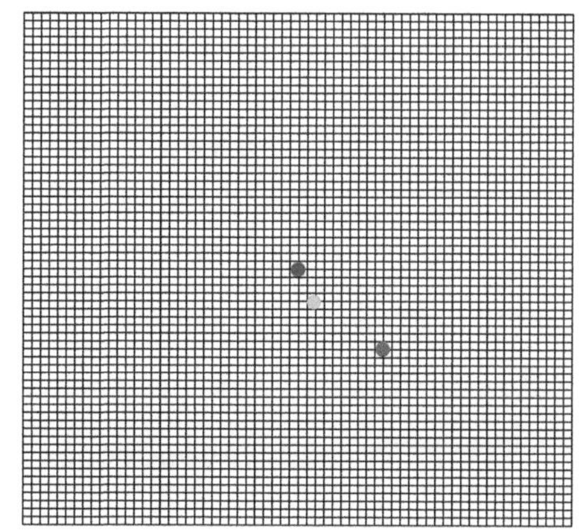

$J_{sf1}(H_2$ 或 $H_\infty)$：蓝色点；$J_{sf2}(H_2)$：红色点；$J_{sf2}(H_\infty)$：绿色点

图 5.15　1 个姿态敏感器的最优位置

表 5.4 临界控制带宽(1 个姿态敏感器)

优化指标	w_{rm}
J_{sf1}(H_2 或 H_∞)	1.7×10^{-5}
J_{sf2}(H_2)	2.2×10^{-5}
J_{sf2}(H_∞)	1.8×10^{-5}

然后,研究多个姿态敏感器的优化配置问题。遗传算法的相关参数如下:种群规模为 100,交叉概率为 0.8,变异概率为 0.2,迭代次数为 100。多姿态敏感器的数目变化范围为 1~50。图 5.16 显示出了不同优化指标随敏感器数目的变化曲线。容易看出,曲线在初始阶段快速衰减而在之后阶段则衰减缓慢。这表明采用过多的姿态敏感器来减弱控制/结构相互作用是不合适的。此外,从图 5.16 中也可以看出 4 条曲线在衰减速率上并无明显差异。这意味着在多姿态敏感器优化问题上,J_{sf2} 相比于 J_{sf1} 并无明显优势。

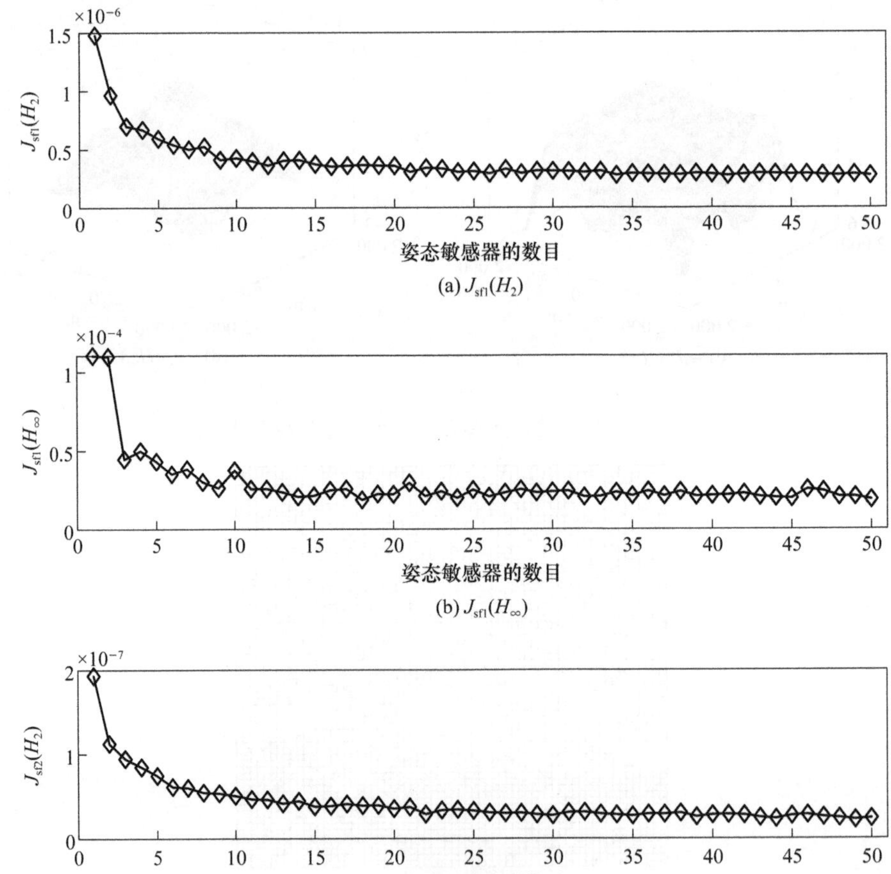

(a) $J_{sf1}(H_2)$

(b) $J_{sf1}(H_\infty)$

(c) $J_{sf2}(H_2)$

图 5.16 优化指标变化曲线

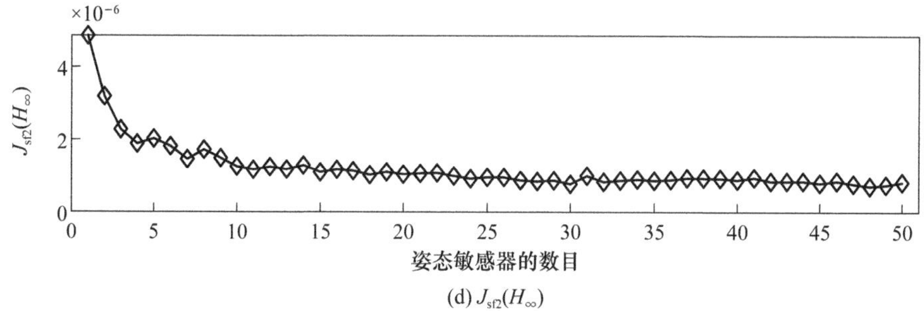

(d) $J_{sf2}(H_\infty)$

图 5.16　优化指标变化曲线(续)

为显示出使用多姿态敏感器的优势，考虑采用 11 个姿态敏感器的位置优化问题。遗传算法的参数与先前相同。对于每一个优化指标执行遗传算法 50 次，所得到的具有最大临界控制带宽的 4 组最优姿态敏感器位置如图 5.17 所示。容易看出，姿态敏感器的分布是不对称的。然而，由于板是对称的，故所得到的最优敏感器位置应有 16 组。表 5.5 总结了 4 组最优敏感器位置所对应的临界控制带宽值。可以看出，相比于使用 1 个姿态敏感器的情况，临界控制带宽提高了接近一个数量级。这充分显示出了使用多姿态敏感器的优势。图 5.18 所示为在使用 1 个姿态敏感器和 11 个姿态敏感器时传递矩阵 $\boldsymbol{G}_{en_s}(s)$ 和 $s\boldsymbol{G}_{en_s}(s)$ 的奇异值图。容易看出，在使用 11 个姿态敏感器时传递矩阵 $\boldsymbol{G}_{en_s}(s)$ 和 $s\boldsymbol{G}_{en_s}(s)$ 具有相对更小的谐振峰值。与此同时，在使用 11 个姿态敏感器时诸如第二阶、第三阶弹性模态的不利影响也被放大。这充分显示出了使用多姿态敏感器来减弱控制/结构相互作用需要在各阶弹性模态之间做出综合权衡。虽然 J_{sf1} 和 J_{sf2} 在优化性能的提升上并无显著差别，但从图 5.18 中也容易看出高阶弹性模态对 J_{sf2} 比对 J_{sf1} 有着更显著的影响。这与先前模态价值分析方法的结果是一致的。此外，图 5.17 也显示出了基于 H_∞ 范数的优化指标比基于 H_2 范数的优化指标在低频弹性模态上是更加保守的。

表 5.5　临界控制带宽(11 个姿态敏感器)

优化指标	w_{rm}
$J_{sf1}(H_2)$	1.6×10^{-4}
$J_{sf1}(H_\infty)$	2.1×10^{-4}
$J_{sf2}(H_2)$	2.3×10^{-4}
$J_{sf2}(H_\infty)$	1.7×10^{-4}

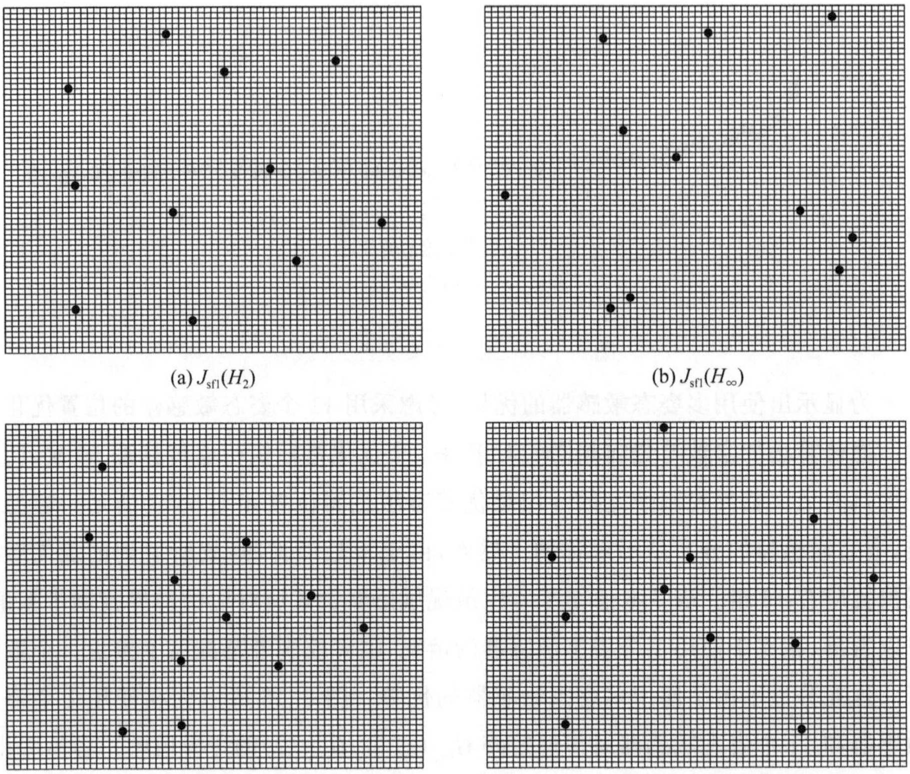

(a) $J_{sf1}(H_2)$　　(b) $J_{sf1}(H_\infty)$

(c) $J_{sf2}(H_2)$　　(d) $J_{sf2}(H_\infty)$

图 5.17　11 个姿态敏感器时的最优位置

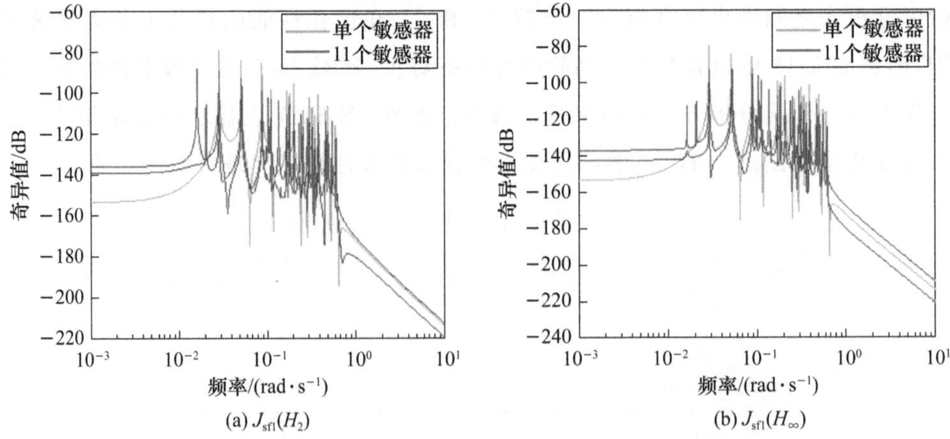

(a) $J_{sf1}(H_2)$　　(b) $J_{sf1}(H_\infty)$

图 5.18　$G_{en_s}(s)$和 $sG_{en_s}(s)$的奇异值图

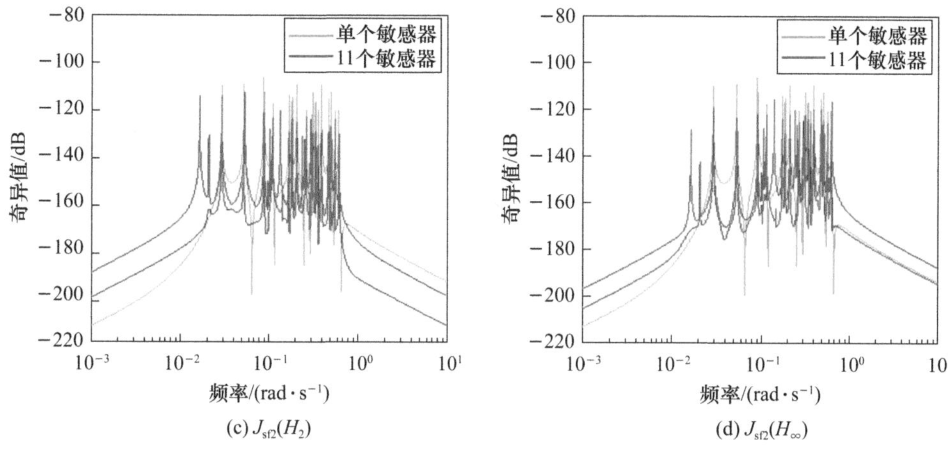

(c) $J_{sf2}(H_2)$　　(d) $J_{sf2}(H_\infty)$

图 5.18　$G_{en_s}(s)$和 $sG_{en_s}(s)$的奇异值图(续)

5.5　基于多敏感器的鲁棒增强姿态控制

5.5.1　控制系统的设计

基于 5.3 和 5.4 节的研究结果，Abacus - SSPS 的姿态控制设计可分为两步：第一步是基于刚体动力学的姿态控制设计，其基本设计准则为在满足姿态控制精度的前提下尽可能地减小控制带宽以降低对于执行器的需求；第二步是执行器/敏感器的配置问题，应综合考虑燃料消耗、解耦、控制/结构相互作用和可靠性等问题。

图 5.19 所示为 Abacus - SSPS 鲁棒增强姿态控制系统框图。其中，控制器部分为 5.3 节中基于刚体动力学所设计的控制器，包含前馈补偿、定常输出反馈补偿、内模反馈补偿和时变输出反馈补偿四个部分，在满足姿态控制精度的要求下可实现较低的控制带宽设计。姿态控制所需要的控制力矩由电推进器组提供，其配置方式已在图 5.9 中给出，且为确保可靠性，每组电推进器均是冗余的。该种配置方式最小化了三轴耦合及电推进器的燃料消耗。姿态/姿态角速度敏感器包含星跟踪器和惯性测量单元等组件，用于提供三轴姿态角和姿态角速度的信息。与此同时，为了减弱控制/结构相互作用，采用了多组姿态/姿态角速度敏感器分布地布置于整个结构上，并对测量信息进行加权处理以提供用于控制器的反馈信息。

多姿态/姿态角速度敏感器的优化配置问题是当前鲁棒增强姿态控制设计的核心问题。对于单个姿态/姿态角速度敏感器，其输出方程为

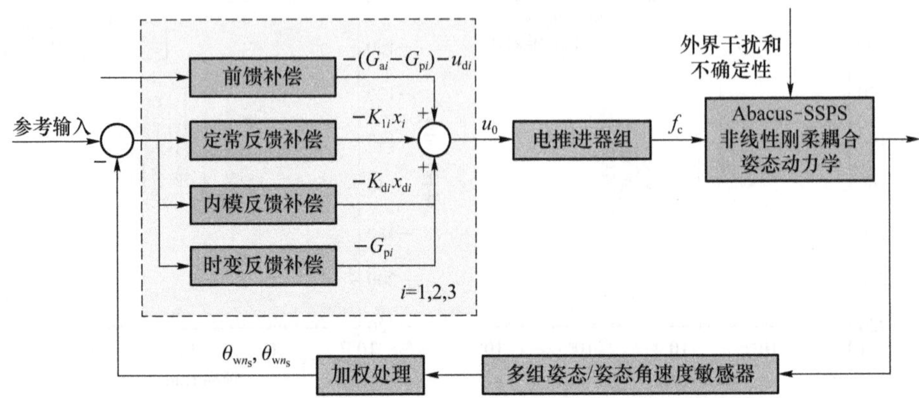

图 5.19 Abacus－SSPS 鲁棒增强姿态控制系统框图

$$\boldsymbol{\theta}_{w1} = \boldsymbol{\theta} + \sum_{i=1}^{n} \boldsymbol{\varphi}_i(\boldsymbol{r}_{s1}) q_i \tag{5.65}$$

$$\dot{\boldsymbol{\theta}}_{w} = \dot{\boldsymbol{\theta}} + \sum_{i=1}^{n} \boldsymbol{\varphi}_i(\boldsymbol{r}_{s1}) \dot{q}_i \tag{5.66}$$

对于多个姿态/姿态角速度敏感器，其加权输出为

$$\boldsymbol{\theta}_{wn_s} = \boldsymbol{\theta} + \sum_{i=1}^{n} \left[\sum_{j=1}^{n_s} \gamma_j \boldsymbol{\varphi}_i(\boldsymbol{r}_{sj}) \right] q_i \tag{5.67}$$

$$\dot{\boldsymbol{\theta}}_{wn_s} = \dot{\boldsymbol{\theta}} + \sum_{i=1}^{n} \left[\sum_{j=1}^{n_s} \gamma_j \boldsymbol{\varphi}_i(\boldsymbol{r}_{sj}) \right] \dot{q}_i \tag{5.68}$$

式中：γ_j 为第 j 个姿态/姿态角速度敏感器的加权系数，且 $\sum_{j=1}^{n_s} \gamma_j = 1$。

对比上述方程可知，为降低观测溢出，需满足下述条件：

$$\left\| \sum_{j=1}^{n_s} \gamma_j \boldsymbol{\varphi}_i(\boldsymbol{r}_{sj}) \right\|_{\infty} \ll \| \boldsymbol{\varphi}_i(\boldsymbol{r}_{s1}) \|_{\infty}, \quad i \in \mathbb{Q} \tag{5.69}$$

式中：$\|\cdot\|_{\infty}$ 表示向量的∞范数；$\mathbb{Q}$ 为所有对控制/结构相互作用有重要影响的弹性模态的编号集合。需要注意的是，上式中左右两端中的 $\boldsymbol{r}_{s1}$ 并不需要保持一致。

基于时域和频域的不同考虑，可提出不同的优化指标。根据不等式(5.69)，提出如下形式的时域优化指标：

$$J_{st} = \max\left(\left[\left\| v_1 \sum_{j=1}^{n_s} \gamma_j \boldsymbol{\varphi}_1(\boldsymbol{r}_{sj}) \right\|_{\infty} \quad \left\| v_2 \sum_{j=1}^{n_s} \gamma_j \boldsymbol{\varphi}_2(\boldsymbol{r}_{sj}) \right\|_{\infty} \quad \cdots \quad \left\| v_n \sum_{j=1}^{n_s} \gamma_j \boldsymbol{\varphi}_n(\boldsymbol{r}_{sj}) \right\|_{\infty} \right] \right) \tag{5.70}$$

式中：v_i 为第 i 阶弹性模态的加权系数，用于度量各阶弹性模态对控制/结构相互作用的重要性。很显然，可通过 5.4.1 小节的模态价值分析方法确定 v_i，即

$$v_i=\frac{V_i^c}{\sum_{i=1}^{n}V_i^c},\quad i=1,2,\cdots,n \tag{5.71}$$

对应的输出方程为

$$\boldsymbol{y}_q=\left(\left\{\sum_{i=1}^{n}\left[\sum_{j=1}^{n_s}\gamma_j\boldsymbol{\varphi}_i(\boldsymbol{r}_{sj})\right]q_i\right\}^{\mathrm{T}}\left\{\sum_{i=1}^{n}\left[\sum_{j=1}^{n_s}\gamma_j\boldsymbol{\varphi}_i(\boldsymbol{r}_{sj})\right]\dot{q}_i\right\}^{\mathrm{T}}\right)^{\mathrm{T}} \tag{5.72}$$

根据 5.4.2 小节，提出如下形式的频域优化指标：

$$J_{sf}=\|\boldsymbol{G}_{en_s}(s)\|\quad 或\quad \|s\boldsymbol{G}_{en_s}(s)\| \tag{5.73}$$

式中：‖·‖表示传递矩阵的 H_2 范数或 H_∞ 范数，且

$$\boldsymbol{G}_{en_s}(s)=\sum_{i=1}^{n}\frac{\left[\sum_{j=1}^{n_s}\gamma_j\boldsymbol{\varphi}_i(\boldsymbol{r}_{sj})\right]\boldsymbol{L}_{ei}}{s^2+2\xi_i w_i s+w_i^2} \tag{5.74}$$

因此，多姿态/姿态角速度敏感器的优化问题归结为

$$\min J_{st}(\gamma_1,\gamma_2,\cdots,\gamma_{n_s},\boldsymbol{r}_{s1},\boldsymbol{r}_{s2},\cdots,\boldsymbol{r}_{sn_s})\quad 或\quad \min J_{sf}(\gamma_1,\gamma_2,\cdots,\gamma_{n_s},\boldsymbol{r}_{s1},\boldsymbol{r}_{s2},\cdots,\boldsymbol{r}_{sn_s}) \tag{5.75}$$

需要注意的是，上述优化问题中的设计变量为敏感器的位置 $\boldsymbol{r}_{sj}$ 和加权系数 γ_j。为了减小搜索空间，γ_j 可简单地选择为

$$\gamma_j=\frac{1}{n_s},\quad j=1,2,\cdots,n_s \tag{5.76}$$

然后，多姿态/姿态角速度敏感器的优化问题归结为

$$\min J_{st}(\boldsymbol{r}_{s1},\boldsymbol{r}_{s2},\cdots,\boldsymbol{r}_{sn_s})\quad 或\quad \min J_{sf}(\boldsymbol{r}_{s1},\boldsymbol{r}_{s2},\cdots,\boldsymbol{r}_{sn_s}) \tag{5.77}$$

优化目标即为寻找最优的敏感器位置。类似于 5.4.2 小节，上述优化问题为整数规划问题，可通过遗传算法求解。

注 5-6：无论是时域优化指标还是频域优化指标，均与不等式(5.69)保持一致。多姿态/姿态角速度敏感器优化问题的实质为通过相对更小的 $\sum_{j=1}^{n_s}\gamma_j\boldsymbol{\varphi}_i(\boldsymbol{r}_{sj})$ 取代 $\boldsymbol{\varphi}_i(\boldsymbol{r}_{s1})$，这得益于各阶无约束弹性模态振型斜率的正负性。

注 5-7：采用多敏感器的方法除了可以减弱控制/结构相互作用和噪声的影响外，还可以提高控制系统的可靠性，这将在下一小节进行说明。

注 5-8：在当前 Abacus-SSPS 姿态控制设计中采用了基于线性平均轴坐标系描述的动力学模型，其主要原因在于基于该模型的描述，控制/结构相互作用可归结为简单的控制/观测溢出问题，通过采用多敏感器方法减小观测溢出，即可减弱控制/结构相互作用。然而，若采用基于局部附着坐标系描述的动力学模型，则控制/结构相互作用表现为惯性耦合和控制/观测溢出问题，采用多敏感器的方法缺乏对于减弱控制/结构相互作用的直观性的解释。由于基于不同浮动坐标系描

述的动力学模型之间具有等价性，故多敏感器方法对于使用局部附着坐标系描述的动力学模型也是同样适用的，这表明惯性耦合作用和控制/观测溢出作用可通过多敏感器的方法实现一定程度上的抵消。

5.5.2 数值仿真与分析

由于5.4.3小节已给出基于频域优化指标的多敏感器优化结果，故本小节将以基于时域优化指标得到的敏感器配置结果，通过采用非线性姿态动力学模型(见方程(5.27)～(5.28)进行数值仿真来验证所提出控制设计的有效性。

首先，考虑多敏感器的优化问题。所采用的有限元模型与5.4.3小节中所给出的模型相同，即每两个节点的距离为50 m，共有4 225个节点。基于5.4.1小节的结果，α取为0.02，β取为1，对应的模态价值分析结果如图5.11(b)所示。与此同时，所有弹性模态的阻尼比均取为0.005，并截取0.1 Hz以下的72阶弹性模态。遗传算法的相关参数如下：种群规模为100，交叉概率为0.8，变异概率为0.2，迭代次数为100。图5.20显示出了优化指标随敏感器数目的变化曲线(每个结果均执行一次遗传算法)，可以看出，该曲线与基于频域指标得到的曲线相似，在初始阶段曲线快速衰减而在之后阶段则缓慢衰减。综合权衡优化指标的取值和敏感器的数目，合理的敏感器取值范围为10～15。

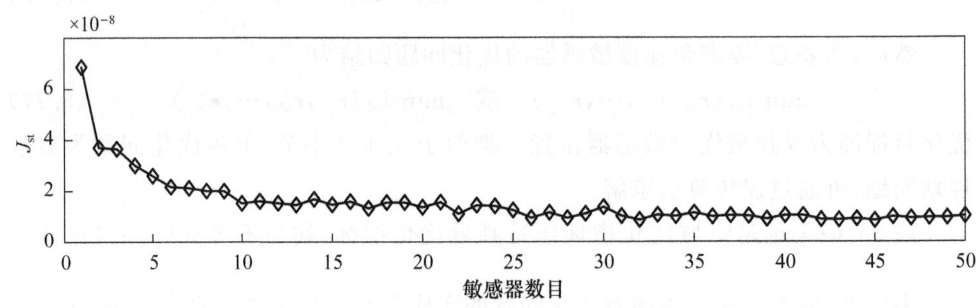

图5.20 优化指标变化曲线

然后，分析多敏感器的优化性能。采用11个姿态/姿态角速度敏感器用于Abacus - SSPS的姿态控制。为了得到较好的优化结果，执行遗传算法50次，并通过检查闭环系统对结构频率的不确定性来评估每次优化结果，所得到的最优结果如图5.21所示。其中，敏感器的坐标为(100，1 000)、(350，600)、(850，950)、(1 100，−600)、(750，−1 250)、(−550，−1 150)、(−650，250)、(1 350，−250)、(−500，−900)、(−300，450)和(−1 300，−200)。当使用相对高的反馈增益时，该组结果可容忍结构频率最大为75%的不确定性。图5.22所示为$\left\|\sum_{j=1}^{n_s}\gamma_j\boldsymbol{\varphi}_i(\boldsymbol{r}_{sj})\right\|_\infty$和

$\|\boldsymbol{\varphi}_i(\boldsymbol{r}_{s1})\|_\infty$（假定位于质心）的比较结果。容易看出，$\left\|\sum_{j=1}^{n_s}\gamma_j\boldsymbol{\varphi}_i(\boldsymbol{r}_{sj})\right\|_\infty$ 在总体上比 $\|\boldsymbol{\varphi}_i(\boldsymbol{r}_{s1})\|_\infty$ 更小。然而，相似于频域的情况，一些弹性模态的不利影响被放大，这充分显示出最优结果是通过综合权衡各阶弹性模态的影响所得到的。图 5.23 显示出了使用 11 个姿态/姿态角速度敏感器的闭环系统极点图。可以看出，无论是使用低反馈增益还是相对高的反馈增益，闭环系统均是稳定的。此外，表 5.6 总结了带有敏感器故障的闭环系统的鲁棒稳定性结果。容易看出，仅当故障敏感器的数目超出 3 时，闭环系统才会出现不稳定的现象。因此，采用多姿态/姿态角速度敏感器的方法可提高 Abacus－SSPS 姿态控制系统对于敏感器故障的可靠性。

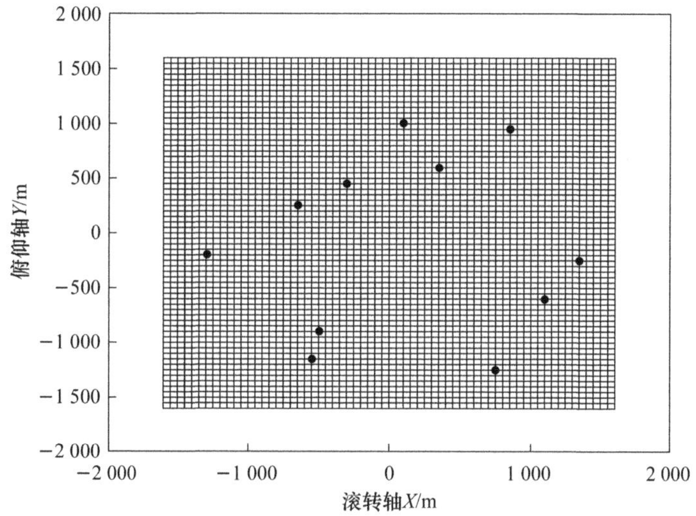

图 5.21　11 个姿态敏感器时最优位置

图 5.22　$\left\|\sum_{j=1}^{n_s}\gamma_j\boldsymbol{\varphi}_i(\boldsymbol{r}_{sj})\right\|_\infty$ 和 $\|\boldsymbol{\varphi}_i(\boldsymbol{r}_{s1})\|_\infty$ 的比较

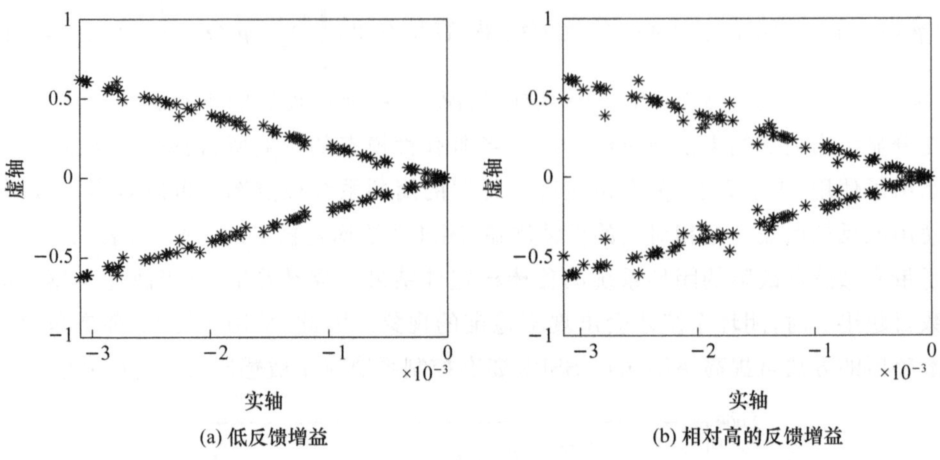

图 5.23 闭环系统极点图

表 5.6 带有敏感器故障的闭环系统稳定裕度

故障敏感器数目	对结构频率的不确定性
0	所有情况均不低于−75%
1	所有情况均不低于−58%
2	所有情况均不低于−40%
3	所有情况均不低于−10%
4	部分情况不稳定

最后，考虑数值仿真。仿真模型为非线性方程(5.27)和方程(5.28)。所有弹性模态阻尼比均为 0.005，并截取 0.1 Hz 以下 72 阶弹性模态。初始姿态角设为 10°，其他初始值均设为 0。仿真时间为 12 天。在初始调整阶段，采用表 5.3 中的低反馈增益，在第 4 天以后，采用相对高的反馈增益。仿真结果如图 5.24～5.28 所示。

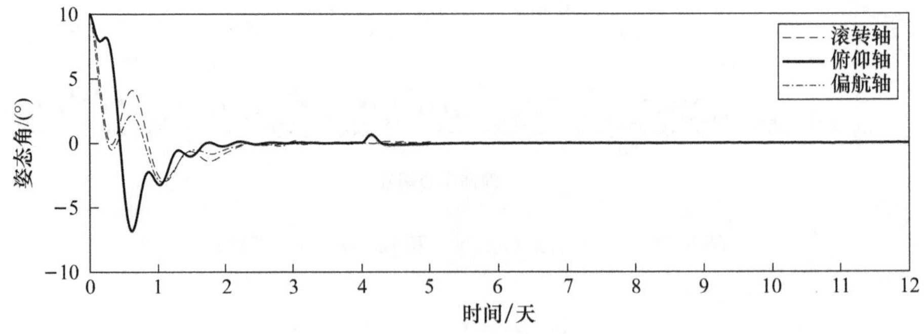

图 5.24 姿态角仿真结果

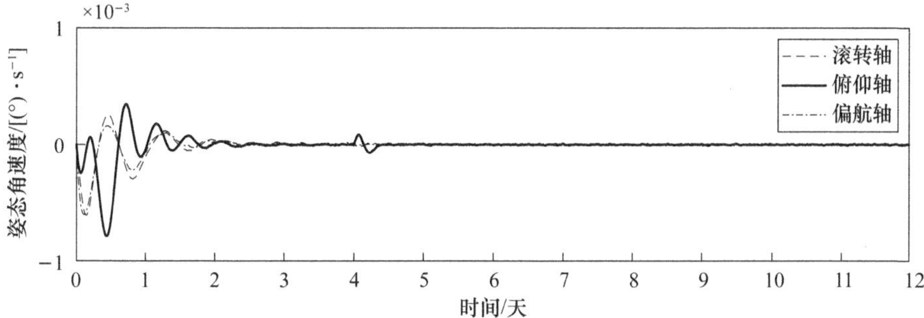

图 5.25　姿态角速度仿真结果

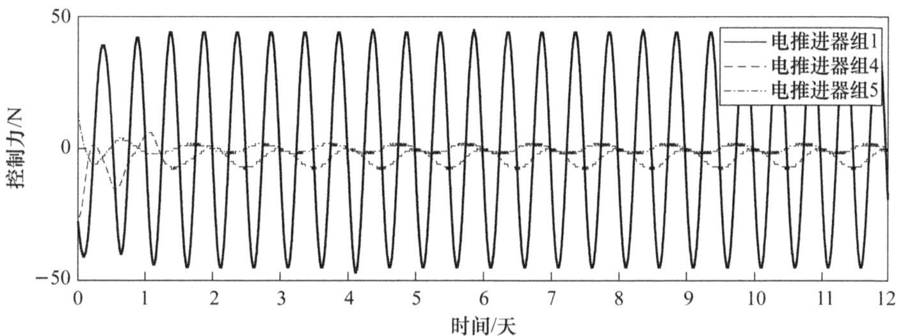

图 5.26　电推进器组输出仿真结果

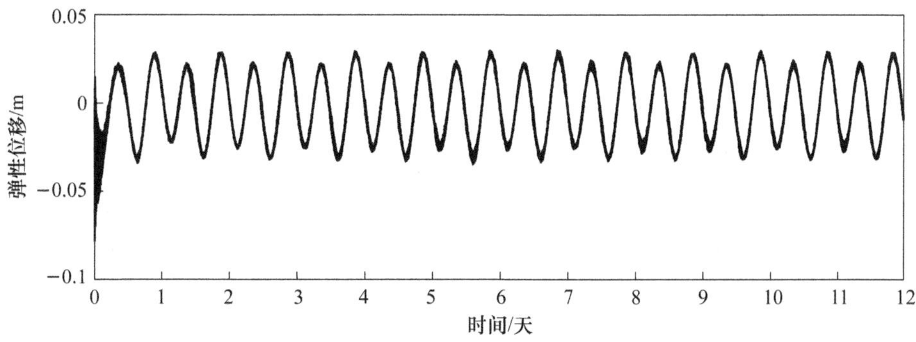

图 5.27　电推进器组 6 处弹性位移

图 5.24 和图 5.25 为姿态角和姿态角速度的仿真曲线。容易看出，无论是使用低反馈增益还是相对高的反馈增益，姿态运动均是稳定的。在反馈增益的切换点处，仅俯仰运动存在小的跳跃。与此同时，最大瞬态角速度不超过 1×10^{-3} (°)/s，远低于结构基频。图 5.26 为电推进器组的仿真曲线。容易看出，电推进器组需要持续输出来抵消持续性的重力梯度力矩、太阳光压力矩和微波反作用力矩。虽然存

在控制增益的切换,但电推进器组的输出并未存在明显波动。图 5.27 显示出了电推进器组 6 处的弹性位移变化曲线。容易看出,最大瞬态弹性位移不超过0.1 m,符合小变形的假设条件。由于控制力和外界干扰力均为周期性的,故稳态的弹性变形也是周期变化的。最大稳态弹性变形不超过 0.05 m。姿态角的误差曲线如图 5.28所示。容易看出,三轴姿态误差为±0.05°,满足优于±0.1°的指向要求[23]。

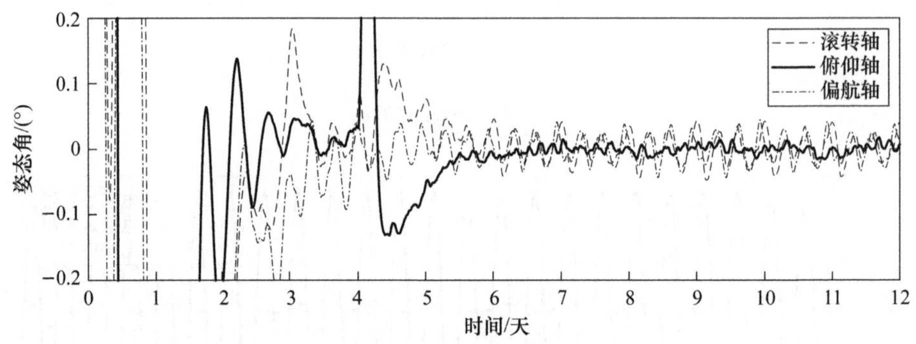

图 5.28 姿态角误差

5.6 本章小结

本章首先采用浮动坐标系的相对描述方式,基于第二类 Lagrange 方程建立了 Abacus 空间太阳能电站刚柔耦合的非线性姿态动力学模型和线性化姿态动力学模型。在建模过程中,着重考虑了两种不同的浮动坐标系,结果表明基于线性平均轴坐标系的动力学模型在形式上更为精练。然后,分析了重力/姿态耦合效应对姿态运动的影响,并基于刚体动力学模型设计了包含有前馈补偿、定常输出反馈补偿、内模反馈补偿和时变输出反馈补偿的控制器,实现了在满足姿态控制精度要求下的较低控制带宽设计。之后,研究了控制/结构相互作用问题,分析了不同弹性模态对控制/结构相互作用的影响,并提出了采用多敏感器优化配置方法来减弱控制/结构相互作用。结果表明高阶弹性模态对控制/结构相互作用有着重要影响,且多敏感器方法可有效减弱控制/结构相互作用。最后,给出了针对 Abacus 空间太阳能电站的基于多敏感器的鲁棒增强控制方法,并提出了时域多敏感器优化指标和频域多敏感器优化指标。数值仿真结果证实了所提出的控制设计能确保实现±0.05°的姿态指向精度,且多敏感器方法对于敏感器故障情况具有较好的鲁棒性。本章所讨论主题的更多细节见参考文献[113]。

第 6 章

多体式空间太阳能电站姿态动力学与控制

本章以兆瓦级多旋转关节式空间太阳能电站(MR - SSPS)为对象研究多体式空间太阳能电站的姿态动力学与控制问题。兆瓦级 MR - SSPS 是由中国空间技术研究院钱学森空间技术实验室所提出的概念构型[114]。如图 6.1 所示,该构型由一个长 800 m 的中心桁架结构(由一个 800 m 的长桁架和一个直径为 23 m 的桶状桁架组成)、一个直径为 150 m 的微波发射天线和 24 个 25 m×100 m 太阳能电池子阵(每个太阳能电池子阵由中心桁架两侧的电池板及其中间的连接桁架组成)组成。MR - SSPS 的设计轨道为地球静止轨道,在正常运行期间,24 个电池子阵可通过电机驱动始终保持板面的对日指向。此种分散式的设计解决了传统空间太阳能电站方案中的极大功率导电旋转关节技术难题,并避免了单个太阳能电池子阵故障引发的系统问题。不同于第 5 章的 Abacus 空间太阳能电站,由于 MR - SSPS 的中心桁架结构(包括结构上的硬件设备)质量占整个电站总质量的 40%,多体特征明显,故需将其作为多体式航天器而非单体式航天器进行研究。

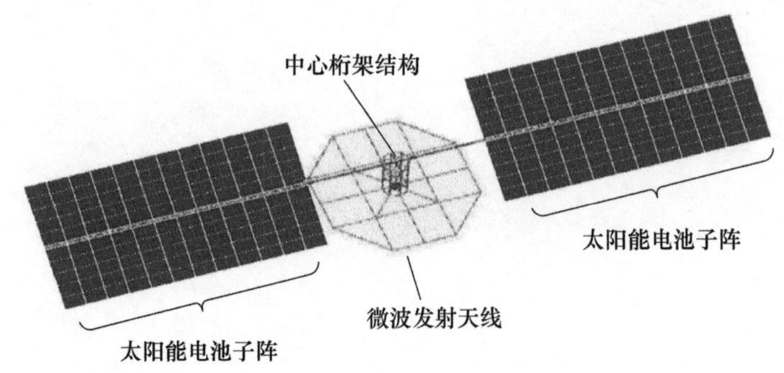

图 6.1 MR - SSPS

本章首先综合权衡多种因素给出 MR - SSPS 的姿态定向方式。然后基于第二类 Lagrange 方程建立 MR - SSPS 的多柔性体姿态动力学模型及外界干扰模型,并给出 MR - SSPS 的有限元模型及用于控制设计的简化模型。最后针对 MR - SSPS 的对日/对地指向控制问题提出一种混合高低带宽鲁棒控制方法,并通过数值仿真验证所提出控制方法的有效性。

6.1 姿态定向方式

影响 MR - SSPS 姿态控制设计的一个重要因素是姿态定向方式。姿态定向方式的选择需要综合权衡姿态控制需求、太阳能收集损失量、外界干扰力矩大小和控制/结构相互作用问题等因素。图 6.2 所示为 MR－SSPS 的 3 种候选姿态定向方式:参考姿态 1、参考姿态 2 和参考姿态 3。参考姿态 1 为 MR－SSPS 初始设计时的姿态定向方式[19, 114]。在该定向方式中,中心桁架结构与天线固结在一起,在运行过程中始终保持对地指向;24 个电池子阵可绕中心桁架结构进行单自由度旋转以实现对日指向跟踪。此种姿态定向方式在实现上最为简单,所需硬件最少。然而,由于具有最低结构基频的中心桁架结构需要与天线一起实现高精度指向控制,因此导致了潜在的控制/结构相互作用问题。与此同时,在该种定向方式下,中心桁架结构并不垂直于轨道平面,所产生的较大的常值重力梯度力矩造成了过多的燃料消耗。参考姿态 2 和参考姿态 3 是参考姿态 1 的改进。在这两种姿态定向方式中,微波发射天线与中心桁架结构通过球铰连接,且可绕中心桁架结构进行三自由度旋转。由于铰接点位于天线质心(约束力通过天线质心),这两种姿态定向方式最小化了中心桁架结构与天线之间的姿态运动耦合,分离了中心桁架结构与微波发射天线的姿态控制设计,避免了对中心桁架结构的过高激励。与此同时,这两种姿态定向方式也易于实现微波发射天线的快速重新定向,符合空间太阳能电站用于救灾及重要设施紧急供电的用途。对于参考姿态 2,中心桁架结构在运行过程中始终垂直于轨道平面,这使得常值重力梯度力矩最小化。然而,由于黄赤交角的存在,该定向方式导致了太阳能收集的损失。损失量在春、秋分时为 0,在夏、冬至时达到最大。不过,能量的损失可通过增加太阳能电池阵面积的方式来弥补,这也是传统地球同步卫星补偿此种能量损失的方式[115]。对于参考姿态 3,中心桁架结构始终垂直于黄道平面,24 个电池子阵可绕中心桁架结构进行单自由度旋转以确保太阳光线始终垂直照射电池阵面。该定向方式最大化了太阳能收集量,最小化了常值重力梯度力矩,但也造成了较大的循环重力梯度力矩,这对于执行机构提出了更高要求。三种参考姿态的对比结果如表 6.1 所列。对于参考姿态 2 和参考姿态 3 的优劣对比仍然需要从总体上进行系统性的评估。然而,参考姿态 2 和参考姿态 3 在姿态动力学建模与控制设计上是基本相同的,唯一的区别是控制器的输入指令(姿态跟踪指令)不同。因此,本章将仅以参考姿态 2 为基准来研究 MR－SSPS 的姿态动力学建模与鲁棒控制问题。

注 6－1:对地定向的航天器所受的常值重力梯度力矩与其转动惯量成正比。对于参考姿态 2,中心桁架结构所受重力梯度力矩为 0,电池子阵产生循环重力梯度力矩,故仅有微波发射天线产生常值重力梯度力矩,且其大小正比于天线的转动惯量及天线相对于轨道坐标系的偏差角。常值重力梯度力矩会导致角动量交换装置的角动量饱和问题,需要采用推力器进行动量卸载,这也是姿态控制中燃料消耗的主要来源。

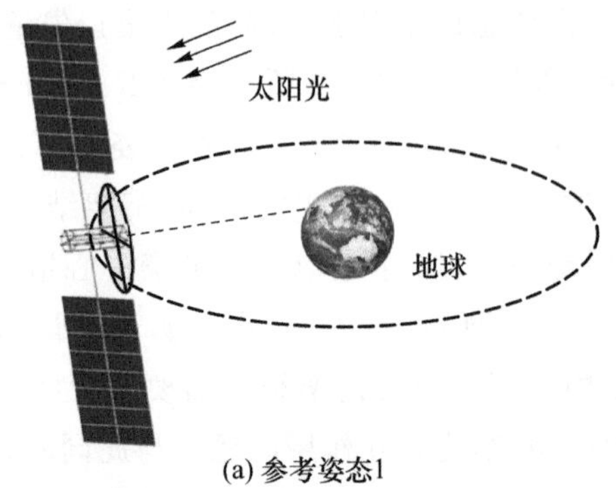

(a) 参考姿态1

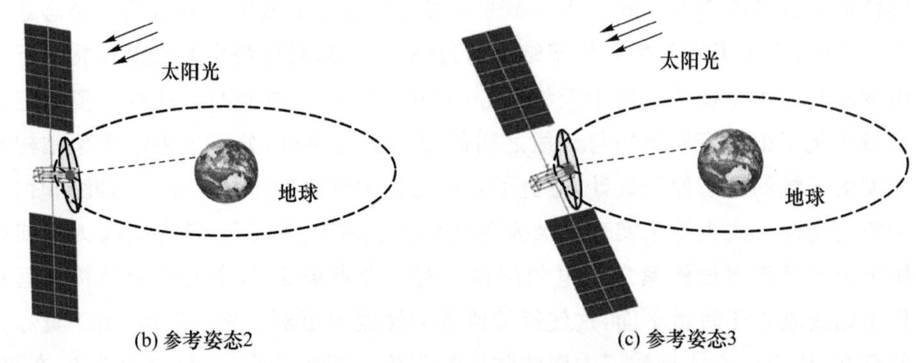

(b) 参考姿态2 (c) 参考姿态3

图 6.2 MR－SSPS 姿态定向示意图

表 6.1 三种参考姿态比较

参考姿态	太阳能收集损失率/％（忽略地影影响）	30 年燃料消耗量/kg（克服常值重力梯度力矩）	重力梯度力矩幅值/（N·m）（中心桁架/电池阵）
参考姿态 1	4.3	785	16
参考姿态 2	4.1	46	0.4
参考姿态 3	0	46	71

注：上述数据计算以天线指向北京为例，燃料消耗量为克服常值重力梯度力矩所需燃料，并假定采用比冲为 5 000 s 的电推进器。

6.2 多柔性体姿态动力学建模

本节采用浮动坐标系的相对描述方式，基于第二类 Lagrange 方程推导 MR－

SSPS 的多柔性体姿态动力学模型。动力学模型的建立遵从如下 3 个基本假设条件：

① 结构满足线弹性、小变形假设条件；

② 轨道运动对姿态运动和结构振动的影响可忽略；

③ 结构变形对外界干扰（重力梯度、太阳光压和微波反作用力）的影响可忽略。

假设条件①表明结构变形相对于结构的特征尺寸是充分小的，结构变形可通过模态叠加法进行描述；假设条件②表明在本节公式推导中将不考虑轨道运动的影响，即假定 MR－SSPS 始终位于理想的地球静止轨道上；假设条件③与假设条件①的小变形假设相对应，表明与外界干扰所对应的广义力和结构的变形无关。

不同于在 Abacus－SSPS 姿态动力学与控制研究中着重采用线性平均轴坐标系的做法，本节中所使用的浮动坐标系均为局部附着坐标系。这是由于：

① 对于 MR－SSPS 这类多体式空间太阳能电站，其多柔性体姿态动力学模型过于复杂，采用线性平均轴坐标系虽然能够简化动力学方程形式，但所得到的动力学方程仍然很复杂。因此，在多体式空间太阳能电站姿态动力学与控制研究中应用线性平均轴坐标系进行建模并不会给控制设计和动力学分析带来任何实质性的好处。

② 在 MR－SSPS 动力学建模中，采用局部附着坐标系的一个好处是可以将中心桁架结构局部附着坐标系的原点取为整个电站在未变形前的质心而非中心桁架结构的质心，这可以最小化 MR－SSPS 姿态运动和轨道运动之间的耦合作用。

因此，在本节的研究中，局部附着坐标系是比线性平均轴坐标系更为合适的选择。为方便起见，在下面的公式推导中将局部附着坐标系简单地称为“固连系”，所使用的弹性模态均为约束模态。

6.2.1　运动学方程

图 6.3 所示为 MR－SSPS 多柔性体动力学建模示意图。其中，B_c 为中心桁架结构，B_i 为第 i 个电池子阵，B_a 为微波发射天线。坐标系 n 为地心惯性系，坐标系 O 为轨道坐标系，坐标系 b_c 为中心桁架结构固连系，坐标系 b_i 为第 i 个电池子阵固连系，坐标系 b_{ci} 为附着于第 i 个电池子阵与中心桁架结构铰接点处且三轴方向与中心桁架结构未变形时坐标系 b_c 的三轴方向平行的坐标系，坐标系 b_a 为微波发射天线固连系。中心桁架结构、第 i 个电池子阵和天线上任意一点的位置向量在地心惯性坐标系下可表示为

$$\boldsymbol{R}^c=\boldsymbol{R}^{b_c}+\boldsymbol{A}_{nc}(\boldsymbol{r}^c+\boldsymbol{u}^c) \tag{6.1}$$

$$\boldsymbol{R}^i=\boldsymbol{R}^{b_c}+\boldsymbol{A}_{nc}(\boldsymbol{r}^{ci}+\boldsymbol{u}^{ci})+\boldsymbol{A}_{ni}(\boldsymbol{r}^i+\boldsymbol{u}^i) \tag{6.2}$$

$$\boldsymbol{R}^a=\boldsymbol{R}^{b_c}+\boldsymbol{A}_{nc}(\boldsymbol{r}^{ca}+\boldsymbol{u}^{ca})+\boldsymbol{A}_{na}(\boldsymbol{r}^a+\boldsymbol{u}^a) \tag{6.3}$$

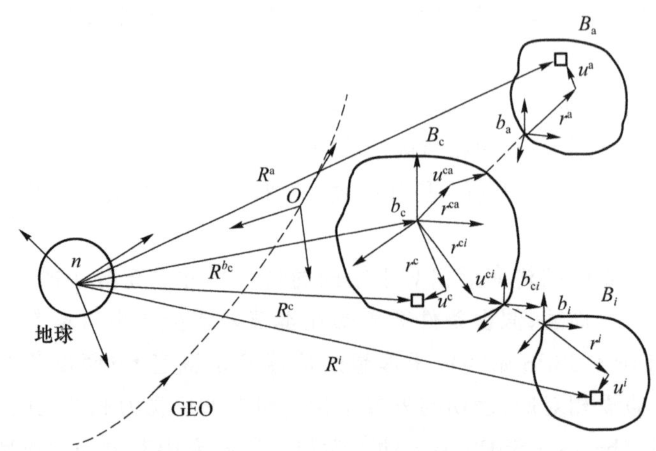

图 6.3　MR - SSPS 多柔性体建模示意图

式中：$\boldsymbol{R}^{b_c}$ 为坐标系 b_c 的原点在坐标系 n 下的位置向量；$\boldsymbol{r}^c$ 为中心桁架结构上任意一点在未变形时在坐标系 b_c 下的位置向量；$\boldsymbol{r}^i$ 为第 i 个电池子阵上任意一点在未变形时在坐标系 b_i 下的位置向量；$\boldsymbol{r}^a$ 为天线上任意一点在未变形时在坐标系 b_a 下的位置向量；$\boldsymbol{r}^{ci}$ 为坐标系 b_{ci} 的原点在未变形时在坐标系 b_c 下的位置向量；$\boldsymbol{r}^{ca}$ 为坐标系 b_a 的原点在未变形时在坐标系 b_c 下的位置向量；$\boldsymbol{u}^c$、$\boldsymbol{u}^i$、$\boldsymbol{u}^a$、$\boldsymbol{u}^{ci}$ 和 $\boldsymbol{u}^{ca}$ 分别为对应点处的变形向量。此外，矩阵 $\boldsymbol{A}_{nc}$ 为由坐标系 b_c 到坐标系 n 的坐标变换矩阵，其余具有不同下标表示的矩阵 $\boldsymbol{A}$ 的定义类似。

若采用模态叠加法表示变形向量，则中心桁架结构、第 i 个电池子阵和天线上任意一点的速度向量在地心惯性坐标系下可表示为

$$\dot{\boldsymbol{R}}^c=\dot{\boldsymbol{R}}^{b_c}+\boldsymbol{A}_{nc}(\boldsymbol{r}^c+\boldsymbol{\phi}^c\boldsymbol{q}^c)^{\times \mathrm{T}}\boldsymbol{\omega}^{b_c}+\boldsymbol{A}_{nc}\boldsymbol{\phi}^c\dot{\boldsymbol{q}}^c \tag{6.4}$$

$$\begin{aligned}\dot{\boldsymbol{R}}^i=&\dot{\boldsymbol{R}}^{b_c}+\boldsymbol{A}_{nc}[\boldsymbol{r}^{ci}+\boldsymbol{\phi}^{ci}\boldsymbol{q}^c+\boldsymbol{A}_{ci}(\boldsymbol{r}^i+\boldsymbol{\phi}^i\boldsymbol{q}^i)]^{\times \mathrm{T}}\boldsymbol{\omega}^{b_c}+\boldsymbol{A}_{ni}(\boldsymbol{r}^i+\boldsymbol{\phi}^i\boldsymbol{q}^i)^{\times \mathrm{T}}\boldsymbol{\omega}^{b_{cii}}+\\&\boldsymbol{A}_{nc}[\boldsymbol{\phi}^{ci}+\boldsymbol{A}_{ci}(\boldsymbol{r}^i+\boldsymbol{\phi}^i\boldsymbol{q}^i)^{\times \mathrm{T}}\boldsymbol{A}_{ic}\boldsymbol{\phi}'^{ci}]\dot{\boldsymbol{q}}^c+\boldsymbol{A}_{ni}\boldsymbol{\phi}^i\dot{\boldsymbol{q}}^i\end{aligned} \tag{6.5}$$

$$\dot{\boldsymbol{R}}^a=\dot{\boldsymbol{R}}^{b_c}+\boldsymbol{A}_{nc}(\boldsymbol{r}^{ca}+\boldsymbol{\phi}^{ca}\boldsymbol{q}^c)^{\times \mathrm{T}}\boldsymbol{\omega}^{b_c}+\boldsymbol{A}_{nc}\boldsymbol{\phi}^{ca}\dot{\boldsymbol{q}}^c+\boldsymbol{A}_{na}(\boldsymbol{r}^a+\boldsymbol{\phi}^a\boldsymbol{q}^a)^{\times \mathrm{T}}\boldsymbol{\omega}^{b_a}+\boldsymbol{A}_{na}\boldsymbol{\phi}^a\dot{\boldsymbol{q}}^a \tag{6.6}$$

式中：$\boldsymbol{\omega}^{b_c}$ 为坐标系 b_c 相对于坐标系 n 的角速度，且在坐标系 b_c 下度量；$\boldsymbol{\omega}^{b_{cii}}$ 为坐标系 b_i 相对于坐标系 b_{ci} 的角速度，且在坐标系 b_i 下度量；$\boldsymbol{\omega}^{b_a}$ 为坐标系 b_a 相对于坐标系 n 的角速度，且在坐标系 b_a 下度量；$\boldsymbol{q}^c$ 表示中心桁架结构的弹性模态坐标；$\boldsymbol{q}^i$ 表示第 i 个电池子阵的弹性模态坐标；$\boldsymbol{q}^a$ 表示天线的弹性模态坐标；$\boldsymbol{\phi}^c=[\boldsymbol{\phi}_1^c\ \ \cdots\ \ \boldsymbol{\phi}_{n_c}^c]$、$\boldsymbol{\phi}^i=[\boldsymbol{\phi}_1^i\ \ \cdots\ \ \boldsymbol{\phi}_{n_i}^i]$ 和 $\boldsymbol{\phi}^a=[\boldsymbol{\phi}_1^a\ \ \cdots\ \ \boldsymbol{\phi}_{n_a}^a]$ 分别表示中心桁架结构、第 i 个电池子阵和天线的振型；$\boldsymbol{\phi}^{ci}$ 和 $\boldsymbol{\phi}'^{ci}$ 分别表示中心桁架结构在与第 i 个电池子阵铰接点处的振型与振型斜率；$\boldsymbol{\phi}^{ca}$ 表示中心桁架结构在与天线铰接点处的振

型；n_{c}、n_i 和 n_{a} 分别为中心桁架结构、第 i 个电池子阵和天线所截取的弹性模态数目。

由于 MR－SSPS 的质心位置不随电池子阵和天线的旋转而改变(未变形时)，并且电池子阵和天线也是对称的，所以可将坐标系 b_{c} 的原点取为 MR－SSPS 未变形前的质心，坐标系 b_i 的原点取为第 i 个电池子阵未变形前的质心或铰接点，坐标系 b_{a} 的原点取为天线未变形前的质心或铰接点，则下述条件成立：

$$\int_{m^{\mathrm{c}}} \boldsymbol{r}^{\mathrm{c}} \mathrm{d}m + \sum_{i=1}^{N} m^i \boldsymbol{r}^{\mathrm{c}i} + m^{\mathrm{a}} \boldsymbol{r}^{\mathrm{ca}} = 0 \tag{6.7}$$

$$\int_{m^i} \boldsymbol{r}^i \mathrm{d}m = 0 \tag{6.8}$$

$$\int_{m^{\mathrm{a}}} \boldsymbol{r}^{\mathrm{a}} \mathrm{d}m = 0 \tag{6.9}$$

式中：m^{c}、m^i 和 m^{a} 分别表示中心桁架结构、第 i 个电池子阵和天线的质量。

姿态采用欧拉角的描述方式，默认基于“231”的转序。其中，中心桁架结构的姿态采用 3 个欧拉角($\theta_1^{\mathrm{c}}, \theta_2^{\mathrm{c}}, \theta_3^{\mathrm{c}}$)描述，第 i 个电池子阵的姿态采用一个欧拉角 θ^i 描述，天线的姿态采用 3 个欧拉角($\theta_1^{\mathrm{a}}, \theta_2^{\mathrm{a}}, \theta_3^{\mathrm{a}}$)描述，则 $\boldsymbol{A}_{cn}$、$\boldsymbol{A}_{ci}$ 和 $\boldsymbol{A}_{an}$ 可分别表示为

$$\boldsymbol{A}_{cn} = \begin{bmatrix} C_2^{\mathrm{c}} C_3^{\mathrm{c}} & S_3^{\mathrm{c}} & -S_2^{\mathrm{c}} C_3^{\mathrm{c}} \\ -C_2^{\mathrm{c}} S_3^{\mathrm{c}} C_1^{\mathrm{c}} + S_1^{\mathrm{c}} S_2^{\mathrm{c}} & C_3^{\mathrm{c}} C_1^{\mathrm{c}} & S_2^{\mathrm{c}} S_3^{\mathrm{c}} C_1^{\mathrm{c}} + S_1^{\mathrm{c}} C_2^{\mathrm{c}} \\ C_2^{\mathrm{c}} S_3^{\mathrm{c}} S_1^{\mathrm{c}} + C_1^{\mathrm{c}} S_2^{\mathrm{c}} & -C_3^{\mathrm{c}} S_1^{\mathrm{c}} & -S_2^{\mathrm{c}} S_3^{\mathrm{c}} S_1^{\mathrm{c}} + C_1^{\mathrm{c}} C_2^{\mathrm{c}} \end{bmatrix} \tag{6.10}$$

$$\boldsymbol{A}_{ci} \approx \boldsymbol{A}_{cii} = \begin{bmatrix} C_2^i & 0 & S_2^i \\ 0 & 1 & 0 \\ -S_2^i & 0 & C_2^i \end{bmatrix} \tag{6.11}$$

$$\boldsymbol{A}_{an} = \begin{bmatrix} C_2^{\mathrm{a}} C_3^{\mathrm{a}} & S_3^{\mathrm{a}} & -S_2^{\mathrm{a}} C_3^{\mathrm{a}} \\ -C_2^{\mathrm{a}} S_3^{\mathrm{a}} C_1^{\mathrm{a}} + S_1^{\mathrm{a}} S_2^{\mathrm{a}} & C_3^{\mathrm{a}} C_1^{\mathrm{a}} & S_2^{\mathrm{a}} S_3^{\mathrm{a}} C_1^{\mathrm{a}} + S_1^{\mathrm{a}} C_2^{\mathrm{a}} \\ C_2^{\mathrm{a}} S_3^{\mathrm{a}} S_1^{\mathrm{a}} + C_1^{\mathrm{a}} S_2^{\mathrm{a}} & -C_3^{\mathrm{a}} S_1^{\mathrm{a}} & -S_2^{\mathrm{a}} S_3^{\mathrm{a}} S_1^{\mathrm{a}} + C_1^{\mathrm{a}} C_2^{\mathrm{a}} \end{bmatrix} \tag{6.12}$$

其中，$C_i^{\mathrm{c}} = \cos\theta_i^{\mathrm{c}}$，$S_i^{\mathrm{c}} = \sin\theta_i^{\mathrm{c}}$，$C_2^i = \cos\theta^i$，$S_2^i = \sin\theta^i$，$C_i^{\mathrm{a}} = \cos\theta_i^{\mathrm{a}}$，$S_i^{\mathrm{a}} = \sin\theta_i^{\mathrm{a}}$。进一步地，姿态运动的微分运动学关系为

$$\boldsymbol{\omega}^{b_{\mathrm{c}}} = \boldsymbol{C}^{b_{\mathrm{c}}} \dot{\boldsymbol{\theta}}^{\mathrm{c}} = \begin{bmatrix} 1 & S_3^{\mathrm{c}} & 0 \\ 0 & C_1^{\mathrm{c}} C_3^{\mathrm{c}} & S_1^{\mathrm{c}} \\ 0 & -S_1^{\mathrm{c}} C_3^{\mathrm{c}} & C_1^{\mathrm{c}} \end{bmatrix} \begin{bmatrix} \dot{\theta}_1^{\mathrm{c}} \\ \dot{\theta}_2^{\mathrm{c}} \\ \dot{\theta}_3^{\mathrm{c}} \end{bmatrix} \tag{6.13}$$

$$\boldsymbol{\omega}^{b_{\mathrm{c}ii}} = \dot{\theta}^i \tag{6.14}$$

$$\boldsymbol{\omega}^{b_{\mathrm{a}}} = \boldsymbol{C}^{b_{\mathrm{a}}} \dot{\boldsymbol{\theta}}^{\mathrm{a}} = \begin{bmatrix} 1 & S_3^{\mathrm{a}} & 0 \\ 0 & C_1^{\mathrm{a}} C_3^{\mathrm{a}} & S_1^{\mathrm{a}} \\ 0 & -S_1^{\mathrm{a}} C_3^{\mathrm{a}} & C_1^{\mathrm{a}} \end{bmatrix} \begin{bmatrix} \dot{\theta}_1^{\mathrm{a}} \\ \dot{\theta}_2^{\mathrm{a}} \\ \dot{\theta}_3^{\mathrm{a}} \end{bmatrix} \tag{6.15}$$

注 6-2:在当前的建模过程中采用了小变形的假设条件,但结构振动速度是不可忽略的。虽然 $\boldsymbol{A}_{ci}\approx\boldsymbol{A}_{cii}$,但$\dot{\boldsymbol{A}}_{ci}\neq\dot{\boldsymbol{A}}_{cii}$。实际上,$\dot{\boldsymbol{A}}_{ci}\approx(\boldsymbol{\varphi}^{ci}\dot{\boldsymbol{q}}^{c})^{\times}\boldsymbol{A}_{ci}+\boldsymbol{A}_{ci}\boldsymbol{E}^{\times}\dot{\boldsymbol{\theta}}^{i}$。

注 6-3:虽然欧拉角在描述大角度姿态运动时会出现奇异性的问题,但本章并未涉及 3 个欧拉角均为大角度的情况,默认采用的“231”转序可避免欧拉角的奇异性问题,故在本章中,姿态描述方式仍采用欧拉角的形式。

6.2.2 动力学方程

为推导 MR-SSPS 的动力学方程,需要导出其动能、势能和控制力虚功的表达式。基于方程(6.4)~(6.6)和假设条件②,MR-SSPS 的动能可表示为

$$
\begin{aligned}
T=&\frac{1}{2}\boldsymbol{\omega}^{b_c\mathrm{T}}\boldsymbol{m}_{cc}\boldsymbol{\omega}^{b_c}+\frac{1}{2}\sum_{i=1}^{N}\dot{\theta}^{i2}\boldsymbol{m}_{ii}+\frac{1}{2}\boldsymbol{\omega}^{b_a\mathrm{T}}\boldsymbol{m}_{aa}\boldsymbol{\omega}^{b_a}+\frac{1}{2}\dot{\boldsymbol{q}}^{c\mathrm{T}}\boldsymbol{m}_{cece}\dot{\boldsymbol{q}}^{c}+\frac{1}{2}\sum_{i=1}^{N}\dot{\boldsymbol{q}}^{i\mathrm{T}}\dot{\boldsymbol{q}}^{i}+\\
&\frac{1}{2}\dot{\boldsymbol{q}}^{a\mathrm{T}}\dot{\boldsymbol{q}}^{a}+\boldsymbol{\omega}^{b_c\mathrm{T}}\sum_{i=1}^{N}\boldsymbol{m}_{ci}\dot{\theta}^{i}+\boldsymbol{\omega}^{b_c\mathrm{T}}\boldsymbol{m}_{ca}\boldsymbol{\omega}^{b_a}+\boldsymbol{\omega}^{b_c\mathrm{T}}\boldsymbol{m}_{cce}\dot{\boldsymbol{q}}^{c}+\boldsymbol{\omega}^{b_c\mathrm{T}}\sum_{i=1}^{N}\boldsymbol{m}_{cie}\dot{\boldsymbol{q}}^{i}+\\
&\boldsymbol{\omega}^{b_c\mathrm{T}}\boldsymbol{m}_{cae}\dot{\boldsymbol{q}}^{a}+\sum_{i=1}^{N}\dot{\theta}^{i}\boldsymbol{m}_{ice}\dot{\boldsymbol{q}}^{c}+\sum_{i=1}^{N}\dot{\theta}^{i}\boldsymbol{m}_{iie}\dot{\boldsymbol{q}}^{i}+\boldsymbol{\omega}^{b_a\mathrm{T}}\boldsymbol{m}_{ace}\dot{\boldsymbol{q}}^{c}+\boldsymbol{\omega}^{b_a\mathrm{T}}\boldsymbol{m}_{aae}\dot{\boldsymbol{q}}^{a}+\\
&\dot{\boldsymbol{q}}^{c\mathrm{T}}\sum_{i=1}^{N}\boldsymbol{m}_{ceie}\dot{\boldsymbol{q}}^{i}+\dot{\boldsymbol{q}}^{c\mathrm{T}}\boldsymbol{m}_{ceae}\dot{\boldsymbol{q}}^{a}
\end{aligned}
\tag{6.16}
$$

式中:系数矩阵 $\boldsymbol{m}_{cc}$、$\boldsymbol{m}_{ii}$、$\boldsymbol{m}_{aa}$、$\boldsymbol{m}_{cece}$、$\boldsymbol{m}_{ci}$、$\boldsymbol{m}_{ca}$、$\boldsymbol{m}_{cce}$、$\boldsymbol{m}_{cie}$、$\boldsymbol{m}_{cae}$、$\boldsymbol{m}_{ice}$、$\boldsymbol{m}_{iie}$、$\boldsymbol{m}_{ace}$、$\boldsymbol{m}_{aae}$、$\boldsymbol{m}_{ceie}$和$\boldsymbol{m}_{ceae}$的详细表达式见附录 B。

弹性势能可表示为

$$
U_e=\frac{1}{2}\left(\boldsymbol{q}^{c\mathrm{T}}\boldsymbol{\Omega}^{c}\boldsymbol{q}^{c}+\sum_{i=1}^{N}\boldsymbol{q}^{i\mathrm{T}}\boldsymbol{\Omega}^{i}\boldsymbol{q}^{i}+\boldsymbol{q}^{a\mathrm{T}}\boldsymbol{\Omega}^{a}\boldsymbol{q}^{a}\right)
\tag{6.17}
$$

式中:$\boldsymbol{\Omega}^{c}=\mathrm{diag}(\omega_{e1}^{c2}\quad\cdots\quad\omega_{en_c}^{c2})$;$\boldsymbol{\Omega}^{i}=\mathrm{diag}(\omega_{e1}^{i2}\quad\cdots\quad\omega_{en_i}^{i2})$;$\boldsymbol{\Omega}^{a}=\mathrm{diag}(\omega_{e1}^{a2}\quad\cdots\quad\omega_{en_a}^{a2})$。$\omega_{ei}^{c}$表示中心桁架结构的第 i 阶弹性模态的频率,ω_{ej}^{i}表示第 i 个电池子阵的第 j 阶弹性模态的频率,ω_{ei}^{a}表示天线的第 i 阶弹性模态的频率。

控制力的虚功可表示为

$$
\begin{aligned}
\delta W_f=&\int_{V^c}\boldsymbol{T}^{c\mathrm{T}}\boldsymbol{C}^{b_c}\delta\boldsymbol{\theta}^{c}\mathrm{d}V+\int_{V^c}\boldsymbol{T}^{c\mathrm{T}}\boldsymbol{\varphi}^{c}\delta\boldsymbol{q}^{c}\mathrm{d}V+\sum_{i=1}^{N}T^{i}\delta\theta^{i}+\\
&\int_{V^a}\boldsymbol{T}^{a\mathrm{T}}\boldsymbol{C}^{b_a}\delta\boldsymbol{\theta}^{a}\mathrm{d}V+\int_{V^a}\boldsymbol{T}^{a\mathrm{T}}\boldsymbol{\varphi}^{a}\delta\boldsymbol{q}^{a}\mathrm{d}V
\end{aligned}
\tag{6.18}
$$

式中:$\boldsymbol{T}^{c}$表示作用于中心桁架结构上的力矩执行器(控制力矩陀螺或基于空间装配的大口径动量轮)的控制力矩;T^{i}表示作用于第 i 个电池子阵的电机的控制力矩(相互作用力矩);T^{a}表示作用于天线上的力矩执行器(控制力矩陀螺或基于空间装配的大口径动量轮)的控制力矩。

基于方程(6.16)~(6.18),采用标准及准坐标形式第二类 Lagrange 方程导出

的 MR－SSPS 的多柔性体姿态动力学模型如下：

$$
\begin{aligned}
&\boldsymbol{m}_{cc}\dot{\boldsymbol{\omega}}^{b_c}+\sum_{i=1}^{N}\boldsymbol{m}_{ci}\ddot{\theta}^{i}+\boldsymbol{m}_{ca}\dot{\boldsymbol{\omega}}^{b_a}+m_{cce}\ddot{\boldsymbol{q}}^{c}+\sum_{i=1}^{N}\boldsymbol{m}_{cie}\ddot{\boldsymbol{q}}^{i}+\boldsymbol{m}_{cae}\ddot{\boldsymbol{q}}^{a}+\dot{\boldsymbol{m}}_{cc}\boldsymbol{\omega}^{b_c}+\\
&\sum_{i=1}^{N}\dot{\boldsymbol{m}}_{ci}\dot{\theta}^{i}+\dot{\boldsymbol{m}}_{ca}\boldsymbol{\omega}^{b_a}+\dot{\boldsymbol{m}}_{cce}\dot{\boldsymbol{q}}^{c}+\sum_{i=1}^{N}\dot{\boldsymbol{m}}_{cie}\dot{\boldsymbol{q}}^{i}+\dot{\boldsymbol{m}}_{cae}\dot{\boldsymbol{q}}^{a}+\boldsymbol{\omega}^{b_c\times}\boldsymbol{m}_{cc}\boldsymbol{\omega}^{b_c}+\\
&\boldsymbol{\omega}^{b_c\times}\sum_{i=1}^{N}\boldsymbol{m}_{ci}\dot{\theta}^{i}+\boldsymbol{\omega}^{b_c\times}\boldsymbol{m}_{ca}\boldsymbol{\omega}^{b_a}+\boldsymbol{\omega}^{b_c\times}\boldsymbol{m}_{cce}\dot{\boldsymbol{q}}^{c}+\boldsymbol{\omega}^{b_c\times}\sum_{i=1}^{N}\boldsymbol{m}_{cie}\dot{\boldsymbol{q}}^{i}+\\
&\boldsymbol{\omega}^{b_c\times}\boldsymbol{m}_{cae}\dot{\boldsymbol{q}}^{a}-(\boldsymbol{C}^{b_c})^{-T}\left(\frac{\partial T}{\partial\boldsymbol{\theta}^{b_c}}\right)=\boldsymbol{T}^{c}
\end{aligned}
\tag{6.19}
$$

$$
\begin{aligned}
&\boldsymbol{m}_{ii}\ddot{\theta}^{i}+\boldsymbol{m}_{ci}^{T}\dot{\boldsymbol{\omega}}^{b_c}+\boldsymbol{m}_{ice}\ddot{\boldsymbol{q}}^{c}+\boldsymbol{m}_{iie}\ddot{\boldsymbol{q}}^{i}+\dot{\boldsymbol{m}}_{ii}\dot{\theta}^{i}+\\
&\dot{\boldsymbol{m}}_{ci}^{T}\boldsymbol{\omega}^{b_c}+\dot{\boldsymbol{m}}_{ice}\dot{\boldsymbol{q}}^{c}+\dot{\boldsymbol{m}}_{iie}\dot{\boldsymbol{q}}^{i}-\frac{\partial T}{\partial\theta^{i}}=T^{i}\quad(i=1,2,\cdots,N)
\end{aligned}
\tag{6.20}
$$

$$
\begin{aligned}
&\boldsymbol{m}_{aa}\dot{\boldsymbol{\omega}}^{b_a}+\boldsymbol{m}_{ca}^{T}\dot{\boldsymbol{\omega}}^{b_c}+\boldsymbol{m}_{ace}\ddot{\boldsymbol{q}}^{c}+\boldsymbol{m}_{aae}\ddot{\boldsymbol{q}}^{a}+\dot{\boldsymbol{m}}_{aa}\boldsymbol{\omega}^{b_a}+\dot{\boldsymbol{m}}_{ca}^{T}\boldsymbol{\omega}^{b_c}+\\
&\dot{\boldsymbol{m}}_{ace}\dot{\boldsymbol{q}}^{c}+\dot{\boldsymbol{m}}_{aae}\dot{\boldsymbol{q}}^{a}+\boldsymbol{\omega}^{b_a\times}\boldsymbol{m}_{aa}\boldsymbol{\omega}^{b_a}+\boldsymbol{\omega}^{b_a\times}\boldsymbol{m}_{ca}^{T}\boldsymbol{\omega}^{b_c}+\\
&\boldsymbol{\omega}^{b_a\times}\boldsymbol{m}_{ace}\dot{\boldsymbol{q}}^{c}+\boldsymbol{\omega}^{b_a\times}\boldsymbol{m}_{aae}\dot{\boldsymbol{q}}^{a}-(\boldsymbol{C}^{b_a})^{-T}\left(\frac{\partial T}{\partial\boldsymbol{\theta}^{b_a}}\right)=\boldsymbol{T}^{a}
\end{aligned}
\tag{6.21}
$$

$$
\begin{aligned}
&\boldsymbol{m}_{cece}\ddot{\boldsymbol{q}}^{c}+\boldsymbol{\Delta}^{c}\dot{\boldsymbol{q}}^{c}+\boldsymbol{\Omega}^{c}\boldsymbol{q}^{c}+\boldsymbol{m}_{cce}^{T}\dot{\boldsymbol{\omega}}^{b_c}+\sum_{i=1}^{N}\ddot{\theta}^{i}\boldsymbol{m}_{ice}^{T}+\boldsymbol{m}_{ace}^{T}\dot{\boldsymbol{\omega}}^{b_a}+\\
&\sum_{i=1}^{N}\boldsymbol{m}_{ceie}\ddot{\boldsymbol{q}}^{i}+\boldsymbol{m}_{ceae}\ddot{\boldsymbol{q}}^{a}+\dot{\boldsymbol{m}}_{cece}\dot{\boldsymbol{q}}^{c}+\dot{\boldsymbol{m}}_{cce}^{T}\boldsymbol{\omega}^{b_c}+\sum_{i=1}^{N}\dot{\theta}^{i}\dot{\boldsymbol{m}}_{ice}^{T}+\dot{\boldsymbol{m}}_{ace}^{T}\boldsymbol{\omega}^{b_a}+\\
&\sum_{i=1}^{N}\dot{\boldsymbol{m}}_{ceie}\dot{\boldsymbol{q}}^{i}+\dot{\boldsymbol{m}}_{ceae}\dot{\boldsymbol{q}}^{a}-\frac{\partial(T)}{\partial\boldsymbol{q}^{c}}=\int_{V^{c}}\boldsymbol{\varphi}^{cT}\boldsymbol{T}^{c}\mathrm{d}V
\end{aligned}
\tag{6.22}
$$

$$
\begin{aligned}
&\ddot{\boldsymbol{q}}^{i}+\boldsymbol{\Delta}^{i}\dot{\boldsymbol{q}}^{i}+\boldsymbol{\Omega}^{i}\boldsymbol{q}^{i}+\boldsymbol{m}_{cie}^{T}\dot{\boldsymbol{\omega}}^{b_c}+\boldsymbol{m}_{iie}^{T}\ddot{\theta}^{i}+\boldsymbol{m}_{ceie}^{T}\ddot{\boldsymbol{q}}^{c}+\\
&\dot{\boldsymbol{m}}_{cie}^{T}\boldsymbol{\omega}^{b_c}+\dot{\boldsymbol{m}}_{iie}^{T}\dot{\theta}^{i}+\dot{\boldsymbol{m}}_{ceie}^{T}\dot{\boldsymbol{q}}^{c}-\frac{\partial(T)}{\partial\boldsymbol{q}^{i}}=0\qquad(i=1,2,\cdots,N)
\end{aligned}
\tag{6.23}
$$

$$
\begin{aligned}
&\ddot{\boldsymbol{q}}^{a}+\boldsymbol{\Delta}^{a}\dot{\boldsymbol{q}}^{a}+\boldsymbol{\Omega}^{a}\boldsymbol{q}^{a}+\boldsymbol{m}_{cae}^{T}\dot{\boldsymbol{\omega}}^{b_c}+\boldsymbol{m}_{aae}^{T}\dot{\boldsymbol{\omega}}^{b_a}+\boldsymbol{m}_{ceae}^{T}\ddot{\boldsymbol{q}}^{c}+\\
&\dot{\boldsymbol{m}}_{cae}^{T}\boldsymbol{\omega}^{b_c}+\dot{\boldsymbol{m}}_{aae}^{T}\boldsymbol{\omega}^{b_a}+\dot{\boldsymbol{m}}_{ceae}^{T}\dot{\boldsymbol{q}}^{c}-\frac{\partial(T)}{\partial\boldsymbol{q}^{a}}=\int_{V^{a}}\boldsymbol{\varphi}^{aT}\boldsymbol{T}^{a}\mathrm{d}V
\end{aligned}
\tag{6.24}
$$

式中：$\boldsymbol{\Delta}^{c}$、$\boldsymbol{\Delta}^{i}$ 和 $\boldsymbol{\Delta}^{a}$ 分别为中心桁架结构矩阵、第 i 个电池子阵和天线的比例阻尼矩阵，并且 $\boldsymbol{\Delta}^{c}=\mathrm{diag}(2\xi_{e1}^{c}\omega_{e1}^{c}\quad\cdots\quad 2\xi_{en_c}^{c}\omega_{en_c}^{c})$、$\boldsymbol{\Delta}^{i}=\mathrm{diag}(2\xi_{e1}^{i}\omega_{e1}^{i}\quad\cdots\quad 2\xi_{en_i}^{i}\omega_{en_i}^{i})$、$\boldsymbol{\Delta}^{a}=\mathrm{diag}(2\xi_{e1}^{a}\omega_{e1}^{a}\quad\cdots\quad 2\xi_{en_a}^{a}\omega_{en_a}^{a})$。$\xi_{ei}^{c}$ 表示中心桁架结构第 i 阶弹性模态的阻尼比，ξ_{ej}^{i} 表示第 i 个电池子阵的第 j 阶弹性模态的阻尼比，ξ_{ei}^{a} 表示天线第 i 阶弹性模态的阻尼比，其余系数矩阵表达式见附录 C。

从上述多柔性体姿态动力学模型中可以看出，天线的姿态运动与中心桁架结构的姿态运动是存在耦合的，这是由于中心桁架结构与天线的铰接点为天线未变形前的质心而非天线的瞬时质心。然而，天线变形前质心和瞬时质心的偏差仅为小的弹性变形，故中心桁架结构与天线之间的运动耦合为弱耦合，可认为天线处于“自由浮动”状态。

注 6-4：电池子阵的控制力矩为相互作用力矩，而天线的控制力矩为外力矩。因此，在选择广义坐标时，将电池子阵的广义坐标选择为相对于中心桁架的相对角，而天线的广义坐标选择为相对地心惯性系的绝对角，此种选择方式使动力学模型中控制力矩与广义坐标一一对应，便于控制设计。

6.2.3 外界干扰

空间太阳能电站所受的主要外界干扰力矩包括重力梯度、太阳光压和微波反作用力矩[23]。对于重力梯度力矩，可通过引力势能对广义坐标求偏导得到。基于第 5 章中的引力势能方程(5.7)和本章假设条件③，MR-SSPS 的引力势能可表示为

$$U_{\mathrm{g}} \approx -\frac{\mu\left(m^{\mathrm{c}}+\sum_{i=1}^{N} m^{i}+m^{\mathrm{a}}\right)}{R^{b_{\mathrm{c}}}}-\frac{\mu \operatorname{tr}\left(\boldsymbol{J}^{0}+\sum_{i=1}^{N} \boldsymbol{A}_{\mathrm{c} i} \boldsymbol{J}^{i} \boldsymbol{A}_{i \mathrm{c}}+\boldsymbol{A}_{\mathrm{c} n} \boldsymbol{A}_{n \mathrm{a}} \boldsymbol{J}^{\mathrm{a}} \boldsymbol{A}_{\mathrm{a} n} \boldsymbol{A}_{n \mathrm{c}}\right)}{2 R^{b_{\mathrm{c}} 3}}+ \frac{3 \mu \boldsymbol{i}_{\boldsymbol{R}^{b_{\mathrm{c}}}}^{\mathrm{T}} \boldsymbol{A}_{n \mathrm{c}}\left(\boldsymbol{J}^{0}+\sum_{i=1}^{N} \boldsymbol{A}_{\mathrm{c} i} \boldsymbol{J}^{i} \boldsymbol{A}_{i \mathrm{c}}+\boldsymbol{A}_{\mathrm{c} n} \boldsymbol{A}_{n \mathrm{a}} \boldsymbol{J}^{\mathrm{a}} \boldsymbol{A}_{\mathrm{a} n} \boldsymbol{A}_{n \mathrm{c}}\right) \boldsymbol{A}_{\mathrm{c} n} \boldsymbol{i}_{\boldsymbol{R}^{b_{\mathrm{c}}}}}{2 R^{b_{\mathrm{c}} 3}} \tag{6.25}$$

式中：$\boldsymbol{R}^{b_{\mathrm{c}}}=|\boldsymbol{R}^{b_{\mathrm{c}}}|$；$\boldsymbol{i}_{\boldsymbol{R}^{b_{\mathrm{c}}}}$ 为 $\boldsymbol{R}^{b_{\mathrm{c}}}$ 的单位向量；μ 为地球引力常量；$\boldsymbol{J}^{0}=\operatorname{diag}(J_{1}^{0} \quad J_{2}^{0} \quad J_{3}^{0})$、$\boldsymbol{J}^{i}=\operatorname{diag}(J_{1}^{i} \quad J_{2}^{i} \quad J_{3}^{i})$ 和 $\boldsymbol{J}^{\mathrm{a}}=\operatorname{diag}(J_{1}^{\mathrm{a}} \quad J_{2}^{\mathrm{a}} \quad J_{3}^{\mathrm{a}})$ 见附录 C。与中心桁架结构、第 i 个电池子阵和天线所对应的重力梯度力矩可分别表示为

$$\boldsymbol{g}^{\mathrm{c}}=3 \omega_{\mathrm{o}}^{2} \boldsymbol{A}_{\mathrm{c} n} \boldsymbol{i}_{\boldsymbol{R}^{b_{\mathrm{c}}}}^{\times} \boldsymbol{A}_{n \mathrm{c}}\left(\boldsymbol{J}^{0}+\sum_{i=1}^{N} \boldsymbol{A}_{\mathrm{c} i} \boldsymbol{J}^{i} \boldsymbol{A}_{i \mathrm{c}}\right) \boldsymbol{A}_{\mathrm{c} n} \boldsymbol{i}_{\boldsymbol{R}^{b_{\mathrm{c}}}} \tag{6.26}$$

$$g^{i}=-1.5 \omega_{\mathrm{o}}^{2} \boldsymbol{i}_{\boldsymbol{R}^{b_{\mathrm{c}}}}^{\mathrm{T}} \boldsymbol{A}_{n \mathrm{c}} \boldsymbol{F}^{i} \boldsymbol{A}_{\mathrm{c} n} \boldsymbol{i}_{\boldsymbol{R}^{b_{\mathrm{c}}}} \tag{6.27}$$

$$\boldsymbol{g}^{\mathrm{a}}=3 \omega_{\mathrm{o}}^{2} \boldsymbol{A}_{\mathrm{a} n} \boldsymbol{i}_{\boldsymbol{R}^{b_{\mathrm{c}}}}^{\times}\left(\boldsymbol{A}_{n \mathrm{a}} \boldsymbol{J}^{\mathrm{a}} A_{\mathrm{a} n} \boldsymbol{i}_{\boldsymbol{R}^{b_{\mathrm{c}}}}\right) \tag{6.28}$$

式中：$\omega_{\mathrm{o}}=\sqrt{\mu / R^{b_{\mathrm{c}} 3}}$ 为地球静止轨道角速度；$\boldsymbol{i}_{\boldsymbol{R}^{b_{\mathrm{c}}}}=[\sin(\omega_{\mathrm{o}} t), 0,-\cos(\omega_{\mathrm{o}} t)]^{\mathrm{T}}$，$\boldsymbol{F}^{i}$ 见附录 C。

对于太阳光压和微波反作用力矩，其大小与结构质心-压心的偏移量有关。为估计这些干扰力矩的影响，采用文献[116]中的太阳光压力计算模型，并假定整个电站的质心沿三轴方向的偏移量分别为 Δx^{c}、Δy^{c} 和 Δz^{c}，则由电池子阵受到的太阳光压力所产生的对于中心桁架结构的干扰力矩可表示为

$$d_{\mathrm{s1}}^{\mathrm{c}}=P_{\mathrm{s}}(1+\rho_{\mathrm{r}}) A_{\mathrm{s}} \Delta y^{\mathrm{c}} \cos(\omega_{\mathrm{o}} t) \tag{6.29}$$

$$d_{\mathrm{s2}}^{\mathrm{c}}=P_{\mathrm{s}}(1+\rho_{\mathrm{r}}) A_{\mathrm{s}}\left[(z_{\mathrm{c}}+\Delta z^{\mathrm{c}}) \sin(\omega_{\mathrm{o}} t)-\Delta x^{\mathrm{c}} \cos(\omega_{\mathrm{o}} t)\right] \tag{6.30}$$

$$d_{\mathrm{s3}}^{\mathrm{c}}=-P_{\mathrm{s}}(1+\rho_{\mathrm{r}}) A_{\mathrm{s}} \Delta y^{\mathrm{c}} \sin(\omega_{\mathrm{o}} t) \tag{6.31}$$

式中：P_{s} 表示太阳光压常数且 $P_{\mathrm{s}}=4.5 \times 10^{-6}\ \mathrm{N/m^{2}}$；$\rho_{\mathrm{r}}$ 为总反射系数；A_{s} 为电池子阵的总面积；z_{c} 为 MR-SSPS 标称质心到主桁架的距离。

天线受到的太阳光压力所产生的干扰力矩的计算是复杂的。为估算其影响，

这里假定天线的两个表面是均匀的，则其受到的太阳光压力所产生的对于中心桁架结构的干扰力矩可表示为

$$\begin{aligned} d_{a1}^{c} &= P_s A_a (1-\rho_s)\Delta y^c \left|\cos(\omega_o t)\right| \cos(\omega_o t) + \\ &\quad P_s A_a \Delta y^c \cos(\omega_o t)\left[2\rho_s \left|\cos(\omega_o t)\right| + \frac{2}{3}\rho_d\right] \end{aligned} \tag{6.32}$$

$$\begin{aligned} d_{a2}^{c} &= -P_s A_a (1-\rho_s)(10-z_c-\Delta z^c)\left|\cos(\omega_o t)\right| \sin(\omega_o t) - \\ &\quad P_s A_a (1-\rho_s)\Delta x^c \left|\cos(\omega_o t)\right| \cos(\omega_o t) - \\ &\quad P_s A_a \Delta x^c \cos(\omega_o t)\left[2\rho_s \left|\cos(\omega_o t)\right| + \frac{2}{3}\rho_d\right] \end{aligned} \tag{6.33}$$

$$d_{a3}^{c} = -P_s A_a (1-\rho_s)\Delta y^c \left|\cos(\omega_o t)\right| \sin(\omega_o t) \tag{6.34}$$

式中：ρ_d 和 ρ_s 分别为天线表面的漫反射系数和镜面反射系数；A_a 表示天线表面积。

微波反射作用力与其发射功率成正比[29]。假定天线的反射功率为 P_t，则微波反作用力矩为

$$d_{w1}^{c} = \frac{P_t}{c}\Delta y^c \tag{6.35}$$

$$d_{w2}^{c} = -\frac{P_t}{c}\Delta x^c \tag{6.36}$$

$$d_{w3}^{c} = 0 \tag{6.37}$$

式中：c 表示光速。

若假定天线质心与压心的偏移量为 Δx^a 和 Δy^a，则天线所受太阳光压力矩为

$$\begin{aligned} d_{a1}^{a} &= P_s A_a (1-\rho_s)\Delta y^a \left|\cos(\omega_o t)\right| \cos(\omega_o t) + \\ &\quad P_s A_a \Delta y^a \cos(\omega_o t)\left[2\rho_s \left|\cos(\omega_o t)\right| + \frac{2}{3}\rho_d\right] \end{aligned} \tag{6.38}$$

$$\begin{aligned} d_{a2}^{a} &= -P_s A_a (1-\rho_s)\Delta x^a \left|\cos(\omega_o t)\right| \cos(\omega_o t) - \\ &\quad P_s A_a \Delta x^a \cos(\omega_o t)\left[2\rho_s \left|\cos(\omega_o t)\right| + \frac{2}{3}\rho_d\right] \end{aligned} \tag{6.39}$$

$$d_{a3}^{a} = -P_s A_a (1-\rho_s)\Delta y^a \left|\cos(\omega_o t)\right| \sin(\omega_o t) \tag{6.40}$$

天线所受的微波反作用力矩为

$$d_{w1}^{a} = \frac{P_t}{c}\Delta y^a \tag{6.41}$$

$$d_{w2}^{a} = -\frac{P_t}{c}\Delta x^a \tag{6.42}$$

$$d_{w3}^{a} = 0 \tag{6.43}$$

由于电池子阵的指向精度要求较低，且所受循环重力梯度力矩高于太阳光压力矩，故本章建模中不再考虑电池子阵所受的太阳光压力矩。

综上所述，与中心桁架结构所对应的太阳光压和微波反作用力矩以及与天线所对应的太阳光压和微波反作用力矩分别为

$$\boldsymbol{d}_{\mathrm{s}}^{\mathrm{c}}=[d_{\mathrm{s1}}^{\mathrm{c}}+d_{\mathrm{a1}}^{\mathrm{c}} \quad d_{\mathrm{s2}}^{\mathrm{c}}+d_{\mathrm{a2}}^{\mathrm{c}} \quad d_{\mathrm{s3}}^{\mathrm{c}}+d_{\mathrm{a3}}^{\mathrm{c}}]^{\mathrm{T}} \tag{6.44}$$

$$\boldsymbol{d}_{\mathrm{w}}^{\mathrm{c}}=[d_{\mathrm{w1}}^{\mathrm{c}} \quad d_{\mathrm{w2}}^{\mathrm{c}} \quad d_{\mathrm{w3}}^{\mathrm{c}}]^{\mathrm{T}} \tag{6.45}$$

$$\boldsymbol{d}_{\mathrm{s}}^{\mathrm{a}}=[d_{\mathrm{a1}}^{\mathrm{a}} \quad d_{\mathrm{a2}}^{\mathrm{a}} \quad d_{\mathrm{a3}}^{\mathrm{a}}]^{\mathrm{T}} \tag{6.46}$$

$$\boldsymbol{d}_{\mathrm{w}}^{\mathrm{a}}=[d_{\mathrm{w1}}^{\mathrm{a}} \quad d_{\mathrm{w2}}^{\mathrm{a}} \quad d_{\mathrm{w3}}^{\mathrm{a}}]^{\mathrm{T}} \tag{6.47}$$

6.3 中心桁架与天线之间的运动耦合分析

本节给出 MR - SSPS 的有限元模型及模态截断结果，同时基于数值仿真来分析中心桁架结构和天线之间的运动耦合关系。

6.3.1 有限元模型

与第 5 章相似，本章将采用一个简化的梁/板结构模型来代替 MR - SSPS 的实际结构模型。所采用的简化模型具有与实际结构相似的质量、几何属性及结构基频特性，适合于进行 MR - SSPS 姿态动力学与控制的研究。

图 6.4 所示为在 Patran/Nastran 软件中建立的 MR - SSPS 简化结构的有限元模型示意图。其中，中心桁架结构和电池子阵的连接桁架采用截面为正方形的薄壁梁结构等效，电池子阵的电池板和天线采用薄板结构等效(仅考虑横向振动)，电力系统和其他硬件设备则采用集中质量等效。各部件结构的质量和结构属性如表 6.2 所列。

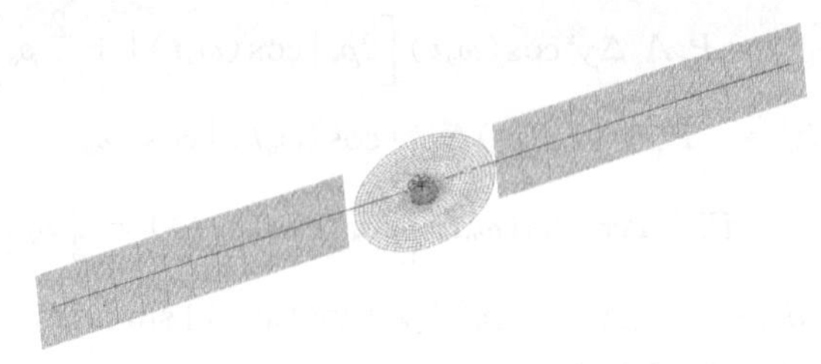

图 6.4 MR - SSPS 的有限元模型

表 6.2 各部件结构的质量和结构属性

参数属性	中心桁架结构	电池子阵	天　线
总质量/kg	8.6×10^4	2.4×10^3	7.2×10^4
滚转轴惯性矩/(kg · m²)	5.1×10^9	1.4×10^5	1.0×10^8
俯仰轴惯性矩/(kg · m²)	2.1×10^6	2.0×10^6	1.0×10^8
偏航轴惯性矩/(kg · m²)	5.1×10^9	2.2×10^6	2.0×10^8
结构基频/Hz	0.004 8	0.01	0.12

由于所建立的多柔性体姿态动力学模型是包含有慢变姿态运动分量和快变弹性振动分量的刚性方程，并且各部件结构具有不同刚度，故需综合考虑计算代价和模态重要性对弹性模态进行截断。表 6.3 给出了当前所采用的 MR - SSPS 各部件结构的模态截断结果。其中，具有最低结构基频的中心桁架结构截取了两个数量级的弹性模态，而天线和电池子阵仅截取了一个数量级的弹性模态。表 6.3 还给出了截取模态所对应的模态有效质量分数总和（该参数接近于 1 时意味着截断结果较好[117]）。容易看出，中心桁架结构滚转轴和偏航轴的模态截断结果较好，而俯仰轴的模态截断结果较差。这主要是由于桶状桁架对俯仰轴的模态有效质量贡献较高，而中心桁架结构仅从第 53 阶弹性模态开始显示出显著的桶状桁架变形，如图 6.5 所示和表 6.4 所列。天线和电池子阵由于仅考虑横向振动故仅给出与滚转轴和俯仰轴对应的总模态有效质量分数。容易看出，天线和电池子阵的总模态有效质量分数均接近于 1，这表明了天线和电池子阵的模态截断结果均较好。

表 6.3　模态截断结果

部件结构	截断数目	频率范围/Hz	总模态有效质量分数(转动情况)
中心桁架结构	24	0.004 8～0.475	$0.9997, 2.8\times10^{-6}, 0.9998$
天线	8	0.12～1.34	0.998 5，0.998 5
电池子阵	4	0.01～0.13	0.969，0.991

表 6.4　中心桁架结构模态有效质量分数总和

模态阶次	转动自由度 1	转动自由度 2	转动自由度 3
1	3.693818×10^{-12}	1.742523×10^{-19}	9.708808×10^{-1}
24	9.996663×10^{-1}	2.832983×10^{-6}	9.997758×10^{-1}
52	9.998853×10^{-1}	1.506140×10^{-4}	9.999981×10^{-1}
55	9.998853×10^{-1}	9.114633×10^{-1}	9.999981×10^{-1}
69	9.999850×10^{-1}	9.947044×10^{-1}	1.000000×10^{0}

注：上述数据由 Patran/Nastran 软件计算得到。

注 6 - 5：控制/结构相互作用问题是当前姿态控制设计的主要问题，因此，在上述模态截断中，对于具有最低结构基频的中心桁架结构截取了较多的弹性模态。虽然通过模态有效质量准则可以看出电池子阵和天线的模态截断结果较好，但对于准确计算结构变形来说，电池子阵和天线的模态截取阶数是过少的。由于电池子阵的数目较多，且天线的基频偏高，截断较多电池子阵和天线模态会导致低计算效率，故在后续的多柔性体姿态动力学仿真中仍采用上述模态截断结果。

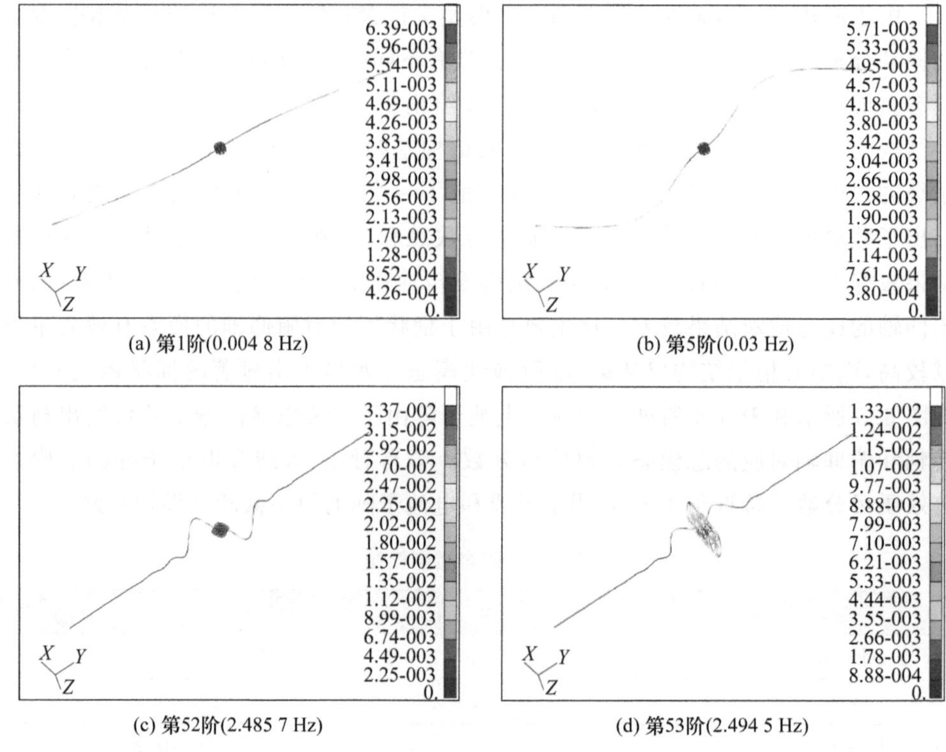

(a) 第1阶(0.004 8 Hz)　(b) 第5阶(0.03 Hz)

(c) 第52阶(2.485 7 Hz)　(d) 第53阶(2.494 5 Hz)

图 6.5　中心桁架结构的部分模态振型图

6.3.2　数值仿真与分析

本小节通过数值仿真来分析中心桁架结构与天线之间的运动耦合作用。所使用的动力学模型为不考虑外界干扰影响的多柔性体姿态动力学模型，即方程(6.19)～(6.24)。

图 6.6 清楚地显示了基于多柔性体姿态动力学模型进行数值仿真的流程。首先，在有限元分析软件 Patran/Nastran 中建立起 MR－SSPS 的有限元模型，并分别对中心桁架结构、电池子阵和天线进行模态分析，导出分析结果文件(bdf、pch 和 f06)。然后，通过 MATLAB 软件读取结果文件，并计算多柔性体姿态动力学模型中所需要的参数信息(转动惯量、频率和刚柔耦合积分系数矩阵等)。最后，基于 MATLAB/Simulink 软件进行数值仿真，输出仿真结果。

首先，研究中心桁架结构运动对天线运动的影响。假定天线处于无控状态，中心桁架结构受制于作用于其固连系坐标原点处的控制力矩：

$$\boldsymbol{T}^{c}=-\boldsymbol{K}_{P}\boldsymbol{p}-\boldsymbol{K}_{D}\dot{\boldsymbol{p}} \tag{6.48}$$

式中：$\boldsymbol{p}=[\boldsymbol{\theta}^{cT}\quad \theta^{1}\quad \theta^{2}\quad \cdots\quad \theta^{N}]^{T}$。比例控制参数 $\boldsymbol{K}_{P}$ 和 $\boldsymbol{K}_{D}$ 分别为

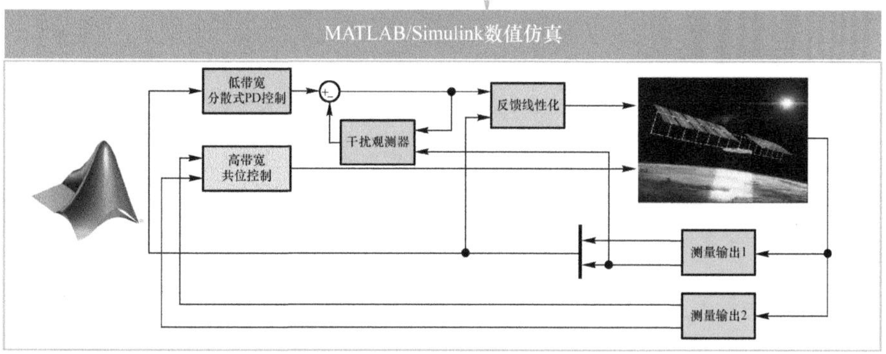

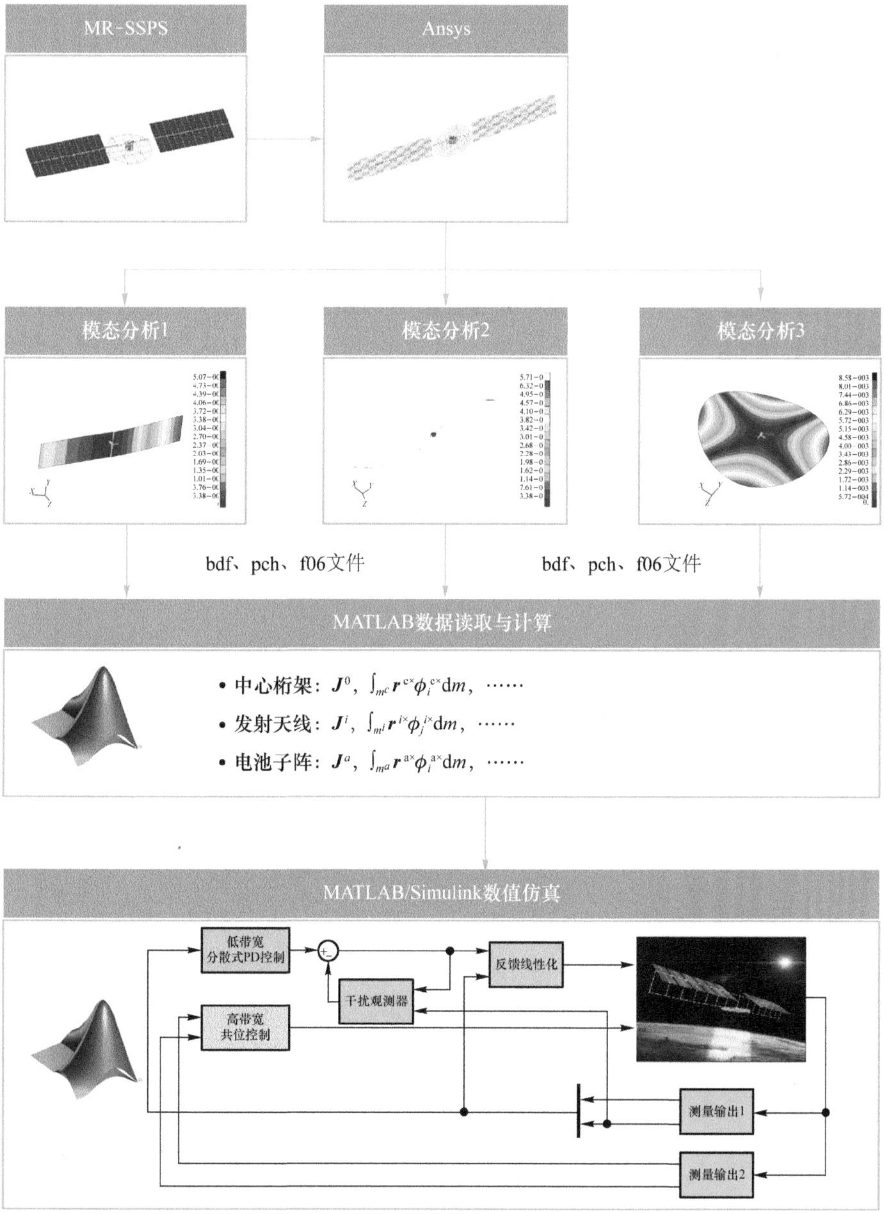

图 6.6　数值仿真流程图

$$
\boldsymbol{K}_{\mathrm{P}}=\operatorname{diag}\left(\begin{array}{l}
2\xi_1^{c}\omega_1^{c}\left[J_1^0+\dfrac{1}{2}\sum\limits_{i=1}^{N}(J_1^i+J_3^i)\right],2\xi_2^{c}\omega_2^{c}\left(J_2^0+\sum\limits_{i=1}^{N}J_2^i\right), \\
2\xi_3^{c}\omega_3^{c}\left[J_3^0+\dfrac{1}{2}\sum\limits_{i=1}^{N}(J_1^i+J_3^i)\right],2\xi^1\omega^1 J_2^1,\cdots,2\xi^N\omega^N J_2^N
\end{array}\right) \tag{6.49}
$$

$$\boldsymbol{K}_{\mathrm{D}}=\operatorname{diag}\left\{\begin{array}{l}\omega_1^{\mathrm{c}2}\left[J_1^0+\dfrac{1}{2}\sum_{i=1}^{N}(J_1^i+J_3^i)\right],\omega_2^{\mathrm{c}2}\left(J_2^0+\sum_{i=1}^{N}J_2^i\right), \\ \omega_3^{\mathrm{c}2}\left[J_3^0+\dfrac{1}{2}\sum_{i=1}^{N}(J_1^i+J_3^i)\right],(\omega^1)^2J_2^1,\cdots,(\omega^N)^2J_2^N\end{array}\right\} \tag{6.50}$$

式中：ξ_i^{c}和ξ^i为待设计的姿态运动的阻尼比；ω_i^{c}和ω^i为待设计的姿态运动的控制带宽。

仿真参数设置如下：中心桁架结构各轴的初始姿态角均为2°，其他状态的初始值均为0；$\xi_i^{\mathrm{c}}=0.707$，$\xi^i=0.707$，$\omega_i^{\mathrm{c}}=\omega^i$且取$0.1\omega_{\mathrm{o}}$、$\omega_{\mathrm{o}}$和$10\omega_{\mathrm{o}}$三种情况。天线的数值仿真结果如图6.7和图6.8所示。

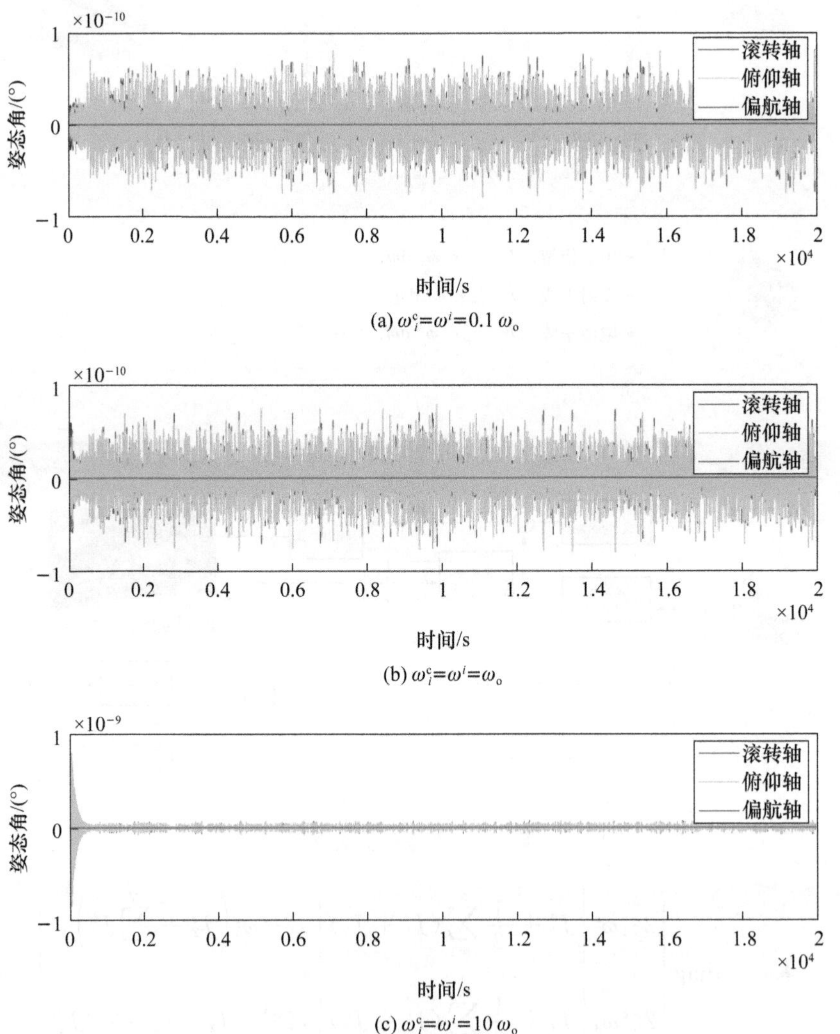

图6.7 3种不同情况下的天线姿态响应

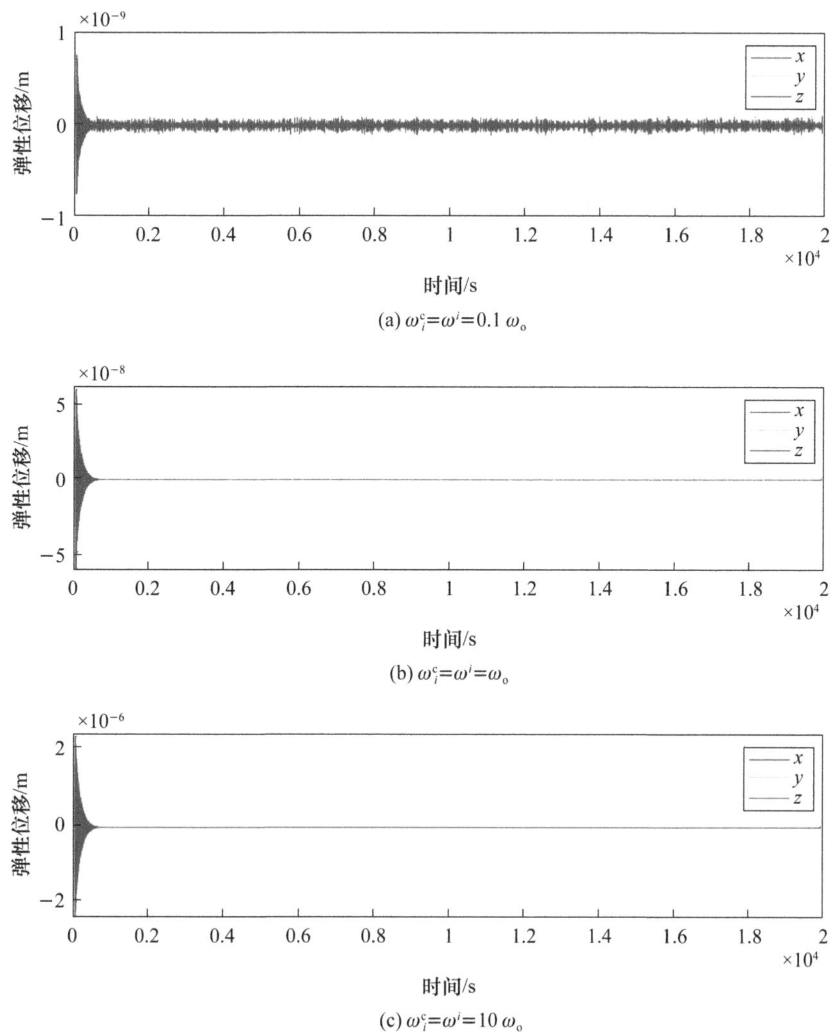

(a) $\omega_i^c=\omega^i=0.1\ \omega_o$

(b) $\omega_i^c=\omega^i=\omega_o$

(c) $\omega_i^c=\omega^i=10\ \omega_o$

图 6.8　3 种不同情况下的天线边缘点弹性位移

从图 6.7 和图 6.8 中可以看出，中心桁架结构的控制带宽越高，所激起的天线姿态运动和弹性振动越显著。然而，在 3 种不同控制带宽下，所激起的天线姿态运动和弹性振动的幅值均较低，可认为中心桁架结构运动对天线运动无影响。

然后，研究天线运动对中心桁架结构运动的影响。假定中心桁架结构处于无控状态，天线受制于作用于其质心处的控制力矩：

$$\boldsymbol{T}^a=-\boldsymbol{K}_P\boldsymbol{\theta}^a-\boldsymbol{K}_D\dot{\boldsymbol{\theta}}^a \tag{6.51}$$

比例控制参数 $\boldsymbol{K}_P$ 和 $\boldsymbol{K}_D$ 分别为

$$\boldsymbol{K}_P=\mathrm{diag}(2\xi_1^a\omega_1^aJ_1^a \quad 2\xi_2^a\omega_2^aJ_2^a \quad 2\xi_3^a\omega_3^aJ_3^a) \tag{6.52}$$

$$\boldsymbol{K}_{\mathrm{D}}=\operatorname{diag}(\omega_1^{c2}J_1^{a}\quad \omega_2^{c2}J_2^{a}\quad \omega_3^{c2}J_3^{a}) \tag{6.53}$$

式中：ξ_i^a为待设计的姿态运动的阻尼比；ω_i^a 为待设计的姿态运动的控制带宽。

仿真参数设置如下：天线的初始姿态角为 2°，其他状态的初始值为 0；$\xi_i^a=0.707$，ω_i^a 取 ω_o、$10\omega_o$ 和 $100\omega_o$ 三种情况。中心桁架结构的数值仿真结果如图 6.9 和图 6.10 所示。

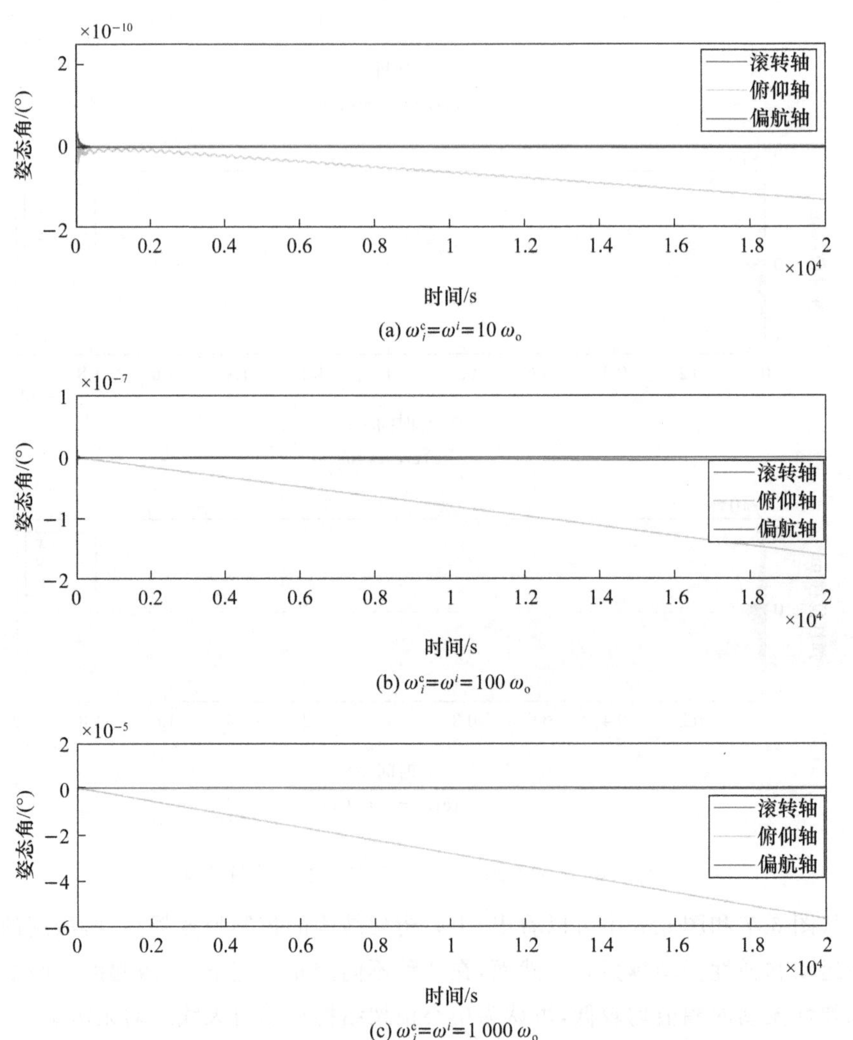

(a) $\omega_i^c=\omega^i=10\ \omega_o$

(b) $\omega_i^c=\omega^i=100\ \omega_o$

(c) $\omega_i^c=\omega^i=1\ 000\ \omega_o$

图 6.9 3 种不同情况下的中心桁架结构姿态响应

从图 6.9 和图 6.10 中可以看出，天线的控制带宽越高，所激起的中心桁架结构姿态运动和弹性振动越显著。然而，在 3 种不同控制带宽下，所激起的中心桁架结构姿态运动和弹性振动的幅值均较低，可认为天线的运动对中心桁架结构的运动无影响。

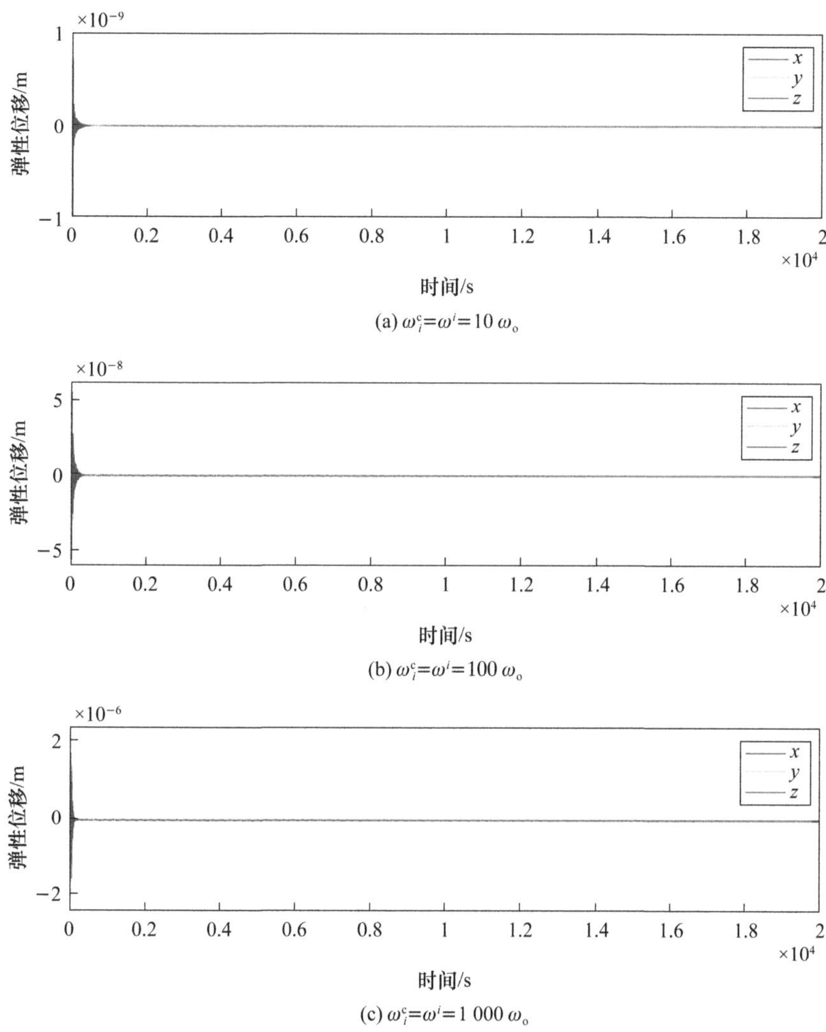

(a) $\omega_i^c=\omega^i=10\ \omega_o$

(b) $\omega_i^c=\omega^i=100\ \omega_o$

(c) $\omega_i^c=\omega^i=1\ 000\ \omega_o$

图 6.10　3 种不同情况下的中心桁架结构边缘点弹性位移

综合上述分析可知，MR - SSPS 的中心桁架结构与天线之间的运动耦合作用是可以忽略的，即可认为天线处于“自由浮动”状态。此种特性使天线可独立于中心桁架结构/电池子阵进行控制设计。

6.4　用于控制设计的简化模型

基于先前所得到的中心桁架结构与天线之间运动耦合作用可以忽略的结论，

本节将在先前所建立的多柔性体姿态动力学模型的基础上推导出两个简化的动力学模型——中心桁架结构/电池子阵的多刚体姿态动力学模型和天线的线性化的姿态动力学模型，这两个简化模型将会用于 6.5 节的姿态控制设计。

6.4.1 中心桁架结构/电池子阵的多刚体姿态动力学模型

基于方程(6.19)、(6.20)、(6.22)、(6.23)、(6.27)、(6.44)和方程(6.45)，并忽略结构柔性的影响(令所有与模态坐标相关的量为 0)，所得到的中心桁架结构/电池子阵的多刚体姿态动力学模型为

$$\left(\boldsymbol{J}^0+\sum_{i=1}^{N}\boldsymbol{A}_{ci}\boldsymbol{J}^i\boldsymbol{A}_{ic}\right)\dot{\boldsymbol{\omega}}^{b_c}+\boldsymbol{\omega}^{b_c\times}\left(\boldsymbol{J}^0+\sum_{i=1}^{N}\boldsymbol{A}_{ci}\boldsymbol{J}^i\boldsymbol{A}_{ic}\right)\boldsymbol{\omega}^{b_c}+$$
$$\sum_{i=1}^{N}\dot{\theta}^i(\boldsymbol{F}^i-J_2^i\boldsymbol{E}^{\times})\boldsymbol{\omega}^{b_c}+\boldsymbol{E}\sum_{i=1}^{N}J_2^i\ddot{\theta}^i$$
$$=\boldsymbol{T}^c+\boldsymbol{g}^c+\boldsymbol{d}_s^c+\boldsymbol{d}_w^c \tag{6.54}$$

$$J_2^i\ddot{\theta}^i+J_2^i\boldsymbol{E}^{\mathrm{T}}\dot{\boldsymbol{\omega}}^{b_c}-\frac{1}{2}\boldsymbol{\omega}^{b_c\mathrm{T}}\boldsymbol{F}^i\boldsymbol{\omega}^{b_c}=T^i+g^i\quad(i=1,2,\cdots,N) \tag{6.55}$$

式中：$\boldsymbol{E}=[0\quad 1\quad 0]^{\mathrm{T}}$。容易看出，中心桁架结构与电池子阵的姿态运动是强耦合的。

6.4.2 天线的线性化姿态动力学模型

基于方程(6.21)、(6.24)、(6.28)、(6.46)和方程(6.47)，并忽略中心桁架结构的影响，所得到的天线的非线性刚柔耦合姿态动力学模型为

$$\boldsymbol{m}_{aa}\dot{\boldsymbol{\omega}}^{b_a}+\boldsymbol{m}_{aae}\ddot{\boldsymbol{q}}^a+\boldsymbol{\omega}^{b_a\times}\boldsymbol{m}_{aa}\boldsymbol{\omega}^{b_a}+\dot{\boldsymbol{m}}_{aa}\boldsymbol{\omega}^{b_a}+\dot{\boldsymbol{m}}_{aae}\dot{\boldsymbol{q}}^a+\boldsymbol{\omega}^{b_a\times}\boldsymbol{m}_{aae}\dot{\boldsymbol{q}}^a$$
$$=\boldsymbol{T}^a+\boldsymbol{g}^a+\boldsymbol{d}_s^a+\boldsymbol{d}_w^a \tag{6.56}$$

$$\ddot{\boldsymbol{q}}^a+\boldsymbol{\Delta}^a\dot{\boldsymbol{q}}^a+\boldsymbol{\Omega}^a\boldsymbol{q}^a+\boldsymbol{m}_{aae}^{\mathrm{T}}\dot{\boldsymbol{\omega}}^{b_a}-\int_{m^a}\boldsymbol{\phi}^{a\mathrm{T}}\boldsymbol{\omega}^{b_a\times}\boldsymbol{r}^{a\times}\boldsymbol{\omega}^{b_a}\mathrm{d}m+2\int_{m^a}\boldsymbol{\phi}^{a\mathrm{T}}\boldsymbol{\omega}^{b_a\times}\boldsymbol{\phi}\dot{\boldsymbol{q}}^a\mathrm{d}m$$
$$=\int_{V^a}\boldsymbol{\varphi}^{a\mathrm{T}}\boldsymbol{T}^a\mathrm{d}V \tag{6.57}$$

考虑天线为对地定向，则天线的跟踪指令可表示为

$$\boldsymbol{\theta}_d^a=[c_1\quad -\omega_o t+c_2\quad 0]^{\mathrm{T}} \tag{6.58}$$

式中：c_1 和 c_2 为常量，其取值由地面接收天线的具体位置决定。由于 MR - SSPS 的运行轨道为地球静止轨道，故 c_1 和 c_2 均为小角度(±10°以内)。

引入下述小量：

$$\Delta\boldsymbol{\theta}^a=\boldsymbol{\theta}^a-[0\quad -\omega_o t\quad 0]^{\mathrm{T}} \tag{6.59}$$

将方程(6.59)代入方程(6.56)和方程(6.57)中，忽略二阶及二阶以上的高阶小量，天线的线性化姿态动力学模型可表示为

$$\boldsymbol{J}^{a}\Delta\ddot{\boldsymbol{\theta}}^{a}+\boldsymbol{H}^{a}\ddot{\boldsymbol{q}}^{a}+\boldsymbol{d}_{\text{linr}}^{a}=\boldsymbol{T}^{a}+\boldsymbol{d}_{s}^{a}+\boldsymbol{d}_{w}^{a} \tag{6.60}$$

$$\ddot{\boldsymbol{q}}^{a}+\boldsymbol{\Delta}^{a}\dot{\boldsymbol{q}}^{a}+\boldsymbol{\Omega}^{a}\boldsymbol{q}^{a}+\boldsymbol{H}^{aT}\Delta\ddot{\boldsymbol{\theta}}^{a}+\boldsymbol{d}_{\text{line}}^{a}=\int_{V^{a}}\boldsymbol{\varphi}^{aT}\boldsymbol{T}^{a}\mathrm{d}V \tag{6.61}$$

式中：

$$\boldsymbol{d}_{\text{linr}}^{a}=-\omega_{o}\begin{bmatrix}(J_2^a-J_3^a-J_1^a)\Delta\dot{\theta}_3^a\\0\\(J_1^a-J_2^a+J_3^a)\Delta\dot{\theta}_1^a\end{bmatrix}-\omega_o^2\begin{bmatrix}4(J_2^a-J_3^a)\Delta\theta_1^a\\3(J_1^a-J_3^a)\Delta\theta_2^a\\(J_2^a-J_1^a)\Delta\theta_3^a\end{bmatrix}-2\omega_o\int_{m^a}\boldsymbol{r}^{a\times}\boldsymbol{E}^{\times}\boldsymbol{\phi}^{a}\mathrm{d}m\dot{\boldsymbol{q}}^{a} \tag{6.62}$$

$$\begin{aligned}\boldsymbol{d}_{\text{line}}^{a}=&2\omega_o\left(\int_{m^a}\boldsymbol{\phi}^{aT}\boldsymbol{E}^{\times}\boldsymbol{\phi}^{a}\mathrm{d}m\right)\dot{\boldsymbol{q}}^{a}+\omega_o\left(\int_{m^a}\boldsymbol{r}^{a\times}\boldsymbol{\phi}^{a}\mathrm{d}m\right)^{T}\begin{bmatrix}\Delta\dot{\theta}_3^a\\0\\-\Delta\dot{\theta}_1^a\end{bmatrix}-\\&\omega_o\int_{m^a}\boldsymbol{\phi}^{aT}\begin{bmatrix}2\Delta\dot{\theta}_2^a&-\Delta\dot{\theta}_1^a&0\\-\Delta\dot{\theta}_1^a&0&-\Delta\dot{\theta}_3^a\\0&-\Delta\dot{\theta}_3^a&2\Delta\dot{\theta}_2^a\end{bmatrix}\boldsymbol{r}^{a}\mathrm{d}m-\\&\omega_o^2\int_{m^a}\boldsymbol{\phi}^{aT}\begin{bmatrix}0&\Delta\theta_3^a&0\\\Delta\theta_3^a&0&-\Delta\theta_1^a\\0&-\Delta\theta_1^a&0\end{bmatrix}\boldsymbol{r}^{a}\mathrm{d}m-\omega_o\int_{m^a}\boldsymbol{\phi}^{aT}\begin{bmatrix}-\omega_o&0&0\\0&0&0\\0&0&\omega_o\end{bmatrix}\boldsymbol{r}^{a}\mathrm{d}m\end{aligned} \tag{6.63}$$

容易看出，方程(6.60)和方程(6.61)为线性时不变方程，适合于天线的姿态控制设计。实际上，当控制系统带宽和结构基频远高于轨道角速度时，上述线性动力学方程中的 $\boldsymbol{d}_{\text{linr}}^{a}$ 和 $\boldsymbol{d}_{\text{line}}^{a}$(除常值项外)是可忽略的。为了验证这一观点，假定采用下述控制输入：

$$\boldsymbol{T}^{a}=-\boldsymbol{K}_{r}^{a}\Delta\boldsymbol{\theta}^{a}-\boldsymbol{D}_{r}^{a}\Delta\dot{\boldsymbol{\theta}}^{a} \tag{6.64}$$

式中：$\boldsymbol{K}_{r}^{a}=\mathrm{diag}(J_1^a\omega_{r1}^2\quad J_2^a\omega_{r2}^2\quad J_3^a\omega_{r3}^2)$；$\boldsymbol{D}_{r}^{a}=\mathrm{diag}(2J_1^a\xi_{r1}\omega_{r1}\quad 2J_2^a\xi_{r2}\omega_{r2}\quad 2J_3^a\xi_{r3}\omega_{r3})$；$\xi_{ri}$ 和 ω_{ri} 分别为姿态运动的期望阻尼比和控制带宽。闭环系统可表示为

$$\begin{bmatrix}\boldsymbol{J}^{a}&\boldsymbol{H}^{a}\\\boldsymbol{H}^{aT}&\boldsymbol{I}\end{bmatrix}\begin{bmatrix}\Delta\ddot{\boldsymbol{\theta}}^{a}\\\ddot{\boldsymbol{q}}^{a}\end{bmatrix}+\begin{bmatrix}\boldsymbol{D}_{r}^{a}&\\&\boldsymbol{\Delta}^{a}\end{bmatrix}\begin{bmatrix}\Delta\dot{\boldsymbol{\theta}}^{a}\\\dot{\boldsymbol{q}}^{a}\end{bmatrix}+\begin{bmatrix}\boldsymbol{K}_{r}^{a}&\\&\boldsymbol{\Omega}^{a}\end{bmatrix}\begin{bmatrix}\Delta\boldsymbol{\theta}^{a}\\\boldsymbol{q}^{a}\end{bmatrix}+\begin{bmatrix}\boldsymbol{d}_{\text{linr}}^{a}\\\boldsymbol{d}_{\text{line}}^{a}\end{bmatrix}=0 \tag{6.65}$$

将 $\boldsymbol{d}_{\text{linr}}^{a}$ 和 $\boldsymbol{d}_{\text{line}}^{a}$ 中的各项与上述方程中的阻尼项和刚度项从数量级上进行比较可以看出，如果下述条件满足：

$$2\xi_{ri}\omega_{ri}\gg\omega_o,\quad \omega_{r2}^2\gg\omega_o^2 \tag{6.66}$$

$$2\xi_{ei}^{a}\omega_{ei}^{a}\gg\omega_o,\quad \omega_{ei}^2\gg\omega_o^2 \tag{6.67}$$

则 $\boldsymbol{d}_{\text{linr}}^{\text{a}}$ 和 $\boldsymbol{d}_{\text{line}}^{\text{a}}$ 可忽略。由于天线的结构基频为 0.1 Hz，阻尼比可保守地假定为 0.005，故条件式(6.67)是满足的。与此同时，为实现高精度的对地指向，天线的控制带宽通常也远高于轨道角速度。因此，在天线姿态控制设计中可不考虑 $\boldsymbol{d}_{\text{linr}}^{\text{a}}$ 和 $\boldsymbol{d}_{\text{line}}^{\text{a}}$。

6.5 MR－SSPS 的对日/对地指向控制

正如 6.2 节所看到的，MR－SSPS 的多柔性体姿态动力学模型是复杂且烦琐的，采用完整的姿态动力学模型进行综合控制设计是极为困难的。然而，MR－SSPS 的各部件结构具有不同的控制精度和结构刚度，对于不同的部件结构采用不同的控制策略是更为合适的。本节提出一种混合高低带宽鲁棒控制方法来实现 MR－SSPS 的对日/对地指向控制(见图 6.11)。控制设计的基本思路是：采用低带宽控制来实现中心桁架结构和电池子阵的姿态控制，从而避免由具有最低结构基频的中心桁架结构的控制/结构相互作用所引发的动力学不稳定问题；同时，采用高带宽控制来实现天线的姿态控制，从而确保天线的高精度对地指向。此种控制设计得益于天线“自由浮动”的姿态定向方式，天线与中心桁架结构之间的动力学耦合作用被最小化，可独立进行天线、中心桁架结构/电池子阵的控制设计。

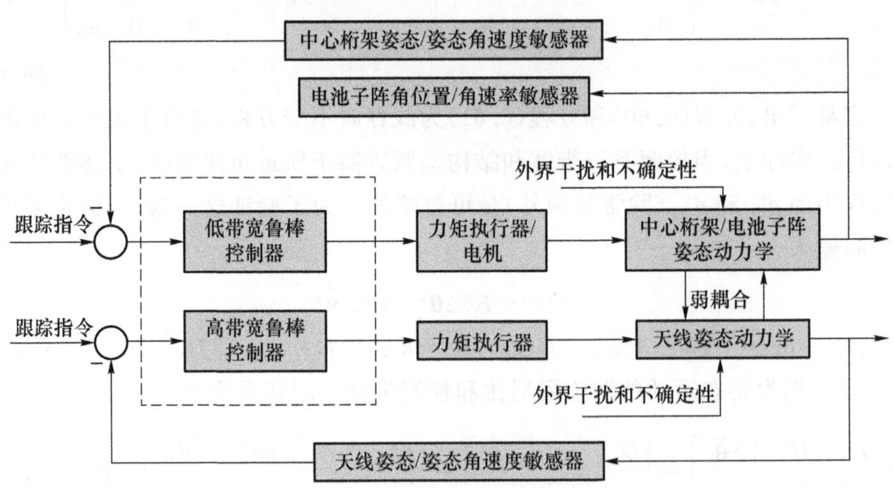

图 6.11　MR－SSPS 的控制系统框图

6.5.1　中心桁架结构/电池子阵的低带宽鲁棒控制

基于方程(6.54)和方程(6.55)，中心桁架结构和 24 个电池子阵的多刚体姿态

动力学模型可重新表示为

$$\boldsymbol{M}\ddot{\boldsymbol{p}}+\boldsymbol{C}=\boldsymbol{T}+\boldsymbol{g}+\boldsymbol{d} \tag{6.68}$$

其中，$\boldsymbol{p}=[\boldsymbol{\theta}^{\mathrm{cT}}\quad \boldsymbol{\theta}^{\mathrm{sT}}]^{\mathrm{T}}$，$\boldsymbol{\theta}^{\mathrm{s}}=[\theta^1\quad \theta^2\quad \cdots\quad \theta^N]^{\mathrm{T}}$，$\boldsymbol{M}=\begin{bmatrix}\boldsymbol{M}^{\mathrm{cc}} & \boldsymbol{M}^{\mathrm{cs}}\\ \boldsymbol{M}^{\mathrm{csT}} & \boldsymbol{M}^{\mathrm{ss}}\end{bmatrix}$，$\boldsymbol{C}=\begin{bmatrix}\boldsymbol{C}^{\mathrm{c}}\\ \boldsymbol{C}^{\mathrm{s}}\end{bmatrix}$，$\boldsymbol{g}=\begin{bmatrix}\boldsymbol{g}^{\mathrm{c}}\\ \boldsymbol{g}^{\mathrm{s}}\end{bmatrix}$，$\boldsymbol{d}=\begin{bmatrix}\boldsymbol{d}_{\mathrm{s}}^{\mathrm{c}}+\boldsymbol{d}_{\mathrm{w}}^{\mathrm{c}}\\ 0\end{bmatrix}$，$\boldsymbol{T}=\begin{bmatrix}\boldsymbol{T}^{\mathrm{c}}\\ \boldsymbol{T}^{\mathrm{s}}\end{bmatrix}$，$\boldsymbol{T}^{\mathrm{s}}=[T^1\quad T^2\quad \cdots\quad T^N]^{\mathrm{T}}$，$\boldsymbol{M}^{\mathrm{cc}}=\left(\boldsymbol{J}^0+\sum_{i=1}^{N}\boldsymbol{A}_{ci}\boldsymbol{J}^i\boldsymbol{A}_{ic}\right)\boldsymbol{C}^{b_{\mathrm{c}}}$，$\boldsymbol{M}^{\mathrm{ss}}=\mathrm{diag}(J_2^1\quad J_2^2\quad \cdots\quad J_2^N)$，$\boldsymbol{M}^{\mathrm{cs}}=[J_2^1\boldsymbol{E}\quad J_2^2\boldsymbol{E}\quad \cdots\quad J_2^N\boldsymbol{E}]$，$\boldsymbol{g}^{\mathrm{s}}=[g^1\quad g^2\quad \cdots\quad g^N]^{\mathrm{T}}$，$\boldsymbol{C}^{\mathrm{c}}=\left(\boldsymbol{J}^0+\sum_{i=1}^{N}\boldsymbol{A}_{ci}\boldsymbol{J}^i\boldsymbol{A}_{ic}\right)\dot{\boldsymbol{C}}^{b_{\mathrm{c}}}\dot{\boldsymbol{\theta}}^{\mathrm{c}}+\boldsymbol{\omega}^{b_{\mathrm{c}}\times}\left(\boldsymbol{J}^0+\sum_{i=1}^{N}\boldsymbol{A}_{ci}\boldsymbol{J}^i\boldsymbol{A}_{ic}\right)\boldsymbol{\omega}^{b_{\mathrm{c}}}+\sum_{i=1}^{N}\dot{\theta}^i(\boldsymbol{F}^i-J_2^i\boldsymbol{E}^{\times})\boldsymbol{\omega}^{b_{\mathrm{c}}}$，$\boldsymbol{C}^{\mathrm{s}}=\left[-\frac{1}{2}\boldsymbol{\omega}^{b_{\mathrm{c}}\mathrm{T}}\boldsymbol{F}^1\boldsymbol{\omega}^{b_{\mathrm{c}}}\quad -\frac{1}{2}\boldsymbol{\omega}^{b_{\mathrm{c}}\mathrm{T}}\boldsymbol{F}^2\boldsymbol{\omega}^{b_{\mathrm{c}}}\quad \cdots\quad -\frac{1}{2}\boldsymbol{\omega}^{b_{\mathrm{c}}\mathrm{T}}\boldsymbol{F}^N\boldsymbol{\omega}^{b_{\mathrm{c}}}\right]^{\mathrm{T}}$。

根据 6.1 节所给出的姿态定向方式，中心桁架结构和电池子阵的期望参考轨迹为

$$\boldsymbol{p}_{\mathrm{d}}=[0\quad -\omega_{\mathrm{o}}t\quad 0\quad \omega_{\mathrm{o}}t\quad \omega_{\mathrm{o}}t\quad \cdots\quad \omega_{\mathrm{o}}t]^{\mathrm{T}} \tag{6.69}$$

因此，控制设计目标为：①使 $\boldsymbol{p}$ 粗略地跟踪参考轨迹 $\boldsymbol{p}_{\mathrm{d}}$，以确保中心桁架结构和电池子阵的粗略姿态定向；②最小化控制带宽以避免由控制/结构相互作用诱发姿态控制系统失稳（确保由刚体动力学模型进行控制设计的合理性）。图 6.12 所示为本小节所设计的姿态控制系统框图。容易看出，控制输入结合了反馈线性化和干扰观测器[118, 119]，且可表示为如下形式：

$$\boldsymbol{T}=\boldsymbol{M}_0\boldsymbol{a}+\boldsymbol{C}_0-\boldsymbol{g}_0-\boldsymbol{d}_0 \tag{6.70}$$

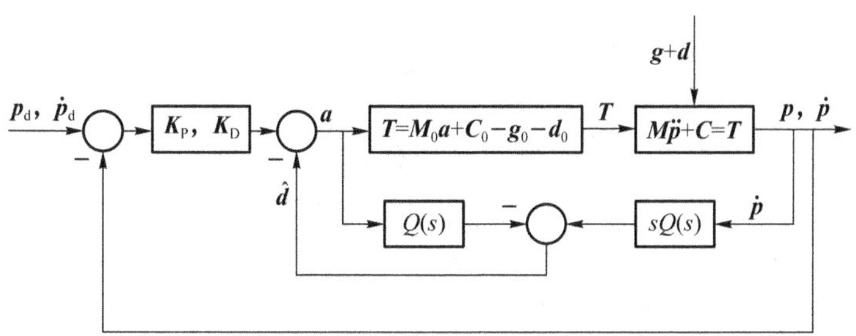

图 6.12　中心桁架结构和电池子阵的控制系统框图

式中：$\boldsymbol{M}_0$、$\boldsymbol{C}_0$、$\boldsymbol{g}_0$ 和 $\boldsymbol{d}_0$ 分别为 $\boldsymbol{M}$、$\boldsymbol{C}$、$\boldsymbol{g}$ 和 $\boldsymbol{d}$ 的标称设计值，其偏差量主要取决于系统转动惯量的不确定性和干扰建模的不确定性。$\boldsymbol{a}$ 可表示为

$$\boldsymbol{a}=\boldsymbol{K}_{\mathrm{P}}(\boldsymbol{p}_{\mathrm{d}}-\boldsymbol{p})+\boldsymbol{K}_{\mathrm{D}}(\dot{\boldsymbol{p}}_{\mathrm{d}}-\dot{\boldsymbol{p}})-\hat{\boldsymbol{d}} \tag{6.71}$$

式中：$\boldsymbol{K}_{\mathrm{P}}=\mathrm{diag}(2\xi_1^{\mathrm{c}}\omega_1^{\mathrm{c}}\quad \cdots\quad 2\xi_3^{\mathrm{c}}\omega_3^{\mathrm{c}}\quad 2\xi^1\omega^1\quad \cdots\quad 2\xi^N\omega^N)$；$\boldsymbol{K}_{\mathrm{D}}=\mathrm{diag}(\omega_1^{\mathrm{c2}}\quad \cdots\quad \omega_3^{\mathrm{c2}}$

$(\omega^1)^2 \quad \cdots \quad (\omega^N)^2)$。$\xi_i^c$和$\xi^i$分别为中心桁架结构和电池子阵姿态运动的阻尼比，$\omega_i^c$和$\omega^i$分别为中心桁架结构和电池子阵姿态运动的控制带宽。$\hat{\boldsymbol{d}}$为干扰观测器的输出，$Q(s)$为稳定的低通滤波器。闭环控制系统可重新表示为下述形式：

$$\ddot{\boldsymbol{p}}=\boldsymbol{K}_{\mathrm{P}}(\boldsymbol{p}_{\mathrm{d}}-\boldsymbol{p})+\boldsymbol{K}_{\mathrm{D}}(\dot{\boldsymbol{p}}_{\mathrm{d}}-\dot{\boldsymbol{p}})+(\boldsymbol{f}-\hat{\boldsymbol{d}}) \tag{6.72}$$

式中：$\boldsymbol{f}=\boldsymbol{M}^{-1}\boldsymbol{M}_0\boldsymbol{a}-\boldsymbol{a}-\boldsymbol{M}^{-1}(\boldsymbol{C}-\boldsymbol{C}_0)+\boldsymbol{M}^{-1}(\boldsymbol{g}-\boldsymbol{g}_0)+\boldsymbol{M}^{-1}(\boldsymbol{d}-\boldsymbol{d}_0)$表示由反馈线性化所导致的不确定性。从图 6.12 中容易看出：

$$\hat{\boldsymbol{d}}=Q(s)\boldsymbol{f} \tag{6.73}$$

因此，在低频段($Q(\mathrm{j}\omega)\approx1$)，$\hat{\boldsymbol{d}}$能够很好地估计$\boldsymbol{f}$。

为了研究上述控制系统的稳定性，将方程(6.72)重新表示为下述的状态空间形式：

$$\dot{\boldsymbol{x}}_1=\boldsymbol{A}_1\boldsymbol{x}_1-\boldsymbol{B}_1\hat{\boldsymbol{d}}+\boldsymbol{B}_1\boldsymbol{f} \tag{6.74}$$

式中：$\boldsymbol{x}_1=[(\boldsymbol{p}-\boldsymbol{p}_{\mathrm{d}})^{\mathrm{T}} \quad (\dot{\boldsymbol{p}}-\dot{\boldsymbol{p}}_{\mathrm{d}})^{\mathrm{T}}]^{\mathrm{T}}$；$\boldsymbol{A}_1=\begin{bmatrix}0 & \boldsymbol{I}_{3+N}\\ -\boldsymbol{K}_{\mathrm{P}} & -\boldsymbol{K}_{\mathrm{D}}\end{bmatrix}$；$\boldsymbol{B}_1=\begin{bmatrix}0\\ \boldsymbol{I}_{3+N}\end{bmatrix}$。方程(6.73)的状态空间实现可表示为

$$\dot{\boldsymbol{x}}_2=\boldsymbol{A}_2\boldsymbol{x}_2+\boldsymbol{B}_2\boldsymbol{f} \tag{6.75}$$

$$\hat{\boldsymbol{d}}=\boldsymbol{C}_2\boldsymbol{x}_2 \tag{6.76}$$

式中：$\boldsymbol{x}_2$和$(\boldsymbol{A}_2,\boldsymbol{B}_2,\boldsymbol{C}_2)$依赖于低通滤波器$Q(s)$的设计。由于$Q(s)$是稳定的，故$\boldsymbol{A}_2$也是稳定的。

综合方程(6.74)和方程(6.75)可得

$$\dot{\boldsymbol{x}}=\boldsymbol{A}\boldsymbol{x}+\boldsymbol{B}\boldsymbol{f} \tag{6.77}$$

式中：$\boldsymbol{x}=[\boldsymbol{x}_1^{\mathrm{T}} \quad \boldsymbol{x}_2^{\mathrm{T}}]^{\mathrm{T}}$；$\boldsymbol{A}=\begin{bmatrix}\boldsymbol{A}_1 & -\boldsymbol{B}_1\boldsymbol{C}_2\\ \boldsymbol{0} & \boldsymbol{A}_2\end{bmatrix}$；$\boldsymbol{B}=\begin{bmatrix}\boldsymbol{B}_1\\ \boldsymbol{B}_2\end{bmatrix}$。由于$\boldsymbol{A}_1$和$\boldsymbol{A}_2$均是稳定的，故$\boldsymbol{A}$也是稳定的。存在对称正定的矩阵$\boldsymbol{P}$和$\boldsymbol{Q}$满足下述的 Lyapunov 方程：

$$\boldsymbol{A}^{\mathrm{T}}\boldsymbol{P}+\boldsymbol{P}\boldsymbol{A}=-\boldsymbol{Q} \tag{6.78}$$

考虑 Lyapunov 函数$V=\boldsymbol{x}^{\mathrm{T}}\boldsymbol{P}\boldsymbol{x}$且$\boldsymbol{x}\in\Re$。其中，$\Re$为包含原点的欧氏空间中的有界区域。假定在$\Re$内$\boldsymbol{f}$的标量上界为$\eta$，即满足$\|\boldsymbol{f}\|\leqslant\eta$，则有

$$\begin{aligned}\dot{V}&=-\boldsymbol{x}^{\mathrm{T}}\boldsymbol{Q}\boldsymbol{x}+2\boldsymbol{x}^{\mathrm{T}}\boldsymbol{P}\boldsymbol{B}\boldsymbol{f}\\ &\leqslant-\|\boldsymbol{x}\|(\lambda_{\min}(\boldsymbol{Q})\|\boldsymbol{x}\|-2\lambda_{\max}(\boldsymbol{P})\|\boldsymbol{B}\|\eta)\end{aligned} \tag{6.79}$$

式中：$\lambda_{\max}(\boldsymbol{P})$和$\lambda_{\min}(\boldsymbol{Q})$分别为$\boldsymbol{P}$和$\boldsymbol{Q}$的最大特征值和最小特征值。$\dot{V}<0$对于所有满足下述不等式的$\boldsymbol{x}$成立。

$$\|\boldsymbol{x}\|>\frac{2\lambda_{\max}(\boldsymbol{P})}{\lambda_{\min}(\boldsymbol{Q})}\|\boldsymbol{B}\|\eta \tag{6.80}$$

如果不确定性 f 是充分小的,即 η 也是充分小的,则由不等式(6.80)所定义的区域将包含在的 x 定义域 $\Re$ 中。因此,闭环系统(6.77)是一致最终有界的(有关一致最终有界的定义可参考文献[120])。

注 6-6:由于中心桁架结构的低阶模态主要为长桁架的弯曲模态,故中心桁架结构俯仰轴的控制/结构相互作用较弱。相比于滚转轴和偏航轴,俯仰轴控制带宽可以设计得更高。

注 6-7:上述控制设计使外界干扰对于中心桁架结构俯仰轴和电池子阵旋转轴的影响是近似等值反向的,两轴采用相同控制带宽可极大减少电池子阵的对日指向误差,这将会在数值仿真部分予以演示。

6.5.2 天线的高带宽鲁棒控制

基于方程(6.60)和方程(6.61),采用分散的多个力矩执行器的天线的线性化的刚柔耦合姿态动力学模型可表示为

$$\boldsymbol{M}^{a}\ddot{\boldsymbol{p}}^{a}+\boldsymbol{D}^{a}\dot{\boldsymbol{p}}^{a}+\boldsymbol{K}^{a}\boldsymbol{p}^{a}=\boldsymbol{L}^{a}\boldsymbol{T}^{a}+\boldsymbol{d}_{\mathrm{lin}}^{a}+\boldsymbol{d}_{\mathrm{sw}}^{a} \tag{6.81}$$

式中:$\boldsymbol{p}^{a}=[\Delta\boldsymbol{\theta}^{a\mathrm{T}}\quad \boldsymbol{q}^{a\mathrm{T}}]^{\mathrm{T}}$,$\boldsymbol{M}^{a}=\begin{bmatrix}\boldsymbol{m}_{\mathrm{aa}} & \boldsymbol{m}_{\mathrm{aae}}\\ \boldsymbol{m}_{\mathrm{aae}}^{\mathrm{T}} & \boldsymbol{I}_{n_{\mathrm{a}}}\end{bmatrix}$;$\boldsymbol{D}^{a}=\begin{bmatrix}0 & 0\\ 0 & \boldsymbol{\Delta}^{a}\end{bmatrix}$;$\boldsymbol{K}^{a}=\begin{bmatrix}0 & 0\\ 0 & \boldsymbol{\Omega}^{a}\end{bmatrix}$;$\boldsymbol{T}^{a}=[\boldsymbol{T}_{1}^{a\mathrm{T}}\quad \boldsymbol{T}_{2}^{a\mathrm{T}}\quad\cdots\quad \boldsymbol{T}_{s}^{a\mathrm{T}}]^{\mathrm{T}}$;$\boldsymbol{L}^{a}=\begin{bmatrix}\boldsymbol{L}_{\mathrm{r}}^{a}\\ \boldsymbol{L}_{\mathrm{e}}^{a}\end{bmatrix}=\begin{bmatrix}\boldsymbol{I}_{3} & \boldsymbol{I}_{3} & \cdots & \boldsymbol{I}_{3}\\ \boldsymbol{\varphi}^{a}(\boldsymbol{r}_{1}^{a})^{\mathrm{T}} & \boldsymbol{\varphi}^{a}(\boldsymbol{r}_{2}^{a})^{\mathrm{T}} & \cdots & \boldsymbol{\varphi}^{a}(\boldsymbol{r}_{s}^{a})^{\mathrm{T}}\end{bmatrix}$;$\boldsymbol{d}_{\mathrm{lin}}^{a}=\begin{bmatrix}\boldsymbol{d}_{\mathrm{linr}}^{a}\\ \boldsymbol{d}_{\mathrm{line}}^{a}\end{bmatrix}$;$\boldsymbol{d}_{\mathrm{sw}}^{a}=\begin{bmatrix}\boldsymbol{d}_{\mathrm{s}}^{a}+\boldsymbol{d}_{\mathrm{w}}^{a}\\ 0\end{bmatrix}$。$s$ 是力矩执行器的数目,$\boldsymbol{r}_{i}^{a}$ 为第 i 个执行器的位置向量。

控制目标是使 $\Delta\boldsymbol{\theta}^{a}$ 精确地跟踪阶跃参考输入 $[c_1\quad c_2\quad 0]^{\mathrm{T}}$。采用与力矩执行器共位布置的姿态/姿态角速度敏感器,则敏感器的输出方程为

$$\boldsymbol{y}_1=\boldsymbol{L}^{a\mathrm{T}}\boldsymbol{p}^{a},\quad \boldsymbol{y}_2=\boldsymbol{L}^{a\mathrm{T}}\dot{\boldsymbol{p}}^{a} \tag{6.82}$$

考虑下述静态输出反馈控制:

$$\boldsymbol{T}^{a}=-\boldsymbol{K}_{1}^{a}\boldsymbol{y}_1-\boldsymbol{K}_{2}^{a}\boldsymbol{y}_2 \tag{6.83}$$

式中:$\boldsymbol{K}_{1}^{a}$ 和 $\boldsymbol{K}_{2}^{a}$ 为对称正定的反馈增益矩阵。闭环控制系统可表示为

$$\boldsymbol{M}^{a}\ddot{\boldsymbol{p}}^{a}+(\boldsymbol{D}^{a}+\boldsymbol{L}^{a}\boldsymbol{K}_{2}^{a}\boldsymbol{L}^{a\mathrm{T}})\dot{\boldsymbol{p}}^{a}+(\boldsymbol{K}^{a}+\boldsymbol{L}^{a}\boldsymbol{K}_{1}^{a}\boldsymbol{L}^{a\mathrm{T}})\boldsymbol{p}^{a}=\boldsymbol{d}_{\mathrm{lin}}^{a}+\boldsymbol{d}_{\mathrm{sw}}^{a} \tag{6.84}$$

由于 $\boldsymbol{d}_{\mathrm{sw}}^{a}$ 仅为时间的函数,故该项不影响上述系统的稳定性。$\boldsymbol{d}_{\mathrm{lin}}^{a}$ 对姿态动力学的影响已在 6.4.2 小节中进行过讨论,当控制系统带宽和结构基频远高于轨道角速度时,该项的影响是可忽略的。因此,闭环系统(6.84)的稳定性取决于下述系统:

$$\boldsymbol{M}^{a}\ddot{\boldsymbol{p}}^{a}+(\boldsymbol{D}^{a}+\boldsymbol{L}^{a}\boldsymbol{K}_{2}^{a}\boldsymbol{L}^{a\mathrm{T}})\dot{\boldsymbol{p}}^{a}+(\boldsymbol{K}^{a}+\boldsymbol{L}^{a}\boldsymbol{K}_{1}^{a}\boldsymbol{L}^{a\mathrm{T}})\boldsymbol{p}^{a}=\boldsymbol{0} \tag{6.85}$$

由于 $\boldsymbol{K}_{1}^{a}$ 和 $\boldsymbol{K}_{2}^{a}$ 是对称正定的,故矩阵 $(\boldsymbol{D}^{a}+\boldsymbol{L}^{a}\boldsymbol{K}_{2}^{a}\boldsymbol{L}^{a\mathrm{T}})$ 和 $(\boldsymbol{K}^{a}+\boldsymbol{L}^{a}\boldsymbol{K}_{1}^{a}\boldsymbol{L}^{a\mathrm{T}})$ 也是对

称正定的。考虑 Lyapunov 函数 $V=\frac{1}{2}\dot{\boldsymbol{p}}^{\mathrm{aT}}\boldsymbol{M}\dot{\boldsymbol{p}}^{\mathrm{a}}+\frac{1}{2}\boldsymbol{p}^{\mathrm{aT}}(\boldsymbol{K}^{\mathrm{a}}+\boldsymbol{L}^{\mathrm{a}}\boldsymbol{K}_1^{\mathrm{a}}\boldsymbol{L}^{\mathrm{aT}})\boldsymbol{p}^{\mathrm{a}}$，其对时间求导可得

$$\dot{V}=-\dot{\boldsymbol{p}}^{\mathrm{aT}}(\boldsymbol{D}^{\mathrm{a}}+\boldsymbol{L}^{\mathrm{a}}\boldsymbol{K}_2^{\mathrm{a}}\boldsymbol{L}^{\mathrm{aT}})\dot{\boldsymbol{p}}^{\mathrm{a}}\leqslant 0 \tag{6.86}$$

同时，综合方程(6.85)和方程(6.86)可以看出，由 $\dot{V}=0$ 定义的不变集仅为 0 平衡点。因此，闭环系统(6.85)的 0 平衡点是渐近稳定的。

考虑控制目标是为实现姿态控制而非振动抑制，$\boldsymbol{K}_1^{\mathrm{a}}$ 和 $\boldsymbol{K}_2^{\mathrm{a}}$ 的设计可基于下述的刚体姿态动力学模型：

$$\boldsymbol{m}_{\mathrm{aa}}\Delta\ddot{\boldsymbol{\theta}}^{\mathrm{a}}+\boldsymbol{L}_{\mathrm{r}}^{\mathrm{a}}\boldsymbol{K}_2^{\mathrm{a}}\boldsymbol{L}_{\mathrm{r}}^{\mathrm{aT}}\Delta\dot{\boldsymbol{\theta}}^{\mathrm{a}}+\boldsymbol{L}_{\mathrm{r}}^{\mathrm{a}}\boldsymbol{K}_1^{\mathrm{a}}\boldsymbol{L}_{\mathrm{r}}^{\mathrm{aT}}\Delta\boldsymbol{\theta}^{\mathrm{a}}=0 \tag{6.87}$$

假定姿态运动的期望阻尼阵和刚度矩阵分别为

$$\boldsymbol{D}_{\mathrm{r}}^{\mathrm{a}}=\mathrm{diag}(2J_1^{\mathrm{a}}\xi_{\mathrm{r}1}\omega_{\mathrm{r}1}\quad 2J_2^{\mathrm{a}}\xi_{\mathrm{r}2}\omega_{\mathrm{r}2}\quad 2J_3^{\mathrm{a}}\xi_{\mathrm{r}3}\omega_{\mathrm{r}3}) \tag{6.88}$$

$$\boldsymbol{K}_{\mathrm{r}}^{\mathrm{a}}=\mathrm{diag}(J_1^{\mathrm{a}}\omega_{\mathrm{r}1}^2\quad J_2^{\mathrm{a}}\omega_{\mathrm{r}2}^2\quad J_3^{\mathrm{a}}\omega_{\mathrm{r}3}^2) \tag{6.89}$$

式中：$\xi_{\mathrm{r}i}$ 和 $\omega_{\mathrm{r}i}$ 分别为姿态运动的期望阻尼比和控制带宽，且 $\omega_{\mathrm{r}i}\geqslant 10\omega_{\mathrm{o}}$，即控制带宽高于轨道角速度至少一个量级。$\boldsymbol{K}_1^{\mathrm{a}}$ 和 $\boldsymbol{K}_2^{\mathrm{a}}$ 可通过下式求解：

$$\boldsymbol{L}_{\mathrm{r}}^{\mathrm{a}}\boldsymbol{K}_1^{\mathrm{a}}\boldsymbol{L}_{\mathrm{r}}^{\mathrm{aT}}=\boldsymbol{K}_{\mathrm{r}}^{\mathrm{a}} \tag{6.90}$$

$$\boldsymbol{L}_{\mathrm{r}}^{\mathrm{a}}\boldsymbol{K}_2^{\mathrm{a}}\boldsymbol{L}_{\mathrm{r}}^{\mathrm{aT}}=\boldsymbol{D}_{\mathrm{r}}^{\mathrm{a}} \tag{6.91}$$

由于 $\boldsymbol{L}_{\mathrm{r}}^{\mathrm{a}}$ 是行满秩的(刚体模态是可控的)，上述方程的解总是存在的。一般地，可取下述的最小 Frobenius 范数解：

$$\boldsymbol{K}_1^{\mathrm{a}}=\boldsymbol{L}_{\mathrm{r}}^{\mathrm{a}+}\boldsymbol{K}_{\mathrm{r}}^{\mathrm{a}}\ (\boldsymbol{L}_{\mathrm{r}}^{\mathrm{aT}})^{+} \tag{6.92}$$

$$\boldsymbol{K}_2^{\mathrm{a}}=\boldsymbol{L}_{\mathrm{r}}^{\mathrm{a}+}\boldsymbol{D}_{\mathrm{r}}^{\mathrm{a}}\ (\boldsymbol{L}_{\mathrm{r}}^{\mathrm{aT}})^{+} \tag{6.93}$$

式中：$\boldsymbol{L}_{\mathrm{r}}^{\mathrm{a}+}$ 为 $\boldsymbol{L}_{\mathrm{r}}^{\mathrm{a}}$ 的 Moore - Penrose 逆。

为了能够最小化姿态控制系统对于结构振动的影响，有必要优化共位执行器/敏感器的位置。实际上，由于结构振动的激励需要控制能量的输入，故这也意味着最小化系统的控制能量。不失一般性，考虑高斯白噪声干扰下的闭环系统，即

$$\boldsymbol{M}^{\mathrm{a}}\ddot{\boldsymbol{p}}^{\mathrm{a}}+(\boldsymbol{D}^{\mathrm{a}}+\boldsymbol{L}^{\mathrm{a}}\boldsymbol{K}_2^{\mathrm{a}}\boldsymbol{L}^{\mathrm{aT}})\dot{\boldsymbol{p}}^{\mathrm{a}}+(\boldsymbol{K}^{\mathrm{a}}+\boldsymbol{L}^{\mathrm{a}}\boldsymbol{K}_1^{\mathrm{a}}\boldsymbol{L}^{\mathrm{aT}})\boldsymbol{p}^{\mathrm{a}}=\boldsymbol{L}_{\mathrm{w}}\boldsymbol{w} \tag{6.94}$$

式中：$\boldsymbol{w}$ 为单位强度的高斯白噪声；$\boldsymbol{L}_{\mathrm{w}}$ 由干扰噪声的输入位置决定。将方程(6.94)转换成下述的状态空间形式：

$$\dot{\boldsymbol{x}}^{\mathrm{a}}=\boldsymbol{A}^{\mathrm{a}}\boldsymbol{x}^{\mathrm{a}}+\boldsymbol{B}^{\mathrm{a}}\boldsymbol{w} \tag{6.95}$$

控制力矩可表示为

$$\boldsymbol{T}^{\mathrm{a}}=\boldsymbol{C}^{\mathrm{a}}\boldsymbol{x}^{\mathrm{a}} \tag{6.96}$$

因此，稳态控制功率为

$$\begin{aligned}\boldsymbol{J}_{\mathrm{as}}&=\lim_{t\to\infty}[E(\boldsymbol{T}^{\mathrm{aT}}\boldsymbol{T}^{\mathrm{a}})]\\&=\mathrm{tr}(\boldsymbol{C}^{\mathrm{a}}\boldsymbol{P}^{\mathrm{a}}\boldsymbol{C}^{\mathrm{aT}})\end{aligned} \tag{6.97}$$

式中：$E(\cdot)$表示期望算子；$\boldsymbol{P}^{a}$可通过求解下述 Lyapunov 方程得到

$$\boldsymbol{A}^{a}\boldsymbol{P}^{a}+\boldsymbol{P}^{a}\boldsymbol{A}^{aT}+\boldsymbol{B}^{a}\boldsymbol{B}^{aT}=0 \tag{6.98}$$

最优共位执行器/敏感器的位置可通过最小化 J_{as}得到。

注 6-8：令 $\boldsymbol{x}=[\boldsymbol{x}_1^{T}\quad \boldsymbol{x}_2^{T}]^{T}$ 为任意向量。由于 $\boldsymbol{K}_1^{a}>0,\boldsymbol{K}_2^{a}>0,\boldsymbol{\Delta}^{a}>0,\boldsymbol{\Omega}^{a}>0$，则

$$\boldsymbol{x}^{T}(\boldsymbol{K}^{a}+\boldsymbol{L}^{a}\boldsymbol{K}_1^{a}\boldsymbol{L}^{aT})\boldsymbol{x}=\boldsymbol{x}_2^{T}\boldsymbol{\Omega}^{a}\boldsymbol{x}_2+(\boldsymbol{L}^{aT}\boldsymbol{x})^{T}\boldsymbol{K}_1^{a}(\boldsymbol{L}^{aT}\boldsymbol{x})\geqslant 0$$

$$\boldsymbol{x}^{T}(\boldsymbol{D}^{a}+\boldsymbol{L}^{a}\boldsymbol{K}_2^{a}\boldsymbol{L}^{aT})\boldsymbol{x}=\boldsymbol{x}_2^{T}\boldsymbol{\Delta}^{a}\boldsymbol{x}_2+(\boldsymbol{L}^{aT}\boldsymbol{x})^{T}\boldsymbol{K}_2^{a}(\boldsymbol{L}^{aT}\boldsymbol{x})\geqslant 0$$

当且仅当 $\boldsymbol{x}_2=0$ 和 $\boldsymbol{L}^{aT}\boldsymbol{x}=\boldsymbol{L}_r^{aT}\boldsymbol{x}_1=0$ 时，$\boldsymbol{x}^{T}(\boldsymbol{K}^{a}+\boldsymbol{L}^{a}\boldsymbol{K}_1^{a}\boldsymbol{L}^{aT})\boldsymbol{x}=0$ 和 $\boldsymbol{x}^{T}(\boldsymbol{D}^{a}+\boldsymbol{L}^{a}\boldsymbol{K}_2^{a}\boldsymbol{L}^{aT})\boldsymbol{x}=0$。由于 $\boldsymbol{L}_r^{a}$ 是行满秩的，故当且仅当 $\boldsymbol{x}_1=0$ 时，$\boldsymbol{L}_r^{aT}\boldsymbol{x}_1=0$。因此，矩阵 $\boldsymbol{D}^{a}+\boldsymbol{L}^{a}\boldsymbol{K}_2^{a}\boldsymbol{L}^{aT}$和矩阵 $\boldsymbol{K}^{a}+\boldsymbol{L}^{a}\boldsymbol{K}_1^{a}\boldsymbol{L}^{aT}$是正定的。

注 6-9：天线采用高于轨道角速度一个数量级的高带宽控制的另一个目的是为了在考虑轨道运动影响时仍能确保天线的高精度对地指向。此外，本节控制带宽的高低仅仅是相对于轨道角速度定义的。与传统航天器相比，本节所涉及的控制均为低带宽控制。

6.5.3　数值仿真与分析

本小节通过数值仿真来演示先前所提出的混合高低带宽鲁棒控制器的控制性能。所采用的动力学模型为多柔性体姿态动力学模型(方程(6.19)～(6.24))及外界干扰模型(方程(6.26)～(6.28)和方程(6.44)～(6.47))。控制参数设置为：$\xi_i^{c}=0.707,\xi^{i}=0.707,\xi_{ri}=0.707,\omega_1^{c}=\omega_o,\omega_2^{c}=5\omega_o,\omega_3^{c}=\omega_o,\omega^{i}=5\omega_o,\omega_{r1}=200\omega_o,\omega_{r2}=200\omega_o,\omega_{r3}=50\omega_o,\boldsymbol{Q}(s)=(2.5\times10^{-5})/(s^2+7.1\times10^{-3}s+2.5\times10^{-5})$。干扰模型中的参数设置为：$\Delta x^{c}=5$ m，$\Delta y^{c}=10$ m，$\Delta z^{c}=1$ m，$\Delta x^{a}=5$ m，$\Delta y^{a}=5$ m，$\rho_r=0.3,\rho_s=0.7,\rho_d=0.1$。此外，为保守起见，各部件结构的各阶弹性模态阻尼比均假定为 0.005。

首先，研究天线共位执行器/敏感器的位置优化问题。虽然在 6.3.1 小节给出的有限元模型中假定天线为薄板结构，但实际的天线是由支撑桁架和子阵组成(见图 6.1)，执行器和敏感器应当布置于支撑桁架上。图 6.13 显示出了在当前研究中所采用的 4 组执行器和敏感器的候选位置。考虑结构的对称性，每组执行器和敏感器到质心的距离应是相同的。假定高斯白噪声也是对称地作用于执行器和敏感器的侯选位置，则优化指标 J_{as}随执行器和敏感器位置的变化曲线如图 6.14 所示，图中不同颜色的曲线表示高斯白噪声作用位置不同。可以看出，最优位置为距离天线质心 30 m 处，且该位置与高斯白噪声的激励位置无关。表 6.5 给出了当高斯白噪声作用于最边缘位置处时 3 种不同执行器/敏感器位置处的闭环系统的特征值，容易看出，对应于最优位置处的闭环系统中与弹性模态对应的特征值更接近于无控情况下的系统特征值，且与图 6.14 中的结果保持一致。这表明对于最优位

置，姿态控制系统对结构振动的影响最小。这也说明了所提出优化指标的合理性。

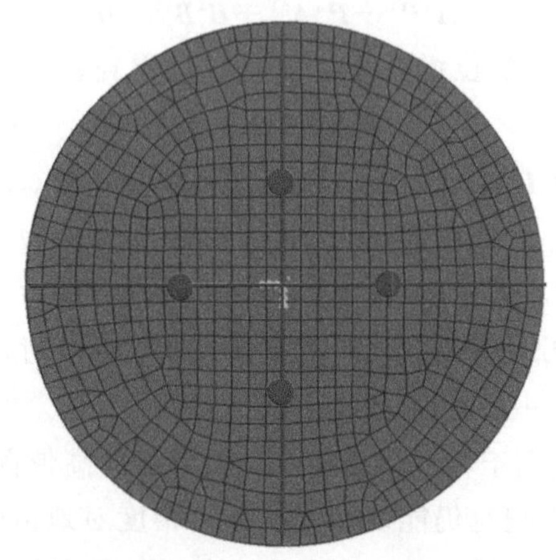

图 6.13 执行器和敏感器的候选位置(红线)和最优位置(红点)

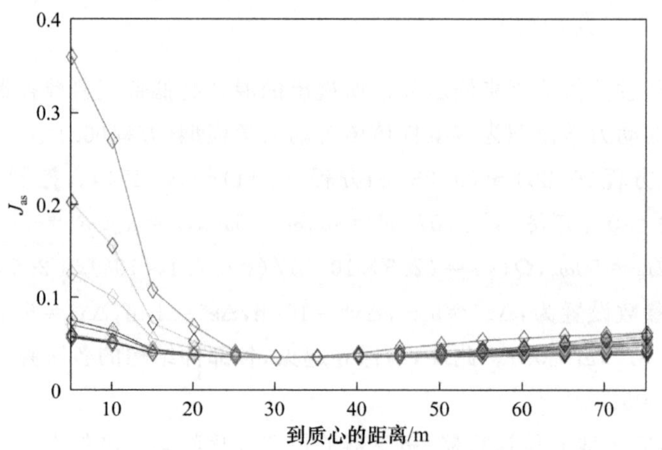

图 6.14 不同激励位置和不同执行器/敏感器位置处的 J_{as} 的取值

表 6.5 系统特征值

阶 次	无控情况	最优位置	距质心 5 m 处	距质心 75 m 处
1	0	−0.002 6±0.002 6i	−0.002 6±0.002 6i	−0.002 6±0.002 6i
2	0	−0.010 3±0.010 3i	−0.010 3±0.010 3i	−0.010 3±0.010 3i
3	0	−0.010 3±0.010 3i	−0.010 3±0.010 3i	−0.010 3±0.010 3i
4	−0.007 6±1.528 2i	−0.007 6±1.528 2i	−0.007 6±1.528 2i	−0.007 6±1.528 2i
5	−0.010 9±2.181 6i	−0.010 9±2.181 6i	−0.010 9±2.181 6i	−0.010 9±2.181 6i

续表 6.5

阶　次	无控情况	最优位置	距质心 5 m 处	距质心 75 m 处
6	−0.010 9±2.181 9i	−0.010 9±2.181 9i	−0.010 9±2.181 9i	−0.010 9±2.181 9i
7	−0.025 3±5.050 8i	−0.025 3±5.050 8i	−0.025 3±5.050 8i	−0.028 4±5.050 8i
8	−0.025 3±5.053 6i	−0.025 3±5.053 6i	−0.025 3±5.053 6i	−0.028 5±5.053 6i
9	−0.042 3±8.450 2i	−0.042 3±8.450 2i	−0.042 3±8.450 2i	−0.042 3± 8.450 2i
10	−2.587 4±19.838 5i	−2.588 2±19.838i	−3.196 3±19.753i	−2.628 6± 19.833i
11	−2.589 3±19.842 3i	−2.590 1±19.842i	−3.196 8±19.749i	−2.630 6±19.837i

然后，考虑数值仿真。初始的姿态角和姿态角速度设置为：$\theta^{c}(0)=[2\quad 2\quad 2]^{\circ}$，$\dot{\theta}^{c}(0)=[-1\quad 4\quad -1]\times 10^{-3}\,(^{\circ})/\mathrm{s}$，$\theta^{a}(0)=[0.1\quad 0.1\quad 0.1]^{\circ}$，$\dot{\theta}^{a}(0)=[0.6\quad -3.6\quad 0.6]\times 10^{-3}\,(^{\circ})/\mathrm{s}$，$\theta^{i}(0)=2^{\circ}$，$\dot{\theta}^{i}(0)=-1\times 10^{-3}\,(^{\circ})/\mathrm{s}$，其他状态初值为 0。天线的期望参考轨迹为 $\boldsymbol{\theta}_{\mathrm{d}}^{\mathrm{a}}=[0\quad -\omega_{\mathrm{o}}t\quad 0]^{\mathrm{T}}$，即 $c_1=0$，$c_2=0$。中心桁架结构的执行器和敏感器均放置在桶状桁架上，并假定执行器位于整个电站的质心，敏感器与执行器相距 11.5 m。此外，仿真中考虑 10%的参数不确定性。仿真结果如图 6.15～6.19 所示。

图 6.15 和图 6.16 显示出了中心桁架结构、电池子阵和天线的姿态角误差和姿态角速度误差仿真曲线。可以看出，中心桁架结构的俯仰轴和电池子阵的旋转轴存在约 1.5°的稳态误差，与此同时，所有部件结构的瞬态姿态角速度误差均低于 0.01(°)/s，远低于各部件结构的基频。图 6.17 为中心桁架结构、电池子阵和天线的控制力矩仿真曲线。容易看出，中心桁架结构、电池子阵和天线的三轴瞬态最大控制力矩分别为 60 N·m、0.08 N·m 和 24 N·m(1 组力矩执行器，其余 3 组与其基本相同)。由于外界干扰是持续的，三轴的稳态输出也是持续的。然而，与千米级的 Abacus - SSPS 相比，百米级的 MR - SSPS 的瞬态力矩和稳态力矩均较小，这也说明了 MR - SSPS 采用力矩执行器的可行性。图 6.18 为电池子阵的三轴对日指向误差和天线的三轴对地指向误差。可以看出，MR - SSPS 的对日指向误差和对地指向误差满足±1°和±0.05°的精度要求。特别是对日指向误差达到了±0.05°的精度，这是由于反馈线性化的引入使得外界干扰对于中心桁架结构的俯仰轴和电池子阵的旋转轴的影响是近似等值反向的。通过将中心桁架结构的俯仰轴带宽和电池子阵的旋转轴带宽取为相同值，可使两种误差相互抵消。图 6.19 显示出了中心桁架结构边缘点和天线边缘点的弹性位移变化曲线。可以看出，中心桁架结构边缘点的最大变形不超过 1 cm，而天线边缘点的最大变形不超过 0.02 mm。这说明了当前的控制设计不会激起结构较大变形，仿真结果满足小变形的假设条件。

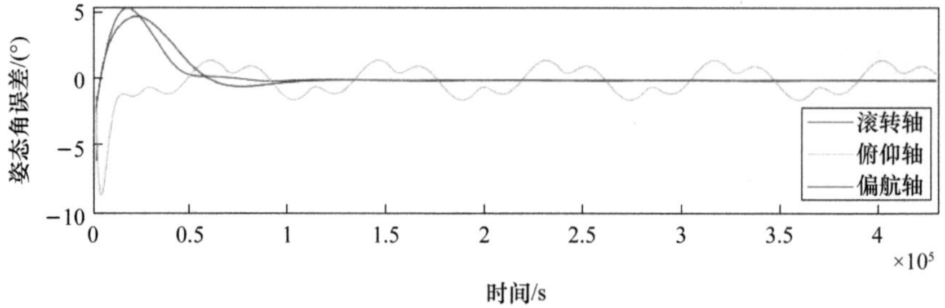

(a) 中心桁架结构

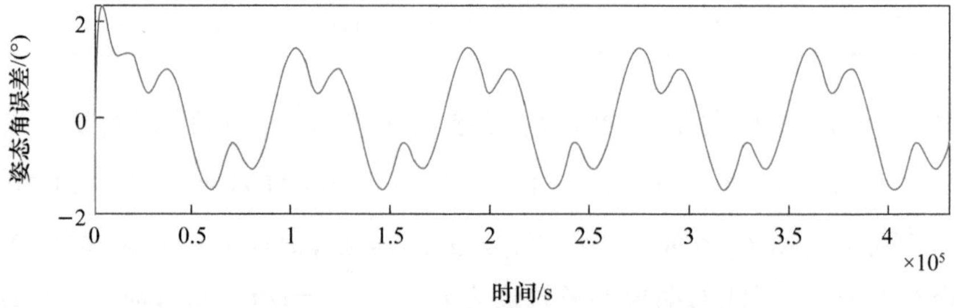

(b) 电池子阵

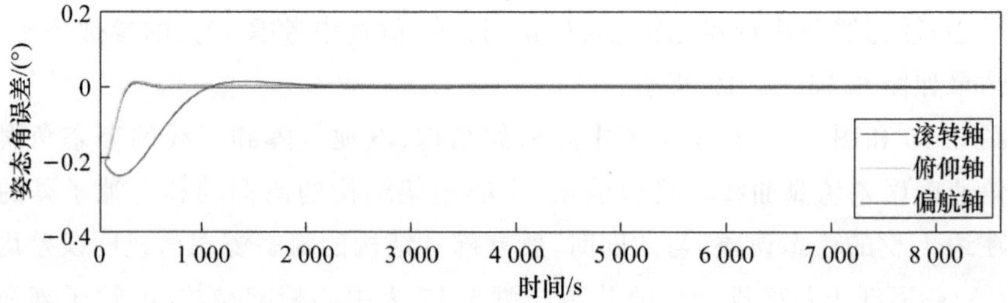

(c) 天　线

图 6.15　姿态角误差仿真结果

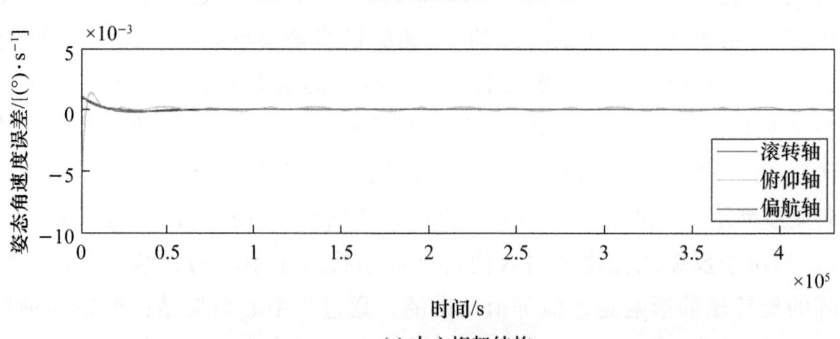

(a) 中心桁架结构

图 6.16　姿态角速度仿真结果

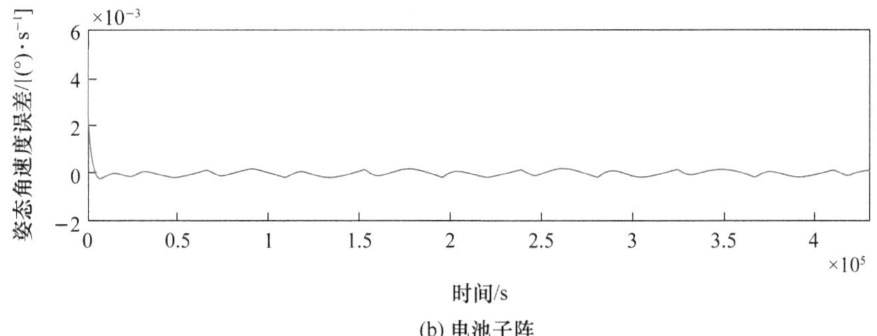

(b) 电池子阵

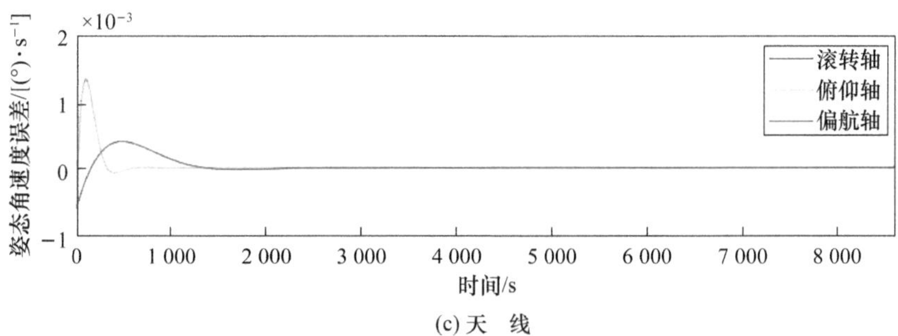

(c) 天　线

图 6.16　姿态角速度仿真结果(续)

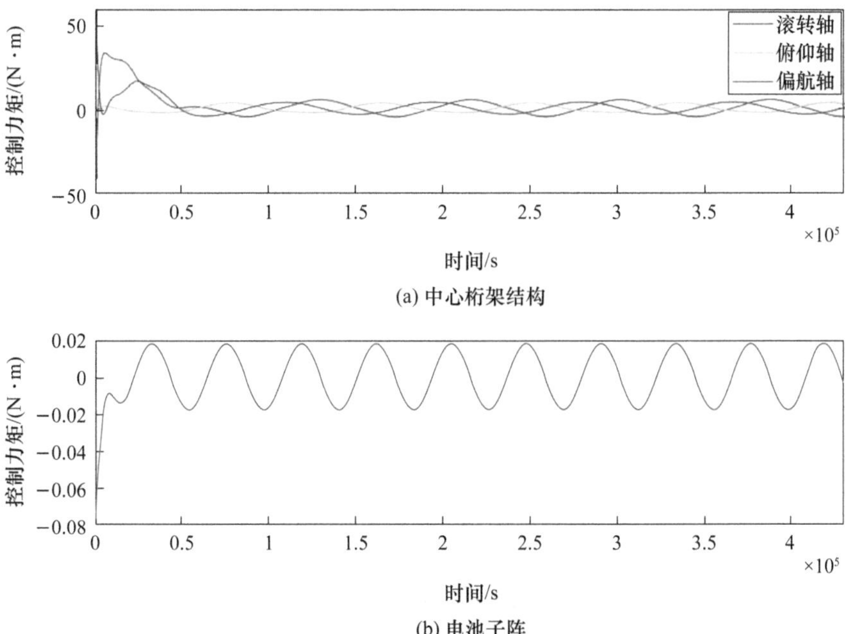

(a) 中心桁架结构

(b) 电池子阵

图 6.17　控制力矩仿真结果

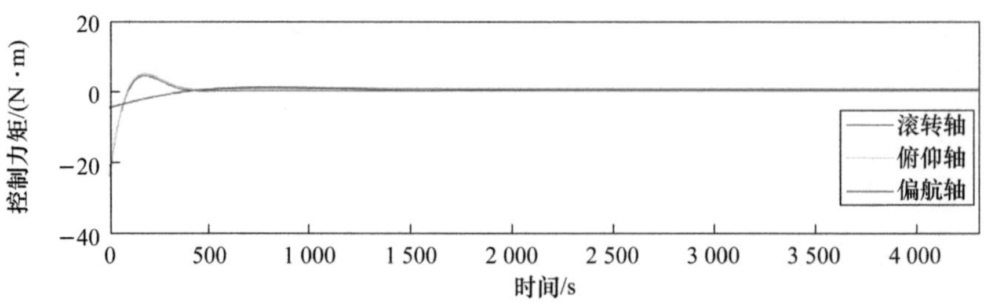

(c) 天线(1组力矩执行器的输出，其余3组与其基本相同)

图 6.17 控制力矩仿真结果(续)

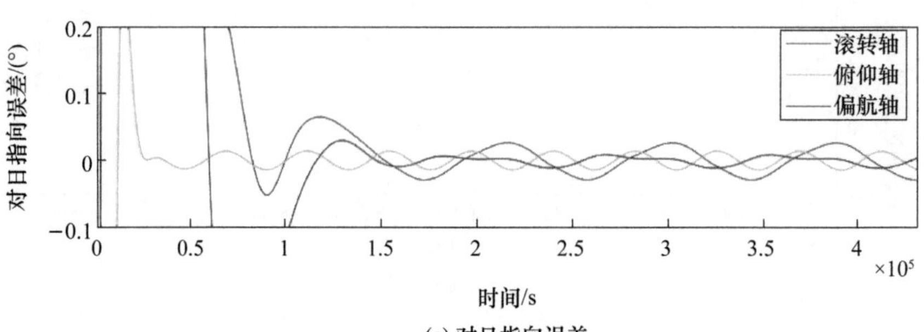

(a) 对日指向误差

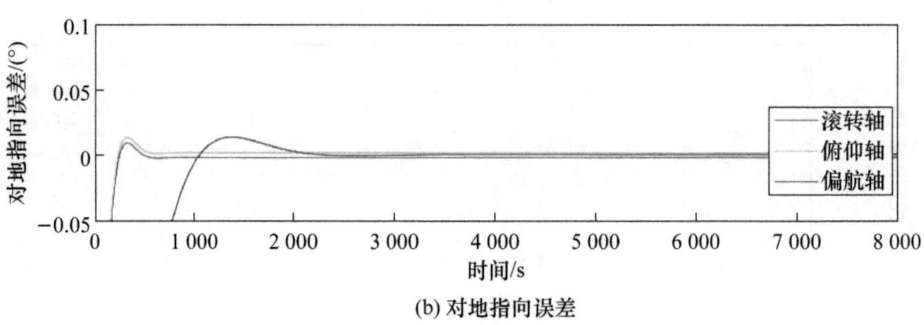

(b) 对地指向误差

图 6.18 对日/对地指向误差

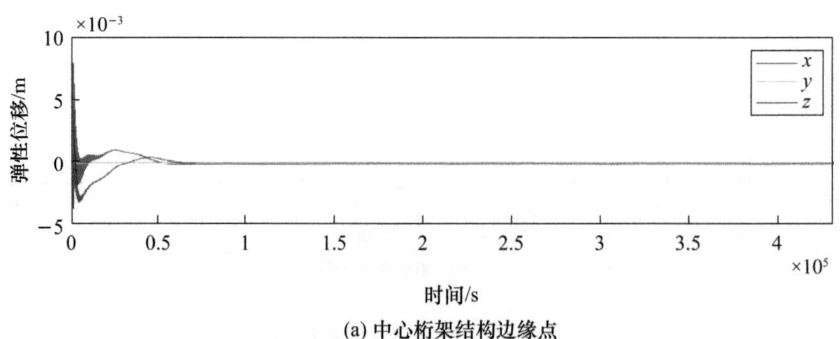

(a) 中心桁架结构边缘点

图 6.19 弹性位移

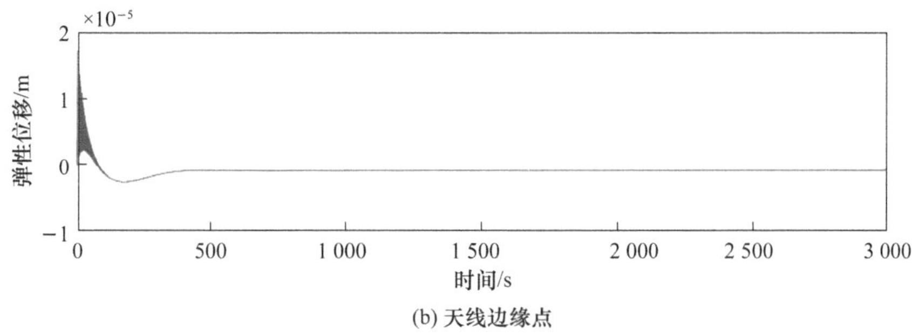

(b) 天线边缘点

图 6.19　弹性位移(续)

6.6　本章小结

本章综合权衡多种因素给出了 MR－SSPS 的姿态定向方式，并基于第二类 Lagrange 方程建立了多柔性体姿态动力学模型和外界干扰模型。所建立的动力学模型及数值仿真结果显示出了天线处于“自由浮动”状态，故中心桁架结构与天线之间的运动耦合作用可忽略，可独立进行中心桁架结构/电池子阵与天线的控制系统设计。本章也针对 MR－SSPS 在轨正常工作期间的对日/对地指向控制问题，提出了一种混合高低带宽鲁棒控制方法。其中，低带宽鲁棒控制器结合了反馈线性化和干扰观测器，在实现中心桁架结构和电池子阵粗略姿态控制的同时避免了中心桁架结构的控制/结构相互作用问题。高带宽鲁棒控制器则使用了 4 组共位布置的力矩执行器和姿态/姿态角速度敏感器，通过合理选择控制增益和优化执行器/敏感器位置，在实现天线精确指向控制的同时最小化了姿态控制系统对结构振动的影响。数值仿真结果证实了所提出的控制器能够满足$\pm 1^{\circ}$的对日指向精度和$\pm 0.05^{\circ}$的对地指向精度要求。对于 MR－SSPS 姿态动力学与控制的其他细节见参考文献[113]。

第 7 章

基于滑动质量系统的空间太阳能电站姿态协同控制

对于空间太阳能电站的姿态控制来说，执行机构的选择是一个重要问题。空间太阳能电站的超大尺寸结构特性不仅使空间环境作用更为显著，也导致了巨大的转动惯量，这对执行机构提出了极高的要求。在第 6 章研究兆瓦级 MR - SSPS 姿态控制时，采用了角动量交换装置（控制力矩陀螺或基于空间装配的大口径动量轮）作为执行机构。然而，对于更大规模的吉瓦级 MR - SSPS，角动量交换装置通常无法满足输出要求，此时应仿照第 5 章的做法，采用电推进器作为执行机构。为了降低发电成本，空间太阳能电站在轨使用寿命往往要求高达数十年，在此期间，基于电推进器的姿态控制燃料消耗高达百吨。如何降低如此大规模的燃料消耗是空间太阳能电站姿态控制所面临的难题。

滑动质量控制是一种主动利用环境力矩作用来控制姿态运动的方法。在受控对象的结构中设置可以沿转轴方向自由滑动的质量块，通过质量块的运动主动改变受控对象的质心位置。当受控对象受到分布于结构表面的环境作用力（例如空气阻力、太阳光压等）时，若该环境作用力的中心位置不发生改变，则对应的环境作用力矩随着滑动质量的运动而变化。根据受控对象所需的姿态控制力矩，可以设计出滑动质量的运动轨迹，由此使环境作用力矩充当姿态控制力矩，从而达到姿态控制的目的。滑动质量控制最早使用在导弹的姿态控制中，而后有学者将其扩展到微小卫星[121]、无人机[122]等受控对象上。此外，Wie[123]将滑动质量系统应用于太阳帆，利用太阳光压力矩来提供姿态控制力矩。与太阳帆航天器相似，空间太阳能电站同样具有较高的面质比特性，因此滑动质量系统也同样适用于空间太阳能电站。然而，对于空间太阳能电站来说，仅靠太阳光压不足以提供姿态控制所需的力矩，故需要电推进器协同工作。

本章以吉瓦级 MR - SSPS 为对象，研究基于滑动质量控制方法降低姿态控制燃料消耗的可行性。本章首先提出了带有滑动质量和电推进器的 MR - SSPS 姿态控制方案。然后推导了带有滑动质量的 MR - SSPS 姿态动力学模型，并设计了包含 MR - SSPS 姿态稳定和滑动质量位置跟踪的姿态协同控制系统。最后给出了 MR - SSPS 姿态控制力矩的分配策略，并通过数值仿真验证了滑动质量系统对降低 MR - SSPS 姿态控制系统燃料消耗的有效性。

7.1 MR - SSPS 姿态协同控制方案设计

吉瓦级 MR - SSPS 主要由中心桁架、发射天线和两组对称分布的太阳能电池阵列构成，其中的中心桁架结构为 MR－SSPS 的主要支撑结构，发射天线与太阳能电池阵列连接在中心桁架上。本章针对吉瓦级 MR－SSPS 的发射天线对地指向，给出了基于滑动质量系统和电推力器姿态协同控制方案，如图 7.1 所示。为了在一定电推力下提供最大的姿态控制力矩，通常将电推进器布置在结构边缘位置。针对 MR－SSPS，可分别布置在中心桁架两端以及与中心桁架方向垂直的发射天线边缘处(见图 7.1)。滑动质量则被布置在中心桁架上，可以沿中心桁架轴向方向自由滑动。滑动质量运动可以由绳索电机牵引方式实现，只消耗电能而不消耗燃料。由于需要发射天线对地指向，当滑动质量的位置发生变化时，SSPS 受到的太阳光压力矩可以为其滚转运动和偏航运动提供姿态控制力矩，同时布置在中心桁架边缘的电推进器可以协同工作，而俯仰运动则需要依靠布置在发射天线边缘处的电推进器来保持稳定。当太阳光压作用于太阳能电池阵列时，太阳光压力施加在空间太阳能电站上的中心位置在图 7.1 中的点 O 处，因此当滑动质量静止于点 O 处时，空间太阳能电站所受太阳光压力矩为零。

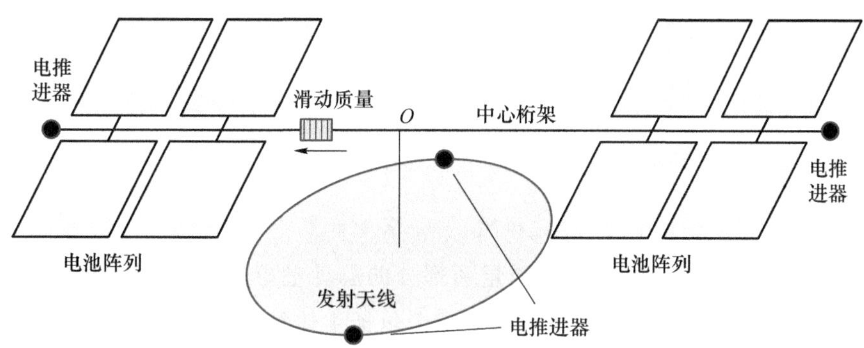

图 7.1　带有滑动质量的 MR－SSPS 姿态控制方案

7.2　带有滑动质量的 MR－SSPS 姿态动力学模型

7.2.1　姿态运动学方程

姿态运动学关系可用四元数来描述，四元数的定义如下：

$$\boldsymbol{q}_{oa}=[\boldsymbol{\eta}_{oa}\quad \xi_{oa}]^{T} \tag{7.1}$$

且有 $\boldsymbol{\eta}_{oa}=\sin\left(\frac{\varphi}{2}\right)\boldsymbol{\eta}_{e}$，$\xi_{oa}=\cos\left(\frac{\varphi}{2}\right)$，其中 $\boldsymbol{\eta}_{e}$ 表示转动轴方向的单位矢量，φ 表示绕转动轴的转角。下标 oa 表示从 SSPS 固连系到轨道坐标系。四元数满足的约束

条件为

$$\boldsymbol{\eta}_{\mathrm{oa}}^{\mathrm{T}}\boldsymbol{\eta}_{\mathrm{oa}}+\xi_{\mathrm{oa}}^{2}=1 \tag{7.2}$$

用四元数描述的姿态运动学方程为

$$\dot{\boldsymbol{\eta}}_{\mathrm{oa}}=\frac{1}{2}(\tilde{\eta}_{\mathrm{oa}}\boldsymbol{\omega}_{\mathrm{oa}}+\xi_{\mathrm{oa}}\boldsymbol{\omega}_{\mathrm{oa}}) \tag{7.3a}$$

$$\dot{\xi}_{\mathrm{oa}}=-\frac{1}{2}\boldsymbol{\omega}_{\mathrm{oa}}^{\mathrm{T}}\boldsymbol{\eta}_{\mathrm{oa}} \tag{7.3b}$$

式中：$\boldsymbol{\omega}_{\mathrm{oa}}$表示 SSPS 固连系相对于轨道坐标系的角速度矢量。

同时，$\boldsymbol{\omega}_{\mathrm{io}}$表示轨道坐标系相对于惯性坐标系的角速度矢量，$\boldsymbol{\omega}_{\mathrm{ea}}$表示 SSPS 固连系相对于惯性坐标系的角速度矢量。其表达式以及其关于时间的一阶导数为

$$\boldsymbol{\omega}_{\mathrm{ea}}=\boldsymbol{\omega}_{\mathrm{oa}}+\boldsymbol{T}_{\mathrm{oa}}^{\mathrm{T}}\boldsymbol{\omega}_{\mathrm{io}},\quad \dot{\boldsymbol{\omega}}_{\mathrm{ea}}=\dot{\boldsymbol{\omega}}_{\mathrm{oa}}-\tilde{\boldsymbol{\omega}}_{\mathrm{oa}}\boldsymbol{T}_{\mathrm{oa}}^{\mathrm{T}}\boldsymbol{\omega}_{\mathrm{io}} \tag{7.4}$$

其中，坐标转换矩阵 $\boldsymbol{T}_{\mathrm{oa}}$可以由四元数表示为

$$\boldsymbol{T}_{\mathrm{oa}}=(\xi_{\mathrm{oa}}^{2}-\boldsymbol{\eta}_{\mathrm{oa}}^{\mathrm{T}}\boldsymbol{\eta}_{\mathrm{oa}})\boldsymbol{E}+2\boldsymbol{\eta}_{\mathrm{oa}}\boldsymbol{\eta}_{\mathrm{oa}}^{\mathrm{T}}-2\xi_{\mathrm{oa}}\tilde{\boldsymbol{\eta}}_{\mathrm{oa}} \tag{7.5}$$

7.2.2 姿态-滑动质量耦合动力学方程

基于动量矩定理，给出在 SSPS 固连系中 O 点的动量矩导数，得到空间太阳能电站的姿态动力学方程为

$$\dot{\boldsymbol{L}}_{O}=\boldsymbol{M}_{O}+m_{\mathrm{s}}\ddot{\boldsymbol{r}}_{O}\times\boldsymbol{\rho}_{\mathrm{CM}} \tag{7.6}$$

式中：$\boldsymbol{L}_O$ 为包括主体结构和滑动质量两部分的总动量矩；$\boldsymbol{M}_O$ 表示外力矩，包括重力梯度、太阳光压等因素引起的力矩；m_{s} 为包括主体结构和滑动质量两部分的总质量，即 $m_{\mathrm{s}}=m_{\mathrm{r}}+m_{\mathrm{m}}$，$m_{\mathrm{r}}$ 表示主体结构的质量，m_{m} 表示滑动质量的质量；$\boldsymbol{r}_O$ 表示 O 点处的轨道半径矢量；$\boldsymbol{\rho}_{\mathrm{CM}}$表示质心相对于 O 点的位置矢量。

同时，基于圆轨道假设和动量定理，在 SSPS 固连系内的 O 点处的动量满足力平衡关系：

$$\dot{\boldsymbol{P}}_{O}=\boldsymbol{F}_{O}-m_{\mathrm{s}}\ddot{\boldsymbol{r}}_{O} \tag{7.7}$$

式中：$\boldsymbol{P}_O$ 为包含主体结构和滑动质量的总动量；$\boldsymbol{F}_O$ 为环境因素引起的外力，例如重力梯度力、太阳光压力等。将式(7.7)代入式(7.6)，消去 $\boldsymbol{r}_O$ 得

$$\dot{\boldsymbol{L}}_{O}+\dot{\boldsymbol{P}}_{O}\times\boldsymbol{\rho}_{\mathrm{CM}}=\boldsymbol{M}_{O}+\boldsymbol{F}_{O}\times\boldsymbol{\rho}_{\mathrm{CM}} \tag{7.8}$$

基于动量定理，也可给出滑动质量的动力学方程为

$$\dot{\boldsymbol{P}}_{\mathrm{m}}=\boldsymbol{F}_{\mathrm{m}}-m_{\mathrm{m}}\ddot{\boldsymbol{r}}_{O} \tag{7.9}$$

式中：$\boldsymbol{P}_{\mathrm{m}}$ 表示滑动质量的动量，$\boldsymbol{F}_{\mathrm{m}}$ 为作用于滑动质量的外力。将式(7.7)代入式(7.9)，同样消去 $\boldsymbol{r}_O$ 得

$$m_s\dot{\boldsymbol{P}}_m+m_m\dot{\boldsymbol{P}}_O=m_s\boldsymbol{F}_m-m_m\boldsymbol{F}_O \tag{7.10}$$

令 $\boldsymbol{P}_r$ 表示主体结构的动量则表达式分别为

$$\boldsymbol{P}_r=\int\dot{\boldsymbol{\rho}}_r\mathrm{d}m=m_r\boldsymbol{T}_{ea}\,\tilde{\boldsymbol{\omega}}_{ea}\,\underline{\boldsymbol{\rho}}_{cr} \tag{7.11}$$

$$\boldsymbol{P}_m=m_m\dot{\boldsymbol{\rho}}_m=m_m\boldsymbol{T}_{ea}(\tilde{\boldsymbol{\omega}}_{ea}\underline{\boldsymbol{\rho}}_m+\dot{\underline{\boldsymbol{\rho}}}_m) \tag{7.12}$$

$\boldsymbol{T}_{ea}$表示从 SSPS 固连系到惯性坐标系的坐标转换矩阵；$\boldsymbol{\rho}_r$ 表示主体结构上任意一点处的位置矢量；$\boldsymbol{\rho}_{cr}$表示主体结构质心处的位置矢量；$\boldsymbol{\rho}_m$ 表示滑动质量所在位置的位置矢量。符号($\underline{*}$)定义为原矢量在特定坐标系下的投影向量。

由式(7.11)和式(7.12)得到，系统总动量 $\boldsymbol{P}_O$ 为

$$\boldsymbol{P}_O=\boldsymbol{P}_r+\boldsymbol{P}_p=\boldsymbol{T}_{ea}(m_s\,\tilde{\boldsymbol{\omega}}_{ea}\underline{\boldsymbol{\rho}}_{CM}+m_m\,\dot{\underline{\boldsymbol{\rho}}}_m) \tag{7.13}$$

$\boldsymbol{L}_r$ 表示主体结构的动量矩，而 $\boldsymbol{L}_m$ 表示滑动质量的动量矩，两者的表达式分别为

$$\boldsymbol{L}_r=\int\boldsymbol{\rho}_r\times\dot{\boldsymbol{\rho}}_r\mathrm{d}m=\boldsymbol{T}_{ea}\boldsymbol{I}_r\boldsymbol{\omega}_{ea} \tag{7.14}$$

$$\boldsymbol{L}_m=m_m\boldsymbol{\rho}_m\times\dot{\boldsymbol{\rho}}_m=\boldsymbol{T}_{ea}\boldsymbol{I}_m\boldsymbol{\omega}_{ea}+m_m\boldsymbol{T}_{ea}\,\tilde{\underline{\boldsymbol{\rho}}}_m\,\dot{\underline{\boldsymbol{\rho}}}_m \tag{7.15}$$

式中：$\boldsymbol{I}_r=\int\tilde{\underline{\boldsymbol{\rho}}}_r\tilde{\underline{\boldsymbol{\rho}}}_r^{\mathrm{T}}\mathrm{d}m$ 为主体结构的转动惯量；$\boldsymbol{I}_m=m_m\,\tilde{\underline{\boldsymbol{\rho}}}_m\,\tilde{\underline{\boldsymbol{\rho}}}_m^{\mathrm{T}}$ 为滑动质量的转动惯量。

由式(7.14)和式(7.15)得到系统总动量矩 $\boldsymbol{L}_O$ 为

$$\boldsymbol{L}_O=\boldsymbol{T}_{ea}(\boldsymbol{I}_s\boldsymbol{\omega}_{ea}+m_m\,\tilde{\underline{\boldsymbol{\rho}}}_m\,\dot{\underline{\boldsymbol{\rho}}}_m) \tag{7.16}$$

式中：$\boldsymbol{I}_s$ 表示总转动惯量，满足 $\boldsymbol{I}_s=\boldsymbol{I}_r+\boldsymbol{I}_m$。

主体结构受到的地球引力为

$$\boldsymbol{F}_{Gr}=\int-\frac{\mu}{|\boldsymbol{r}_r|^3}\boldsymbol{r}_r\mathrm{d}m \tag{7.17}$$

式中：$\boldsymbol{r}_r$ 表示主体结构上任意一点相对于地球地心的矢量，其可以表示为

$$\boldsymbol{r}_r=\boldsymbol{T}_{eo}\boldsymbol{r}_O+\boldsymbol{T}_{ea}\underline{\boldsymbol{\rho}}_r \tag{7.18}$$

根据式(7.18)，式(7.17)的分母部分可以展开为

$$|\boldsymbol{r}_r|^{-3}\approx|\boldsymbol{r}_O|^{-3}\left(1-\frac{3\boldsymbol{r}_O^{\mathrm{T}}T_{oa}\underline{\boldsymbol{\rho}}_r}{|\boldsymbol{r}_O|^2}\right) \tag{7.19}$$

将式(7.18)和式(7.19)代入式(7.17)，则主体结构受到的重力梯度力近似为

$$\boldsymbol{F}_{Gr}=-\frac{\mu m_r}{|\boldsymbol{r}_O|^3}\left(\boldsymbol{T}_{eo}\boldsymbol{r}_O+\boldsymbol{T}_{ea}\underline{\boldsymbol{\rho}}_{cr}-\frac{3}{|\boldsymbol{r}_O|^2}\boldsymbol{T}_{eo}\boldsymbol{r}_O\boldsymbol{r}_O^{\mathrm{T}}T_{oa}\underline{\boldsymbol{\rho}}_{cr}\right)+\frac{3\mu}{|\boldsymbol{r}_O|^5}\boldsymbol{T}_{ea}\boldsymbol{H}_r\boldsymbol{T}_{oa}^{\mathrm{T}}\boldsymbol{r}_O \tag{7.20}$$

式中：$\boldsymbol{H}_{\mathrm{r}}=\int \underline{\boldsymbol{\rho}}_{\mathrm{r}}\underline{\boldsymbol{\rho}}_{\mathrm{r}}^{\mathrm{T}}\mathrm{d}m$。

类似的有，滑动质量所受到的重力梯度力也可近似表示为

$$\boldsymbol{F}_{\mathrm{Gm}}=-\frac{\mu m_{\mathrm{m}}}{|\boldsymbol{r}_O|^3}\left(\boldsymbol{T}_{\mathrm{eo}}\boldsymbol{r}_O+\boldsymbol{T}_{\mathrm{ea}}\underline{\boldsymbol{\rho}}_{\mathrm{m}}-\frac{3}{|\boldsymbol{r}_O|^2}\boldsymbol{T}_{\mathrm{eo}}\boldsymbol{r}_O\boldsymbol{r}_O^{\mathrm{T}}\boldsymbol{T}_{\mathrm{oa}}\underline{\boldsymbol{\rho}}_{\mathrm{m}}\right)+\frac{3\mu}{|\boldsymbol{r}_O|^5}\boldsymbol{T}_{\mathrm{ea}}\boldsymbol{H}_{\mathrm{m}}\boldsymbol{T}_{\mathrm{oa}}^{\mathrm{T}}\boldsymbol{r}_O \tag{7.21}$$

式中：$\boldsymbol{H}_{\mathrm{m}}=m_{\mathrm{m}}\underline{\boldsymbol{\rho}}_{\mathrm{m}}\underline{\boldsymbol{\rho}}_{\mathrm{m}}^{\mathrm{T}}$。

由式(7.20)和式(7.21)得到总重力梯度力为

$$\boldsymbol{F}_{\mathrm{Gs}}=-\frac{\mu m_{\mathrm{s}}}{|\boldsymbol{r}_O|^3}\left(\boldsymbol{T}_{\mathrm{eo}}\boldsymbol{r}_O+\boldsymbol{T}_{\mathrm{ea}}\underline{\boldsymbol{\rho}}_{\mathrm{s}}-\frac{3}{|\boldsymbol{r}_O|^2}\boldsymbol{T}_{\mathrm{eo}}\boldsymbol{r}_O\boldsymbol{r}_O^{\mathrm{T}}\boldsymbol{T}_{\mathrm{oa}}\underline{\boldsymbol{\rho}}_{\mathrm{s}}\right)+\frac{3\mu}{|\boldsymbol{r}_O|^5}\boldsymbol{T}_{\mathrm{ea}}\boldsymbol{H}_{\mathrm{s}}\boldsymbol{T}_{\mathrm{oa}}^{\mathrm{T}}\boldsymbol{r}_O \tag{7.22}$$

式中：$\boldsymbol{H}_{\mathrm{s}}=\boldsymbol{H}_{\mathrm{r}}+\boldsymbol{H}_{\mathrm{m}}$。

主体结构受到的重力梯度力矩为

$$\boldsymbol{M}_{\mathrm{Gr}}=\int -\frac{\mu}{|\boldsymbol{r}_{\mathrm{r}}|^3}\boldsymbol{\rho}_{\mathrm{r}}\times\boldsymbol{r}_{\mathrm{r}}\mathrm{d}m \tag{7.23}$$

将式(7.18)和式(7.19)代入式(7.23)得到主体结构受到的重力梯度力矩近似表示式。然后通过相同方式也可得到滑动质量受到的重力梯度力矩近似表示式，则总重力梯度力矩可以表示为

$$\boldsymbol{M}_{\mathrm{Gs}}=-\frac{\mu m_{\mathrm{s}}}{|\boldsymbol{r}_O|^3}\boldsymbol{T}_{\mathrm{ea}}\underline{\tilde{\boldsymbol{\rho}}}_{\mathrm{CM}}\boldsymbol{T}_{\mathrm{oa}}^{\mathrm{T}}\boldsymbol{r}_O+\frac{3\mu}{|\boldsymbol{r}_O|^5}\boldsymbol{T}_{\mathrm{eo}}\tilde{\boldsymbol{r}}_O\boldsymbol{T}_{\mathrm{oa}}\boldsymbol{I}_{\mathrm{s}}\boldsymbol{T}_{\mathrm{oa}}^{\mathrm{T}}\boldsymbol{r}_O \tag{7.24}$$

太阳光压力可以表示为

$$\boldsymbol{F}_{\mathrm{SRP}}=\boldsymbol{T}_{\mathrm{ib}}\underline{\boldsymbol{F}}_{\mathrm{SRP}}=PS(\boldsymbol{n}^{\mathrm{T}}\boldsymbol{s})\left[(1-v)s+2v(\boldsymbol{n}^{\mathrm{T}}\boldsymbol{s})\boldsymbol{n}\right],\quad \boldsymbol{n}^{\mathrm{T}}\boldsymbol{s}\geqslant 0 \tag{7.25}$$

式中：$\boldsymbol{n}$ 为受照射表面的法向方向的单位向量；$\boldsymbol{s}$ 为太阳光辐射方向的单位向量；而 v 表示反射系数。太阳光压引起的力矩可以表示为

$$\boldsymbol{M}_{\mathrm{SRP}}=\boldsymbol{T}_{\mathrm{ea}}\underline{\tilde{\boldsymbol{\rho}}}_{\mathrm{CP}}\underline{\boldsymbol{F}}_{\mathrm{SRP}} \tag{7.26}$$

由此，将式(7.13)、(7.16)、(7.22)、(7.24)、(7.25)和式(7.26)代入式(7.8)，则得到与滑动质量运动耦合的主体结构姿态运动方程：

$$\begin{aligned}&(\boldsymbol{I}_{\mathrm{s}}+\boldsymbol{I}_{\mathrm{CM}})\dot{\boldsymbol{\omega}}_{\mathrm{ea}}+\tilde{\boldsymbol{\omega}}_{\mathrm{ea}}(\boldsymbol{I}_{\mathrm{s}}+\boldsymbol{I}_{\mathrm{CM}})\boldsymbol{\omega}_{\mathrm{ea}}-2m_{\mathrm{m}}(\underline{\tilde{\boldsymbol{\rho}}}_{\mathrm{m}}-\underline{\tilde{\boldsymbol{\rho}}}_{\mathrm{CM}})\dot{\tilde{\underline{\boldsymbol{\rho}}}}_{\mathrm{m}}\boldsymbol{\omega}_{\mathrm{ea}}+\\&m_{\mathrm{m}}\tilde{\dot{\boldsymbol{\omega}}}_{\mathrm{ea}}\underline{\tilde{\boldsymbol{\rho}}}_{\mathrm{m}}\dot{\underline{\boldsymbol{\rho}}}_{\mathrm{m}}+m_{\mathrm{m}}(\underline{\tilde{\boldsymbol{\rho}}}_{\mathrm{m}}-\underline{\tilde{\boldsymbol{\rho}}}_{\mathrm{CM}})\ddot{\underline{\boldsymbol{\rho}}}_{\mathrm{m}}\\=&\frac{3\mu}{|\boldsymbol{r}_O|^5}\boldsymbol{T}_{\mathrm{oa}}^{\mathrm{T}}\tilde{\boldsymbol{r}}_O\boldsymbol{T}_{\mathrm{oa}}(\boldsymbol{I}_{\mathrm{s}}+\boldsymbol{I}_{\mathrm{CM}})\boldsymbol{T}_{\mathrm{oa}}^{\mathrm{T}}\boldsymbol{r}_O-\frac{3\mu}{|\boldsymbol{r}_O|^5}\underline{\tilde{\boldsymbol{\rho}}}_{\mathrm{CM}}\boldsymbol{H}_{\mathrm{s}}\boldsymbol{T}_{\mathrm{oa}}^{\mathrm{T}}\boldsymbol{r}_O+(\underline{\tilde{\boldsymbol{\rho}}}_{\mathrm{CP}}-\underline{\tilde{\boldsymbol{\rho}}}_{\mathrm{CM}})\underline{\boldsymbol{F}}_{\mathrm{SRP}}\end{aligned} \tag{7.27}$$

同时，将式(7.12)、(7.13)、(7.21)、(7.22)和式(7.25)代入式(7.10)，则得到

滑动质量的运动方程：

$$\bar{m}\boldsymbol{e}^{\mathrm{T}}\ddot{\underline{\boldsymbol{\rho}}}_{\mathrm{m}}+2\bar{m}\boldsymbol{e}^{\mathrm{T}}\tilde{\boldsymbol{\omega}}_{\mathrm{ea}}\dot{\underline{\boldsymbol{\rho}}}_{\mathrm{m}}+m_{\mathrm{m}}\boldsymbol{e}^{\mathrm{T}}(\tilde{\boldsymbol{\omega}}_{\mathrm{ea}}\tilde{\boldsymbol{\omega}}_{\mathrm{ea}}+\tilde{\dot{\boldsymbol{\omega}}}_{\mathrm{ea}})(\underline{\boldsymbol{\rho}}_{\mathrm{m}}-\underline{\boldsymbol{\rho}}_{\mathrm{CM}})$$

$$=-\frac{\mu m_{\mathrm{m}}}{|\boldsymbol{r}_O|^3}\boldsymbol{e}^{\mathrm{T}}\boldsymbol{T}_{\mathrm{oa}}^{\mathrm{T}}\left(\boldsymbol{E}-\frac{3\boldsymbol{r}_O\boldsymbol{r}_O^{\mathrm{T}}}{|\boldsymbol{r}_O|^2}\right)\boldsymbol{T}_{\mathrm{oa}}(\underline{\boldsymbol{\rho}}_{\mathrm{m}}-\underline{\boldsymbol{\rho}}_{\mathrm{CM}})-\frac{m_{\mathrm{m}}}{m_{\mathrm{s}}}\boldsymbol{e}^{\mathrm{T}}\underline{\boldsymbol{F}}_{\mathrm{SRP}}+\boldsymbol{e}^{\mathrm{T}}(\underline{\boldsymbol{F}}_{\mathrm{t}}-\eta\dot{\underline{\boldsymbol{\rho}}}_{\mathrm{m}})\tag{7.28}$$

式中：$\bar{m}=m_{\mathrm{m}}m_{\mathrm{r}}/m_{\mathrm{s}}$；$\boldsymbol{e}$ 为滑动质量运动方向的单位矢量投影在 SSPS 固连系下的单位向量。通过在方程中每项均乘以 $\boldsymbol{e}$，得到沿滑动质量运动方向的动力学关系。$\boldsymbol{F}_{\mathrm{t}}$ 表示作用在滑动质量上的主动驱动力，η 表示滑动质量运动阻尼。

7.3　MR－SSPS 姿态协同控制系统设计

姿态协同控制系统设计分为 3 个步骤。第一步是设计姿态控制器，以实现电站的姿态稳定，其中姿态稳定控制所需力矩由电推进器系统和滑动质量系统协同提供。第二步为提出电推进器系统和滑动质量系统之间的控制力矩分配策略。随后根据所需提供的控制力矩，可以得到滑动质量的期望位置。第三步是为滑动质量设计位置跟踪控制器，以使滑动质量位于期望位置，从而使 SSPS 受到期望的太阳光压力矩。协同姿态控制系统框图如图 7.2 所示，其中⊗表示期望值与实际值的比较器。可见协同姿态控制系统包括内外两环，其中内环为滑动质量的位置跟踪控制，而外环为电站的姿态保持。

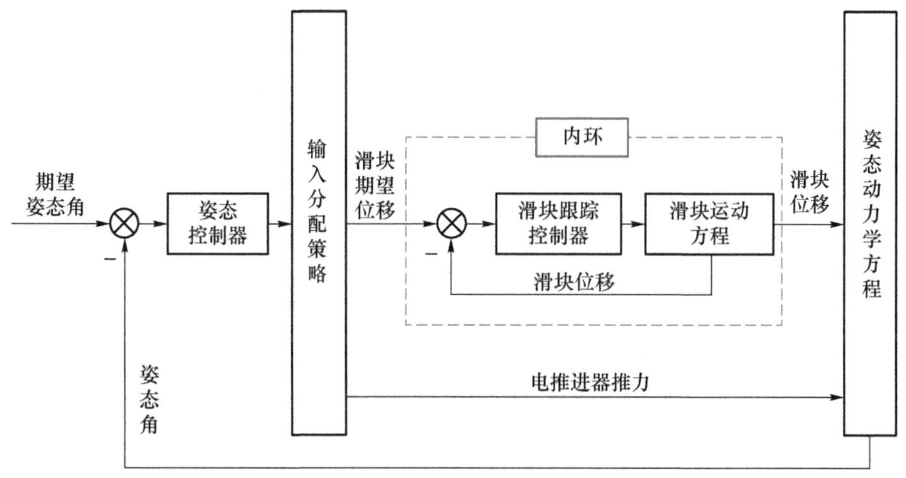

图 7.2　协同姿态控制框图

7.3.1 姿态控制器设计

将滑动质量的速度和加速度项对姿态运动的影响设定为扰动力矩 w_m，同时姿态控制力矩 $\boldsymbol{\tau}_t$ 由电推进器系统和滑动质量系统协同提供，则电站的姿态运动方程式(7.27)可以改写为

$$\boldsymbol{I}\dot{\boldsymbol{\omega}}_{ea}+\tilde{\boldsymbol{\omega}}_{ea}\boldsymbol{I}\boldsymbol{\omega}_{ea}=\boldsymbol{\tau}_G+\boldsymbol{\tau}_{SRP}-\boldsymbol{w}_m+\boldsymbol{\tau}_t \tag{7.29}$$

式中：$\boldsymbol{I}=\boldsymbol{I}_s+\boldsymbol{I}_{CM}$；$\boldsymbol{\tau}_G=\frac{3\mu}{|\boldsymbol{r}_O|^5}\boldsymbol{T}_{oa}^T\tilde{\boldsymbol{r}}_O\boldsymbol{T}_{oa}\boldsymbol{I}\boldsymbol{T}_{oa}^T\boldsymbol{r}_O$；$\boldsymbol{w}_m=m_m(\tilde{\underline{\boldsymbol{\rho}}}_m-\tilde{\underline{\boldsymbol{\rho}}}_{CM})(\ddot{\underline{\boldsymbol{\rho}}}_m-2\dot{\tilde{\underline{\boldsymbol{\rho}}}}_m\boldsymbol{\omega}_{ea})+m_m\tilde{\boldsymbol{\omega}}_{ea}\tilde{\underline{\boldsymbol{\rho}}}_m\dot{\underline{\boldsymbol{\rho}}}_m$；$\boldsymbol{\tau}_{SRP}=-\tilde{\underline{\boldsymbol{F}}}_{SRP}\underline{\boldsymbol{\rho}}_{CP}$。

结合式(7.3)和式(7.29)，得到电站的姿态运动学和动力学方程。选取前馈-反馈控制器为

$$\boldsymbol{\tau}_t=(\boldsymbol{w}_m-\boldsymbol{\tau}_G-\boldsymbol{\tau}_{SRP})-(k_q\boldsymbol{\eta}_{ob}+k_\omega\boldsymbol{\omega}_{oa})+\frac{m_d}{m_s}\tilde{\underline{\boldsymbol{F}}}_{SRP}\boldsymbol{\Xi} \tag{7.30}$$

式中：$\boldsymbol{\Xi}(t)$是滑动质量位置偏移的估计量 $\Delta\underline{\boldsymbol{\rho}}_p=(\underline{\boldsymbol{\rho}}_p^d-\underline{\boldsymbol{\rho}}_p)$。同时估计变量的自适应律为

$$\boldsymbol{e}^T\dot{\boldsymbol{\Xi}}=k_3\boldsymbol{e}^T\tilde{\underline{\boldsymbol{F}}}_{SRP}\boldsymbol{\omega}_{oa} \tag{7.31}$$

7.3.2 滑动质量位置跟踪控制器设计

忽略高阶重力梯度项的影响，滑动质量的动力学方程由式(7.28)简化得

$$\bar{m}\boldsymbol{e}^T\ddot{\underline{\boldsymbol{\rho}}}_p+\boldsymbol{e}^T\boldsymbol{\Lambda}(\underline{\boldsymbol{\rho}}_p-\underline{\boldsymbol{\rho}}_{CM})=\boldsymbol{e}^T(\underline{\boldsymbol{F}}_t-\eta\dot{\underline{\boldsymbol{\rho}}}_p) \tag{7.32}$$

式中：

$$\boldsymbol{\Lambda}=m_p\left[\tilde{\boldsymbol{\omega}}_{ea}\tilde{\boldsymbol{\omega}}_{ea}+\frac{\mu}{|\underline{\boldsymbol{R}}_O|^3}\boldsymbol{T}_{oa}^T\left(\boldsymbol{E}-\frac{3\underline{\boldsymbol{R}}_O\underline{\boldsymbol{R}}_O^T}{|\underline{\boldsymbol{R}}_O|^2}\right)\boldsymbol{T}_{oa}\right]$$

采用带有前馈的PD控制器，其驱动力设计为

$$\boldsymbol{e}^T\underline{\boldsymbol{F}}_t=-\boldsymbol{e}^T\boldsymbol{\Lambda}(\underline{\boldsymbol{\rho}}_p-\underline{\boldsymbol{\rho}}_{CM})-k_4\boldsymbol{e}^T\Delta\underline{\boldsymbol{\rho}}_p-k_5\boldsymbol{e}^T\dot{\underline{\boldsymbol{\rho}}}_p \tag{7.33}$$

7.3.3 系统稳定性分析

可以根据李雅普诺夫稳定性理论来证明控制器的稳定性。系统的状态向量选取为

$$\boldsymbol{X}=\{\boldsymbol{\eta}_{oa},\xi_{oa}-1,\boldsymbol{\omega}_{oa},\boldsymbol{\Xi},\Delta\underline{\boldsymbol{\rho}}_p,\dot{\underline{\boldsymbol{\rho}}}_p\}^T \tag{7.34}$$

系统的平衡位置为 $\boldsymbol{X}=\boldsymbol{0}$。选择候选李雅普诺夫函数为

$$V=\frac{1}{2}\boldsymbol{\omega}_{oa}^T\boldsymbol{I}\boldsymbol{\omega}_{oa}+k_1[\boldsymbol{\eta}_{oa}^T\boldsymbol{\eta}_{oa}+(\xi_{oa}-1)^2]+\frac{1}{2}(k_I\boldsymbol{\omega}_{eo}^T\boldsymbol{\omega}_{eo}-\boldsymbol{\omega}_{eo}^T\boldsymbol{T}_{oa}\boldsymbol{I}\boldsymbol{T}_{oa}^T\boldsymbol{\omega}_{eo})+$$
$$\frac{1}{2}\frac{m_d}{m_s}\frac{1}{k_3}\boldsymbol{\Xi}^T\boldsymbol{e}\boldsymbol{e}^T\boldsymbol{\Xi}+\frac{1}{2}k_4\Delta\underline{\boldsymbol{\rho}}_p^T\boldsymbol{e}\boldsymbol{e}^T\Delta\underline{\boldsymbol{\rho}}_p+\frac{1}{2}\bar{m}\dot{\underline{\boldsymbol{\rho}}}_p^T\boldsymbol{e}\boldsymbol{e}^T\dot{\underline{\boldsymbol{\rho}}}_p \tag{7.35}$$

其中，k_1、k_3、k_4 和 k_I 都是正值常数，转动惯量矩阵 $\boldsymbol{I}$ 为对称正定矩阵，并且 k_I 还满足：

$$k_I > \lambda_{\max}(\boldsymbol{I}) \tag{7.36}$$

因此可以得到以下关系：

$$(k_I\boldsymbol{\omega}_{eo}^T\boldsymbol{\omega}_{eo} - \boldsymbol{\omega}_{eo}^T\boldsymbol{T}_{oa}\boldsymbol{I}\boldsymbol{T}_{oa}^T\boldsymbol{\omega}_{eo}) > [k_I - \lambda_{\max}(\boldsymbol{I})]\boldsymbol{\omega}_{eo}^T\boldsymbol{\omega}_{eo} > 0 \tag{7.37}$$

由此可以保证式(7.35)中第三项为正。除此之外，式(7.35)中的其他项均为二次项形式，因此可以保证所选择的李雅普诺夫函数为正定的，即当 $t>0$ 时，有 $V>0$。

忽略滑动质量对转动惯量的影响，则李雅普诺夫函数相对于时间的一阶导数为

$$\begin{aligned}\dot{V} = {} & \boldsymbol{\omega}_{oa}^T\boldsymbol{I}\dot{\boldsymbol{\omega}}_{oa} + 2k_1[\boldsymbol{\eta}_{oa}^T\dot{\boldsymbol{\eta}}_{oa} + (\xi_{oa}-1)\dot{\xi}_{oa}] - \boldsymbol{\omega}_{eo}^T\boldsymbol{T}_{oa}\boldsymbol{I}\dot{\boldsymbol{T}}_{oa}^T\boldsymbol{\omega}_{eo} + \\ & \frac{1}{2}\frac{m_d}{m_s}\frac{1}{k_3}\boldsymbol{\Xi}^T\boldsymbol{e}\boldsymbol{e}^T\dot{\boldsymbol{\Xi}} + \frac{1}{2}k_4\Delta\underline{\boldsymbol{\rho}}_p^T\boldsymbol{e}\boldsymbol{e}^T\Delta\dot{\underline{\boldsymbol{\rho}}}_p + \bar{m}\,\dot{\underline{\boldsymbol{\rho}}}_p^T\boldsymbol{e}\boldsymbol{e}^T\ddot{\underline{\boldsymbol{\rho}}}_p\end{aligned} \tag{7.38}$$

将姿态动力学方程和姿态控制力矩代入式(7.38)，则式(7.38)的第一项可以表示为

$$\boldsymbol{\omega}_{oa}^T\boldsymbol{I}\dot{\boldsymbol{\omega}}_{oa} = \boldsymbol{\omega}_{oa}^T\left(\boldsymbol{I}\tilde{\boldsymbol{\omega}}_{oa}\boldsymbol{T}_{oa}^T\boldsymbol{\omega}_{eo} - \tilde{\boldsymbol{\omega}}_{ea}\boldsymbol{I}\boldsymbol{\omega}_{ea} - k_1\boldsymbol{\eta}_{oa} - k_2\boldsymbol{\omega}_{oa} + \frac{m_d}{m_s}\underline{\tilde{\boldsymbol{F}}}_{SRP}\Delta\underline{\boldsymbol{\rho}}_p\right) \tag{7.39}$$

考虑到对于任意一个三维矢量 $\boldsymbol{a}$ 均有 $\boldsymbol{\omega}_{ob}^T\tilde{\boldsymbol{\omega}}_{ob}\cdot\boldsymbol{a}=0$，同时有 $\boldsymbol{\omega}_{ib}=\boldsymbol{T}_{ob}^T\boldsymbol{\omega}_{io}+\boldsymbol{\omega}_{ob}$，则有

$$\begin{aligned}\boldsymbol{\omega}_{oa}^T\tilde{\boldsymbol{\omega}}_{ea}\boldsymbol{I}\boldsymbol{\omega}_{ea} &= \boldsymbol{\omega}_{oa}^T(\boldsymbol{T}_{oa}^T\boldsymbol{\omega}_{eo})^\times\boldsymbol{I}\boldsymbol{\omega}_{ea} + \boldsymbol{\omega}_{oa}^T\tilde{\boldsymbol{\omega}}_{oa}\boldsymbol{I}\boldsymbol{\omega}_{ea} \\ &= \boldsymbol{\omega}_{oa}^T(\boldsymbol{T}_{oa}^T\boldsymbol{\omega}_{eo})^\times\boldsymbol{I}\boldsymbol{T}_{oa}^T\boldsymbol{\omega}_{eo} + \boldsymbol{\omega}_{oa}^T(\boldsymbol{T}_{oa}^T\boldsymbol{\omega}_{eo})^\times\boldsymbol{I}\boldsymbol{\omega}_{oa}\end{aligned} \tag{7.40}$$

基于标量的转置等于其本身，式(7.40)中的最后一项可以改写为

$$\begin{aligned}\boldsymbol{\omega}_{oa}^T(\boldsymbol{T}_{oa}^T\boldsymbol{\omega}_{eo})^\times\boldsymbol{I}\boldsymbol{\omega}_{oa} &= -[(\boldsymbol{T}_{oa}^T\boldsymbol{\omega}_{eo})^\times\boldsymbol{\omega}_{oa}]^T(\boldsymbol{I}\boldsymbol{\omega}_{oa}) \\ &= -(\boldsymbol{I}\boldsymbol{\omega}_{oa})^T[(\boldsymbol{T}_{oa}^T\boldsymbol{\omega}_{eo})^\times\boldsymbol{\omega}_{oa}] \\ &= \boldsymbol{\omega}_{oa}^T\boldsymbol{I}\tilde{\boldsymbol{\omega}}_{oa}\boldsymbol{T}_{oa}^T\boldsymbol{\omega}_{eo}\end{aligned} \tag{7.41}$$

可以发现其结果与式中的第一项一致。将式(7.40)和式(7.41)代入式(7.39)得

$$\boldsymbol{\omega}_{oa}^T\boldsymbol{I}\dot{\boldsymbol{\omega}}_{oa} = \boldsymbol{\omega}_{oa}^T\left[-(\boldsymbol{T}_{oa}^T\boldsymbol{\omega}_{eo})^\times\boldsymbol{I}\boldsymbol{T}_{oa}^T\boldsymbol{\omega}_{eo} - k_1\boldsymbol{\eta}_{oa} - k_2\boldsymbol{\omega}_{oa} + \frac{m_d}{m_s}\underline{\tilde{\boldsymbol{F}}}_{SRP}\Delta\underline{\boldsymbol{\rho}}_p\right] \tag{7.42}$$

与此同时，将运动学方程代入式(7.38)，则式(7.38)的第二项可以表示为

$$\begin{aligned}2k_1[\boldsymbol{\eta}_{ob}^T\dot{\boldsymbol{\eta}}_{ob} + (\xi_{ob}-1)\dot{\xi}_{ob}] &= k_1\boldsymbol{\eta}_{ob}^T(\tilde{\boldsymbol{\eta}}_{ob}\boldsymbol{\omega}_{ob} + \xi_{ob}\boldsymbol{\omega}_{ob}) - k_1(\xi_{ob}-1)\boldsymbol{\omega}_{ob}^T\boldsymbol{\eta}_{ob} \\ &= k_1\boldsymbol{\omega}_{ob}^T\boldsymbol{\eta}_{ob}\end{aligned} \tag{7.43}$$

此外，根据矢量乘法运算关系 $\boldsymbol{a}^T\boldsymbol{b}^\times\boldsymbol{c}=\boldsymbol{b}^T\boldsymbol{c}^\times\boldsymbol{a}=\boldsymbol{c}^T\boldsymbol{a}^\times\boldsymbol{b}$，式(7.38)中的第三项可以表示为

$$\boldsymbol{\omega}_{\mathrm{io}}^{\mathrm{T}}\boldsymbol{T}_{\mathrm{ob}}\boldsymbol{I}\,\dot{\boldsymbol{T}}_{\mathrm{ob}}^{\mathrm{T}}\boldsymbol{\omega}_{\mathrm{io}}=-(\boldsymbol{I}\boldsymbol{T}_{\mathrm{ob}}^{\mathrm{T}}\boldsymbol{\omega}_{\mathrm{io}})^{\mathrm{T}}\boldsymbol{\omega}_{\mathrm{ob}}^{\times}(\boldsymbol{T}_{\mathrm{ob}}^{\mathrm{T}}\boldsymbol{\omega}_{\mathrm{io}})=-\boldsymbol{\omega}_{\mathrm{ob}}^{\mathrm{T}}(\boldsymbol{T}_{\mathrm{ob}}^{\mathrm{T}}\boldsymbol{\omega}_{\mathrm{io}})^{\times}(\boldsymbol{I}\boldsymbol{T}_{\mathrm{ob}}^{\mathrm{T}}\boldsymbol{\omega}_{\mathrm{io}}) \tag{7.44}$$

式中：$\dot{\boldsymbol{T}}_{\mathrm{ob}}=\boldsymbol{T}_{\mathrm{ob}}\boldsymbol{\omega}_{\mathrm{ob}}^{\times}$，容易发现式(7.44)的结果与式(7.42)中的第一项一致。将式(7.42)～(7.44)代入式(7.38)，则李雅普诺夫函数的一阶时间导数为

$$\dot{V}=\boldsymbol{\omega}_{\mathrm{ob}}^{\mathrm{T}}\left(-k_2\boldsymbol{\omega}_{\mathrm{ob}}+\frac{m_{\mathrm{d}}}{m_{\mathrm{s}}}\underline{\widetilde{\boldsymbol{F}}}_{\mathrm{SRP}}\Delta\underline{\boldsymbol{\rho}}_{\mathrm{p}}\right)+\frac{m_{\mathrm{d}}}{m_{\mathrm{s}}}\frac{1}{k_3}\boldsymbol{\Xi}^{\mathrm{T}}\boldsymbol{e}\boldsymbol{e}^{\mathrm{T}}\dot{\boldsymbol{\Xi}}+k_4\Delta\underline{\boldsymbol{\rho}}_{\mathrm{p}}^{\mathrm{T}}\boldsymbol{e}\boldsymbol{e}^{\mathrm{T}}\Delta\dot{\underline{\boldsymbol{\rho}}}_{\mathrm{p}}+\bar{m}\,\dot{\underline{\boldsymbol{\rho}}}_{\mathrm{p}}^{\mathrm{T}}\boldsymbol{e}\boldsymbol{e}^{\mathrm{T}}\ddot{\underline{\boldsymbol{\rho}}}_{\mathrm{p}} \tag{7.45}$$

而后，将滑动质量的运动方程和驱动力表达式代入式(7.45)，则式(7.45)的第三项可以表示为

$$\bar{m}\,\dot{\underline{\boldsymbol{\rho}}}_{\mathrm{p}}^{\mathrm{T}}\boldsymbol{e}\boldsymbol{e}^{\mathrm{T}}\ddot{\underline{\boldsymbol{\rho}}}_{\mathrm{p}}=\dot{\underline{\boldsymbol{\rho}}}_{\mathrm{p}}^{\mathrm{T}}\boldsymbol{e}\boldsymbol{e}^{\mathrm{T}}\left[-k_4\Delta\underline{\boldsymbol{\rho}}_{\mathrm{p}}-(k_5+\eta)\dot{\underline{\boldsymbol{\rho}}}_{\mathrm{p}}\right] \tag{7.46}$$

将式(7.46)代入式(7.45)得

$$\dot{V}=-k_2\boldsymbol{\omega}_{\mathrm{ob}}^{\mathrm{T}}\boldsymbol{\omega}_{\mathrm{ob}}+\frac{m_{\mathrm{d}}}{m_{\mathrm{s}}}\left(\boldsymbol{\omega}_{\mathrm{ob}}^{\mathrm{T}}\underline{\widetilde{\boldsymbol{F}}}_{\mathrm{SRP}}+\frac{1}{k_3}\dot{\boldsymbol{\Xi}}^{\mathrm{T}}\boldsymbol{e}\boldsymbol{e}^{\mathrm{T}}\right)\boldsymbol{\Xi}-(k_5+\eta)\dot{\underline{\boldsymbol{\rho}}}_{\mathrm{p}}^{\mathrm{T}}\boldsymbol{e}\boldsymbol{e}^{\mathrm{T}}\dot{\underline{\boldsymbol{\rho}}}_{\mathrm{p}} \tag{7.47}$$

代入自适应律式(7.31)，李雅普诺夫函数的一阶时间导数最终可化为

$$\dot{V}=-k_2\boldsymbol{\omega}_{\mathrm{ob}}^{\mathrm{T}}\boldsymbol{\omega}_{\mathrm{ob}}-(k_5+\eta)\dot{\underline{\boldsymbol{\rho}}}_{\mathrm{p}}^{\mathrm{T}}\boldsymbol{e}\boldsymbol{e}^{\mathrm{T}}\dot{\underline{\boldsymbol{\rho}}}_{\mathrm{p}} \tag{7.48}$$

可以看出李雅普诺夫函数的一阶时间导数 $\dot{V}$ 在 $\boldsymbol{X}\neq0$ 时是负定的，由此根据稳定性理论，证明了系统在平衡位置处 $\boldsymbol{X}=0$ 是渐近稳定的。

7.4　姿态控制力矩分配策略

姿态运动控制力矩由电推进器系统和滑动质量系统协同提供，即

$$\boldsymbol{\tau}_{\mathrm{t}}=\boldsymbol{\tau}_{\mathrm{EP}}+\boldsymbol{\tau}_{\mathrm{MMS}} \tag{7.49}$$

式中：$\boldsymbol{\tau}_{\mathrm{EP}}$表示电推进器系统提供的控制力矩；$\boldsymbol{\tau}_{\mathrm{MMS}}$表示滑动质量系统提供的控制力矩。电推进器系统在工作时需要消耗工质，而滑动质量系统并不需要。如果滑动质量系统尽可能多提供力矩，则可大量降低电推进器系统的工质消耗。由于电推进器的推力具有较强的可控性，这里优先确定滑动质量系统能够提供的控制力矩，然后不足的部分由电推进器系统提供。

由于滑动质量仅沿中心桁架轴向方向滑动，因此在滑动质量运动过程中，系统质心的 y 轴分量持续变化，而 x 轴和 z 轴分量保持不变。为了更好地提供滚转轴方向和偏航轴方向的姿态控制，微调太阳能电池阵列的指向，以改变太阳光压力在SSPS固连系下的滚转轴方向和偏航轴方向的分量。Sincarsin[64]分析了准惯性对日指向时太阳能电池阵列的接收效率，指出了太阳能电池板在指向太阳位置附近发生小幅角度变化时太阳能电池板接收效率的降低幅度较小。在太阳光压力的作

用下，当系统质心的 y 轴分量通过滑动质量系统主动改变时，则可获得作用在滚转轴方向和偏航轴方向的控制力矩，根据式(7.26)，给出太阳光压力矩表达式为

$$\boldsymbol{\tau}_{\mathrm{MMS}}=[-F_z y_c \quad 0 \quad F_x y_c]^{\mathrm{T}} \tag{7.50}$$

式中：F_x 表示太阳光压力 $\underline{\boldsymbol{F}}_{\mathrm{SRP}}$ 在 SSPS 固连系的 x 轴方向上的分量；F_z 表示太阳光压力在 SSPS 固连系的 z 轴方向上的分量；y_c 表示系统质心在 SSPS 固连系的 y 轴方向上的分量。由于太阳光压力的压心(即太阳光压的合力作用点)位于 SSPS 固连系的原点位置，系统质心在 SSPS 固连系的分量即为质心与压心的偏离距离。

当太阳能电池阵列的指向微调时，太阳光压力可以表示为

$$\underline{\boldsymbol{F}}_{\mathrm{SRP}}=[(F_x\cos\varpi+F_z\sin\varpi) \quad F_y \quad (F_z\cos\varpi-F_x\sin\varpi)]^{\mathrm{T}} \tag{7.51}$$

式中：ϖ 为太阳能电池阵列绕 SSPS 固连系 y 轴正方向转动的角度。图 7.3 给出了电站在不同轨道位置处，通过调节太阳能电池阵列角度，可以得到的太阳光压力在 x 轴和 z 轴上分量的正负情况。图中一组中的两个正负号，第一个表示太阳光压的 x 轴分量的正负，第二个表示 z 轴分量的正负。

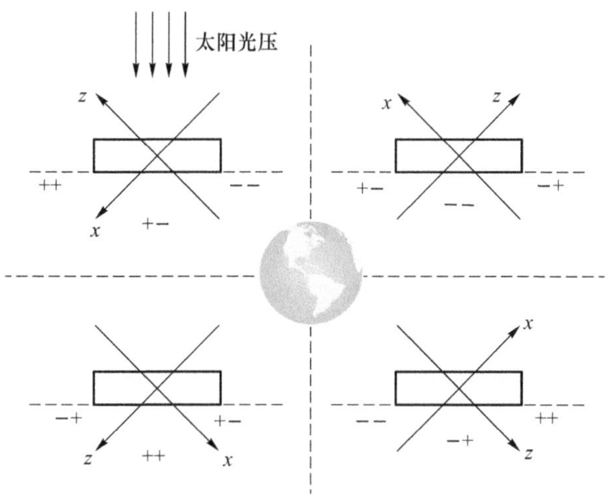

图 7.3　太阳光压分量的正负情况

由式(7.50)和式(7.51)可得

$$y_c^{\mathrm{d}}=-\frac{\tau_x}{F_x\cos\varpi+F_z\sin\varpi}=\frac{\tau_z}{F_z\cos\varpi-F_x\sin\varpi} \tag{7.52}$$

$$\tan\varpi=\frac{F_x\tau_z+F_z\tau_x}{F_x\tau_x-F_z\tau_z} \tag{7.53}$$

式中：τ_x 和 τ_z 分别为姿态控制力矩在 SSPS 固连系下的滚转轴方向和偏航轴方向的分量。若得到的 y_c^{d} 超过了滑动质量可移动的最大距离，则令滑动质量移动到最远位置处，并计算式(7.53)得到太阳能电池阵列所需的转动角度。

由质心定理可得，滑动质量的期望位移为

$$x_{\mathrm{m}}^{\mathrm{d}}=\frac{m_{\mathrm{s}}}{m_{\mathrm{m}}}y_{\mathrm{c}}^{\mathrm{d}} \tag{7.54}$$

7.5 数值仿真与分析

根据吉瓦级 MR－SSPS 的相关数据，给出简化模型的质量和几何参数，如表 7.1 所列。同时，考虑电站的运行轨道为地球静止轨道，其轨道角速度为 $\omega_{\mathrm{o}}=7.292\times 10^{-5}$ rad/s，太阳常数为 $P=4.5\times10^{6}$ N/m^2，发射天线和太阳能电池阵列的反射率分别为 0.8 和 0.1。

滚转角、偏航角和俯仰角的初始偏差均设置为 3°，初始姿态角速度均设置为 0，3 个姿态角的期望值均为 0。为获取最大的力矩效果，将电推进器布置在中心桁架的两个端部位置。滑动质量初始位置为中心桁架的中间位置，可在中心桁架上自由滑动。仿真时长设置为 3 天。控制参数分别为 $k_{\mathrm{q}}=4.4\times10^{5}$，$k_{\omega}=2.83\times10^{8}$，$k_{\mathrm{p}}=0.05$，$k_{\mathrm{d}}=70$。姿态控制系统的设计频率为 2.91×10^{-4} Hz，而滑动质量控制系统的设计频率为 3.16×10^{-3} Hz，姿态控制系统的设计频率比滑动质量控制系统的设计频率低一个量级，由此满足内环和外环之间的频带隔离。

表 7.1　多旋转关节空间太阳能电站质量和几何参数

参数名称	值
发射天线质量/kg	3.850×10^{5}
单侧太阳能电池阵质量/kg	4.820×10^{5}
总质量/kg	1.349×10^{6}
发射天线口径/m	1 000
单侧太阳能电池阵面积/(m×m)	1 000×4 000
总面积/m^2	6.79×10^{6}
发射天线与中心桁架之间的间距/m	20

讨论 3 种不同质量的滑动质量情况，其质量分别为 5 t、10 t 和 20 t。在第一种情况下，滑动质量为总质量的 0.369%。图 7.4 所示为姿态角响应和角速度响应，可以看出三轴姿态运动均趋于稳定。图 7.5 所示为滚转轴方向和偏航轴方向控制

力矩分配。由于滑动质量系统的能力限制，在角度偏差较大时，需要电推进器的协同，需要的电推进器阵列最大总推力约为 2 N 大小，而当角度偏差越来越小时，滑动质量系统可以独立工作。

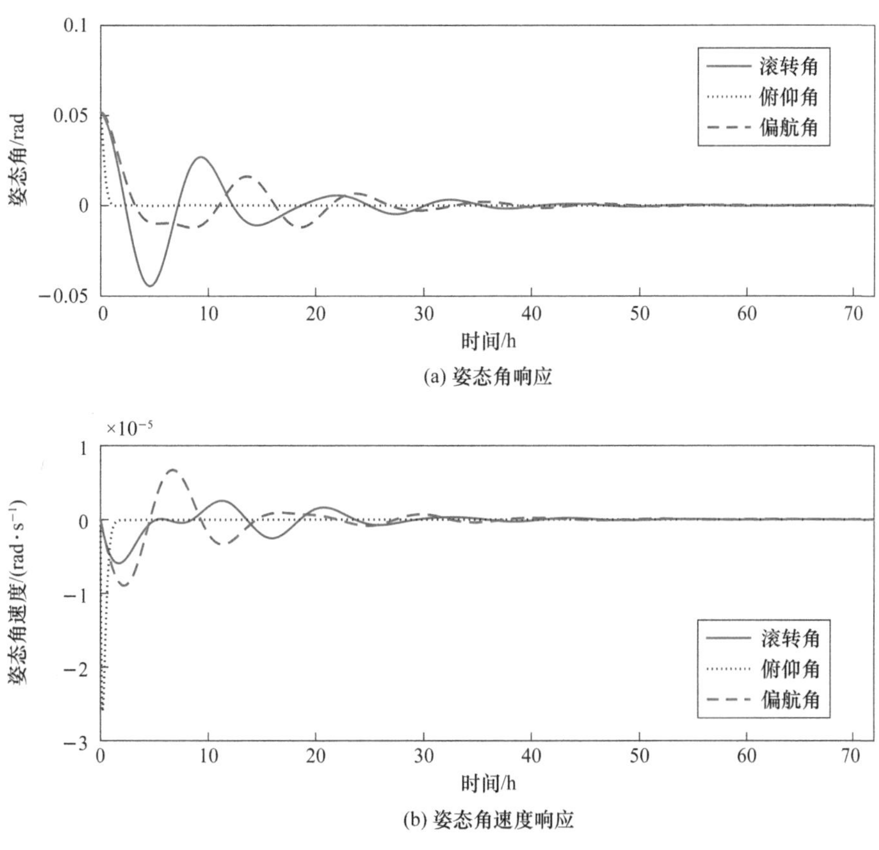

(a) 姿态角响应

(b) 姿态角速度响应

图 7.4　姿态运动响应($m_m=5$ t)

图 7.6 所示为俯仰运动所需的控制力矩，与滚转轴和偏航轴控制力矩相比，俯仰轴上的姿态控制力矩需求较低。该轴的控制力矩全部由电推进器提供，由于垂直于俯仰轴的电推进器布置距离为 1 000 m，因此所需的电推力最大值约 1 N，在电推进器阵列所能提供的推力范围之内。

通过对电推进器系统的推力所产生的力矩关于时间积分，可以评估燃料消耗量。通过对比只利用电推进器系统情况和协同控制情况的燃料消耗量，可以得到在利用滑动质量系统时所节省的姿态控制燃料质量。根据电推进器的比冲的定义[124]，比冲、电推力和燃料消耗的关系为

$$I_{ep}=\frac{F_{ep}}{\dot{m}_f} \tag{7.55}$$

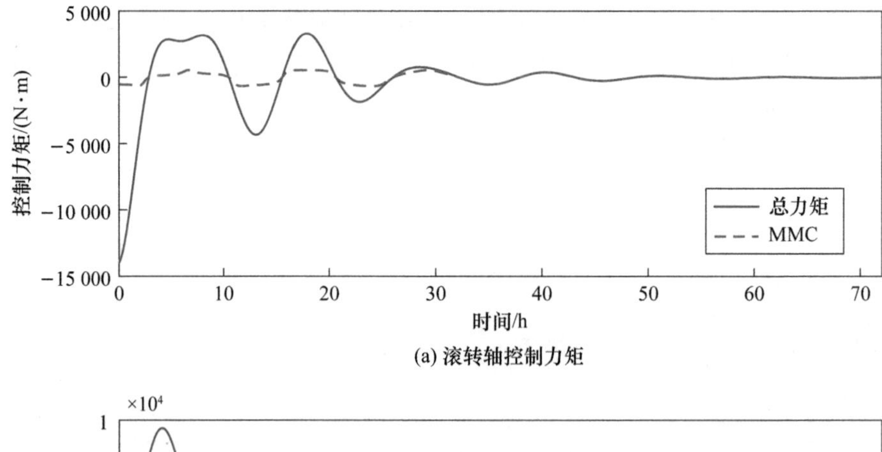

(a) 滚转轴控制力矩

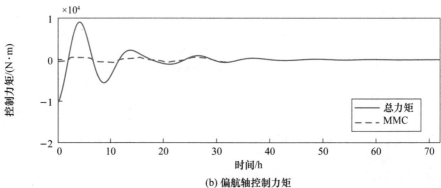

(b) 偏航轴控制力矩

图 7.5 控制力矩分配($m_m=5$ t)

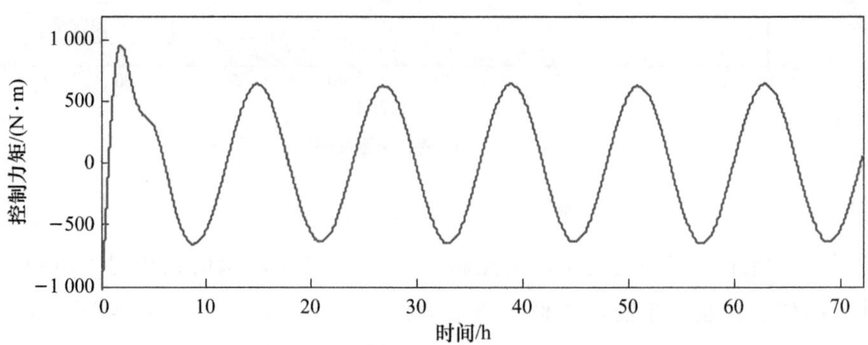

图 7.6 俯仰轴控制力矩

式中:F_{ep}表示电推进器的推力;$\dot{m}_f$ 表示燃料质量的流失率,即燃料质量相对于时间的一阶导数。值得注意的是,根据式(7.55),比冲的单位为 N·s/kg,其可以简化为 m/s,与速度的单位一致,但工程中通常采用 s 作为其单位。因此,通过对时间积分,得到系统的燃料消耗总质量为

$$m_f=\frac{\int F_{ep}\,dt}{I_{ep}}=\frac{\int M_{ep}\,dt}{r_{ep}I_{ep}} \tag{7.56}$$

式中：M_{ep}为电推进器所提供的力矩；r_{ep}为电推进器推力 F_{ep}的力臂。通过比较有无滑动质量系统的两种情况下的控制力矩，可以发现滑动质量系统在滚转轴上提供了 23.12％的力矩，而在偏航轴上提供了 20.09％的力矩。图 7.7(a)～(c)所示为滑动质量的位置响应、速度响应以及驱动力的结果。滑动质量的位置跟踪控制采用了饱和控制，这里牵引滑动质量的最大控制力为 100 N。由图 7.7(a)可以看出滑动质量已按照所需的位置运动。

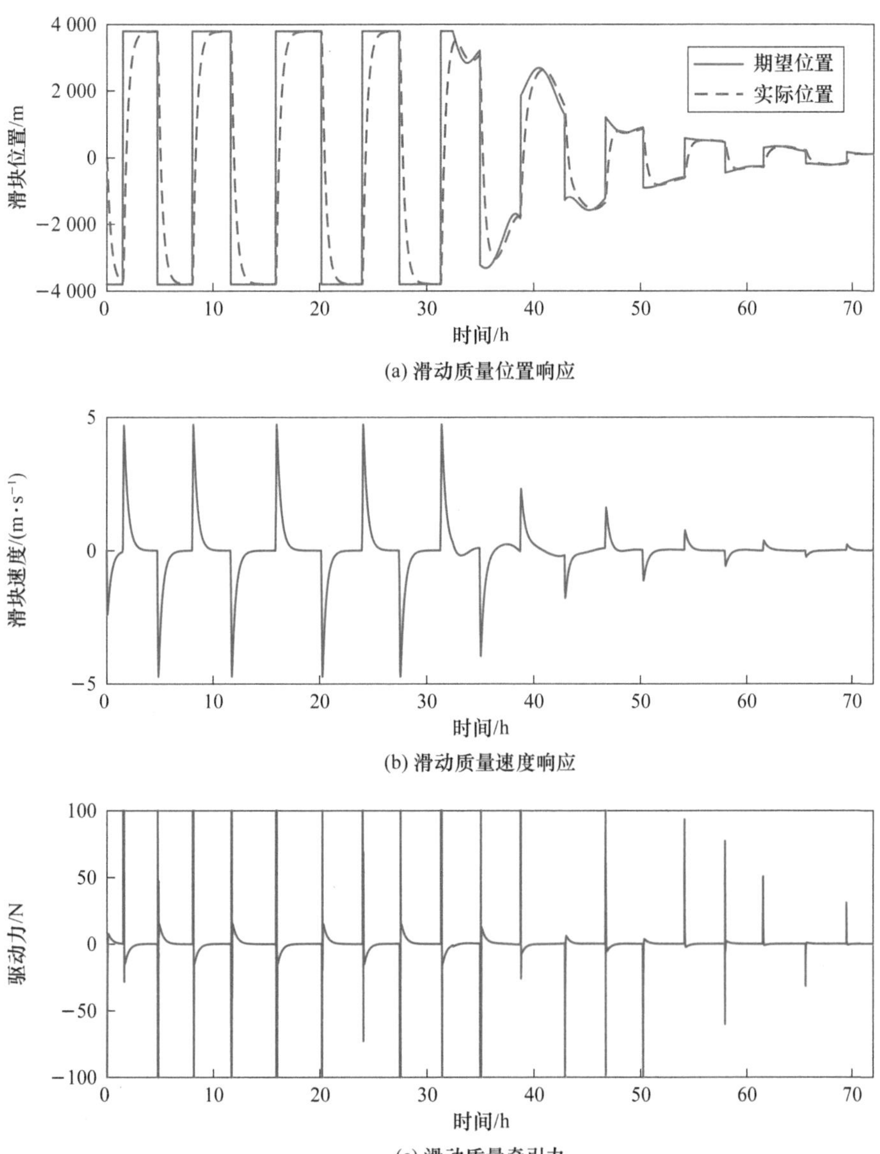

(a) 滑动质量位置响应

(b) 滑动质量速度响应

(c) 滑动质量牵引力

图 7.7　滑动质量运动及驱动力(m_m＝5 t)

第二种情况($m_m=10$ t)下的姿态运动响应与第一种情况($m_m=5$ t)下的结果非常接近,因此此处只给出力矩分配和滑动质量运动响应以及驱动力结果,如图7.8和图7.10所示。当滑动质量的质量增加时,所能提供的控制力矩也增加,在滚转轴方向能够提供37.42%的力矩,而在偏航轴方向能够提供32.79%的力矩。

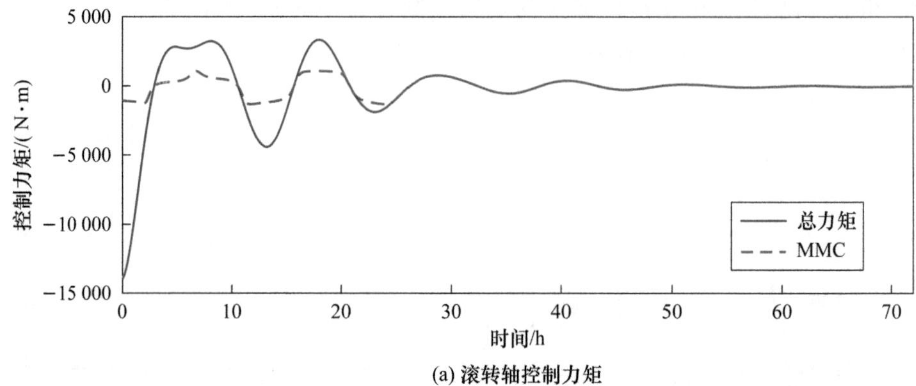

(a) 滚转轴控制力矩

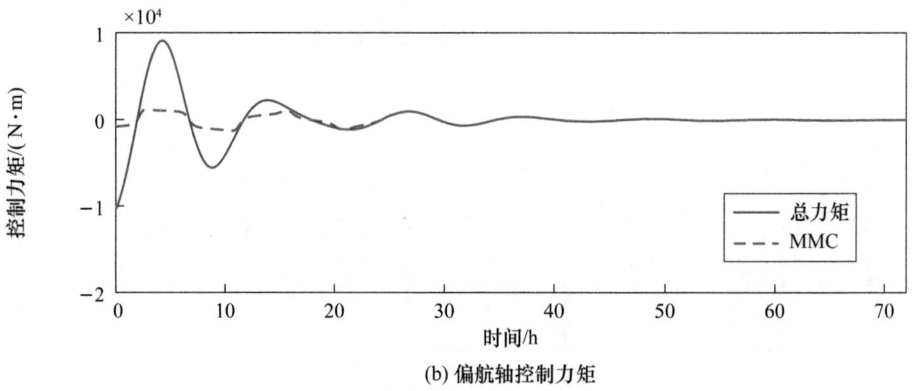

(b) 偏航轴控制力矩

图7.8 控制力矩分配($m_m=10$ t)

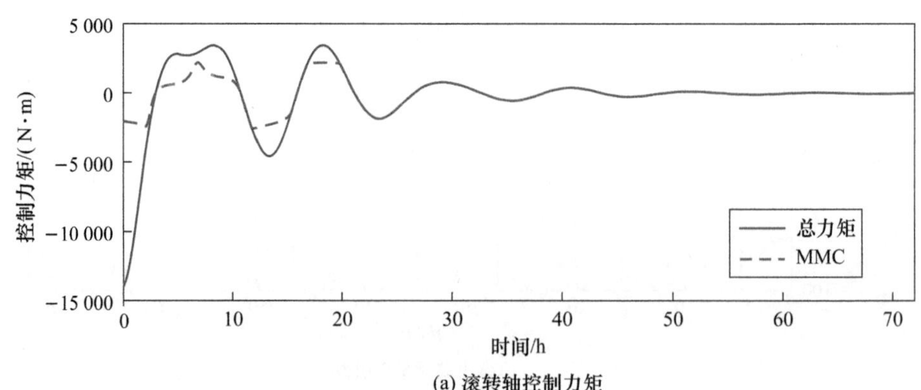

(a) 滚转轴控制力矩

图7.9 控制力矩分配($m_m=20$ t)

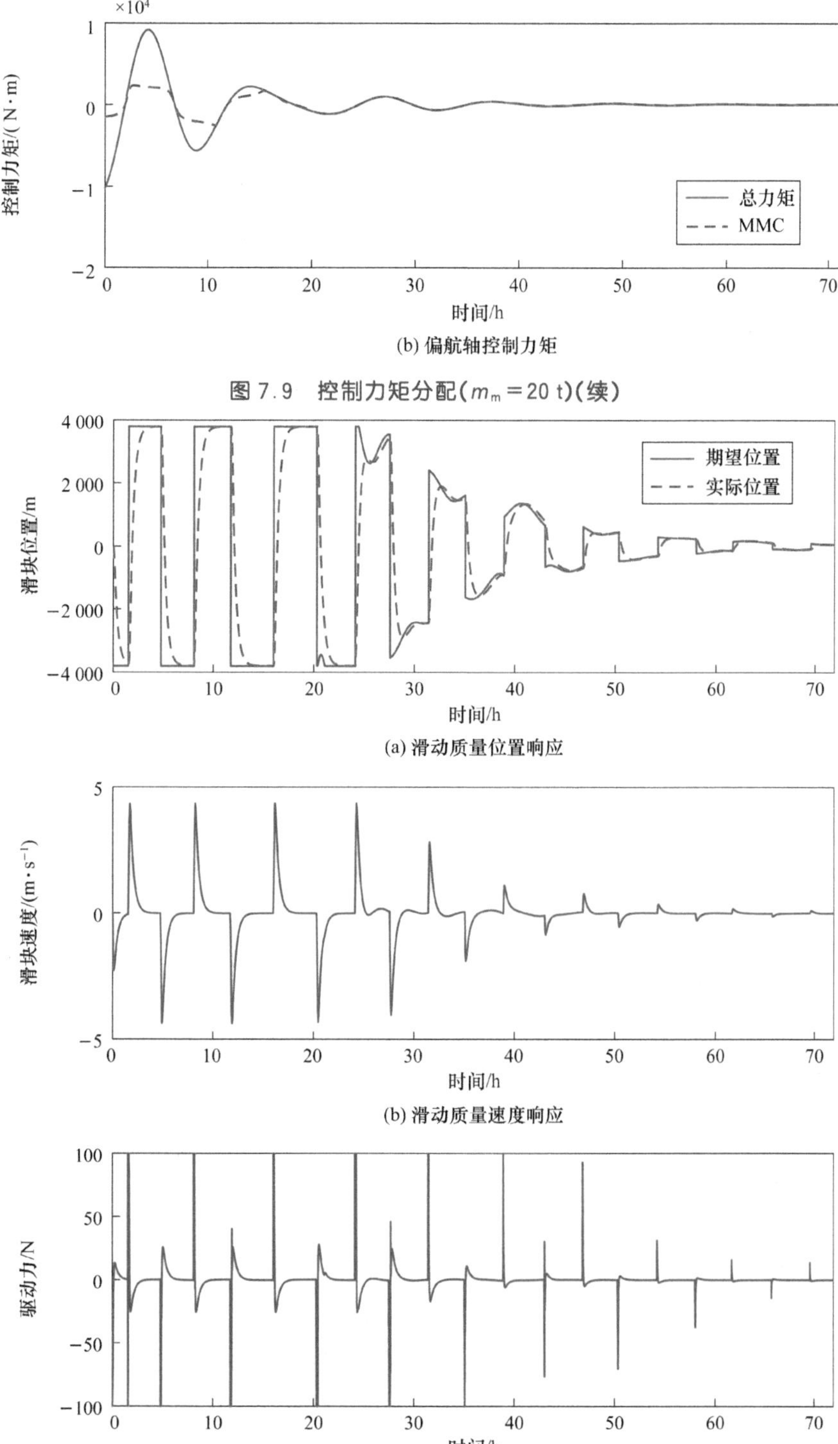

(b) 偏航轴控制力矩

图 7.9　控制力矩分配($m_m = 20$ t)(续)

(a) 滑动质量位置响应

(b) 滑动质量速度响应

(c) 滑动质量牵引力

图 7.10　滑动质量运动及驱动力($m_m = 10$ t)

当滑动质量的质量增加到 20 t 时，即第三种情况，滑动质量系统为电站的姿态控制提供更多的控制力矩。同样只给出力矩分配结果和滑动质量响应和驱动力结果，如图 7.9 和图 7.11 所示。滑动质量系统在滚转轴方向能够提供 52.78%的力矩，而在偏航轴方向能够提供 55.47%的力矩。

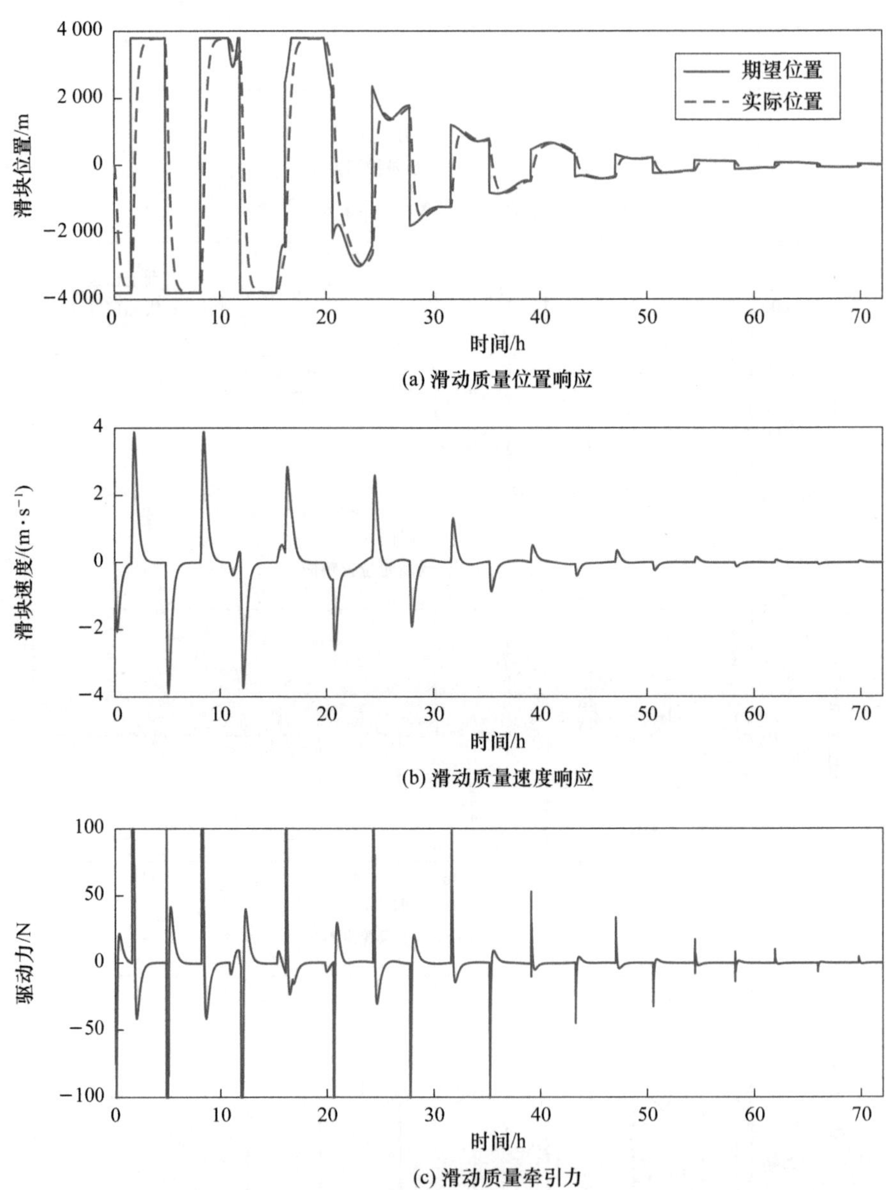

(a) 滑动质量位置响应

(b) 滑动质量速度响应

(c) 滑动质量牵引力

图 7.11 滑动质量运动及驱动力($m_m = 20$ t)

根据对电推进器推力与比冲的调研，本工作中假定电推进器的比冲为 5 000 s，如果仅使用电推进器系统进行姿态控制，估计每年约消耗 3.49 t 燃料。假定电站的设计使用寿命为 30 年，共需消耗约为 104.70 t 燃料。如果引入滑动质量系统，则可以节省大量燃料，具体估计结果如表 7.2 所列。结果表明滑动质量越大，作用于空间太阳能电站的太阳光压力矩就越大，可节省的燃料就越多。说明在利用滑动质量系统对于空间太阳能电站这类超大空间结构进行姿态控制时，可以有效达到降低燃料消耗的目的，这种方法有利于空间太阳能电站的长期在轨运行。

表 7.2　滑动质量大小和燃料节省

滑动质量/t	节省的燃料质量/t（30 年）	效率/%（节省燃料/总燃料）
5	21.84	21.62
10	35.97	35.14
20	56.33	53.75

7.6　本章小结

从主动利用太阳光压作用从而降低姿态控制燃料消耗的角度考虑，本章设计了吉瓦级 MR - SSPS 姿态稳定与滑动质量位置跟踪的双环姿态控制系统，并利用李雅普诺夫稳定性理论证明了控制系统的稳定性，同时给出了以滑动质量系统提供力矩最大为目标的姿态控制力矩分配策略。仿真结果表明，所设计的控制系统可以有效保证姿态稳定，并使滑动质量有效跟踪理想位置；在初始姿态角偏差较大时需要电推进器的协助，而当姿态角偏差减小后，滑动质量系统可完全单独提供控制力矩。同时，所设计的姿态控制系统可以有效降低燃料消耗，且滑动质量的质量越大，滑动质量系统所能提供的控制力矩就越大，燃料消耗的降低效率就越高。对于本章所讨论的姿态协同控制的更多细节见参考文献[125]。

附录

附录 A 各阶引力势函数、重力梯度力和力矩及日月引力力矩

空间太阳能电站的各阶引力势函数为

$$U^{(0)}=\int_V \mathrm{d}U^{(0)}=\int_V -\frac{\mu_e}{R_0}\mathrm{d}m=-\frac{\mu_e m}{R_0}$$

$$U^{(1)}=\int_V \mathrm{d}U^{(1)}=\int_V \frac{\mu_e(\hat{\boldsymbol{R}}_0^b\cdot\boldsymbol{r}_0^b)}{R_0^2}\mathrm{d}m=0$$

$$U^{(J2)}=-\int_V \frac{\mu_e}{2R_0^3}[J_2R_e^2-3J_2R_e^2(\boldsymbol{t}_3\cdot\hat{\boldsymbol{R}}_0^b)^2]\mathrm{d}m=\frac{\mu_e mJ_2R_e^2}{2R_0^3}[3(\boldsymbol{t}_3\cdot\hat{\boldsymbol{R}}_0^b)^2-1]$$

$$U^{(2)}=\int_V \mathrm{d}U^{(2)}=-\int_V \frac{\mu_e}{2R_0^3}[3(\hat{\boldsymbol{R}}_0^b\cdot\boldsymbol{r}_0^b)^2-r_0^2]\mathrm{d}m$$

$$=-\frac{\mu_e}{2R_0^3}\{[1-3(\hat{R}_{0x}^b)^2]I_{xx}+[1-3(\hat{R}_{0y}^b)^2]I_{yy}+[1-3(\hat{R}_{0z}^b)^2]I_{zz}\}$$

$$U^{(3)}=\int_V \mathrm{d}U^{(3)}$$

$$=-\frac{\mu_e}{2R_0^4}\int_V\{(\hat{\boldsymbol{R}}_0^b\cdot\boldsymbol{r}_0^b)[3r_0^2-5(\hat{\boldsymbol{R}}_0^b\cdot\boldsymbol{r}_0^b)^2-3J_2R_e^2+15J_2R_e^2(\boldsymbol{t}_3\cdot\hat{\boldsymbol{R}}_0^b)^2]-$$

$$6J_2R_e^2(\boldsymbol{t}_3\cdot\hat{\boldsymbol{R}}_0^b)(\boldsymbol{t}_3\cdot\boldsymbol{r}_0^b)\}\mathrm{d}m$$

$$=0$$

$$
\begin{aligned}
U_1^{(4)} &= \int_V \mathrm{d}U_1^{(4)} \\
&= -\frac{\mu_e}{8R_0^5}\int_V [3r_0^4 - 30r_0^2(\hat{\boldsymbol{R}}_0^b \cdot \boldsymbol{r}_0^b)^2 + 35(\hat{\boldsymbol{R}}_0^b \cdot \boldsymbol{r}_0^b)^4]\mathrm{d}m \\
&= -\frac{\mu_e}{8R_0^5}\{[35(\hat{R}_{0x}^b)^4 - 30(\hat{R}_{0x}^b)^2 + 3]J_{xxxx} + [35(\hat{R}_{0z}^b)^4 - 30(\hat{R}_{0z}^b)^2 + 3]J_{zzzz} + \\
&\quad [210(\hat{R}_{0x}^b)^2(\hat{R}_{0z}^b)^2 - 30(\hat{R}_{0x}^b)^2 - 30(\hat{R}_{0z}^b)^2 + 6]J_{xxzz}\}
\end{aligned}
$$

$$
\begin{aligned}
U_2^{(4)} &= \int_V \mathrm{d}U_2^{(4)} \\
&= -\frac{\mu_e J_2 R_e^2}{4R_0^5}\int_V [15(\hat{\boldsymbol{R}}_0^b \cdot \boldsymbol{r}_0^b)^2 - 3r_0^4 - 6(\boldsymbol{t}_3 \cdot \boldsymbol{r}_0^b)^2 + 15(\hat{\boldsymbol{R}}_0^b \cdot \boldsymbol{t}_3)^2 r_0^2 - \\
&\quad 105(\hat{\boldsymbol{R}}_0^b \cdot \boldsymbol{t}_3)^2(\hat{\boldsymbol{R}}_0^b \cdot \boldsymbol{r}_0^b)^2 + 60(\hat{\boldsymbol{R}}_0^b \cdot \boldsymbol{t}_3)(\boldsymbol{t}_3 \cdot \boldsymbol{r}_0^b)(\hat{\boldsymbol{R}}_0^b \cdot \boldsymbol{r}_0^b)]\mathrm{d}m \\
&= -\frac{\mu_e J_2 R_e^2}{8R_0^5}\{[90(\hat{\boldsymbol{R}}_0^b \cdot \boldsymbol{t}_3)^2 - 12](I_{xx} + I_{yy} + I_{zz}) + \\
&\quad [30 - 210(\hat{\boldsymbol{R}}_0^b \cdot \boldsymbol{t}_3)^2][(\hat{R}_{0x}^b)^2 I_{xx} + (\hat{R}_{0y}^b)^2 I_{yy} + (\hat{R}_{0z}^b)^2 I_{zz}] + \\
&\quad [6(t_{31}^{bI})^2 - 60(\hat{\boldsymbol{R}}_0^b \cdot \boldsymbol{t}_3)\hat{R}_{0x}^b t_{31}^{bI}](I_{yy} + I_{zz} - I_{xx}) + \\
&\quad [6(t_{32}^{bI})^2 - 60(\hat{\boldsymbol{R}}_0^b \cdot \boldsymbol{t}_3)\hat{R}_{0y}^b t_{32}^{bI}](I_{xx} - I_{yy} + I_{zz}) + \\
&\quad [6(t_{33}^{bI})^2 - 60(\hat{\boldsymbol{R}}_0^b \cdot \boldsymbol{t}_3)\hat{R}_{0z}^b t_{33}^{bI}](I_{xx} + I_{yy} - I_{zz})\}
\end{aligned}
$$

式中：$\hat{\boldsymbol{R}}_0^b = [\hat{R}_{0x}^b \quad \hat{R}_{0y}^b \quad \hat{R}_{0z}^b]^T$。$I_{xx}$、$I_{yy}$ 和 I_{zz} 表示 SSPS 绕 OX_b 轴、OY_b 轴和 OZ_b 轴的转动惯量，且满足关系：$I_{xx} = J_{yy} + J_{zz}$，$I_{yy} = J_{xx} + J_{zz}$，$I_{zz} = J_{yy} + J_{xx}$。这里，坐标系 $OX_bY_bZ_b$ 与 SSPS 的惯性主轴重合。

设 $U^{(0)}$ 项产生的地球引力 $\boldsymbol{F}_{g0}$ 在 $OX_bY_bZ_b$ 下的投影为：$\boldsymbol{F}_{g0}^b = [F_{g0x}^b \quad F_{g0y}^b \quad F_{g0z}^b]^T$，$\boldsymbol{F}_{g0}^b$ 各分量的表达式为

$$
F_{g0x}^b = -\frac{\mu_e m}{R_0^2} \cdot \hat{R}_{0x}^b
$$

$$
F_{g0y}^b = -\frac{\mu_e m}{R_0^2} \cdot \hat{R}_{0y}^b
$$

$$
F_{g0z}^b = -\frac{\mu_e m}{R_0^2} \cdot \hat{R}_{0z}^b
$$

由于 $U^{(1)} = U^{(3)} = 0$，故其产生的地球引力 $\boldsymbol{F}_{g1} = \boldsymbol{F}_{g3} = \boldsymbol{0}$。设 $U^{(J2)}$ 项产生的地球引力 $\boldsymbol{F}_{J2}$ 在 $OX_bY_bZ_b$ 下的投影为 $\boldsymbol{F}_{J2}^b = [F_{J2x}^b \quad F_{J2y}^b \quad F_{J2z}^b]^T$，$\boldsymbol{F}_{J2}^b$ 各分量的表达式为

$$
F_{J2x}^b = \frac{3\mu_e m J_2 R_e^2}{2R_0^4}[5\hat{R}_{0x}^b(\hat{\boldsymbol{R}}_0^b \cdot \boldsymbol{t}_3)^2 - \hat{R}_{0x}^b - 2(\hat{\boldsymbol{R}}_0^b \cdot \boldsymbol{t}_3)^2 t_{31}^{bI}]
$$

$$F_{J2y}^{b}=\frac{3\mu_e mJ_2R_e^2}{2R_0^4}[5\hat{R}_{0y}^{b}(\hat{\boldsymbol{R}}_0^b\cdot\boldsymbol{t}_3)^2-\hat{R}_{0y}^{b}-2(\hat{\boldsymbol{R}}_0^b\cdot\boldsymbol{t}_3)^2t_{32}^{bI}]$$

$$F_{J2z}^{b}=\frac{3\mu_e mJ_2R_e^2}{2R_0^4}[5\hat{R}_{0z}^{b}(\hat{\boldsymbol{R}}_0^b\cdot\boldsymbol{t}_3)^2-\hat{R}_{0z}^{b}-2(\hat{\boldsymbol{R}}_0^b\cdot\boldsymbol{t}_3)^2t_{33}^{bI}]$$

设$U^{(2)}$项产生的地球引力$\boldsymbol{F}_{g2}$在$OX_bY_bZ_b$下的投影为$\boldsymbol{F}_{g2}^b=[F_{g2x}^b\quad F_{g2y}^b\quad F_{g2z}^b]^T$，$\boldsymbol{F}_{g2}^b$各分量的表达式为

$$F_{g2x}^{b}=\frac{3\mu_e}{2R_0^4}\hat{R}_{0x}^{b}\{[5(\hat{R}_{0z}^{b})^2-1]I_{zz}+[5(\hat{R}_{0x}^{b})^2-3]I_{xx}+[5(\hat{R}_{0y}^{b})^2-1]I_{yy}\}$$

$$F_{g2y}^{b}=\frac{3\mu_e}{2R_0^4}\hat{R}_{0y}^{b}\{[5(\hat{R}_{0z}^{b})^2-1]I_{zz}+[5(\hat{R}_{0x}^{b})^2-1]I_{xx}+[5(\hat{R}_{0y}^{b})^2-3]I_{yy}\}$$

$$F_{g2z}^{b}=\frac{3\mu_e}{2R_0^4}\hat{R}_{0z}^{b}\{[5(\hat{R}_{0z}^{b})^2-3]I_{zz}+[5(\hat{R}_{0x}^{b})^2-3]I_{xx}+[5(\hat{R}_{0y}^{b})^2-1]I_{yy}\}$$

设$U^{(4)}=U_1^{(4)}+U_2^{(4)}$项产生的地球引力$\boldsymbol{F}_{g4}$在$OX_bY_bZ_b$下的投影为$\boldsymbol{F}_{g4}^b=[F_{g4x}^b\quad F_{g4y}^b\quad F_{g4z}^b]^T$，$\boldsymbol{F}_{g4}^b$各分量的表达式为

$$\begin{aligned}
F_{g4x}^{b}=&\frac{5\mu_e}{8R_0^6}\hat{R}_{0x}^{b}\{3[14(\hat{R}_{0z}^{b})^2-21(\hat{R}_{0z}^{b})^4-1]J_{zzzz}+[70(\hat{R}_{0x}^{b})^2-63(\hat{R}_{0x}^{b})^4-15]J_{xxxx}+\\
&6[7(\hat{R}_{0x}^{b})^2+21(\hat{R}_{0z}^{b})^2-63(\hat{R}_{0x}^{b})^2(\hat{R}_{0z}^{b})^2-3]J_{xxzz}\}+\\
&\frac{5\mu_eJ_2R_e^2}{8R_0^6}\{I_{xx}[126\hat{R}_{0x}^{b}(1-3(\hat{R}_{0x}^{b})^2)(\hat{\boldsymbol{R}}_0^b\cdot\boldsymbol{t}_3)^2+12t_{31}^{bI}(21(\hat{R}_{0x}^{b})^2-4)(\hat{\boldsymbol{R}}_0^b\cdot\boldsymbol{t}_3)+\\
&12t_{31}^{bI}(t_{32}^{bI}\hat{R}_{0y}^{b}+t_{33}^{bI}\hat{R}_{0z}^{b})+6\hat{R}_{0x}^{b}(7(\hat{R}_{0x}^{b})^2-4(t_{31}^{bI})^2-3)]+\\
&I_{yy}[42\hat{R}_{0x}^{b}(1-9(\hat{R}_{0y}^{b})^2)(\hat{\boldsymbol{R}}_0^b\cdot\boldsymbol{t}_3)^2+12(14t_{32}^{bI}\hat{R}_{0x}^{b}\hat{R}_{0y}^{b}+7t_{31}^{bI}(\hat{R}_{0y}^{b})^2-2t_{31}^{bI})(\hat{\boldsymbol{R}}_0^b\cdot\boldsymbol{t}_3)+\\
&12t_{31}^{bI}(t_{33}^{bI}\hat{R}_{0z}^{b}-t_{32}^{bI}\hat{R}_{0y}^{b})+6\hat{R}_{0x}^{b}(7(\hat{R}_{0y}^{b})^2+2(t_{31}^{bI})^2-2(t_{32}^{bI})^2-1)]+\\
&I_{zz}[42\hat{R}_{0x}^{b}(1-9(\hat{R}_{0z}^{b})^2)(\hat{\boldsymbol{R}}_0^b\cdot\boldsymbol{t}_3)^2+12(14t_{33}^{bI}\hat{R}_{0x}^{b}\hat{R}_{0z}^{b}+7t_{31}^{bI}(\hat{R}_{0z}^{b})^2-2t_{31}^{bI})(\hat{\boldsymbol{R}}_0^b\cdot\boldsymbol{t}_3)+\\
&12t_{31}^{bI}(t_{32}^{bI}\hat{R}_{0y}^{b}-t_{33}^{bI}\hat{R}_{0z}^{b})+6\hat{R}_{0x}^{b}(7(\hat{R}_{0z}^{b})^2+2(t_{31}^{bI})^2-2(t_{33}^{bI})^2-1)]\}
\end{aligned}$$

$$\begin{aligned}
F_{g4y}^{b}=&\frac{5\mu_e}{8R_0^6}\hat{R}_{0y}^{b}\{3[14(\hat{R}_{0z}^{b})^2-21(\hat{R}_{0z}^{b})^4-1]J_{zzzz}+3[14(\hat{R}_{0x}^{b})^2-21(\hat{R}_{0x}^{b})^4-1]J_{xxxx}+\\
&6[7(\hat{R}_{0x}^{b})^2+7(\hat{R}_{0z}^{b})^2-63(\hat{R}_{0x}^{b})^2(\hat{R}_{0z}^{b})^2-1]J_{xxzz}\}+\\
&\frac{5\mu_eJ_2R_e^2}{8R_0^6}\{I_{yy}[126\hat{R}_{0y}^{b}(1-3(\hat{R}_{0y}^{b})^2)(\hat{\boldsymbol{R}}_0^b\cdot\boldsymbol{t}_3)^2+12t_{32}^{bI}(21(\hat{R}_{02}^{b})^2-4)(\hat{\boldsymbol{R}}_0^b\cdot\boldsymbol{t}_3)+\\
&12t_{32}^{bI}(t_{31}^{bI}\hat{R}_{0x}^{b}+t_{33}^{bI}\hat{R}_{0z}^{b})+6\hat{R}_{0y}^{b}(7(\hat{R}_{0y}^{b})^2-4(t_{32}^{bI})^2-3)]+\\
&I_{xx}[42\hat{R}_{0y}^{b}(1-9(\hat{R}_{0x}^{b})^2)(\hat{\boldsymbol{R}}_0^b\cdot\boldsymbol{t}_3)^2+12(14t_{31}^{bI}\hat{R}_{0x}^{b}\hat{R}_{0y}^{b}+7t_{32}^{bI}(\hat{R}_{0x}^{b})^2-2t_{32}^{bI})(\hat{\boldsymbol{R}}_0^b\cdot\boldsymbol{t}_3)+\\
&12t_{32}^{bI}(t_{33}^{bI}\hat{R}_{0z}^{b}-t_{31}^{bI}\hat{R}_{0x}^{b})+6\hat{R}_{0y}^{b}(7(\hat{R}_{0x}^{b})^2+2(t_{32}^{bI})^2-2(t_{31}^{bI})^2-1)]+
\end{aligned}$$

$$I_{zz}[42\hat{R}_{0y}^{b}(1-9(\hat{R}_{0z}^{b})^2)(\hat{\boldsymbol{R}}_0^b\cdot\boldsymbol{t}_3)^2+12(14t_{33}^{bI}\hat{R}_{0y}^{b}\hat{R}_{0z}^{b}+7t_{32}^{bI}(\hat{R}_{0z}^{b})^2-2t_{32}^{bI})(\hat{\boldsymbol{R}}_0^b\cdot\boldsymbol{t}_3)+$$
$$12t_{32}^{bI}(t_{31}^{bI}\hat{R}_{0x}^{b}-t_{33}^{bI}\hat{R}_{0z}^{b})+6\hat{R}_{0y}^{b}(7(\hat{R}_{0z}^{b})^2+2(t_{32}^{bI})^2-2(t_{33}^{bI})^2-1)]\}$$

$$F_{g4z}^{b}=\frac{5\mu_e}{8R_0^6}\hat{R}_{0z}^{b}\{[70(\hat{R}_{0z}^{b})^2-63(\hat{R}_{0z}^{b})^4-15]J_{zzzz}+3[14(\hat{R}_{0x}^{b})^2-21(\hat{R}_{0x}^{b})^4-1]J_{xxxx}+$$
$$6[21(\hat{R}_{0x}^{b})^2+7(\hat{R}_{0z}^{b})^2-63(\hat{R}_{0x}^{b})^2(\hat{R}_{0z}^{b})^2-3]J_{xxzz}\}+$$
$$\frac{5\mu_e J_2R_e^2}{8R_0^6}\{I_{zz}[126\hat{R}_{0z}^{b}(1-3(\hat{R}_{0z}^{b})^2)(\hat{\boldsymbol{R}}_0^b\cdot\boldsymbol{t}_3)^2+12t_{33}^{bI}(21(\hat{R}_{0z}^{b})^2-4)(\hat{\boldsymbol{R}}_0^b\cdot\boldsymbol{t}_3)+$$
$$12t_{33}^{bI}(t_{31}^{bI}\hat{R}_{0x}^{b}+t_{32}^{bI}\hat{R}_{0y}^{b})+6\hat{R}_{0z}^{b}(7(\hat{R}_{0z}^{b})^2-4(t_{33}^{bI})^2-3)]+$$
$$I_{yy}[42\hat{R}_{0z}^{b}(1-9(\hat{R}_{0y}^{b})^2)(\hat{\boldsymbol{R}}_0^b\cdot\boldsymbol{t}_3)^2+12(14t_{32}^{bI}\hat{R}_{0z}^{b}\hat{R}_{0y}^{b}+7t_{33}^{bI}(\hat{R}_{0y}^{b})^2-2t_{33}^{bI})(\hat{\boldsymbol{R}}_0^b\cdot\boldsymbol{t}_3)+$$
$$12t_{33}^{bI}(t_{31}^{bI}\hat{R}_{0x}^{b}-t_{32}^{bI}\hat{R}_{0y}^{b})+6\hat{R}_{0z}^{b}(7(\hat{R}_{0y}^{b})^2+2(t_{33}^{bI})^2-2(t_{32}^{bI})^2-1)]+$$
$$I_{xx}[42\hat{R}_{0z}^{b}(1-9(\hat{R}_{0x}^{b})^2)(\hat{\boldsymbol{R}}_0^b\cdot\boldsymbol{t}_3)^2+12(14t_{31}^{bI}\hat{R}_{0x}^{b}\hat{R}_{0z}^{b}+7t_{33}^{bI}(\hat{R}_{0x}^{b})^2-2t_{33}^{bI})(\hat{\boldsymbol{R}}_0^b\cdot\boldsymbol{t}_3)+$$
$$12t_{33}^{bI}(t_{32}^{bI}\hat{R}_{0y}^{b}-t_{31}^{bI}\hat{R}_{0x}^{b})+6\hat{R}_{0z}^{b}(7(\hat{R}_{0x}^{b})^2+2(t_{33}^{bI})^2-2(t_{31}^{bI})^2-1)]\}$$

由方程(3.46b)可知，由 $U^{(0)}$、$U^{(1)}$ 和 $U^{(3)}$ 产生的重力梯度力矩为 $\boldsymbol{T}_{g0}=\boldsymbol{T}_{g1}=\boldsymbol{T}_{g3}=\boldsymbol{0}$。设 $U^{(2)}$ 项产生的重力梯度力矩 $\boldsymbol{T}_{g2}$ 在 $OX_bY_bZ_b$ 下的投影为 $\boldsymbol{T}_{g2}^b=[T_{g2x}^b\quad T_{g2y}^b\quad T_{g2z}^b]^T$，$\boldsymbol{T}_{g2}^b$ 各分量的表达式为

$$T_{g2x}^{b}=\frac{3\mu_e}{R_0^3}\hat{R}_{0y}^{b}\hat{R}_{0z}^{b}(I_{zz}-I_{yy})$$
$$T_{g2y}^{b}=\frac{3\mu_e}{R_0^3}\hat{R}_{0x}^{b}\hat{R}_{0z}^{b}(I_{xx}-I_{zz})$$
$$T_{g2z}^{b}=\frac{3\mu_e}{R_0^3}\hat{R}_{0y}^{b}\hat{R}_{0x}^{b}(I_{yy}-I_{xx})$$

设 $U^{(4)}$ 项产生的重力梯度力矩 $\boldsymbol{T}_{g4}$ 在 $OX_bY_bZ_b$ 下的投影为 $\boldsymbol{T}_{g4}^b=[T_{g4x}^b\quad T_{g4y}^b\quad T_{g4z}^b]^T$，$\boldsymbol{T}_{g4}^b$ 各分量的表达式为

$$T_{g4x}^{b}=\frac{5\mu_e}{2R_0^5}\hat{R}_{0y}^{b}\hat{R}_{0z}^{b}\{[3-7(\hat{R}_{0z}^{b})^2]J_{zzzz}+3[1-7(\hat{R}_{0x}^{b})^2]J_{xxzz}\}+$$
$$\frac{15\mu_e J_2R_e^2}{2R_0^5}(I_{yy}-I_{zz})[7\hat{R}_{0y}^{b}\hat{R}_{0z}^{b}(\hat{\boldsymbol{R}}_0^b\cdot\boldsymbol{t}_3)^2-$$
$$2(\hat{R}_{0y}^{b}t_{33}^{bI}+\hat{R}_{0z}^{b}t_{32}^{bI})(\hat{\boldsymbol{R}}_0^b\cdot\boldsymbol{t}_3)+0.4t_{33}^{bI}t_{32}^{bI}-\hat{R}_{0y}^{b}\hat{R}_{0z}^{b}]$$

$$T_{g4y}^{b}=\frac{5\mu_e}{2R_0^5}\hat{R}_{0x}^{b}\hat{R}_{0z}^{b}\{[7(\hat{R}_{0z}^{b})^2-3]J_{zzzz}+21[(\hat{R}_{0x}^{b})^2-(\hat{R}_{0z}^{b})^2]J_{xxzz}+$$
$$[3-7(\hat{R}_{0x}^{b})^2]J_{xxxx}\}+\frac{15\mu_e J_2R_e^2}{2R_0^5}(I_{zz}-I_{xx})\cdot$$
$$[7\hat{R}_{0x}^{b}\hat{R}_{0z}^{b}(\hat{\boldsymbol{R}}_0^b\cdot\boldsymbol{t}_3)^2-2(\hat{R}_{0x}^{b}t_{33}^{bI}+\hat{R}_{0z}^{b}t_{31}^{bI})(\hat{\boldsymbol{R}}_0^b\cdot\boldsymbol{t}_3)+0.4t_{31}^{bI}t_{33}^{bI}-\hat{R}_{0x}^{b}\hat{R}_{0z}^{b}]$$

$$T_{g4z}^{b}=\frac{5\mu_{e}}{2R_{0}^{5}}\hat{R}_{0x}^{b}\hat{R}_{0y}^{b}\{[7(\hat{R}_{0x}^{b})^{2}-3]J_{xxxx}+3[7(\hat{R}_{0z}^{b})^{2}-1]J_{xxzz}\}+$$

$$\frac{15\mu_{e}J_{2}R_{e}^{2}}{2R_{0}^{5}}(I_{xx}-I_{yy})[7\hat{R}_{0x}^{b}\hat{R}_{0y}^{b}(\hat{\boldsymbol{R}}_{0}^{b}\cdot\boldsymbol{t}_{3})^{2}-$$

$$2(\hat{R}_{0y}^{b}t_{31}^{bI}+\hat{R}_{0x}^{b}t_{32}^{bI})(\hat{\boldsymbol{R}}_{0}^{b}\cdot\boldsymbol{t}_{3})+0.4t_{31}^{bI}t_{32}^{bI}-\hat{R}_{0x}^{b}\hat{R}_{0y}^{b}]$$

设日月引力产生的引力力矩 $\boldsymbol{T}_{sm}$ 在 $OX_bY_bZ_b$ 下的投影为 $\boldsymbol{T}_{sm}^{b}=[T_{smx}^{b}\quad T_{smy}^{b}\quad T_{smz}^{b}]^{T}$，$\boldsymbol{T}_{sm}^{b}$各分量的表达式为

$$F_{1}=\mu_{e}m/\sqrt{r_{0}^{4}+r_{0}^{2}l^{2}/4}$$

$$T_{smx}^{b}=\frac{3\mu_{s}}{r_{ss}^{3}}\hat{r}_{ssy}^{b}\hat{r}_{ssz}^{b}(I_{zz}-I_{yy})+\frac{3\mu_{m}}{r_{ms}^{3}}\hat{r}_{msy}^{b}\hat{r}_{msz}^{b}(I_{zz}-I_{yy})$$

$$T_{smy}^{b}=\frac{3\mu_{s}}{r_{ss}^{3}}\hat{r}_{ssx}^{b}\hat{r}_{ssz}^{b}(I_{xx}-I_{zz})+\frac{3\mu_{m}}{r_{ms}^{3}}\hat{r}_{msx}^{b}\hat{r}_{msz}^{b}(I_{xx}-I_{zz})$$

$$T_{smz}^{b}=\frac{3\mu_{s}}{r_{ss}^{3}}\hat{r}_{ssx}^{b}\hat{r}_{ssy}^{b}(I_{yy}-I_{xx})+\frac{3\mu_{m}}{r_{ms}^{3}}\hat{r}_{msx}^{b}\hat{r}_{msy}^{b}(I_{yy}-I_{xx})$$

其中，$r_{ss}=|\boldsymbol{r}_{ss}^{b}|$，$r_{ms}=|\boldsymbol{r}_{ms}^{b}|$。$\hat{\boldsymbol{r}}_{ss}^{b}=[\hat{r}_{ssx}^{b}\quad\hat{r}_{ssy}^{b}\quad\hat{r}_{ssz}^{b}]^{T}$ 和$\hat{\boldsymbol{r}}_{ms}^{b}=[\hat{r}_{msx}^{b}\quad\hat{r}_{msy}^{b}\quad\hat{r}_{msz}^{b}]^{T}$分别表示 $\boldsymbol{r}_{ss}^{b}$和 $\boldsymbol{r}_{ms}^{b}$的单位矢量。

附录 B　动能方程(6.16)中的系数矩阵

$$\boldsymbol{m}_{cc}=\int_{m^{c}}(\boldsymbol{r}^{c}+\boldsymbol{\phi}^{c}\boldsymbol{q}^{c})^{\times}(\boldsymbol{r}^{c}+\boldsymbol{\phi}^{c}\boldsymbol{q}^{c})^{\times T}dm+$$

$$\sum_{i=1}^{N}\int_{m^{i}}(\boldsymbol{r}^{ci}+\boldsymbol{\phi}^{ci}\boldsymbol{q}^{c}+\boldsymbol{A}_{ci}(\boldsymbol{r}^{i}+\boldsymbol{\phi}^{i}\boldsymbol{q}^{i}))^{\times}(\boldsymbol{r}^{ci}+\boldsymbol{\phi}^{ci}\boldsymbol{q}^{c}+\boldsymbol{A}_{ci}(\boldsymbol{r}^{i}+\boldsymbol{\phi}^{i}\boldsymbol{q}^{i}))^{\times T}dm+$$

$$\int_{m^{a}}(\boldsymbol{r}^{ca}+\boldsymbol{\phi}^{ca}\boldsymbol{q}^{c})^{\times}(\boldsymbol{r}^{ca}+\boldsymbol{\phi}^{ca}\boldsymbol{q}^{c})^{\times T}dm$$

$$\boldsymbol{m}_{ii}=\boldsymbol{E}^{T}\left(\int_{m^{i}}(\boldsymbol{r}^{i}+\boldsymbol{\phi}^{i}\boldsymbol{q}^{i})^{\times}(\boldsymbol{r}^{i}+\boldsymbol{\phi}^{i}\boldsymbol{q}^{i})^{\times T}dm\right)\boldsymbol{E}$$

$$\boldsymbol{m}_{aa}=\int_{m^{a}}(\boldsymbol{r}^{a}+\boldsymbol{\phi}^{a}\boldsymbol{q}^{a})^{\times}(\boldsymbol{r}^{a}+\boldsymbol{\phi}^{a}\boldsymbol{q}^{a})^{\times T}dm$$

$$\boldsymbol{m}_{cece}=\boldsymbol{I}+\sum_{i=1}^{N}\int_{m^{i}}(\boldsymbol{\phi}^{ci}+\boldsymbol{A}_{ci}(\boldsymbol{r}^{i}+\boldsymbol{\phi}^{i}\boldsymbol{q}^{i})^{\times T}\boldsymbol{A}_{ic}\boldsymbol{\phi}^{ci})^{T}\cdot$$

$$(\boldsymbol{\phi}^{ci}+\boldsymbol{A}_{ci}(\boldsymbol{r}^{i}+\boldsymbol{\phi}^{i}\boldsymbol{q}^{i})^{\times T}\boldsymbol{A}_{ic}\boldsymbol{\varphi}^{ci})dm+\int_{m^{a}}\boldsymbol{\phi}^{caT}\boldsymbol{\phi}^{ca}dm$$

$$\boldsymbol{m}_{ci}=\left(\int_{m^{i}}(\boldsymbol{r}^{ci}+\boldsymbol{\phi}^{ci}\boldsymbol{q}^{c}+\boldsymbol{A}_{ci}(\boldsymbol{r}^{i}+\boldsymbol{\phi}^{i}\boldsymbol{q}^{i}))^{\times}\boldsymbol{A}_{ci}(\boldsymbol{r}^{i}+\boldsymbol{\phi}^{i}\boldsymbol{q}^{i})^{\times T}dm\right)\boldsymbol{E}$$

$$\boldsymbol{m}_{\mathrm{ca}} = \int_{m^{\mathrm{a}}} (\boldsymbol{r}^{\mathrm{ca}} + \boldsymbol{\phi}^{\mathrm{ca}}\boldsymbol{q}^{\mathrm{c}})^{\times} \boldsymbol{A}_{\mathrm{ca}} (\boldsymbol{r}^{\mathrm{a}} + \boldsymbol{\phi}^{\mathrm{a}}\boldsymbol{q}^{\mathrm{a}})^{\times\mathrm{T}} \mathrm{d}m$$

$$\boldsymbol{m}_{\mathrm{cce}} = \int_{m^{\mathrm{c}}} (\boldsymbol{r}^{\mathrm{c}} + \boldsymbol{\phi}^{\mathrm{c}}\boldsymbol{q}^{\mathrm{c}})^{\times} \boldsymbol{\phi}^{\mathrm{c}} \mathrm{d}m + \int_{m^{\mathrm{a}}} (\boldsymbol{r}^{\mathrm{ca}} + \boldsymbol{\phi}^{\mathrm{ca}}\boldsymbol{q}^{\mathrm{c}})^{\times} \boldsymbol{\phi}^{\mathrm{ca}} \mathrm{d}m +$$
$$\sum_{i=1}^{N}\int_{m^{i}} (\boldsymbol{r}^{\mathrm{c}i} + \boldsymbol{\phi}^{\mathrm{c}i}\boldsymbol{q}^{\mathrm{c}} + \boldsymbol{A}_{\mathrm{c}i}(\boldsymbol{r}^{i} + \boldsymbol{\phi}^{i}\boldsymbol{q}^{i}))^{\times} (\boldsymbol{\phi}^{\mathrm{c}i} + \boldsymbol{A}_{\mathrm{c}i} (\boldsymbol{r}^{i} + \boldsymbol{\phi}^{i}\boldsymbol{q}^{i})^{\times\mathrm{T}} \boldsymbol{A}_{i\mathrm{c}}\boldsymbol{\varphi}^{\mathrm{c}i}) \mathrm{d}m$$

$$\boldsymbol{m}_{\mathrm{c}i\mathrm{e}} = \int_{m^{i}} (\boldsymbol{r}^{\mathrm{c}i} + \boldsymbol{\phi}^{\mathrm{c}i}\boldsymbol{q}^{\mathrm{c}} + \boldsymbol{A}_{\mathrm{c}i}(\boldsymbol{r}^{i} + \boldsymbol{\phi}^{i}\boldsymbol{q}^{i}))^{\times} \boldsymbol{A}_{\mathrm{c}i}\boldsymbol{\phi}^{i} \mathrm{d}m$$

$$\boldsymbol{m}_{\mathrm{cae}} = \int_{m^{\mathrm{a}}} (\boldsymbol{r}^{\mathrm{ca}} + \boldsymbol{\phi}^{\mathrm{ca}}\boldsymbol{q}^{\mathrm{c}})^{\times} \boldsymbol{A}_{\mathrm{ca}}\boldsymbol{\phi}^{\mathrm{a}} \mathrm{d}m$$

$$\boldsymbol{m}_{i\mathrm{ce}} = \boldsymbol{E}^{\mathrm{T}}\left(\int_{m^{i}} (\boldsymbol{r}^{i} + \boldsymbol{\phi}^{i}\boldsymbol{q}^{i})^{\times} \boldsymbol{A}_{i\mathrm{c}}(\boldsymbol{\phi}^{\mathrm{c}i} + \boldsymbol{A}_{\mathrm{c}i} (\boldsymbol{r}^{i} + \boldsymbol{\phi}^{i}\boldsymbol{q}^{i})^{\times\mathrm{T}} \boldsymbol{A}_{i\mathrm{c}}\boldsymbol{\varphi}^{\mathrm{c}i}) \mathrm{d}m\right)$$

$$\boldsymbol{m}_{ii\mathrm{e}} = \boldsymbol{E}^{\mathrm{T}}\left(\int_{m^{i}} (\boldsymbol{r}^{i} + \boldsymbol{\phi}^{i}\boldsymbol{q}^{i})^{\times} \boldsymbol{\phi}^{i} \mathrm{d}m\right)$$

$$\boldsymbol{m}_{\mathrm{ace}} = \int_{m^{\mathrm{a}}} (\boldsymbol{r}^{\mathrm{a}} + \boldsymbol{\phi}^{\mathrm{a}}\boldsymbol{q}^{\mathrm{a}})^{\times} \boldsymbol{A}_{\mathrm{ac}}\boldsymbol{\phi}^{\mathrm{ca}} \mathrm{d}m$$

$$\boldsymbol{m}_{\mathrm{aae}} = \int_{m^{\mathrm{a}}} (\boldsymbol{r}^{\mathrm{a}} + \boldsymbol{\phi}^{\mathrm{a}}\boldsymbol{q}^{\mathrm{a}})^{\times} \boldsymbol{\phi}^{\mathrm{a}} \mathrm{d}m$$

$$\boldsymbol{m}_{\mathrm{ce}i\mathrm{e}} = \int_{m^{i}} (\boldsymbol{\phi}^{\mathrm{c}i} + \boldsymbol{A}_{\mathrm{c}i} (\boldsymbol{r}^{i} + \boldsymbol{\phi}^{i}\boldsymbol{q}^{i})^{\times\mathrm{T}} \boldsymbol{A}_{i\mathrm{c}}\boldsymbol{\varphi}^{\mathrm{c}i})^{\mathrm{T}} \boldsymbol{A}_{\mathrm{c}i}\boldsymbol{\phi}^{i} \mathrm{d}m$$

$$\boldsymbol{m}_{\mathrm{ceae}} = \int_{m^{\mathrm{a}}} \boldsymbol{\phi}^{\mathrm{caT}} \boldsymbol{A}_{\mathrm{ca}}\boldsymbol{\phi}^{\mathrm{a}} \mathrm{d}m$$

附录 C 方程(6.19)～(6.24)中的系数矩阵

基于小变形假设,方程(6.19)～(6.24)中的系数矩阵为

$$\boldsymbol{m}_{\mathrm{cc}} \approx \boldsymbol{J}^{0} + \sum_{i=1}^{N} \boldsymbol{A}_{\mathrm{c}i}\boldsymbol{J}^{i}\boldsymbol{A}_{i\mathrm{c}}$$

$$\boldsymbol{m}_{ii} \approx \boldsymbol{E}^{\mathrm{T}}\boldsymbol{J}^{i}\boldsymbol{E}$$

$$\boldsymbol{m}_{\mathrm{aa}} \approx \boldsymbol{J}^{\mathrm{a}}$$

$$\boldsymbol{m}_{\mathrm{cece}} \approx \boldsymbol{I} + \sum_{i=1}^{N} m^{i}\boldsymbol{\phi}^{\mathrm{c}i\mathrm{T}}\boldsymbol{\phi}^{\mathrm{c}i} + \sum_{i=1}^{N} \boldsymbol{\varphi}^{\mathrm{c}i\mathrm{T}}\boldsymbol{A}_{\mathrm{c}i}\boldsymbol{J}^{i}\boldsymbol{A}_{i\mathrm{c}}\boldsymbol{\varphi}^{\mathrm{c}i} + m^{\mathrm{a}}\boldsymbol{\phi}^{\mathrm{caT}}\boldsymbol{\phi}^{\mathrm{ca}}$$

$$\boldsymbol{m}_{\mathrm{c}i} \approx \boldsymbol{A}_{\mathrm{c}i}\boldsymbol{J}^{i}\boldsymbol{E}$$

$$\boldsymbol{m}_{\mathrm{ca}} \approx 0$$

$$\boldsymbol{m}_{\mathrm{cce}} \approx \boldsymbol{H}^{\mathrm{c}} + \sum_{i=1}^{N} m^{i}\boldsymbol{r}^{\mathrm{c}i\times}\boldsymbol{\phi}^{\mathrm{c}i} + \sum_{i=1}^{N} \boldsymbol{A}_{\mathrm{c}i}\boldsymbol{J}^{i}\boldsymbol{A}_{i\mathrm{c}}\boldsymbol{\varphi}^{\mathrm{c}i} + m^{\mathrm{a}}\boldsymbol{r}^{\mathrm{ca}\times}\boldsymbol{\phi}^{\mathrm{ca}}$$

$$\boldsymbol{m}_{\mathrm{c}i\mathrm{e}} \approx \boldsymbol{r}^{\mathrm{c}i\times}\boldsymbol{A}_{\mathrm{c}i}\boldsymbol{P}^{i} + \boldsymbol{A}_{\mathrm{c}i}\boldsymbol{H}^{i}$$

$$\boldsymbol{m}_{\mathrm{cae}} \approx \boldsymbol{r}^{\mathrm{ca}\times} \boldsymbol{A}_{\mathrm{ca}} \boldsymbol{P}^{\mathrm{a}}$$

$$\boldsymbol{m}_{i\mathrm{ce}} \approx \boldsymbol{E}^{\mathrm{T}} J^{i} \boldsymbol{A}_{i\mathrm{c}} \boldsymbol{\varphi}^{\mathrm{c}i}$$

$$\boldsymbol{m}_{ii\mathrm{e}} \approx \boldsymbol{E}^{\mathrm{T}} \boldsymbol{H}^{i}$$

$$\boldsymbol{m}_{\mathrm{ace}} \approx 0$$

$$\boldsymbol{m}_{\mathrm{aae}} \approx \boldsymbol{H}^{\mathrm{a}}$$

$$\boldsymbol{m}_{\mathrm{ce}i\mathrm{e}} \approx \boldsymbol{\phi}^{\mathrm{c}i\mathrm{T}} \boldsymbol{A}_{\mathrm{c}i} \boldsymbol{P}^{i} + \boldsymbol{\varphi}^{\mathrm{c}i\mathrm{T}} \boldsymbol{A}_{\mathrm{c}i} \boldsymbol{H}^{i}$$

$$\boldsymbol{m}_{\mathrm{ceae}} \approx \boldsymbol{\phi}^{\mathrm{caT}} \boldsymbol{A}_{\mathrm{ca}} \boldsymbol{P}^{\mathrm{a}}$$

$$\begin{aligned}\dot{\boldsymbol{m}}_{\mathrm{cc}} \approx & \int_{m^{\mathrm{c}}} ((\boldsymbol{r}^{\mathrm{c}\times} (\boldsymbol{\phi}^{\mathrm{c}} \dot{\boldsymbol{q}}^{\mathrm{c}})^{\times\mathrm{T}})^{\mathrm{T}} + \boldsymbol{r}^{\mathrm{c}\times} (\boldsymbol{\phi}^{\mathrm{c}} \dot{\boldsymbol{q}}^{\mathrm{c}})^{\times\mathrm{T}}) \mathrm{d}m + \sum_{i=1}^{N} (\dot{\boldsymbol{A}}_{\mathrm{c}i} \boldsymbol{J}^{i} \boldsymbol{A}_{i\mathrm{c}} + \boldsymbol{A}_{\mathrm{c}i} \boldsymbol{J}^{i} \dot{\boldsymbol{A}}_{i\mathrm{c}}) + \\ & \sum_{i=1}^{N} \int_{m^{i}} (\boldsymbol{r}^{\mathrm{c}i\times} (\boldsymbol{\phi}^{\mathrm{c}i} \dot{\boldsymbol{q}}^{\mathrm{c}})^{\times\mathrm{T}} + \boldsymbol{r}^{\mathrm{c}i\times} (\boldsymbol{A}_{\mathrm{c}i} \boldsymbol{\phi}^{i} \dot{\boldsymbol{q}}^{i})^{\times\mathrm{T}} + \boldsymbol{A}_{\mathrm{c}i} \boldsymbol{r}^{i\times} (\boldsymbol{\phi}^{i} \dot{\boldsymbol{q}}^{i})^{\times\mathrm{T}} \boldsymbol{A}_{i\mathrm{c}}) \mathrm{d}m + \\ & \sum_{i=1}^{N} \int_{m^{i}} (\boldsymbol{r}^{\mathrm{c}i\times} (\boldsymbol{\phi}^{\mathrm{c}i} \dot{\boldsymbol{q}}^{\mathrm{c}})^{\times\mathrm{T}} + \boldsymbol{r}^{\mathrm{c}i\times} (\boldsymbol{A}_{\mathrm{c}i} \boldsymbol{\phi}^{i} \dot{\boldsymbol{q}}^{i})^{\times\mathrm{T}} + \boldsymbol{A}_{\mathrm{c}i} \boldsymbol{r}^{i\times} (\boldsymbol{\phi}^{i} \dot{\boldsymbol{q}}^{i})^{\times\mathrm{T}} \boldsymbol{A}_{i\mathrm{c}})^{\mathrm{T}} \mathrm{d}m + \\ & m^{\mathrm{a}} ((\boldsymbol{r}^{\mathrm{ca}\times} (\boldsymbol{\phi}^{\mathrm{ca}} \dot{\boldsymbol{q}}^{\mathrm{c}})^{\times\mathrm{T}})^{\mathrm{T}} + \boldsymbol{r}^{\mathrm{ca}\times} (\boldsymbol{\phi}^{\mathrm{ca}} \dot{\boldsymbol{q}}^{\mathrm{c}})^{\times\mathrm{T}})\end{aligned}$$

$$\dot{\boldsymbol{m}}_{ii} \approx \boldsymbol{E}^{\mathrm{T}} \left(\int_{m^{i}} (\boldsymbol{r}^{i\times} (\boldsymbol{\phi}^{i} \dot{\boldsymbol{q}}^{i})^{\times\mathrm{T}})^{\mathrm{T}} + \boldsymbol{r}^{i\times} (\boldsymbol{\phi}^{i} \dot{\boldsymbol{q}}^{i})^{\times\mathrm{T}} \mathrm{d}m \right) \boldsymbol{E}$$

$$\dot{\boldsymbol{m}}_{\mathrm{aa}} \approx \int_{m^{\mathrm{a}}} (\boldsymbol{r}^{\mathrm{a}\times} (\boldsymbol{\phi}^{\mathrm{a}} \dot{\boldsymbol{q}}^{\mathrm{a}})^{\times\mathrm{T}})^{\mathrm{T}} + \boldsymbol{r}^{\mathrm{a}\times} (\boldsymbol{\phi}^{\mathrm{a}} \dot{\boldsymbol{q}}^{\mathrm{a}})^{\times\mathrm{T}} \mathrm{d}m$$

$$\begin{aligned}\dot{\boldsymbol{m}}_{\mathrm{cece}} \approx & \sum_{i=1}^{N} \left(\boldsymbol{\phi}^{\mathrm{c}i\mathrm{T}} \boldsymbol{A}_{\mathrm{c}i} \left(\int_{m^{i}} (\boldsymbol{\phi}^{i} \dot{\boldsymbol{q}}^{i})^{\times\mathrm{T}} \mathrm{d}m \right) \boldsymbol{A}_{i\mathrm{c}} \boldsymbol{\varphi}^{\mathrm{c}i} + \boldsymbol{\varphi}^{\mathrm{c}i\mathrm{T}} \boldsymbol{A}_{\mathrm{c}i} \left(\int_{m^{i}} \boldsymbol{r}^{i\times} (\boldsymbol{\phi}^{i} \dot{\boldsymbol{q}}^{i})^{\times\mathrm{T}} \mathrm{d}m \right) \boldsymbol{A}_{i\mathrm{c}} \boldsymbol{\varphi}^{\mathrm{c}i} + \right. \\ & \left. \boldsymbol{\varphi}^{\mathrm{c}i\mathrm{T}} \boldsymbol{A}_{\mathrm{c}i} \boldsymbol{J}^{i} \dot{\boldsymbol{A}}_{i\mathrm{c}} \boldsymbol{\varphi}^{\mathrm{c}i} \right) + \sum_{i=1}^{N} \left(\boldsymbol{\phi}^{\mathrm{c}i\mathrm{T}} \boldsymbol{A}_{\mathrm{c}i} \left(\int_{m^{i}} (\boldsymbol{\phi}^{i} \dot{\boldsymbol{q}}^{i})^{\times\mathrm{T}} \mathrm{d}m \right) \boldsymbol{A}_{i\mathrm{c}} \boldsymbol{\varphi}^{\mathrm{c}i} + \right. \\ & \left. \boldsymbol{\varphi}^{\mathrm{c}i\mathrm{T}} \boldsymbol{A}_{\mathrm{c}i} \left(\int_{m^{i}} \boldsymbol{r}^{i\times} (\boldsymbol{\phi}^{i} \dot{\boldsymbol{q}}^{i})^{\times\mathrm{T}} \mathrm{d}m \right) \boldsymbol{A}_{i\mathrm{c}} \boldsymbol{\varphi}^{\mathrm{c}i} + \boldsymbol{\varphi}^{\mathrm{c}i\mathrm{T}} \boldsymbol{A}_{\mathrm{c}i} \boldsymbol{J}^{i} \dot{\boldsymbol{A}}_{i\mathrm{c}} \boldsymbol{\varphi}^{\mathrm{c}i} \right)^{\mathrm{T}}\end{aligned}$$

$$\begin{aligned}\dot{\boldsymbol{m}}_{\mathrm{c}i} \approx & \dot{\boldsymbol{A}}_{\mathrm{c}i} \boldsymbol{J}^{i} \boldsymbol{E} + \boldsymbol{A}_{\mathrm{c}i} \left(\int_{m^{i}} (\boldsymbol{\phi}^{i} \dot{\boldsymbol{q}}^{i})^{\times} \boldsymbol{r}^{i\times\mathrm{T}} + \boldsymbol{r}^{i\times} (\boldsymbol{\phi}^{i} \dot{\boldsymbol{q}}^{i})^{\times\mathrm{T}} \mathrm{d}m \right) \boldsymbol{E} + \\ & \boldsymbol{r}^{\mathrm{c}i\times} \boldsymbol{A}_{\mathrm{c}i} \left(\int_{m^{i}} (\boldsymbol{\phi}^{i} \dot{\boldsymbol{q}}^{i})^{\times\mathrm{T}} \mathrm{d}m \right) \boldsymbol{E}\end{aligned}$$

$$\dot{\boldsymbol{m}}_{\mathrm{ca}} \approx \boldsymbol{r}^{\mathrm{ca}\times} \boldsymbol{A}_{\mathrm{ca}} \int_{m^{\mathrm{a}}} (\boldsymbol{\phi}^{\mathrm{a}} \dot{\boldsymbol{q}}^{\mathrm{a}})^{\times\mathrm{T}} \mathrm{d}m$$

$$\begin{aligned}\dot{\boldsymbol{m}}_{\mathrm{cce}} \approx & \int_{m^{\mathrm{c}}} (\boldsymbol{\phi}^{\mathrm{c}} \dot{\boldsymbol{q}}^{\mathrm{c}})^{\times} \boldsymbol{\phi}^{\mathrm{c}} \mathrm{d}m + \sum_{i=1}^{N} m^{i} (\boldsymbol{\phi}^{\mathrm{c}i} \dot{\boldsymbol{q}}^{\mathrm{c}})^{\times} \boldsymbol{\phi}^{\mathrm{c}i} + m^{\mathrm{a}} (\boldsymbol{\varphi}^{\mathrm{ca}} \dot{\boldsymbol{q}}^{\mathrm{c}})^{\times} \boldsymbol{\varphi}^{\mathrm{ca}} + \\ & \sum_{i=1}^{N} \left(\boldsymbol{A}_{\mathrm{c}i} \left(\int_{m^{i}} (\boldsymbol{\phi}^{i} \dot{\boldsymbol{q}}^{i})^{\times} \mathrm{d}m \right) \boldsymbol{A}_{i\mathrm{c}} \boldsymbol{\varphi}^{\mathrm{c}i} + \dot{\boldsymbol{A}}_{\mathrm{c}i} \boldsymbol{J}^{i} \boldsymbol{A}_{i\mathrm{c}} \boldsymbol{\varphi}^{\mathrm{c}i} + \boldsymbol{A}_{\mathrm{c}i} \boldsymbol{J}^{i} \dot{\boldsymbol{A}}_{i\mathrm{c}} \boldsymbol{\phi}^{\mathrm{c}i} \right) + \\ & \sum_{i=1}^{N} \left(\boldsymbol{A}_{\mathrm{c}i} \left(\int_{m^{i}} (\boldsymbol{\phi}^{i} \dot{\boldsymbol{q}}^{i})^{\times} \boldsymbol{r}^{i\times\mathrm{T}} + \boldsymbol{r}^{i\times} (\boldsymbol{\phi}^{i} \dot{\boldsymbol{q}}^{i})^{\times\mathrm{T}} \mathrm{d}m \right) \boldsymbol{A}_{i\mathrm{c}} \boldsymbol{\varphi}^{\mathrm{c}i} + \right. \\ & \left. \boldsymbol{r}^{\mathrm{c}i\times} \boldsymbol{A}_{\mathrm{c}i} \left(\int_{m^{i}} (\boldsymbol{\phi}^{i} \dot{\boldsymbol{q}}^{i})^{\times\mathrm{T}} \mathrm{d}m \right) \boldsymbol{A}_{i\mathrm{c}} \boldsymbol{\varphi}^{\mathrm{c}i} \right)\end{aligned}$$

$$\dot{\boldsymbol{m}}_{\mathrm{cie}} \approx (\boldsymbol{\phi}^{ci}\dot{\boldsymbol{q}}^{\mathrm{c}})^{\times}\boldsymbol{A}_{ci}\boldsymbol{P}^{i}+\boldsymbol{A}_{ci}\int_{m^{i}}(\boldsymbol{\phi}^{i}\dot{\boldsymbol{q}}^{i})^{\times}\boldsymbol{\phi}^{i}\mathrm{d}m+\boldsymbol{r}^{ci\times}\dot{\boldsymbol{A}}_{ci}\boldsymbol{P}^{i}+\dot{\boldsymbol{A}}_{ci}\boldsymbol{H}^{i}$$

$$\dot{\boldsymbol{m}}_{\mathrm{cae}} \approx ((\boldsymbol{\phi}^{\mathrm{ca}}\dot{\boldsymbol{q}}^{\mathrm{c}})^{\times}\boldsymbol{A}_{\mathrm{ca}}+\boldsymbol{r}^{\mathrm{ca}\times}\dot{\boldsymbol{A}}_{\mathrm{ca}})\boldsymbol{P}^{\mathrm{a}}$$

$$\begin{aligned}\dot{\boldsymbol{m}}_{\mathrm{ice}} \approx{}& \boldsymbol{E}^{\mathrm{T}}\left(\int_{m^{i}}(\boldsymbol{\phi}^{i}\dot{\boldsymbol{q}}^{i})^{\times}\mathrm{d}m\right)\boldsymbol{A}_{ic}\boldsymbol{\phi}^{ci}+\\&\boldsymbol{E}^{\mathrm{T}}\left(\int_{m^{i}}((\boldsymbol{\phi}^{i}\dot{\boldsymbol{q}}^{i})^{\times}\boldsymbol{r}^{i\times\mathrm{T}}+\boldsymbol{r}^{i\times}(\boldsymbol{\phi}^{i}\dot{\boldsymbol{q}}^{i})^{\times\mathrm{T}})\mathrm{d}m\right)\boldsymbol{A}_{ic}\boldsymbol{\varphi}^{ci}+\boldsymbol{E}^{\mathrm{T}}\boldsymbol{J}^{i}\dot{\boldsymbol{A}}_{ic}\boldsymbol{\varphi}^{ci}\end{aligned}$$

$$\dot{\boldsymbol{m}}_{ii\mathrm{e}} \approx \boldsymbol{E}^{\mathrm{T}}\left(\int_{m^{i}}(\boldsymbol{\phi}^{i}\dot{\boldsymbol{q}}^{i})^{\times}\boldsymbol{\phi}^{i}\mathrm{d}m\right)$$

$$\dot{\boldsymbol{m}}_{\mathrm{ace}} \approx \left(\int_{m^{\mathrm{a}}}(\boldsymbol{\phi}^{\mathrm{a}}\dot{\boldsymbol{q}}^{\mathrm{a}})^{\times}\mathrm{d}m\right)\boldsymbol{A}_{\mathrm{ac}}\boldsymbol{\phi}^{\mathrm{ca}}$$

$$\dot{\boldsymbol{m}}_{\mathrm{aae}} \approx \int_{m^{\mathrm{a}}}(\boldsymbol{\phi}^{\mathrm{a}}\dot{\boldsymbol{q}}^{\mathrm{a}})^{\times}\boldsymbol{\phi}^{\mathrm{a}}\mathrm{d}m$$

$$\dot{\boldsymbol{m}}_{\mathrm{ceie}} \approx \boldsymbol{\varphi}^{ci\mathrm{T}}\dot{\boldsymbol{A}}_{ci}\boldsymbol{H}^{i}+\boldsymbol{\varphi}^{ci\mathrm{T}}\boldsymbol{A}_{ci}\left(\int_{m^{i}}(\boldsymbol{\phi}^{i}\dot{\boldsymbol{q}}^{i})^{\times}\boldsymbol{\phi}^{i}\mathrm{d}m\right)+\boldsymbol{\phi}^{ci\mathrm{T}}\dot{\boldsymbol{A}}_{ci}\boldsymbol{P}^{i}$$

$$\dot{\boldsymbol{m}}_{\mathrm{ceae}} \approx \boldsymbol{\phi}^{\mathrm{caT}}\dot{\boldsymbol{A}}_{\mathrm{ca}}\boldsymbol{P}^{\mathrm{a}}$$

$$(\boldsymbol{C}^{b_{\mathrm{c}}})^{-\mathrm{T}}\left(\frac{\partial T}{\partial\boldsymbol{\theta}^{b_{\mathrm{c}}}}\right)=\boldsymbol{A}_{\mathrm{ca}}\left(\int_{m^{\mathrm{a}}}(\boldsymbol{\phi}^{\mathrm{a}}\dot{\boldsymbol{q}}^{\mathrm{a}})^{\times}\mathrm{d}m\right)\boldsymbol{A}_{\mathrm{ac}}(\boldsymbol{r}^{\mathrm{ca}\times}\boldsymbol{\omega}^{b_{\mathrm{c}}}-\boldsymbol{\phi}^{\mathrm{ca}}\dot{\boldsymbol{q}}^{\mathrm{c}})$$

$$\begin{aligned}\frac{\partial T}{\partial\theta^{i}} \approx{}& \frac{1}{2}\boldsymbol{\omega}^{b_{\mathrm{c}}\mathrm{T}}(\boldsymbol{B}_{i}\boldsymbol{J}^{i}\boldsymbol{A}_{ic}+\boldsymbol{A}_{ci}\boldsymbol{J}^{i}\boldsymbol{B}_{i}^{\mathrm{T}})\boldsymbol{\omega}^{b_{\mathrm{c}}}+\frac{1}{2}\dot{\boldsymbol{q}}^{\mathrm{cT}}\boldsymbol{\varphi}^{ci\mathrm{T}}(\boldsymbol{B}_{i}\boldsymbol{J}^{i}\boldsymbol{A}_{ic}+\boldsymbol{A}_{ci}\boldsymbol{J}^{i}\boldsymbol{B}_{i}^{\mathrm{T}})\boldsymbol{\varphi}^{ci}\dot{\boldsymbol{q}}^{\mathrm{c}}+\\&\boldsymbol{\omega}^{b_{\mathrm{c}}\mathrm{T}}\boldsymbol{B}_{i}\boldsymbol{J}^{i}\boldsymbol{E}\dot{\theta}^{i}+\boldsymbol{\omega}^{b_{\mathrm{c}}\mathrm{T}}(\boldsymbol{B}_{i}\boldsymbol{J}^{i}\boldsymbol{A}_{ic}+\boldsymbol{A}_{ci}\boldsymbol{J}^{i}\boldsymbol{B}_{i}^{\mathrm{T}})\boldsymbol{\varphi}^{ci}\dot{\boldsymbol{q}}^{\mathrm{c}}+\boldsymbol{\omega}^{b_{\mathrm{c}}\mathrm{T}}(\boldsymbol{r}^{ci\times}\boldsymbol{B}_{i}\boldsymbol{P}^{i}+\boldsymbol{B}_{i}\boldsymbol{H}^{i})\dot{\boldsymbol{q}}^{i}+\\&\dot{\theta}^{i}\boldsymbol{E}^{\mathrm{T}}(\boldsymbol{J}^{i}\boldsymbol{B}_{i}^{\mathrm{T}})\boldsymbol{\varphi}^{ci}\dot{\boldsymbol{q}}^{\mathrm{c}}+\dot{\boldsymbol{q}}^{\mathrm{cT}}(\boldsymbol{\phi}^{ci\mathrm{T}}\boldsymbol{B}_{i}\boldsymbol{P}^{i}+\boldsymbol{\varphi}^{ci\mathrm{T}}\boldsymbol{B}_{i}\boldsymbol{H}^{i})\dot{\boldsymbol{q}}^{i}\end{aligned}$$

$$(\boldsymbol{C}^{b_{\mathrm{a}}})^{-\mathrm{T}}\left(\frac{\partial T}{\partial\boldsymbol{\theta}^{b_{\mathrm{a}}}}\right)=\left(\int_{m^{\mathrm{a}}}(\boldsymbol{\phi}^{\mathrm{a}}\dot{\boldsymbol{q}}^{\mathrm{a}})^{\times}\mathrm{d}m\right)\boldsymbol{A}_{\mathrm{ac}}(-\boldsymbol{r}^{\mathrm{ca}\times}\boldsymbol{\omega}^{b_{\mathrm{c}}}+\boldsymbol{\phi}^{\mathrm{ca}}\dot{\boldsymbol{q}}^{\mathrm{c}})$$

$$\begin{aligned}\frac{\partial(T)}{\partial\boldsymbol{q}^{\mathrm{c}}} \approx{}& \int_{m^{\mathrm{c}}}\boldsymbol{\phi}^{\mathrm{cT}}\boldsymbol{\omega}^{b_{\mathrm{c}}\times}(\boldsymbol{r}^{\mathrm{c}\times}\boldsymbol{\omega}^{b_{\mathrm{c}}}-\boldsymbol{\phi}^{\mathrm{c}}\dot{\boldsymbol{q}}^{\mathrm{c}})\mathrm{d}m+\sum_{i=1}^{N}m^{i}\boldsymbol{\phi}^{ci\mathrm{T}}\boldsymbol{\omega}^{b_{\mathrm{c}}\times}(\boldsymbol{r}^{ci\times}\boldsymbol{\omega}^{b_{\mathrm{c}}}-\boldsymbol{\phi}^{ci}\dot{\boldsymbol{q}}^{\mathrm{c}})+\\&m^{\mathrm{a}}\boldsymbol{\phi}^{\mathrm{caT}}\boldsymbol{\omega}^{b_{\mathrm{c}}\times}(\boldsymbol{r}^{\mathrm{ca}\times}\boldsymbol{\omega}^{b_{\mathrm{c}}}-\boldsymbol{\phi}^{\mathrm{ca}}\dot{\boldsymbol{q}}^{\mathrm{c}})-\sum_{i=1}^{N}\boldsymbol{\phi}^{ci\mathrm{T}}\boldsymbol{\omega}^{b_{\mathrm{c}}\times}\boldsymbol{A}_{ci}\boldsymbol{P}^{i}\dot{\boldsymbol{q}}^{i}-\boldsymbol{\phi}^{\mathrm{caT}}\boldsymbol{\omega}^{b_{\mathrm{c}}\times}\boldsymbol{A}_{\mathrm{ca}}\boldsymbol{P}^{\mathrm{a}}\dot{\boldsymbol{q}}^{\mathrm{a}}\end{aligned}$$

$$\begin{aligned}\frac{\partial(T)}{\partial\boldsymbol{q}^{i}} \approx{}& \boldsymbol{P}^{i\mathrm{T}}\boldsymbol{A}_{ic}(\boldsymbol{\omega}^{b_{\mathrm{c}}\times}+(\boldsymbol{\varphi}^{ci}\dot{\boldsymbol{q}}^{\mathrm{c}})^{\times}+(\boldsymbol{A}_{ci}\dot{\theta}^{i}\boldsymbol{E})^{\times})(\boldsymbol{r}^{ci\times}\boldsymbol{\omega}^{b_{\mathrm{c}}}-\boldsymbol{\phi}^{ci}\dot{\boldsymbol{q}}^{\mathrm{c}})+\\&\left(\int_{m^{i}}\boldsymbol{\phi}^{i\mathrm{T}}(\boldsymbol{A}_{ic}\boldsymbol{\omega}^{b_{\mathrm{c}}})^{\times}\boldsymbol{r}^{i\times}\mathrm{d}m\right)(\boldsymbol{A}_{ic}\boldsymbol{\omega}^{b_{\mathrm{c}}}+2(\dot{\theta}^{i}\boldsymbol{E}+\boldsymbol{A}_{ic}\boldsymbol{\varphi}^{ci}\dot{\boldsymbol{q}}^{\mathrm{c}}))+\\&\left(\int_{m^{i}}\boldsymbol{\phi}^{i\mathrm{T}}\dot{\theta}^{i}\boldsymbol{E}^{\times}\boldsymbol{r}^{i\times}\mathrm{d}m\right)(\dot{\theta}^{i}\boldsymbol{E}+2\boldsymbol{A}_{ic}\boldsymbol{\varphi}^{ci}\dot{\boldsymbol{q}}^{\mathrm{c}})+\\&\left(\int_{m^{i}}\boldsymbol{\phi}^{i\mathrm{T}}(\boldsymbol{A}_{ic}\boldsymbol{\varphi}^{ci}\dot{\boldsymbol{q}}^{\mathrm{c}})^{\times}\boldsymbol{r}^{i\times}\mathrm{d}m\right)(\boldsymbol{A}_{ic}\boldsymbol{\varphi}^{ci}\dot{\boldsymbol{q}}^{\mathrm{c}})+\\&\left(\int_{m^{i}}\boldsymbol{\phi}^{i\mathrm{T}}(\boldsymbol{\phi}^{i}\dot{\boldsymbol{q}}^{i})^{\times}\mathrm{d}m\right)(\boldsymbol{A}_{ic}\varphi^{b_{\mathrm{c}}}+\dot{\theta}^{i}\boldsymbol{E}+\boldsymbol{A}_{ic}\boldsymbol{\varphi}^{ci}\dot{\boldsymbol{q}}^{\mathrm{c}})\end{aligned}$$

$$\frac{\partial(T)}{\partial \boldsymbol{q}^{a}} = \int_{m^{a}} \boldsymbol{\phi}^{aT} \boldsymbol{\omega}^{b_a \times} (\boldsymbol{r}^{a\times} \boldsymbol{\omega}^{b_a} - \boldsymbol{\phi}^{a} \dot{\boldsymbol{q}}^{a}) \mathrm{d}m + \boldsymbol{P}^{aT} \boldsymbol{\omega}^{b_a \times} \boldsymbol{A}_{ac} (\boldsymbol{r}^{ca\times} \boldsymbol{\omega}^{b_c} - \boldsymbol{\phi}^{ca} \dot{\boldsymbol{q}}^{c})$$

此外，

$$\boldsymbol{J}^{0} = \int_{m^{c}} \boldsymbol{r}^{c\times} \boldsymbol{r}^{c\times T} \mathrm{d}m + \sum_{i=1}^{N} m^{i} \boldsymbol{r}^{ci\times} \boldsymbol{r}^{ci\times T} + m^{a} \boldsymbol{r}^{ca\times} \boldsymbol{r}^{ca\times T}$$

$$\boldsymbol{J}^{i} = \int_{m^{i}} \boldsymbol{r}^{i\times} \boldsymbol{r}^{i\times T} \mathrm{d}m$$

$$\boldsymbol{J}^{a} = \int_{m^{a}} \boldsymbol{r}^{a\times} \boldsymbol{r}^{a\times T} \mathrm{d}m$$

$$\boldsymbol{E} = [0 \quad 1 \quad 0]^{T}$$

$$\boldsymbol{B}_{i} = \boldsymbol{A}_{ci} \boldsymbol{E}^{\times}$$

$$\boldsymbol{P}^{i} = \int_{m^{i}} \boldsymbol{\phi}^{i} \mathrm{d}m$$

$$\boldsymbol{P}^{a} = \int_{m^{a}} \boldsymbol{\phi}^{a} \mathrm{d}m$$

$$\boldsymbol{H}^{c} = \int_{m^{c}} \boldsymbol{r}^{c\times} \boldsymbol{\phi}^{c} \mathrm{d}m$$

$$\boldsymbol{H}^{i} = \int_{m^{i}} \boldsymbol{r}^{i\times} \boldsymbol{\phi}^{i} \mathrm{d}m$$

$$\boldsymbol{H}^{a} = \int_{m^{a}} \boldsymbol{r}^{a\times} \boldsymbol{\phi}^{a} \mathrm{d}m$$

$$\boldsymbol{F}^{i} = \begin{bmatrix} 2S_2^i C_2^i (J_3^i - J_1^i) & 0 & (J_3^i - J_1^i)(C_2^{i2} - S_2^{i2}) \\ 0 & 0 & 0 \\ (J_3^i - J_1^i)(C_2^{i2} - S_2^{i2}) & 0 & -2S_2^i C_2^i (J_3^i - J_1^i) \end{bmatrix}$$

参考文献

[1] GLASER P E. Power from the sun：Its future[J]. Science，1968，162(3856)：857-861.

[2] 侯欣宾，王立，张兴华. 空间太阳能发电概论[M]. 北京：中国宇航出版社，2020.

[3] DOE/NASA. Satellite power system：Concept development and evaluation program，reference system report：DOE/ER-0023[R]. Washington，D. C.：US Department of Energy and NASA，1979.

[4] MANKINS J C. A fresh look at space solar power：New architectures，concepts and technologies[J]. Acta Astronautica，1997，41(4-10)：347-359.

[5] CARRINGTON C，FIKES J，GERRY M，et al. The Abacus/Reflector and integrated symmetrical concentrator-Concepts for space solar power collection and transmission[C]//35th Intersociety Energy Conversion Engineering Conference and Exhibit，July 24-28，2000，Las Vegas，Nevada. Reston：AIAA，c2000：1-11.

[6] 范斌，紫晓. 中国科学家提出空间太阳能电站发展技术"路线图"(上)：写在空间太阳能电站发展技术研讨会上[J]. 中国航天，2010 (12)：20-23.

[7] MANKINS J，KAYA N，VASILE M. SPS-ALPHA：the first practical solar power satellite via arbitrarily large phased array (a 2011-2012 NIAC project)[C]//10th International Energy Conversion Engineering Conference，July 30-August 01，2012，Atlanta，Georgia. Reston：AIAA，c2012：1-13.

[8] ARYA M，LEE N，PELLEGRINO S. Ultralight structures for space solar power satellites [C]//3rd AIAA Spacecraft Structures Conference，January 4-8，2016，San Diego，California. Reston：AIAA，c2016：1-18.

[9] SASAKI S，TANAKA K，HIGUCHI K，et al. A new concept of solar power satellite：Tethered-SPS[J]. Acta Astronautica，2007，60(3)：153-165.

[10] TAKEICHI N，UENO H，ODA M. Feasibility study of a solar power satellite system configured by formation flying[J]. Acta Astronautica，2005，57(9)：698-706.

[11] 侯欣宾. 国际空间太阳能电站领域的最新进展[J]. 国际太空，2019(4)：39-44.

[12] SEBOLDT W，KLIMKE M，LEIPOLD M，et al. European sail tower SPS concept[J].

Acta Astronautica，2001，48(5-12)：785-792.

[13] CASH I. CASSIOPeiA-A new paradigm for space solar power[J]. Acta astronautica，2019，159：170-178.

[14] 王立，成正爱，张兴华，等. 空间太阳能电站发展展望[J]. 国际太空，2017 (10)：14-23.

[15] 范斌，紫晓. 中国科学家提出空间太阳能电站发展技术“路线图”(下)：写在空间太阳能电站发展技术研讨会上[J]. 中国航天，2011(1)：28-30.

[16] 宋博，蔡文. 中国空间技术研究院举办空间太阳能电站发展技术研讨会[J]. 国际太空，2010(11)：43.

[17] 陆征. 中国航天和能源领域“创新旗舰”扬帆远航：第二届空间太阳能电站发展技术研讨会在京召开[J]. 国际太空，2017(11)：74-75.

[18] 李庆军，邓子辰. 空间太阳能电站及其动力学与控制研究进展[J]. 哈尔滨工业大学学报，2018，50(10)：1-19.

[19] 侯欣宾，王立，张兴华，等. 多旋转关节空间太阳能电站概念方案设计[J]. 宇航学报，2015，36(11)：1332-1338.

[20] 杨阳. OMEGA 型空间太阳能电站聚光镜与光电转换系统设计[D]. 西安：西安电子科技大学，2017.

[21] 侯欣宾，王立. 空间太阳能电站技术发展现状及展望[J]. 中国航天，2015(2)：12-15.

[22] 魏乙，邓子辰，李庆军，等. 光压摄动对空间太阳能电站轨道的影响研究[J]. 应用数学和力学，2017，38(04)：399-409.

[23] WIE B，ROITHMAYR C M. Attitude and orbit control of a very large geostationary solar power satellite[J]. Journal of Guidance，Control，and Dynamics，2005，28(3)：439-451.

[24] WIE B，ROITHMAYR C M. Integrated orbit，attitude，and structural control system design for space solar power satellites[C]//AIAA Guidance，Navigation，and Control Conference and Exhibit，August 6-9，2001，Montreal. Reston：AIAA，c2001：1-11.

[25] GRAF JR O F. Orbital motion of the solar power satellite：ACM Technical Report ACM-TR-105[R]，Houston：Analytical and Computational Mathematics，Inc.，1977.

[26] MANKINS J C. New developments in space solar power[J]. NSS Space Settlement Journal，2017：1-30.

[27] SASAKI S，TANAKA K，MAKI K. Microwave power transmission technologies for solar power satellites[J]. Proceedings of the IEEE，2013，101(6)：1438-1447.

[28] MORI M，KAGAWA H，SAITO Y. Summary of studies on space solar power systems of Japan Aerospace Exploration Agency(JAXA)[J]. Acta Astronautica，2006，59(1-5)：132-138.

[29] MCNALLY I，SCHEERES D，RADICE G. Locating large solar power satellites in the geosynchronous Laplace plane[J]. Journal of Guidance，Control，and Dynamics，2015，38(3)：489-505.

[30] 章仁为. 卫星轨道姿态动力学与控制[M]. 北京：北京航空航天大学出版社，1998.

[31] 刘暾. 空间飞行器动力学[M]. 哈尔滨:哈尔滨工业大学出版社，2003.

[32] 戎鹏志，陆本魁. 一种改进型的拉普拉斯轨道计算方法[J]. 天文学报，1991，32(1)：62-72.

[33] ALLAN R，COOK G. The long-period motion of the plane of a distant circular orbit[J]. Proceedings of the Royal Society of London Series A Mathematical and Physical Sciences，1964，280(1380)：97-109.

[34] 刘玉亮.重力梯度作用下空间太阳能电站的在轨动力学特性[D]. 大连:大连理工大学,2019.

[35] 刘玉亮,邬树楠,吴志刚,等.空间太阳能电站地球同步拉普拉斯轨道动力学特性[J].中国空间科学技术,2016,36(5):1-8.

[36] ASHENBERG J. Mutual gravitational potential and torque of solid bodies via inertia integrals[J]. Celestial Mechanics and Dynamical Astronomy，2007，99(2)：149-159.

[37] 邓子辰，曹珊珊，李庆军，等. 基于辛 Runge－Kutta 方法的太阳帆塔动力学特性研究[J]. 中国科学:技术科学，2016，46(12)：1242-1253.

[38] 文奋强，邓子辰，魏乙，等. 太阳帆塔轨道和姿态耦合动力学建模及辛求解[J]. 应用数学和力学，2017，38(7)：762-768.

[39] 魏乙，邓子辰，李庆军，等. 空间太阳能电站的轨道、姿态和结构振动的耦合动力学建模及辛求解[J]. 动力学与控制学报，2016，14(6)：513-519.

[40] ZHAO Y，ZHANG J，ZHANG Y，et al. Gravitational force and torque on a solar power satellite considering the structural flexibility[J]. Acta Astronautica，2017，140：322-337.

[41] 黄圳圭. 航天器姿态动力学[M]. 长沙:国防科技大学出版社，1997.

[42] XU X，ZHONG W. On the numerical influences of inertia representation for rigid body dynamics in terms of unit quaternion[J]. Journal of Applied Mechanics，2016 ，83(6)：1-11.

[43] ZIGIC M，GRAHOVAC N. Numerical algorithm for rigid body position estimation using the quaternion approach[J]. Acta Mechanica Sinica，2018，34：400-408.

[44] UDWADIA F E，SCHUTTE A D. An alternative derivation of the quaternion equations of motion for rigid-body rotational dynamics[J]. Journal of Applied Mechanics，2010，77(4)：1-4.

[45] SASAKI S，TANAKA K，HIGUCHI K，et al. Tethered solar power satellite：JAXA Research and Development Report [R]. Tokyo：Japan Aerospace Exploration Agency，2004.

[46] 孟华. 自动控制原理[M]. 大连:大连理工大学出版社，2007.

[47] MANKINS J C. A technical overview of the "suntower" solar power satellite concept[J]. Acta Astronautica，2002，50(6)：369-377.

[48] NOOR A K，ANDERSON M S，GREENE W H. Continuum models for beam-and plate-like lattice structures[J]. AIAA Journal，1978，16(12)：1219-1228.

[49] GUZMÁN A M, ROSALES M B, FILIPICH C P. Natural vibrations and buckling of a spatial lattice structure using a continuous model derived from an energy approach[J]. International Journal of Steel Structures, 2017, 17: 565-578.

[50] GUZMÁN A M, ROSALES M B, FILIPICH C P. Continuous one-dimensional model of a spatial lattice. Deformation, vibration and buckling problems[J]. Engineering Structures, 2019, 182: 290-300.

[51] CHOBOTOV, V. Gravitational excitation of an extensible dumbbell satellite[J]. Journal of Spacecraft and Rockets, 1967, 4(10): 1295-1300.

[52] BAINUM P M, KUMAR V K, JAMES P K. The dynamics and control of large flexible space structures. Part B: Development of continuum model and computer simulation: NASA-CR-156976[R]. Washington, D. C. : NASA, 1978.

[53] KUMAR V, BAINUM P. Dynamics of a flexible body in orbit[J]. Journal of Guidance and Control, 1980, 3(1): 90-92.

[54] LIN C, MALLA R. Three dimensional dynamic response of a flexible structure in orbit [C]//46th AIAA/ASME/ASCE/AHS/ASC Structures, Structural Dynamics and Materials Conference, April 18-21, 2005, Austin, Texas. Reston: AIAA, c2005: 1-10.

[55] HU W, DENG Z. Non-sphere perturbation on dynamic behaviors of spatial flexible damping beam[J]. Acta Astronautica, 2018, 152: 196-200.

[56] HU W, LI Q, JIANG X, et al. Coupling dynamic behaviors of spatial flexible beam with weak damping[J]. International Journal for Numerical Methods in Engineering, 2017, 111(7): 660-675.

[57] HU W, DENG Z. A review of dynamic analysis on space solar power station[J]. Astrodynamics, 2023, 7(2): 115-130.

[58] MERESSI T, PADEN B. Buckling control of a flexible beam using piezoelectric actuators [J]. Journal of Guidance Control and Dynamics, 1993, 16(5): 977-980.

[59] MILNE R D. Some remarks on the dynamics of deformable bodies[J]. AIAA Journal, 1968, 6(3): 556-558.

[60] MANKINS J, HOWELL J. Overview of the space solar power (SSP) Exploratory Research and Technology (SERT) program[C]//35th intersociety energy conversion engineering conference and exhibit, July 24-28, 2000, Las Vegas, Nevada. Reston: AIAA, c2000: 1-11.

[61] LANDIS G A. Reinventing the solar power satellite[C]//53rd International Astronautical Congress, October 10-19, 2002, Houston, Texas. Reston: AIAA, c2004: 15-30.

[62] LINC, MALLA R. Dynamic response of a flexible structure under jet plume loading in a planar orbit[C]//44th AIAA/ASME/ASCE/AHS/ASC Structures, Structural Dynamics, and Materials Conference, April 7-10, 2003, Norfolk, Virginia. Reston: AIAA, c2003: 1-12.

[63] 杨阳，张逸群，王东旭，等. SSPS 太阳能收集系统研究现状及发展趋势[J]. 宇航学报，2016，37(1)：21-28.

[64] SINCARSIN G B，HUGHES P C. Gravitational orbit-attitude coupling for very large spacecraft[J]. Celestial mechanics，1983，31(2)：143-161.

[65] ASHENBERG J. Proposed method for modeling the gravitational interaction between finite bodies[J]. Journal of Guidance，Control，and Dynamics，2005，28(4)：768-774.

[66] OMIYA M. ITOH K. Development of a functional system model of the solar power satellite，SPS2000：Proceedings of ISAP'96-International Symposium on Antennas and Propagation，September 24-27，1996[C]. Chiba：IEICE Proceedings Series，1996.

[67] 刘延柱. 高等动力学[M]. 北京：高等教育出版社，2001.

[68] LI X，DUAN B，SONG L，et al. A new concept of space solar power satellite[J]. Acta Astronautica，2017，136：182-189.

[69] MOHANS N，LANGE J V，LANGE B O. Interaction between attitude libration and orbital motion of a rigid body in a near keplerian orbit of low eccentricity[J]. Celestial Mechanics，1972，5(2)：157-173.

[70] GLAESE J R，MCDONALD E J. Space solar power multi-body dynamics and controls，concepts for the integrated symmetrical concentrator configuration：TCD20000222A[R]. Washington，D. C. ：NASA，2000.

[71] 周衍柏. 理论力学教程[M]. 上海：上海教育出版社. 2009.

[72] 范继祥，周荻. 绳系太阳能发电卫星姿态机动的主动振动控制[J]. 宇航学报，2012，33(5)：605-611.

[73] FUJII H，WATANABE T，KOJIMA H，et al. Control of attitude and vibration of a tethered space solar power satellite[C]//AIAA Guidance，Navigation，and Control Conference and Exhibit，August 11-14，2003，Austin，Texas. Reston：AIAA，c2003：1-10.

[74] ASHLEY H. Observations on the dynamic behavior of large flexible bodies in orbit[J]. AIAA Journal，1967，5(3)：460-469.

[75] KANE T，RYAN R，BANERJEER A. Dynamics of a cantilever beam attached to a moving base[J]. Journal of Guidance，Control，and Dynamics，1987，10(2)：139-151.

[76] RAD H K，SALARIEH H，ALASTY A，et al. Boundary control of flexible satellite vibration in planar motion[J]. Journal of Sound and Vibration，2018，432：549-568.

[77] MALEKZADEH M，KARIMPOUR H. Adaptive super twisting vibration control of a flexible spacecraft with state rate estimation[J]. Journal of Sound and Vibration，2018，422：300-317.

[78] XU S，CUI N，FAN Y，et al. Flexible satellite attitude maneuver via adaptive sliding mode control and active vibration suppression[J]. AIAA Journal，2018，56(10)：4205-4212.

[79] HUGHES P. Space structure vibration modes：How many exist? Which ones are impor-

tant? [J]. IEEE Control Systems Magazine, 1987, 7(1): 22-28.

[80] WIE B, ROITHMAYR C M. Integrated orbit, attitude, and structural control system design for space solar power satellites, NASA Technical Memorandum[R]. Washington, D.C.: NASA, 2001.

[81] YIGIT A, SCOTT R, ULSOY A G. Flexural motion of a radially rotating beam attached to a rigid body[J]. Journal of Sound and Vibration, 1988, 121(2): 201-210.

[82] AL-BEDOOR B, ALMUSALLAM A. Dynamics of flexible-link and flexible-joint manipulator carrying a payload with rotary inertia[J]. Mechanism and Machine Theory, 2000, 35(6): 785-820.

[83] 刘锦阳，洪嘉振. 空间机械臂的刚-柔耦合动力学研究[J]. 宇航学报，2002，23(2)：23-27＋33.

[84] WRIGHT A D, SMITH C E, THRESHER R W, et al. Vibration modes of centrifugally stiffened beams[J]. Journal of Applied Mechanics, 1982, 49(1):197-202.

[85] 蔡国平，洪嘉振. 旋转运动柔性梁的假设模态方法研究[J]. 力学学报，2005，37(1)：48-56.

[86] LI C, MENG X, LIU Z. Dynamic modeling and simulation for the rigid flexible coupling system with a non-tip payload in non-inertial coordinate system[J]. Journal of Vibration and Control, 2016, 22(4): 1076-1094.

[87] HUO Y, WANG Z. Dynamic analysis of a rotating double-tapered cantilever Timoshenko beam[J]. Archive of Applied Mechanics, 2016, 86(6): 1147-1161.

[88] HAYASHI C. Nonlinear oscillations in physical systems[M]. Princeton: Princeton University Press, 2014.

[89] BANERJEE A K, KANE T R. Dynamics of a Plate in Large Overall Motion[J]. Journal of Applied Mechanics, 1989, 56(4): 887-892.

[90] YOO H, CHUNG J. Dynamics of rectangular plates undergoing prescribed overall motion [J]. Journal of Sound and Vibration, 2001, 239(1): 123-137.

[91] THOMSON W T. Theory of vibration with applications [M]. Boca Raton: CrC Press, 2018.

[92] MYKLESTAD N O. Fundamentals of vibration analysis[M]. New York: Courier Dover Publications, 2018.

[93] CANAVIN J R, LIKINS P W. Floating reference frames for flexible spacecraft[J]. Journal of Spacecraft and Rockets, 1977, 14(12): 724-732.

[94] SCHMIDT D K. Modern flight dynamics[M]. New York: McGraw-Hill, 2012.

[95] SCHMIDT D K. Discussion: "The Lure of the Mean Axes" [J]. Journal of Applied Mechanics,2015,82(12):1-5.

[96] BITTANTI S, COLANERI P. Periodic systems: filtering and control[M]. New York: Springer Science & Business Media, 2009.

[97] TAN S, ZHOU W, PENG H, et al. A novel extended precise integration method based on Fourier series expansion for periodic Riccati differential equations[J]. Optimal Control Applications and Methods, 2017, 38(6): 896-907.

[98] VARGA A. On solving periodic Riccati equations[J]. Numerical Linear Algebra with Applications, 2008, 15(9): 809-835.

[99] FRANCIS B A, WONHAM W M. The internal model principle of control theory[J]. Automatica, 1976, 12(5): 457-465.

[100] CHIANG D Y, LIN C S. Identification of modal parameters from nonstationary ambient vibration data using correlation technique[J]. AIAA journal, 2008, 46(11): 2752-2759.

[101] YANG C, LU Z, YANG Z, et al. Parameter identification for structural dynamics based on interval analysis algorithm[J]. Acta Astronautica, 2018, 145: 131-140.

[102] JIA S, JIA Y, XU S, et al. Optimal placement of sensors and actuators for gyroelastic body using genetic algorithms[J]. AIAA Journal, 2016, 54(8): 2472-2488.

[103] JIA S, SHAN J. Optimal actuator placement for constrained gyroelastic beam considering control spillover[J]. Journal of Guidance, Control, and Dynamics, 2018, 41(9): 2073-2081.

[104] BRUANT I, GALLIMARD L, NIKOUKAR S. Optimal piezoelectric actuator and sensor location for active vibration control, using genetic algorithm[J]. Journal of Sound and Vibration, 2010, 329(10): 1615-1635.

[105] GUPTA V, SHARMA M, THAKUR N. Optimization criteria for optimal placement of piezoelectric sensors and actuators on a smart structure: a technical review[J]. Journal of Intelligent Material Systems and Structures, 2010, 21(12): 1227-1243.

[106] YANG C, ZHANG X, HUANG X, et al. Optimal sensor placement for deployable antenna module health monitoring in SSPS using genetic algorithm[J]. Acta Astronautica, 2017, 140: 213-224.

[107] YANG C, LU Z, YANG Z. Robust optimal sensor placement for uncertain structures with interval parameters[J]. IEEE Sensors Journal, 2018, 18(5): 2031-2041.

[108] YANG C. Sensor placement for structural health monitoring using hybrid optimization algorithm based on sensor distribution index and FE grids[J]. Structural Control and Health Monitoring, 2018, 25(6): 1-19.

[109] YANG C, LIANG K, ZHANG X, et al. Sensor placement algorithm for structural health monitoring with redundancy elimination model based on sub-clustering strategy [J]. Mechanical Systems and Signal Processing, 2019, 124: 369-387.

[110] JUNKINS J L. Introduction to dynamics and control of flexible structures[M]. Washington, D. C.: AIAA Education Series, 1993.

[111] KABE A, SAKO B. Issues with proportional damping[J]. AIAA Journal, 2016, 54(9): 2864-2868.

[112] KHALIL I, DOYLE J, GLOVER K. Robust and optimal control[M]. Upper Saddle River: Prentice Hall, 1996.

[113] 张开明. 空间太阳能电站的姿态动力学建模与鲁棒控制[D]. 大连:大连理工大学,2021.

[114] YANG C, MA R, MA R. Optimal sensor placement for modal identification in multirotary-joint solar power satellite[J]. IEEE sensors journal, 2020, 20(13): 7337-7346.

[115] MCNALLY I, SCHEERES D, RADICE G. Attitude dynamics of large geosynchronous solar power satellites[C]//AIAA/AAS Astrodynamics Specialist Conference, August 4-7, 2014, San Diego, California. Reston: AIAA, c2014: 1-13.

[116] HUGHES P C. Spacecraft attitude dynamics[M]. New York: Wiley, 1986.

[117] WIJKER J J. Spacecraft structures[M]. Berlin, Heidelberg: Springer-Verlag, 2008.

[118] CHEN W, YANG J, GUO L, et al. Disturbance-observer-based control and related methods: An overview[J]. IEEE Transactions on Industrial Electronics, 2015, 63(2): 1083-1095.

[119] SARIYILDIZ E, OHNISHI K. A guide to design disturbance observer[J]. Journal of Dynamic Systems, Measurement, and Control, 2014, 136(2): 1-10.

[120] LAVRETSKY E, WISE K. Robust and adaptive control with aerospace applications [M]. London: Springer-Verlag, 2012: 248-254.

[121] CHESI S, GONG Q, ROMANO M. Aerodynamic three-axis attitude stabilization of a spacecraft by center-of-mass shifting[J]. Journal of Guidance, Control, and Dynamics, 2017, 40(7): 1613-1626.

[122] HAUS T, ORSAG M, BOGDAN S. Mathematical modelling and control of an unmanned aerial vehicle with moving mass control concept[J]. Journal of Intelligent & Robotic Systems, 2017, 88: 219-246.

[123] WIE B, MURPHY D. Solar-sail attitude control design for a flight validation mission [J]. Journal of Spacecraft and Rockets, 2007, 44(4): 809-821.

[124] GOEBEL D M, KATZ I. Fundamentals of electric propulsion: ion and Hall thrusters [M]. Hoboken: John Wiley & Sons, 2008.

[125] 穆瑞楠. 超大空间结构在轨耦合动力学特性与姿态控制[D]. 大连:大连理工大学,2020.